清华科技大讲堂

# 旋翼飞行器动力装置

# Rotorcraft Power Plant

符长青　符晓勤　马宇平　编著

清华大学出版社
北京

## 内 容 简 介

针对“大众创业、万众创新”新时代培养高级人才、创新型人才和复合型人才的需要，本书系统而又全面地介绍了旋翼飞行器动力装置的主要内容和知识体系。全书共3篇9章，第1篇为概述篇，包括1章，内容为旋翼飞行器动力装置概述。第2篇电动机篇，包括3章，介绍相关的电磁基本知识、直流电动机原理与特性、无刷直流电动机与空心杯电动机。第3篇航空发动机篇，包括5章，介绍与航空发动机相关的基本知识、航空活塞式发动机、航空活塞发动机工作系统、航空涡轮轴发动机、航空涡轮轴发动机工作系统。每章最后都给出了该章的小结和习题。

本书取材来源于实践，取材新颖、内容丰富、深入浅出、概念清楚易懂，具有很强的可操作性，既适合作为高等院校相关专业大学生的专业基础课程教材，又适合作为相关专业研究生及从事旋翼飞行器科研、生产和培训机构工作人员以及旋翼飞行器驾驶员、无人机飞手和广大航模爱好者的学习培训教材，对于希望全面了解旋翼飞行器动力装置知识的各类读者，本书也是一本较好的参考读物。

**本书封面贴有清华大学出版社防伪标签，无标签者不得销售。**
**版权所有，侵权必究。侵权举报电话：010-62782989　13701121933**

**图书在版编目(CIP)数据**

旋翼飞行器动力装置/符长青，符晓勤，马宇平编著. —北京：清华大学出版社，2017(2020.4重印)
(清华科技大讲堂)
ISBN 978-7-302-47274-2

Ⅰ. ①旋…　Ⅱ. ①符…　②符…　③马…　Ⅲ. ①旋翼机－动力装置　Ⅳ. ①V275

中国版本图书馆CIP数据核字(2017)第122625号

**责任编辑**：刘向威　梅栾芳
**封面设计**：文　静
**责任校对**：李建庄
**责任印制**：宋　林

**出版发行**：清华大学出版社
**网　　址**：http://www.tup.com.cn，http://www.wqbook.com
**地　　址**：北京清华大学学研大厦A座　　**邮　　编**：100084
**社 总 机**：010-62770175　　**邮　　购**：010-62786544
**投稿与读者服务**：010-62776969，c-service@tup.tsinghua.edu.cn
**质量反馈**：010-62772015，zhiliang@tup.tsinghua.edu.cn
**课件下载**：http://www.tup.com.cn，010-62795954
**印 装 者**：北京国马印刷厂
**经　　销**：全国新华书店
**开　　本**：185mm×260mm　　**印　　张**：20.25　　**字　　数**：490千字
**版　　次**：2017年8月第1版　　**印　　次**：2020年4月第2次印刷
**印　　数**：2001～2500
**定　　价**：59.00元

产品编号：074691-01

# 前言

旋翼飞行器(也称为直升机)是航空飞行器大家庭中的一员,其主要结构特点是具有一个或多个由发动机驱动的可旋转机翼(旋翼),用以产生克服机体自重的升力,以及提供推进力和操纵力,这是它在结构外形上和飞行原理上与固定翼飞机之间存在的最大的差别。正是这些差别,使得旋翼飞行器具有大多数固定翼飞机所不具备的飞行特点:垂直升降、空中悬停、小速度前飞、后飞、侧飞、原地回转和树梢高度飞行等。这些飞行特点使得旋翼飞行器在飞行和使用上要比固定翼飞机灵活得多,弥补了固定翼飞机因飞行速度快而存在的许多不足之处,在很多固定翼飞机无法涉及的领域或地区可以大显身手,大有用武之地。

旋翼飞行器根据其克服反扭矩方式所安装的旋翼数量是不同的,在设计上出现了各种不同结构的旋翼飞行器,主要有单旋翼带尾桨式、共轴双旋翼式、纵列双旋翼式、横列双旋翼式、多旋翼(旋翼数量多达 4 个或 4 个以上)式,以及其他特殊形式,如复合式、组合式、倾转旋翼式、涵道式等。近年来,旋翼飞行器,特别是多旋翼无人机在国内外市场上商机无限,世界各国掀起一股研发和应用的热潮。多旋翼无人机生产、制造和应用的"群众运动"就像滚雪球般越滚越大。与此同时,旋翼飞行器家族也随着具有各种各样用途的多旋翼无人机不断地大量涌入,已经变成一个非常庞大的家族,人丁兴旺、朝气蓬勃。放眼世界各地,在人类社会目前和平与战争并存已成常态化的状况下,无论是在和平、安详,人们忙忙碌碌的建设环境中,还是在硝烟滚滚、炮声隆隆、杀声震天的战场上,每天都有成千上万架各种类型的旋翼飞行器腾空而起,肩负着人们赋予的各式各样的任务在蓝天白云中忙碌地工作着。

旋翼飞行器是一种自身重量比重大于空气比重的航空飞行器,其升空飞行的首要条件是需要有动力。发动机是能够把其他形式的能量转化为机械能,进而产生拉力或推力的机器,是旋翼飞行器动力装置的核心,被视为旋翼飞行器的心脏。发动机特性的优劣对旋翼飞行器的各种使用性能都有很大影响,有了适用的发动机,才能实现真正有动力、可控制的飞行。常用的发动机有电动机和燃油发动机两大类。

电动旋翼飞行器以电动机作为动力来源,采用直流电动机作为驱动旋翼旋转的发动机,发动机类型大多为无刷直流电动机,也有部分使用有刷直流电动机的情况,所有电动机运转所需的能量由聚合物锂电池或新能源方式(如燃料电池)提供。油动旋翼飞行器以燃油发动机作为动力来源,包括航空活塞发动机和航空涡轮轴发动机等机型。在旋翼飞行器设计研制过程中,首先会碰到选用哪种发动机能最有效满足其技术要求的问题,要对发动机的性能和特点有深入的了解,以正确选择发动机,并达到与旋翼飞行器飞行性能的最佳匹配。

为了深化高校创新创业教育改革,优化专业结构,提高教育质量,促进学生在创新创业中全面发展,适应和服务经济社会发展和国家战略需求。要把创新创业教育融入人才培养体系,改革教育教学内容方法,改进课程,强化实践。高校应打破学科界限,实现交叉融合,改进科研组织模式,加强应用研究和协同创新,着力培养大众创业、万众创新生力军,提升创业创新人才的综合能力和素质。

本书着眼于切实增强深入推进高校创新创业教育改革的责任感和紧迫感，全面提高人才培养质量，为促进大众创业、万众创新和建设创新型国家提供有力人才支撑，既适合作为高等院校相关专业大学生的专业基础课程教材，也适合作为相关专业研究生及从事旋翼飞行器科研、生产和培训机构工作人员，以及飞行驾驶员、无人机飞手和广大航模爱好者的学习培训教材，对于希望全面了解旋翼飞行器动力装置知识的各类读者，本书也是一本较好的参考读物。

在编著本书的过程中，作者得到了南京航空航天大学高正教授、张呈林教授、陈仁良教授、王华明教授的大力支持和帮助，他们提供了许多技术资料和编写意见，作者借此机会表示衷心感谢。与此同时，本书在编著过程中还得到了有关部门的领导、专家与同仁的大力支持与帮助，参考和引用了部分著作及文献资料，在此表示深深的谢意。

在编著本书的过程中，尽管作者付出了大量的艰苦努力，但由于作者本人学识有限，本书可能在许多方面存在不足，欢迎同行批评指正(E-mail fcq828@163.com)。作者十分希望能与国内同行携手，大家一起共同努力，将我国旋翼飞行器的发展水平推向一个新的高度。

作　者

2017 年 4 月

# 目 录

## 第一篇 概 述 篇



## 第二篇 电 动 机 篇

## 第4章 无刷直流电动机与空心杯电动机 99

# 第三篇　航空发动机篇

# 第一篇 概 述 篇

# 第1章

# 旋翼飞行器动力装置概述

**主要内容**

(1) 与旋翼飞行器相关的基本概念；

(2) 旋翼飞行器的发展历程和趋势；

(3) 旋翼飞行器发动机的分类；

(4) 油动和电动旋翼飞行器的特点；

(5) 旋翼飞行器动力装置系统的基本概念。

## 1.1 与旋翼飞行器相关的基本概念

旋翼飞行器(也称为直升机)是航空飞行器大家庭中的一员，其主要结构特点是具有一个或多个可旋转的机翼(旋翼)，用以产生克服机体自重的升力，以及提供推进力和操纵力，这是它在结构外形上和飞行原理上与固定翼飞机之间存在的最大差别。

### 1.1.1 飞行器的定义和分类

**1. 飞行器的定义**

飞行器是指以某种方式联结在一起的变形体的任意组合，能在地球大气层内或大气层之外的空间(含环地球空间、行星和行星际空间)飞行的物体。例如：步枪弹丸是最简单的一种飞行器，飞机和宇宙飞船等则是较为复杂的飞行器。

**2. 飞行器的分类**

1) 飞行器总分类

通常，飞行器可分为三大类：航空飞行器、航天飞行器、火箭和导弹，如图 1-1 所示。

(1) 航空飞行器。航空飞行器是指飞行动力依靠空气，只能在大气层内飞行的飞行器，如孔明灯、风筝、热气球、地效船和飞机等。

- 飞行器
  - 航空飞行器
    - 轻于空气的航空器
      - 气球
      - 飞艇
    - 重于空气的航空器
      - 固定翼飞机
      - 旋翼飞行器
  - 航天飞行器
    - 无人航天器
      - 人造卫星
      - 空间探测器
    - 载人航天器
      - 载人飞船
      - 空间站
  - 火箭和导弹

图 1-1　飞行器的分类

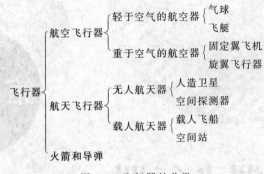

(2) 航天飞行器。航天飞行器是指飞行动力不依靠空气而是依靠自身携带气体的反作用力来推动的飞行器，航天飞行器主要在大气层之外的空间飞行，如卫星、空间站、宇宙飞船等。

(3) 导弹和火箭。依靠制导系统控制其飞行轨迹的飞行武器称为导弹；靠火箭发动机提供推进力的飞行器称为火箭。

2) 航空飞行器分类

航空飞行器根据其自身重量的比重(单位体积的重量)是否重于空气(大气)的比重，又分为两种：

(1) 无动力航空飞行器。自身重量的比重比空气的比重轻，如孔明灯、热气球等，或是靠风的推力升扬于空中，如风筝等，其特点都是不需要安装动力装置就能飞上天空，统称为无动力航空飞行器。

(2) 动力航空飞行器。自身重量的比重比空气的比重大，需要依靠动力装置提供飞行动力才能升空的航空飞行器，称为动力航空飞行器，如旋翼飞行器和固定翼飞机等。

## 1.1.2　旋翼飞行器的定义、特点、分类和用途

### 1. 旋翼飞行器的定义和特点

1) 旋翼飞行器的定义

旋翼飞行器是指具有一个或多个由发动机驱动的旋转机翼(旋翼)，具备垂直起落和空中悬停飞行性能的动力航空飞行器。

旋翼飞行器和固定翼飞机都属于动力航空飞行器的范畴，即它们自身重量的比重都比空气的比重大，需要依靠动力装置提供飞行动力，能够且必须处在空气环境中(空中)进行持续、可控飞行的飞行器。两者相比较，固定翼飞机具有续航时间长、飞行速度快、飞行效率高和载荷大等优点，缺点是起飞降落时机场需要有长距离跑道，以及不能进行空中悬停等。

为了弥补固定翼飞机不能垂直起落的缺点，人们经历了艰辛而漫长的技术探索过程。从 1903 年美国莱特(Wright)兄弟创造的固定翼飞机滑跑起飞成功，到 1939 年春天美籍俄罗斯人西科斯基(Sikorsky)设计制造出世界公认的第一架实用的单旋翼飞行器 VS-300 垂直起落飞行成功，中间又经历了差不多 36 个春夏秋冬。由此可见，旋翼飞行器与固定翼飞

机相比，不论是在理论研究方面，还是在设计制造和应用使用方面都不比固定翼飞机简单，甚至更加复杂。

2）旋翼飞行器的特点

旋翼飞行器的旋翼转轴都近于铅直，在动力装置的驱动下高速旋转，产生向上的拉力，因而旋翼飞行器从功能上来讲是以旋翼作为其主要升力来源的垂直起落飞机。旋翼由发动机驱动在空气中旋转，给周围空气以扭矩，因而空气必定以大小相等、方向相反的扭矩作用于旋翼，继而传递到机体上。如果不采取补偿措施，这个反扭矩将使机体发生逆向旋转。为了消除这个反扭矩作用以保持旋翼飞行器机体的航向，可以采用不同的方式，在设计上也就出现了不同构造型式的旋翼飞行器。在此需要说明的是：虽有旋翼但不能垂直起落的飞行器，或虽能垂直起落但不是以旋翼作为其升力来源的飞行器，都不包括在本书所指的旋翼飞行器范围之内。

旋翼飞行器与固定翼飞机在结构外形上和飞行原理上的差别，使得旋翼飞行器具有大多数固定翼飞机所不具备的飞行特点：垂直升降、空中悬停、小速度前飞、后飞、侧飞、原地回转和树梢高度飞行等。这些飞行特点使得旋翼飞行器的飞行和使用上要比固定翼飞机灵活得多，弥补了固定翼飞机因飞行速度快而存在的许多不足之处，在很多固定翼飞机无法涉及的领域或地区可以大显身手，大有用武之地。当然，任何事物都不是完美无缺的，都要一分为二，旋翼飞行器与固定翼飞机相比，具有速度低、耗油量较高、航程较短等缺点。

**2. 旋翼飞行器的分类**

旋翼飞行器的分类有好几种方法，其中主要分类方法包括按照重量分类和结构分类两种。

1）按重量划分

旋翼飞行器依据其重量分类有：

(1) 微微型旋翼飞行器。空机重量和起飞全重小于 1.5kg。

(2) 微型旋翼飞行器。空机重量介于 1.5～4kg 之间，起飞全重介于 1.5～7kg 之间。

(3) 超轻型旋翼飞行器。空机重量介于 4～15kg 之间，起飞全重介于 7～25kg 之间。

(4) 轻型旋翼飞行器。空机重量介于 15～116kg 之间，起飞全重介于 25～150kg 之间。

(5) 小型旋翼飞行器。空机重量大于 116kg，起飞全重介于 150～3000kg 之间。

(6) 中型旋翼飞行器。起飞全重介于 3～16t 之间。

(7) 大(重)型旋翼飞行器。起飞全重大于 16t。

2）按结构划分

旋翼飞行器根据其克服反扭矩方式所安装的旋翼数量是不同的，在设计上出现了不同结构的旋翼飞行器，主要有如下几种。

(1) 单旋翼式。它是一种单旋翼带尾桨的旋翼飞行器(图 1-2)，用尾桨推力来平衡主旋翼反扭矩。这种结构是传统直升机中最流行的形式，比双旋翼飞行器简单，但要多付出尾桨的功率消耗(约占发动机总功率的 15%～20%)。

(2) 共轴式双旋翼。两旋翼在同一轴线上，相逆旋转，因此反扭矩彼此相消(图 1-3)。这种结构的外廓尺寸较小，但传动和操纵机构复杂。

图 1-2　单旋翼带尾桨的旋翼飞行器

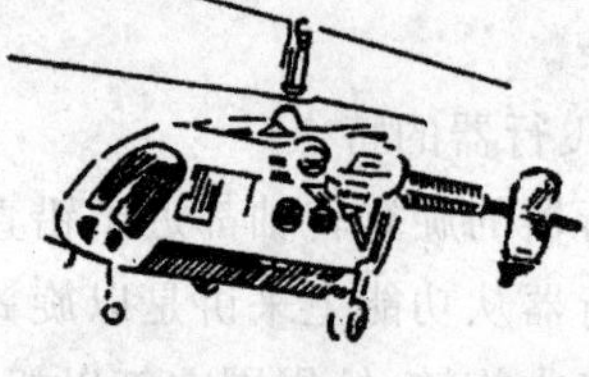

图 1-3　共轴双旋翼式旋翼飞行器

（3）纵列式双旋翼。两旋翼前后布置，相逆旋转（图 1-4）。这种结构的优点是机身宽敞，允许机体重心位置移动较大；缺点是后旋翼的空气动力效能较差。

（4）横列式双旋翼。两旋翼左右安装在支臂或固定机翼上，相逆旋转，反扭矩彼此相消（图 1-5）。这种结构的优点是构造对称，稳定性操纵性较好；缺点是迎面空气阻力较大。

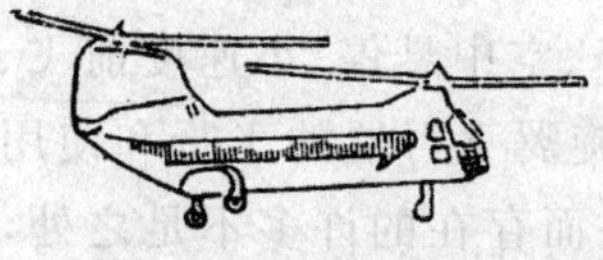

图 1-4　纵列双旋翼式旋翼飞行器

图 1-5　纵列双旋翼式旋翼飞行器

（5）多旋翼飞行器。旋翼数量多达 4 个或 4 个以上，通常分为 4、6、8、12、16、18、24、36 个旋翼等，每两个旋翼相逆旋转，因而反扭矩彼此相消（图 1-6）。这种结构早期以多旋翼无人驾驶飞行器（无人机）的面貌出现在世人面前，很快就以奇迹般迅速流行起来，建立起广阔深厚的群众基础。现在，每天都有成千上万架多旋翼飞行器在世界各地的天空中自由飞翔。

（6）其他特殊结构。为了提高旋翼飞行器的有效载荷、前飞速度、升限和航程等性能，人们设计研制出了一些特殊结构的旋翼飞行器，如复合式、组合式、倾转旋翼式（图 1-7）、涵道式等。

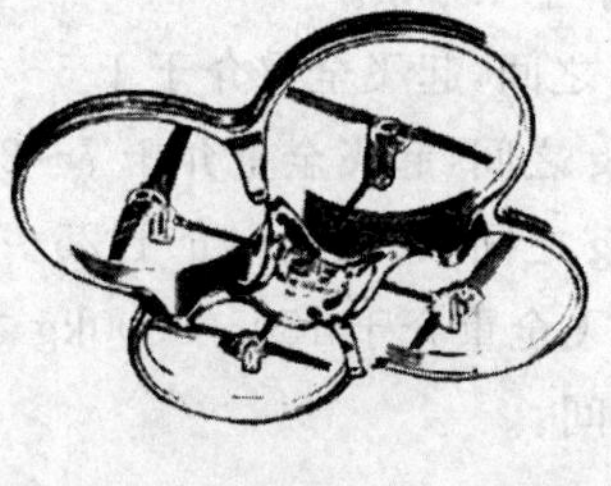

图 1-6　多旋翼飞行器（4 旋翼）

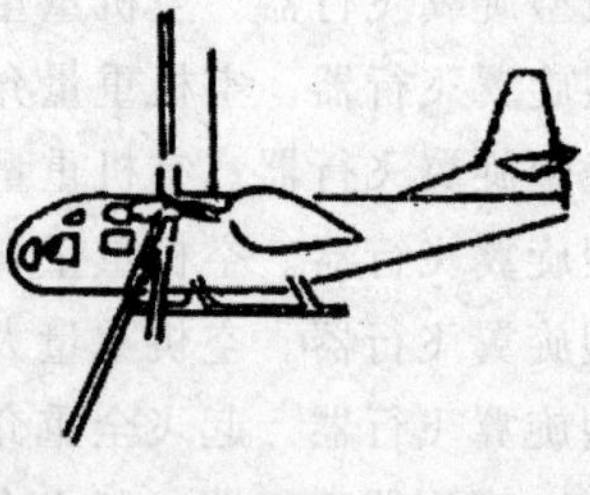

图 1-7　倾转旋翼式旋翼飞行器

其中值得一提的是倾转旋翼式飞行器（图 1-7），这种型式的旋翼飞行器有固定机翼，双旋翼分别安装在固定机翼的两端。在起飞时它就像是横列式旋翼飞行器那样垂直起飞，起飞后旋翼轴相对于机体逐渐向前转动，逐渐转入前飞状态，过渡到平飞时就能像普通的固定翼飞机那样，依靠固定机翼产生向上的升力支撑机体重量，以及依靠转轴近乎水平的旋翼产生向前的拉力，索引旋翼飞行器向前飞行，其飞行速度能提高 2 倍多，达到 600km/h。

### 3. 旋翼飞行器的用途

由于旋翼飞行器具有灵活独特的飞行能力，是唯一能够抵达地球上任何地形区域的运输工具，其应用遍及民用和军用各个领域。

1）国民经济建设方面

主要用于石油开发服务、森林防护、地质勘探、救护、救灾、农作物灭虫和施肥、海上救生、公安保卫、空中交通管制、输电线路建设、巡查和维护、设备吊装和高空检修，以及短途运输，搭乘旅客作为便捷的交通运输工具，特别是能够在复杂地形环境，如山区、海岛进行起降和运输，另外，还可作为"空中小汽车""空中出租车""空中巴士"等，供城市居民上下班、外出使用，可有效应对许多大城市地面交通拥堵、寸步难行的尴尬局面。

2）军事方面

除了人员与装备的运输外，还可用于联络、侦察、巡逻、空降、救护伤员、扫雷反潜、战场救生、对地攻击、反坦克和空中格斗等。

### 1.1.3　旋翼的结构、功用和驱动方式

#### 1. 旋翼的基本结构和运动

旋翼又称为升力螺旋桨，属于螺旋桨的一种，是旋翼飞行器最主要的部件。从构造上来看，它是由数片桨叶及一个桨毂(亦称轴套)组成。桨叶与周围空气发生作用产生空气动力；桨毂用来连接旋转釉和桨叶。桨毂和桨叶的连接方式可以是固接的，也可以是铰接的。

旋翼在空气中的运动与固定翼飞机的机翼完全不同，旋翼的桨叶一面绕轴旋转，一面随飞行器直线运动，甚至曲线运动，包括桨叶绕挥舞铰上下挥舞和绕摆振铰前后摆振。因而桨叶的空气动力现象要比固定机翼的复杂得多。

#### 2. 旋翼的功用和能量转换方式

1）旋翼的主要功用

(1) 产生向上的力(习惯上叫拉力)以克服全机重量，类似于固定机翼的作用。

(2) 产生向前的水平分力使旋翼飞行器前进，类似于推进器的作用。

(3) 产生其他分力及力矩使多旋翼飞行器保持平衡或进行机动飞行，类似于操纵面的作用。

(4) 若发动机在空中发生事故而停车，可及时操纵旋翼使其像风车一样自转，仍产生升力，保证旋翼飞行器安全着陆。

2）旋翼的能量转换方式

从能量观点来看，旋翼不过是一具"能量转换器"。分为下列三种转换方式：

(1) 把发动机的能量转变成有效功，例如旋翼飞行器的上升状态。

(2) 把发动机的能量转变成气流的动能，例如旋翼飞行器的悬停状态。

(3) 把气流的动能转变成机械能，例如风车状态、旋翼飞行器的某种下降状态。

#### 3. 旋翼的驱动方式

具有旋转机翼(旋翼)的航空飞行器，如果按照旋翼驱动方式(有无发动机驱动)来分类，可以分为两大类。虽然它们在外形结构上比较相似，但在动力飞行性能上却有很大的区别。

1）旋翼飞行器

旋翼飞行器如单旋翼飞行器、双旋翼飞行器和多旋翼飞行器，其旋翼是由发动机(燃油

发动机或电动机）驱动的，其飞行特点是可以垂直起降及在空中悬停不动。

2）旋翼机

旋翼机是一种利用前飞时的相对气流吹动旋翼自转以产生升力的飞行器，不属于本书讨论的旋翼飞行器的范畴。它的前进力由发动机带动一个小螺旋桨直接提供，而产生升力用的旋翼（直径较大）没有连接发动机，即它的旋翼无发动机驱动，必须靠旋翼机向前滑跑加速产生相对气流吹着旋翼旋转才能起飞。这种旋翼机实际上是一种介于旋翼由发动机驱动的旋翼飞行器和固定翼飞机之间的旋转机翼航空飞行器，外形与传统单旋翼飞行器相似。它与传统单旋翼飞行器的最大区别是旋翼旋转无发动机驱动，而是在向前飞行的过程中，由前方气流吹动旋翼旋转产生升力。在飞行中，传统单旋翼飞行器的旋翼面向前倾斜，而这种旋翼机的旋翼面则是向后倾斜的。它的机动性远逊于传统单旋翼飞行器，既不能垂直起降，也不能在空中悬停不动，更不能倒飞，没有传统单旋翼飞行器所具备的优点，却具有它的大部分缺点，如速度慢、载荷小等。本书除了本小节以外，所有提到旋翼飞行器的地方指的都是“旋翼由发动机驱动的旋翼飞行器”，本书其他任何地方都不涉及“旋翼无发动机驱动的旋翼机”的问题。

## 1.2 旋翼飞行器的发展历程和多旋翼无人机

### 1.2.1 旋翼飞行器的发展历程

#### 1. 早期技术探索时期：1942 年之前

人类自古以来就怀有在空中自由飞翔的理想，而且从未停止过对飞行的执着探索和勇敢尝试。在人类航空事业发展史上，旋翼飞行器概念的提出是非常早的。其中比较古老的概念可以追溯到中国古代发明的竹蜻蜓（图 1-8）和达·芬奇的设计草图（图 1-9）。

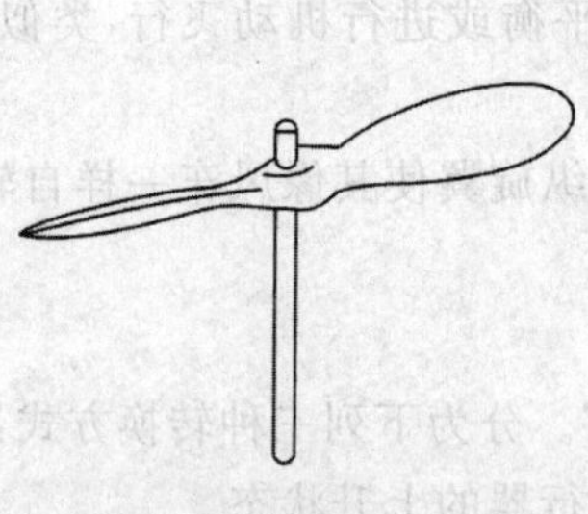

图 1-8　竹蜻蜓示意图

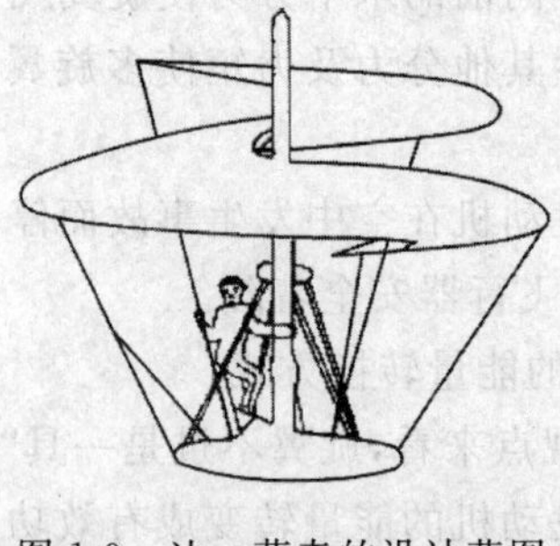

图 1-9　达·芬奇的设计草图

竹蜻蜓又叫飞螺旋，是我们祖先的奇特发明，它利用螺旋桨的空气动力实现垂直升空，昭示了现代旋翼飞行器的基本工作原理。有人认为，中国在公元前 400 年就有了竹蜻蜓，另一种比较保守的估计它是在明代（公元 1400 年左右）流行的民间玩具，一直流传到现在。竹蜻蜓及其变种传入欧洲后，被西方称之为“中国陀螺”（Chinese Top）。

公元 15 世纪末，意大利著名科学家、工程师达·芬奇提出了旋翼飞行器的设想，并绘制了草图。他提出了以阿基米德螺旋线形状的翼面在空气中旋转，实现把人垂直提升到空中的构想。除此外，还有其他国家的先辈们也都做过一些类似的尝试，如俄国人 M. B. 罗蒙诺索夫于 1754 年第一次进行了旋翼飞行器模型的试验。

旋翼飞行器的概念虽然很古老，但真正造出能飞行的旋翼飞行器却很晚，是 20 年代 40 年代初期的事情。由于旋翼飞行器升空后，为实现其可控稳定飞行，第一个需要解决的问题是配平旋翼旋转所引起的反扭矩，因此早期能垂直起降飞机设计方案大多是多旋翼式，如 4 旋翼式，靠多个旋翼彼此反转来解决相互的反扭矩配平问题。1907 年 8 月，法国 C. Richet 教授指导 Breguet 兄弟进行了他们的 4 旋翼式飞机的飞行试验，这是世界上第一架多旋翼飞行器。1920 年，E. Oemichen 设计了一个 4 旋翼飞行器的原型，但是第一次试飞就失败了。在经过改进设计后，于 1924 年实现了首飞，飞行了 14min。1921 年 B. G. De 在美国建造了另一架大型 4 旋翼飞行器，除飞行员外可承载 3 人，原本期望的飞行高度是 100m，但是最终只飞到 5m。4 旋翼飞行器的机体结构属于非线性、欠驱动系统，多个旋翼之间升力大小的协调平衡要想完全依靠人手来调控，几乎是不可能的，唯一的办法只能用自动控制器来控制其飞行姿态。早期多旋翼飞行器的设计方案受困于惯性导航体积重量过大，传感器、微控制器等软硬件技术不成熟，多旋翼飞行器的姿态检测和控制等受到局限，即受限于当时电子、计算机及自控水平，结果所有的设计方案和产品都未能进入实用阶段，致使多旋翼飞行器的实际应用工作一直停滞不前。

在"此路不通"的情况下，人们另辟蹊径，发明了设计精巧、结构复杂的旋翼自动倾斜器，它由与操纵线系相连的不旋转件和与桨叶变距拉杆相连的旋转件组成，使欠驱动 4 旋翼飞行器系统变成了完整驱动的单旋翼飞行器系统，从而使旋翼飞行器的复杂操纵得以实现。1939 年春，美籍俄罗斯人埃格·西科斯基(Igor Sikorsky)采用旋翼自动倾斜器及尾桨平衡旋翼反扭矩的方法，设计制造了世界公认的第一架实用的单旋翼飞行器 VS-300，被称为航空界的"旋翼飞行器(直升机)之父"。

**2. 旋翼飞行器实用时期：1942 年至今**

1942 年美国西柯斯基公司在 VS-300 的基础上制造出 R4 单旋翼飞行器，它不仅机械简单而且是可操纵的。当时正值第二次世界大战期间，军事需求加速了旋翼飞行器实用化进程，旋翼飞行器开始成批量地投入生产线生产，促使旋翼飞行器发展由探索期进入实用期。到第二次界大战结束时，德国生产了 30 多架，而美国西柯斯基公司交付的 R4、R5、R6 单旋翼飞行器已多达 400 多架。1946 年美国贝尔公司制造的跷跷板式单旋翼飞行器 Bell-47 获得了第一份美国旋翼飞行器适航证。从此，旋翼飞行器的发展全面进入到了实用期阶段。

这一阶段主要是指从 20 世纪 40 年代至今的这一时期，其主要特征是安装了旋翼自动倾斜器的传统单旋翼飞行器和双旋翼飞行器，即传统直升机，以其优异的飞行技能受到人们的热烈欢迎和喜爱，并受到世界各国政府、军队和企业界的高度重视，获得了前所未有的高速发展。

旋翼飞行器进入实用期以后的主要特征表现在两个方面：

1) 应用领域不断扩展

旋翼飞行器的应用范围不断扩大，使用数量迅速增加，至今世界各国已有几万架传统单旋翼飞行器和双旋翼飞行器服务于国民经济建设的各个部门和广泛的军事领域。

2) 技术上有许多重大突破

旋翼飞行器在实用期阶段取得了许多重大的技术进展，技术上逐步趋于成熟，主要体现在动力装置和旋翼等关键部件方面，其中包括：

（1）动力装置采用涡轮轴发动机。与活塞式发动机相比，涡轮轴发动机具有耗油率低、功率重量比大、体积小、振动小、噪声小、维护简便、使用寿命长等众多优点。采用涡轴发动机取代活塞发动机，不仅使旋翼飞行器的飞行性能上了一个台阶，而且使制造大型和重型、航程远、航时长的旋翼飞行器成为可能，应用领域大为扩展。

（2）采用复合材料桨叶。复合材料桨叶的应用，不仅显著改善了气动性能，而且使旋翼飞行器的适用性更好，维护大为简化，桨叶的寿命从早期的几百小时延长到上万小时或无限寿命。

（3）桨毂结构的不断改进。在旋翼飞行器实用期的几十年中，桨毂结构获得不断改进，取得了长足发展。使用弹性铰或其他柔性元件取代金属轴承，包括全复合材料的无轴承旋翼，达到了桨毂结构简化、长寿、无维护的要求。

（4）航空电子系统的飞跃进步。随着现代电子、计算机和自控技术的飞速发展，旋翼飞行器的航空电子系统，包括自动化和智能化控制、信息显示、任务管理、故障监测、增控增稳、火力控制等都有了长足进步，对提高旋翼飞行器的运用效能和飞行安全起到重要的作用。

### 3. 旋翼飞行器大发展时期：2010 年至今

如果说之前传统单旋翼飞行器和双旋翼飞行器因其技术的复杂性和难度，其设计研制只有受过长期系统专业教育培训的专家、学者和工程师才能玩得转的话，即它属于典型的“阳春白雪”型高科技（高、精、尖）工程项目，那么 2005 年就是旋翼飞行器发展的重要转折点。在这一年，稳定可靠的多旋翼无人机自动控制器研制成功，有关多旋翼飞行器的学术研究开始获得了人们广泛的关注，更多的学术研究人员开始研究多旋翼飞行器，并搭建自己的多旋翼无人机系统。

2006 年，德国人 H. Buss 和 I. Busker 主导了一个 4 旋翼飞行器开源项目，从飞控到电调等全部开源，推出了 4 旋翼无人机最具参考的自驾仪 Mikrokopter。之前一直被各种技术瓶颈限制的多旋翼飞行器突然出现在人们视野中，大家惊奇地发现居然有这样一种小巧、稳定、可垂直起降、空中悬停、机械结构简单的飞行器存在。当这种简单而又现实的可能糅合进人们头脑中总也挥之不去的飞行梦想时，就极大地激发起了大家对翱翔于蓝天白云的渴望、向往和激情。一时间研究者、投资者和广大的航模爱好者趋之若骛，纷纷开始多旋翼无人机的研发、使用和投资，经过 5 年起步阶段的实验研究、技术积累和市场摸索，逐步拉开了多旋翼无人机大规模发展的序幕。由此，旋翼飞行器家族迎来了它的新成员，使得旋翼飞行器大花园里开始呈现出一片春意盎然、百花齐放、万紫千红、欣欣向荣的繁华景象。

2010 年是多旋翼无人机大发展元年，也意味着是旋翼飞行器的大发展元年。在这一年，法国的 Parrot 公司发布了世界上第一款真正受到大众关注的 4 旋翼无人机 AR. Drone，它不仅控制简单，飞行灵巧安全，可实现垂直起降和空中悬停，还可以通过 WiFi 将所搭载相机拍摄到的图像传送到手机上，并开放了 API 接口供科研人员开发应用。AR. Drone 性能非常优秀，轻便灵活、操作便捷，最终大获成功。

实际上，对促使多旋翼无人机大发展具有重大意义的事件还有开源飞控代码的公布和发展，因为多旋翼无人机研制最核心的知识还在于飞行控制算法的设计和程序编写。2010 年法国人 Alex 在模型网站 Regroups 发布了他的 Multiwii 飞控程序，彻底将多旋翼无人机的制作拉到了“下里巴人”的大众化水平。此后，世界上许多之前不具备多旋翼控制功能的开源自驾仪的开发生产商，纷纷在自己的产品中增加了多旋翼这一功能，同时也有新的开源自驾仪不断加入，这极大地降低了初学者的门槛，使制造多旋翼无人机在飞控硬件制作或购买配件组装方面变得比较容易，成本进一步降低。客观地说，正是开源飞控为多旋翼无人机产业大发展铺垫好了广阔深厚的群众基础。

2013 年 1 月，中国大疆创新公司(DJI)推出精灵(Phantom)4 旋翼无人机，它最大的优点是控制极为简单，新手学习多半个小时就可以自由飞行。它具有优雅的白色流线型外形，尺寸比 AR. Drone 大得多，抗风性更好，还具有内置 GPS 导航功能，可以在户外很大的范围内飞行。更重要的是，当时利用 GoPro 运动相机拍摄极限运动已经成为欧美国家的时尚，而 Phantom 提供了挂载 GoPro 的连接架，让用 GoPro 相机的人们有了从天空向下的拍摄视角。此外，DJI 还发明了精准的相机消抖云台，让 S800 的航拍影像质量达到了电影级别，在好莱坞的电影拍摄者中建立了良好的口碑，也带动了"航拍公司"这个产业的形成；发明了 4 旋翼系统的黑匣子 IOSD，让飞行数据可以被记录、分析，增加了飞行的安全性；开发了优秀的图传系统，提高了远程实时图像传输的质量等。从 2013 年开始，中国 DJI 的产品作为"会飞的相机"，迅速成为世界上销量最大的 4 旋翼无人机，每月销量成千上万，占领了全球 70%以上的市场。

大多数多旋翼无人机生产厂商除了在市场上积极销售成品机以外，还针对欧美国家盛行的 DIY(自己动手)精神，向顾客大力推销组装 4 旋翼无人机所需的成套软硬件的零配件，附有详细的装配说明书，人们经过简单的学习，就能动手组装出一架属于"自己制造"的、值得自豪的、心仪的飞机。这种市场推销手法既让所有崇尚 DIY 精神的人为之振奋，跃跃欲试；又像星星之火，点燃了人们心中自幼就有的"飞行梦想"，即使在组装过程中遇到了一点困难，也欲罢不能。自此，自己动手(DIY)组装 4 旋翼无人机就开始成为一种时尚，流行于世界各地。随着 DIY4 旋翼无人机活动的火爆流行，众多爱好者的参与不仅对多旋翼无人机产业大发展做出了扎扎实实、身体力行的贡献，而且还起到了擂鼓助威、宣传普及的重要作用。有统计资料数据表明：在航模级、消费级 4 旋翼无人机销售市场上，组装所用的软硬零配件的销售额已经超过了成品机的销售额，成为多旋翼无人机销售市场新的热点。

与此同时，全球学术界也开始高度重视和关注多旋翼飞行器技术。2012 年 2 月，美国宾夕法尼亚大学的 Vijay Kumar 教授在 TED 上做了 4 旋翼飞行器发展历史上里程碑式的演讲，展示了 4 旋翼飞行器的灵活性以及编队协作能力。这一场充满数学公式的演讲居然大受欢迎，它让世人看到了多旋翼飞行器的内在潜能，迄今已经有 300 多万人次观看，是 TED 成百上千场演讲中浏览量最高的演讲之一。自此之后，多旋翼飞行器受到的关注度迅速提升，成为新的商业焦点，在全球范围内掀起了一股将多旋翼飞行器商业化的热潮，引导多旋翼飞行器进入大规模快速发展期。

随着多旋翼无人机的生产和应用在国内外蓬勃发展，特别是低空、慢速、微轻型多旋翼无人机数量的快速增加，占到民用无人机市场的绝大多数份额，以及多旋翼无人机技术的快速进步和商业销售市场的迅速扩展，人们开始将目光转向大型、快速、便捷、航程大的载人多旋翼飞行器的开发研制，近年来国内外企业先后推出了几种不同的设计方案，并都试飞成功。运输载人化将是多旋翼无人机今后最重要的转型发展趋势，发展前景极其光明远大。

### 1.2.2 多旋翼无人机的基本概念

**1. 多旋翼无人机的定义**

多旋翼无人机(Multirotor Unmanned Aircraft,MUA)就是多旋翼无人驾驶飞行器,也称为多旋翼无人直升机。它是一种机上没有搭载驾驶员的旋翼飞行器。

事实上,多旋翼无人机并不是真正离开了人的驾驶,虽然机上确实没有人驾驶操纵,但它却离不开身在地面上的驾驶员对它进行操纵控制。驾驶操纵多旋翼无人机的人称为多旋翼无人机驾驶员,他与多旋翼无人机之间构成一个完整的人-机系统,是一种闭环控制回路系统。多旋翼无人机所具备的"机上无人,人在系统"的特点,使多旋翼无人机可以具有许多有人驾驶旋翼飞行器无可比拟的出色性能。

多旋翼无人机要想真正完成一项特定的任务,光靠能在天空中自由飞行的旋翼飞行器本身还是不够的,除了需要旋翼飞行器及其携带的任务设备外,还需要有地面控制设备、数据通信设备、维护设备,以及指挥控制及其必要的操作、维护人员等。因此,完整意义上的多旋翼无人机应称为多旋翼无人机系统,它是一个高度智能化的闭环反馈控制系统。

多旋翼无人机系统包括旋翼飞行器系统、地面系统、任务载荷和综合保障系统,其中旋翼飞行器系统由飞行器平台、动力系统、飞行控制系统、导航系统、避让防撞系统、起降着陆装置、数据链路机载终端等组成;地面系统包括地面指挥控制系统、数据链路地面终端、地面辅助设备系统等;任务载荷是多旋翼无人机完成任务所需的设备,如航拍摄影、空中监视、电力架线、灾难救援、气象观测、地理测绘、资源勘探、管道巡检及农林植保等领域的各种专用设备;综合保障系统是保证多旋翼无人机系统能够正常工作的支援保障系统,主要包括人员及其使用培训、维护维修设备、通信和机场设施等。

**2. 航模级和载人多旋翼无人机**

1) 航空模型

航空模型简称航模。一般认为不能飞行的、以某种飞机的实际尺寸按一定比例制作的模型称为飞机模型,而把能在空中飞行的模型称为模型飞机,即航空模型。航空模型是一种有尺寸和重量限制的微型航空器,在国际航空联合会(FAI)制定的竞赛规则里明确规定:航空模型是一种重于空气的、有尺寸限制的、带有或不带有发动机的、可遥控的不能载人的航空器。

2) 航模运动

航空模型运动是以放飞、操纵自制的航模进行竞赛和创纪录飞行的一项航空运动。它既是一项体育运动又是一项科技竞赛活动,它的生命力在于它的趣味性和知识性,有助于培养人们对航空事业的兴趣,普及航空知识。亲手制作的航模翱翔蓝天往往会使青少年产生美好的遐想,看似小小的模型飞机中包含的内容可不少,在里面既能找到物理、数学、美学、工艺等学科的知识,也可以使人掌握多种技能,对培养个人综合素质都有非常好的作用,这是其他行业或运动难以比拟的。

目前航模世界锦标赛设有30个项目,其中包括专门记录各项绝对成绩的纪录项目,比赛隔一年举行一次。我国航空模型运动起步于20世纪40年代,1947年举行首届全国比赛。新中国成立后，于 20 世纪 50 年代建立了组织指导机构，中国航空模型运动的全国性组织是中国航空运动协会所管辖的中国航空模型协会，促使我国群众性的航空模型运动得到蓬勃发展。1978 年 10 月我国加入了国际航空联合会(FAI)，1979 年开始步入世界赛场。我国选手曾获得 20 多项世界冠军，58 人 59 次打破 31 项世界纪录。

3）航模级多旋翼无人机

纵观多旋翼无人机的发展历史和现状，它与航模运动有着千丝万缕的联系。主要原因有两点：

(1) 自 2010 年以来，国内外许许多多的航模运动爱好者利用他们所掌握的航空知识，积极投身于多旋翼无人机的研制和发展，他们大多是 15～35 岁之间的年轻人，头脑聪明、雄心勃勃、精力旺盛、干劲十足，是近几年多旋翼无人机大发展浪潮中最引人注目的弄潮儿，他们所作出的成绩和贡献举世瞩目。

(2) 按照国际航空联合会(FAI)对航模的定义，迄今为止，如果仅从重量和尺寸上来看，世界上大多数多旋翼无人机均属于航模的范畴。但是根据我国《轻小无人机运行规定(试行)》规定，当航空模型使用了自动驾驶仪、指令与控制数据链路或自主飞行设备时，就可认定为无人机，应纳入民航监管范围。即是说目前大多数多旋翼无人机既是航模，又是无人机，称之为航模级(也称为消费级)多旋翼无人机。

4）载人多旋翼无人机

虽然多旋翼无人机最大的特点是机上无人操纵驾驶，即机上没有搭载驾驶员而依靠本身的自动控制系统自主控制飞行，但并不是说这种机型就不适合于用作载人(旅客)的客机。在设计和制造载重能力足够大(足以安全承载旅客重量)的大中型多旋翼无人机时，只要在机体上加上供人乘坐的客舱和保障人员安全所有必备的设施，就能变成为真正的载人客机，可以作为空中交通运输工具，用来载人(搭载旅客)飞行。它具有无须人为操作便能自动起降、自动驾驶、自动避开障碍及按照目的地自动规划航线飞行、方便快捷等优点。人们通常把这种用于载客(人)的多旋翼无人机称为载人多旋翼飞行器，简称多旋翼客机。从发展的眼光来看，今后多旋翼客机必将成为多旋翼无人机发展的新热点。

**3. 多旋翼无人机的旋翼自转状态**

确保安全是任何飞行器飞行中最重要、最基本的要求。对于多旋翼无人机，当飞行中万一出现自动控制或动力装置系统发生故障，无法正常工作的紧急情况时，可以采取与传统单旋翼或双旋翼飞行器(直升机)相同的旋翼自转方式进行紧急着陆。其操控方法和原理是：多旋翼无人机在飞行中一旦发生旋翼失去动力的危急情况时，可由地面上的驾驶员立即遥控多旋翼无人机进入自转状态，如果是载人客机，还可由机上乘员立即按下紧急迫降的红色按钮，打开自转离合器使旋翼与发动机脱钩，旋翼处于无动力的自转状态，利用其原有的旋转动能和飞行高度的势能，保持旋翼稳定旋转。由于旋翼没有动力，处于失速情况下，飞行器下坠过程中所产生的相对气流会从下往上吹动旋翼旋转，就好像风车一样，从而重新产生升力，使飞行器能在空中进行滑翔，并实现比较平稳地着陆。

由于多旋翼无人机的旋翼多，当某个旋翼出现故障时，其余旋翼可起到保障飞行安全的作用，因而其安全性比传统单旋翼或双旋翼飞行器(直升机)更好。另外，苏黎世的瑞士联邦理工学院已经开发出了一种能够防止多旋翼无人机因为其中一个旋翼失灵而坠毁的补救算法。当一个旋翼失灵时，多旋翼无人机开始以特定算法设计的方式在空中旋转，以不至于直接坠毁，最后会根据一定的角度慢慢下降，和平时的降落没有太大区别。

**4. 多旋翼无人机的商机无限**

从以上分析可知，多旋翼无人机是一种机上不搭载驾驶员，由无线电遥控的自动化、智能化驾驶的多旋翼飞行器。它是高科技、新技术的集中载体，具有体积小、造价低、效费比好、生存能力强、机动性能好、操作简单、使用方便、成本低、用途广泛等许多优点。从应用领域上来看，多旋翼无人机已经由原来微型、轻型无人机发烧友和航模爱好者为主的娱乐功能向航拍、搜救、物流、消防、监测、运输和军事等领域发展，市场空间大大拓展。特别是在不载人的情况下，它可搭载各种专业设备仪器，承担和完成各种危险、单调的工作，并能在恶劣环境下进行全天候作业，可广泛应用于民用和军事的各个领域。其主要功能和用途包括：

1）娱乐功能

娱乐功能主要看重微轻型多旋翼无人机的飞行稳定性，技术上难度不大，价格便宜。搭载摄像功能的多旋翼无人机可以说是“会飞的照相机”，它前所未有地将人们的视野拓展至高空，随时随地拍摄出震撼无比的鸟瞰照片及炫酷视频，吸引了无数消费者的目光。娱乐功能作为多旋翼无人机应用的“前头兵”，对于整个行业的初期发展功不可没。

2）航拍功能

航拍功能要求多旋翼无人机的稳定性、续航能力和装载能力，目前已经得到广泛重视，并由此产生了专门的航拍产业。例如，好莱坞原来使用传统有人驾驶直升机拍摄电影，租金高达每小时两万美金，而使用多旋翼无人机以后，成本大大降低。

3）搜寻功能

搜寻功能要求多旋翼无人机能够识别目标并发回反馈，灾难预防则要求多旋翼无人机能够处理地面数据，在技术上的要求比较高，但是市场潜力很大。

4）物流功能

物流功能要求多旋翼无人机能安全稳定地飞行，准确识别目标，并能应对途中各种突发情况，技术要求最高，但物流效率会得到极大提升，其市场空间很大。例如亚马逊 PrimeAir 服务利用小型多旋翼无人飞行器 Drones，送货速度可以达到 50mile/h（1mile = 1609.344m）。

5）消防功能

消防功能包括火情探查、现场监视、消防灭火、消防抢险、灾害救援等，其中高层建筑的消防救火是世界性难题，使用多旋翼无人机可有效解决这个难题。多旋翼无人机可以携带高压水枪、无后坐力空气炮、脉冲水雾炮、投掷消防器材、救援器材等，飞到高空近距离进行灭火救灾作业。

6）警用功能

多旋翼无人机可以携带摄像、红外及图像传输装置，于空中实施近距离实时监控，同时可以携带抓捕网枪、催泪瓦斯等从空中进行远距离抓捕罪犯，以及反恐防暴、失踪人员搜寻、落水人员救生、群发突发事件监视、现场处理等工作。

7）植保功能

植保功能是指多旋翼无人机应用于农业植保，为大面积农产品种植提供农药、化肥喷撒服务，以及农作物生长情况监测、牧群监测与驱赶等作业。

8）巡测及其他功能

巡测及其他功能包括多旋翼无人机应用于电力部门的输电线路建设、巡查和维护，石油输油管路巡视监测和安全保护，森林护林防火巡视监测，海关与税收部门的非法走私监视、边界巡逻，海岸警卫的海面搜寻、海岸巡逻等。

9）交通运输功能

随着载人型多旋翼无人机的快速发展，载人的多旋翼无人机作为人们出行用的一种新型的航空交通运输工具，具有可在自家后院或家门口起飞降落、飞行速度快、在途时间短，以及操作简单、安全可靠、舒适便捷等许多优点。可以预见到不久的将来，载人型多旋翼无人机作为“空中小汽车”，会像传统地面小汽车一样，在人们的生活中普及开来，从而有助于解决许多大城市长期存在的地面交通拥堵等难题。

10）军事用途功能

多旋翼无人机作为一种智能化、信息化武器，在现代战争中有非常广泛的用途，备受世界各国军队的青睐。其军事上的用途主要包括空中侦察，战场巡逻、监视、预警和通信，运输物资、救助伤员，排爆扫雷，对地攻击，反坦克，实施精确打击，以及海上布雷、扫雷、反潜，反舰攻击，夺岛攻击、海岛运输、通信联络等。

### 1.2.3　多旋翼无人机飞行控制特点、方式和安全保障

**1. 4 旋翼无人机飞行控制的特点**

由于在控制 4 旋翼无人机飞行时，只能通过控制 4 个旋翼的升力来改变它的 6 个飞行姿态，所以 4 旋翼无人机是一个 4 输入 6 输出的欠驱动系统。欠驱动系统是指系统的独立控制变量个数小于系统自由度个数的一类非线性系统，在节约能量、降低造价、减轻重量、增强系统灵活度等方面都比完整驱动系统优越。欠驱动系统结构简单，便于进行整体的动力学分析和试验，同时由于系统的高度非线性、参数摄动、多目标控制要求及控制量受限等原因，欠驱动系统又足够复杂。当驱动器出现故障时，可能使完整驱动系统变成欠驱动系统，欠驱动控制算法可以起到容错控制的作用。下面通过 4 旋翼无人机与固定翼飞机、单旋翼飞行器的比较来了解多旋翼无人机飞行控制特点。

1）固定翼飞机

固定翼飞机是通过改变机翼空气动力学结构来实现姿态控制的，它是自稳定系统。它在天空中飞翔，发动机稳定工作之后，不需要怎么控制，就能自己抵抗气流的干扰保持稳定。此外，固定翼飞机的姿态控制是完整驱动系统，它在任何姿态下(除了失速状态)都可以调整到任何姿态，并且保持住这个姿态。

2）单旋翼飞行器

单旋翼飞行器是通过改变旋翼的空气动力学结构来实现姿态控制的，它是不稳定系统，但它是完整驱动系统，它的旋翼桨叶既能产生相向上的升力，也能产生相向下的推力，飞行中机体可以自由调整姿态，而且没有失速的问题，什么时候都能调整姿态，可以在天上如散步一般自由运动。所以单旋翼飞行器虽然不稳定、很难控制好，但是姿态翻了的时候完全可以控制回到正常的姿态。

3）4旋翼无人机

4旋翼无人机是通过协调改变各旋翼升力的大小来实现姿态控制的，需要对旋翼旋转转速或总距进行精准的同步调制，它是不稳定系统，也是欠驱动系统。它的旋翼桨叶只能产生向上的升力，不能产生向下的推力，所以它不稳定，很难控制好，飞行器翻过来之后基本没办法控制回去就坠机了。历史的经验证明：4旋翼飞行器的非线性、欠驱动系统结构让人手来控制难度实在太高，只能用自动控制器来控制飞行姿态才能解决问题。

**2. 多旋翼无人机飞行控制方式**

多旋翼无人机飞行控制方式一般分半自主控制和全自主控制两种方式。

1）半自主控制方式

半自主控制方式是指自动驾驶仪的控制算法能够保持多旋翼无人机的姿态稳定（或定点）等，但无人机还是需要通过人员遥控操纵。半自主控制方式多旋翼无人机的飞行须遥控操纵，无须地面站，大多属于航模范畴或玩具类。

2）全自主控制方式

全自主控制方式是指自动驾驶仪的控制算法能够完成多旋翼无人机航路点到航路点的位置控制以及自动起降等。在这种控制方式下，多旋翼无人机可以在无人驾驶的条件下完成复杂空中飞行任务和搭载各种负载任务，可以被看作是“空中机器人”。全自主控制方式多旋翼无人机的飞行可完全自主驾驶，其特点是载重大、航程远、升限高、操控复杂，需地面站支持，广泛应用于国民经济建设和国防军事领域，属于传统概念中所谓“真正的”无人机范畴。

**3. 多旋翼无人机飞行安全保障措施**

为保障多旋翼无人机飞行安全，需要增加以下措施：

(1) 安装感知与避让系统。安装感知与避让系统的目的是确保多旋翼无人机在飞行中能与其他航空器保持一定的安全飞行间隔，以防止与其他飞行物发生碰撞。

(2) 加装GPS模块。利用GPS定位及在飞行控制程序中设置禁飞区，以确保多旋翼无人机无法进入特定敏感区域（如机场、军事要地）。

(3) 在飞行程序中设置飞行高度限制，避免飞行高度过高，避免进入限制高度的禁飞空域。

(4) 在飞行程序中设置一键起飞降落、自动避障及自动返航功能。

(5) 一般情况下，多旋翼飞行器飞行倾斜角度超过30°时，旋翼升力骤降，会导致加速下坠，为了避免出现这种情况，要求自动控制器应具备限制多旋翼飞行器飞行中发生过分倾斜的功能。

## 1.3 旋翼飞行器发动机的分类

旋翼飞行器是一种自身重量比重大于空气比重的航空飞行器，其升空飞行的首要条件是需要有动力，即所谓的动力飞行。有了动力才能驱动旋翼旋转，才能产生克服重力所必需的升力。换言之，动力飞行必须依赖一种重量轻、推进力大的动力装置，因此在旋翼飞行器上必须安装有动力装置，它才能在空气环境中（空中）进行持续的可控飞行。

## 1.3.1　旋翼飞行器发动机的分类和品质要求

旋翼飞行器动力装置的核心设备是发动机，其类型和型号的选择要求能够保证在旋翼飞行器的飞行包线范围内具有足够的功率，即要考虑发动机在各种外界条件下的有效功率，以适应各种使用状态，并在设计中尽量提高功率利用系数。

发动机是一种将某种能量转换成机械功的动力装置。根据能量来源的不同可分为热力发动机、水力发动机、电力发动机、原子能发动机等，其中热力发动机是将燃料的热能转换成机械功的动力装置，电力发动机是将电能转换成机械功的动力装置。

### 1. 旋翼飞行器发动机的分类

旋翼飞行器发动机是能够把其他形式的能转化为机械能，进而产生拉力或推力的机器，是旋翼飞行器动力装置的核心，被视为旋翼飞行器的心脏。发动机特性的优劣对旋翼飞行器的各种使用性能都有很大影响，有了适用的发动机，才能实现真正有动力、可控制的飞行。在旋翼飞行器设计研制过程中，首先会碰到选用哪种发动机能最有效满足其技术要求的问题，要对发动机的性能和特点有深入的了解，以正确选择发动机，并达到与旋翼飞行器飞行性能的最佳匹配。

旋翼飞行器旋翼桨叶旋转所产生的升力和需要克服阻力产生的阻力力矩的大小，不仅取决于旋翼的转速，而且取决于旋翼桨叶的桨距。从旋翼空气动力原理上讲，调节旋翼转速(变速)和桨距(变距)都可以调节升力的大小。对于旋翼飞行器这一类航空飞行器来说，由于其结构大小、飞行空域、速度、高度和用途等巨大差异，使得它可以使用的发动机有好几种，常用的发动机有电动机和燃油发动机两大类(图 1-10)。

- 发动机
  - 电动机
    - 无刷电动机
    - 有刷电动机
  - 燃油发动机
    - 活塞发动机
      - 往复活塞式发动机
      - 旋转活塞式发动机
    - 涡轮轴发动机
      - 定轴涡轮发动机
      - 自由涡轮发动机

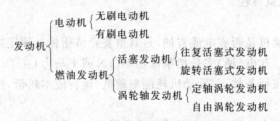

图 1-10　旋翼飞行器常用发动机的类型

电动机是通过电磁感应进行能量转换的发动机，是将电能转换成机械功的动力装置。电动机的工作原理是转子作为带电导体处于定子产生的磁场中，转子因此受到电磁力的作用而旋转。燃油发动机是一种将燃料热能转换成机械功的动力装置，属于热机范畴。热机的工作由两大步骤组成：首先必须使燃料燃烧释放出热能，然后再将释放出的热能转换成机械功。

如果旋翼飞行器以电动机作为动力来源，采用电调方式改变旋翼转速来调节升力的大小就非常简单方便；如果旋翼飞行器以燃油发动机作为动力来源，由于燃油发动机的最佳功率对应的转速是固定不变的，因此就不能采取变速的方法，只能采取改变旋翼桨叶桨距的方法来调节升力的大小。

1）油动旋翼飞行器

油动旋翼飞行器以燃油发动机作为动力来源，包括活塞发动机、定轴涡轮轴发动机、自由涡轮轴发动机等机型。油动旋翼飞行器属于旋翼桨距可控类，即旋翼变距类，其机型大多是大、中、小型的旋翼飞行器，载重大、航程远，特别适合用作载人的客机（空中小汽车或空中巴士）。

2）电动旋翼飞行器

电动旋翼飞行器以电动机作为动力来源，采用直流电动机作为驱动旋翼旋转的发动机，发动机类型大多为无刷直流电动机，也有部分使用有刷直流电动机的情况，所有电动机运转所需的能量由聚合物锂电池或新能源方式（如燃料电池）提供。电动旋翼飞行器属于旋翼桨距不可控类，即旋翼变速类，其螺旋桨的桨矩是固定的，旋翼提供的升力大小取决于空气螺旋桨的转速，转速越大升力越大，转速越小升力越小。电动旋翼飞行器大多是微型和轻型的旋翼飞行器，属于消费级类（航模），比较适合个人使用，特别适合个人自己动手组装（DIY）。

**2. 发动机品质要求**

发动机的基本功用是为飞行器提供持续的动力，以确保重于空气的飞行器能够稳定、可控、持续地在空中飞行。评定发动机品质的主要指标有性能参数与可靠性、耐久性等。其基本要求归结如下：

1）功率重量比大

构成旋翼飞行器的任何部件，都应在满足使用要求的前提下，尽量减轻其重量。对发动机来说，就是要保证足够大的功率而自重又很轻。通常以发动机的功率与重量之比来衡量发动机的轻重：比值越大，表明发动机产生 1hp（1hp＝745.6999W）的功率所负担的发动机自身重量越小，发动机就越轻。

2）耗能小

旋翼飞行器的发动机是否省电或省油，是其重要经济指标。评定发动机的经济性，常用“耗电（油）率”作标准。耗电（油）率是指单位功率（1N 或 1 马力）在 1h 内所耗电的度数或油料的重量。在一定的飞行条件下，发动机耗能率越低，运行成本越低，经济性就越好。

3）体积小

旋翼飞行器发动机应在保证功率不减小的前提下，力求体积较小，以减小飞行中的空气阻力，以及减轻发动机重量。

4）工作安全可靠

旋翼飞行器在空中的飞行安全是由各组成部分可靠的工作来保证的。要维持正常飞行，发动机就必须始终处于可靠状态。描述发动机可靠性的参数是：空中停车率＝发动机空中停车数/每千飞行小时。

5）寿命长

旋翼飞行器发动机的寿命长，可降低使用成本，节约原材料。发动机寿命有翻修寿命和总寿命之分。翻修寿命是指发动机制造厂商规定的从发动机出厂到第一次翻修或两次翻修间的使用期限；总寿命是指发动机经过若干次翻修后停止使用时的使用期限。在实际使用中发动机的使用寿命与发动机是否正确使用密切相关。正确使用发动机不仅可以有效延长发动机的使用寿命，还可降低发动机的使用成本。

6）维护方便

日常维护方便可提高维护质量，确保发动机随时处于安全可靠状态。在旋翼飞行器实际飞行中，发动机维护性的好坏将直接影响到飞行的正常及维护成本。要使发动机便于维护，降低维护成本，对发动机的设计、制造都应有相应要求，如发动机的安装位置、零部件的通用性及可更换性，零部件的快速拆卸及安装等。

### 1.3.2 电动和油动旋翼飞行器的特点和对比分析

目前出于成本和使用方便的考虑，微型和轻型无人机中普遍使用的是电动动力系统，电动系统主要由电动机、动力电源、调速系统三部分组成。而大型、中型、小型旋翼飞器行广泛采用的动力装置大多为燃油发动机系统。

**1. 电动旋翼飞行器的特点**

电动旋翼飞行器的旋翼系统采取定矩变速调节升力方案，空气螺旋桨的桨矩是固定的，其向上的升力大小取决于空气螺旋桨的转速，转速越大升力越大，转速越小升力越小。电动旋翼飞行器能克服油动旋翼飞行器旋翼桨毂及其操纵系统结构过于复杂的缺点，从而具有结构简单、重量轻、故障率低、维护简便、无空气污染等许多优点，其缺点是旋翼直径小、载重小、续航时间短、电池消耗大等。

电动旋翼飞行器大多采用直流电动机作为驱动旋翼旋转的发动机，由聚合物锂电池或燃料电池提供能量。电动机是一种旋转式电动机器，它将电能转变为机械能。旋翼飞行器在飞行中为了实现前进、后退、侧飞和转弯等，采用电调控制直流电动机的转速。对直流电动机转速的控制既可采用开环控制，也可采用闭环控制。这两种转速控制系统相比较，后者的机械特性比前者高；当理想空载转速相同时，后者的静差率（额定负载时电动机转速降落与理想空载转速之比）比前者要小得多；当要求的静差率相同时，后者的调速范围可以大幅增加。直流电动机的转速控制方案如图1-11所示。

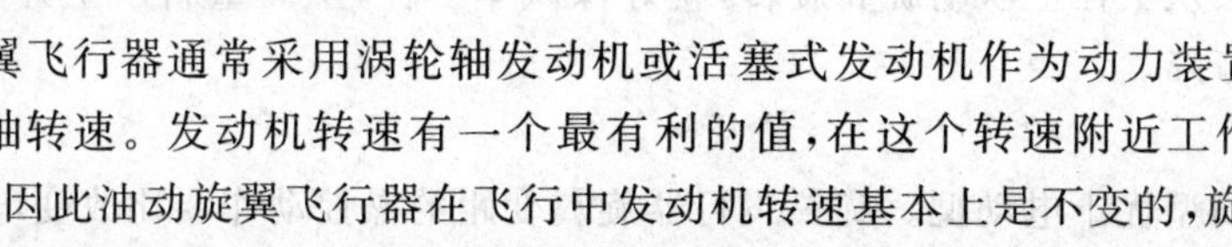

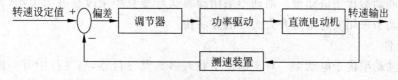


图1-11 无刷直流电动机的转速控制方案

**2. 油动旋翼飞行器的特点**

油动旋翼飞行器通常采用涡轮轴发动机或活塞式发动机作为动力装置，旋翼转速取决于发动机主轴转速。发动机转速有一个最有利的值，在这个转速附近工作时，发动机效率高，寿命长。因此油动旋翼飞行器在飞行中发动机转速基本上是不变的，旋翼升力的改变主要靠调节桨叶总距来实现。由于桨距变化将引起阻力力矩变化，所以，在调节旋翼桨距的同时还要调节发动机油门，保持转速尽量靠近最有利转速工作。油动旋翼飞行器旋翼桨距是可变的，对于传统的单旋翼飞行器或双旋翼飞行器，其操纵系统必须安装自动斜倾器及液压系统，以保证飞行中既可以进行总矩操控，又可以进行周期变距操控。对于多旋翼飞行器，由于它只需要进行总矩操控，没有周期变距，因而可以取消结构复杂的自动斜倾器及液压系统，从而大大简化了总体结构，提高了飞行可靠性和稳定性。

油动旋翼飞行器的优点是旋翼直径可以做得比较大，因而载重能力强，载重量可达几百到几千千克，甚至几十吨，比较适合于大型或重型的旋翼飞行器；其续航时间也基本上不受限制，主要由机上携带的油量来决定的，一般可达几个小时或更长时间。

**3. 油动与电动旋翼飞行器的对比分析**

油动旋翼飞行器与电动旋翼飞行器都是目前市场上广泛受到青睐的两种旋翼飞行器类型，其中油动型大多属于工业级，电动型大多属于消费级。针对不同的用途和使用环境，它们都大有用武之地。从性能和特点上对比分析，两者各有千秋。

1）续航能力

续航能力油动型优于电动型。一般情况下电动旋翼飞行器采用聚合物锂电池作为能源只能飞行 20min 或半小时左右就要更换电池，但如果采用燃料电池则可以飞行 3h；油动旋翼飞行器飞行时间基本上不受限制，主要由机上携带的油量来决定的，一般可达几个小时或更长时间。

2）旋翼尺寸

旋翼飞行器的旋翼尺寸大小与其飞行载重有比较密切的关系，对于微型、轻型旋翼飞行器，电动型和油动型两者的旋翼尺寸都不大。但是对于飞行载重比较大的大、中、小型旋翼飞行器，油动型明显优于电动型。主要原因是由于旋翼直径越大越难改变其转速，因此电动型采用变速改变旋翼升力大小的方法限制了旋翼直径不能太大。如果旋翼直径太大，旋翼桨叶的转动惯量会很大，想调节旋翼的转速，其反应就会很慢，这时多旋翼飞行器就不好控制了，甚至不能控制。油动型采用变距改变旋翼升力大小的方法就没有这种限制。

3）载重能力

载重能力油动型优于电动型。一般情况下电动旋翼飞行器载重量只有几千克、十几千克或几十千克；油动旋翼飞行器载重量可达几百、几千千克或更多(几十吨)。

4）操控性

操控性油动型优于电动型。油动型采用旋翼桨叶变总距来改变升力大小，其操控响应速度要比电动型采用变速改变升力大小的方法快。

5）安全性

安全性油动型优于电动型。对于油动型载人多旋翼飞行器，当飞行中万一出现自动控制或动力系统发生故障，无法正常工作的紧急情况时，机上乘员可立即按下应急按钮，使旋翼与发动机脱钩，让旋翼处于无动力的自转状态。由于旋翼没有动力，飞行器下坠过程中所产生的相对气流会从下往上吹动旋翼旋转，就好像风车一样，从而重新产生升力，使飞行器可以比较平稳地着陆。

6）抗风能力

抗风能力油动型优于电动型。旋翼飞行器旋翼变距的操控动作要比改变电动机转速的动作灵活很多，飞行中遇到风时，其反干扰的响应速度也就快很多；另外，电动旋翼飞行器大多是微小型的，总体结构轻轻巧巧的，本身就有点“弱不禁风”，相比之下，载重大油动旋翼飞行器的抗风能力则要强得多。

7）价格和成本

在价格和成本方面，一般情况下电动旋翼飞行器购机价格要比油动旋翼飞行器便宜。

但在使用成本上，油动型优于电动型。电动旋翼飞行器虽然购买价格便宜，但使用成本高，因为它靠聚合物锂电池飞行，电量消耗大，充电一次只能飞 20min。要经常充电及更换电池，而电池价格高、寿命短。油动旋翼飞行器虽然购机价格高，但使用维护成本低。按照总体拥有成本（购置费用加上使用维护费用）计算，总成本油动型优于电动型。

8）环保特性

环保方面电动型优于油动型。油动旋翼飞行器在飞行过程中排出的废气会对周围空气造成污染，而电动旋翼飞行器则没有这个问题。

9）载客特性

载客能力油动型优于电动型。载人的旋翼飞行器因为要载人，所以必须要有更强大的承载能力。驱使旋翼转动不论使用电动机还是燃油发动机，主要看使用的是什么能源，如果使用电池，首先要解决的就是续航时间的问题，电动型采用锂电池续航时间只有 20min 左右，显然安全保障系数太低。例如飞到目的地但没法降落，那就需要有更大的续航余量才能保障飞行器的安全性，这一点很重要，如果采用燃料电池续航时间能达到 1h 则没有问题。油动型旋翼飞行器由于动力装置的功率足够大，载重量和航程大，且续航时间长，因此可以制造成乘坐多人甚至几十人的大型客机。电动型因受到旋翼直径不能太大的限制，其载重能力弱，只能制造成乘坐很少人的轻小型客机。

## 1.4　旋翼飞行器动力装置系统的基本概念

旋翼飞行器动力装置是指发动机以及保证发动机正常工作所必需的系统和附件的汇总，称为动力装置系统。它是旋翼飞行器最重要的关键设备系统，其性能品质的优劣直接对旋翼飞行器的安全可靠飞行起到巨大的，甚至是决定性的影响。

### 1.4.1　旋翼飞行器发动机数量要求

多旋翼飞行器上发动机的数目是由其重量、种类、用途，以及发动机的类型所决定的。在多旋翼飞行器总体设计时，发动机数量选取的原则对于采用电动机和燃油发动机两种发动机类型的要求是不一样的，需要分开考虑。

**1. 电动旋翼飞行器发动机数量要求**

电动旋翼飞行器采用电动机数量一般与旋翼的数量相同，即一台电动机驱动一个旋翼，因此电动机数量主要取决于旋翼数量，如双旋翼飞行器和多旋翼飞行器的情况。但是单旋翼飞行器通常要采用一大一小两台电动机，一台功率大的电动机用于驱动主旋翼，另一台功率小的电动机用于驱动尾桨。

对于多旋翼飞行器，由于旋翼数量（即电动机数量）较多，考虑的因素主要有以下几个方面。

1）稳定性

多旋翼飞行器在无风情况下飞行，从理论上讲其飞行稳定性是 8 旋翼大于 6 旋翼，6 旋翼大于 4 旋翼。原因是对于一个运动特性确定的飞行器来说，自然是能参与控制的量越多，越容易得到好的控制效果。4 旋翼飞行器是一个欠驱动系统，而到 6 旋翼时就是一个完全驱动系统了。

2）安全性

多旋翼飞行器旋翼数量较多时，如果一台电动机突然失效，则安全保险系数大，例如，8旋翼即使有两台发动机失效或6旋翼有一台发动机失效，仍然有4台电动机可保障多旋翼飞行器正常降落，而4旋翼就只能靠旋翼自转下滑迫降了。但另一方面，旋翼数量（即电动机数量）越多，出故障的概率也越高，所以也不能简单说旋翼数量越多越安全。

3）体积尺寸

旋翼直径大小会给多旋翼飞行器带来很大的影响，因为旋翼数目多了，体积尺寸会加大。假设总拉力相同时，几个旋翼的桨盘总面积相同，那么4旋翼每隔90°放置一个旋翼，其旋翼直径为1，旋翼中心距离机体中心距离为1；6旋翼每隔60°放置一个旋翼，其旋翼直径为0.8，旋翼中心距离机体中心距离为1.414；8旋翼每隔45°放置一个旋翼，其旋翼直径为0.71，旋翼中心距离机体中心距离为1.839。很容易看出，旋翼的数量越多，多旋翼飞行器的体积尺寸也就会做得越大，结构会越复杂。

4）旋翼折叠

旋翼越多，其折叠收纳就越是难题。4旋翼和6旋翼尚且可以折叠，8旋翼就一点办法也没有了。即使是简单的拆掉旋翼支臂，旋翼数量越多在现场组装需要花费的时间也就越多。而且，由于多旋翼飞行器有旋翼安装顺序的要求，现场要安装的旋翼越多，也就意味着潜在的出错性可能越高。

5）共轴双旋翼结构

为了在不增大多旋翼飞行器体积的情况下使其总功率更大，最简单的办法是把两个旋翼上下叠放，由两个电动机分别驱动两个大小相同、转向相反的旋翼转动（图1-12），使它们产生的反扭矩相互抵消。

多旋翼飞行器采用共轴式双旋翼的方式，共轴反桨的上下一对旋翼的气流之间存在着相互干扰，这种气流干扰依据飞行状态的不同，对动力组合的效率影响有好有坏，其特点如下：

（1）悬停状态效率提高。多旋翼飞行器采用共轴式双旋翼的方式，在悬停飞行状态两旋翼间的气动干扰会产生有利影响，能提高悬停效率，如图1-12所示。由于上旋翼尾迹的收缩通过下旋翼的引流得以扩张，从而增强了尾流的有效区，并可消除尾流的旋流损失。在相同总重下，共轴式旋翼的直径只相当于单旋翼直径的0.78，根据单旋翼和共轴式双旋翼模型进行的试验结果表明，在拉力系数与旋翼实度之比 $C_T/\sigma=0.13\sim0.20$ 范围内，共轴式多旋翼飞行器的悬停效率比单旋翼式的要高17%～30%。

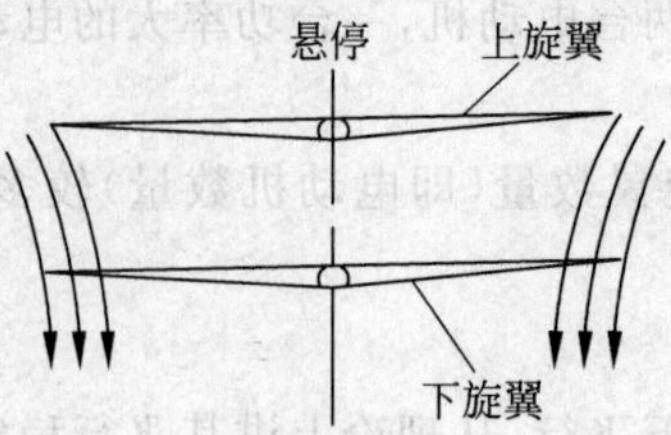


图1-12　共轴式双旋翼工作原理示意图

(2) 前飞状态效率降低。与悬停状态相反，多旋翼飞行器采用共轴式双旋翼的方式，在前飞状态两旋翼间的气动干扰会产生不利影响，即两个旋翼之间的气动干扰会产生附加的诱导损失，使双旋翼总的气动效率损失15%～20%。附加诱导损失的大小与两个旋翼轴向距离$Y$与旋翼半径$R$之比($Y/R$)有关。上下两旋翼之间轴向距离增大，两个旋翼之间的气动干扰产生的附加诱导损失减小。为了减小双旋翼气动干扰产生的附加诱导损失及避免两个旋翼相碰撞，一般要求共轴式双旋翼之间轴向距离$Y$与旋翼半径$R$之比($Y/R$)大于0.2。

(3) 机体体积减小。多旋翼飞行器采用共轴式双旋翼方式的另一设计特点是减小了体积尺寸。例如4轴8旋翼飞行器的体积约为8轴8旋翼飞行器的54%，体积减小了几乎一倍。由于体积尺寸减小，降低了纵向和横侧惯量矩，在飞行重量相同的条件下，共轴式双旋翼的惯量矩仅为单旋翼式的1/2。其优点是体积小，结构紧凑，重量效率高，具有较大爬升率和使用升限。

**2. 油动旋翼飞行器发动机数量要求**

油动旋翼飞行器发动机数量要求与电动旋翼飞行器的要求不同，它一般不要求发动机的数量与旋翼的数量相同或两者之间有什么关联。在进行旋翼飞行器总体设计时，油动旋翼飞行器发动机数量的选择主要考虑以下几个方面的因素：

1) 全机重量因素

油动旋翼飞行器确定发动机个数的首要原则是要考虑它的全机重量，轻小型旋翼飞行器由于起飞重量较小，大多采用单台发动机，以减小传动系统复杂性和重量，从而降低全机总重量；而大中型旋翼飞行器则一般安装两台发动机，以增大动力系统的总功率。

2) 发动机功率因素

发动机功率的大小在很大程度上决定了其在旋翼飞行器上安装数量的多少。由于发动机的剩余功率越大，旋翼飞行器响应特性就越好。如果单台发动机的功率太小，无法满足旋翼飞行器的载重和飞行性能要求，就不得不采用多台发动机，以使多台发动机加在一起的总功率能达到旋翼飞行器的功率要求。随着推进技术的进步，现代涡轮轴发动机的功率越来越高，推力越来越大，不需要很多台就可以为旋翼飞行器提供足够的动力，因而近些年来旋翼飞行器发动机的数目基本上都不会超过2～3台。

3) 发动机类型的因素

油动旋翼飞行器发动机的类型主要有活塞发动机和涡轮轴发动机两种，由于这两种发动机的结构和性能特点差别较大，因此考虑的主要因素和重点也不一样。

(1) 活塞发动机。采用活塞发动机时，大多数旋翼飞行器都只安装一台发动机，这是由总体布局决定的。如果安装两台或多台活塞发动机将造成动力装置系统重量剧增，对旋翼飞行器的有效载重、飞行性能等造成较大的不利影响。

(2) 涡轮轴发动机。采用高性能的涡轮轴发动机将大大改善旋翼飞行器的性能，可以显著地增大有效载荷和航程。一般来说，涡轮轴发动机的功率越大，其比重及单位耗油率越小，从这个角度出发，采用单发比较有利，传动系统也比较简单些。但是，采用双发或三发能更好保证飞行安全，而且在巡航飞行时可以关掉其中的一台，既不影响巡航飞行，又能降低单位耗油率。因此大中型旋翼飞行器大多都采用双发或三发的方案，这样可以选择较大的桨盘载荷，以减轻结构重量，缩小机体外廓尺寸，提高飞行安全性。但是对于轻小型旋翼飞行器来说，由于目前市场上缺少功率很小涡轮轴发动机，并且功率越小比重等性能越差，所以大多采用单发的方案。

### 1.4.2 旋翼飞行器动力装置系统的组成

组成旋翼飞行器动力装置取决于所用发动机的类型，可由下面的全部或部分系统组成。

#### 1. 直流电动机及其附件和系统

为旋翼飞行器提供动力的电动机类型主要有无刷直流电动机和空心杯有刷直流电动机两种。

1）无刷直流电动机系统

旋翼飞行器采用无刷直流电动机作为发动机，其动力装置由 5 部分构成。

（1）无刷直流电动机。无刷直流电动机属于外转子电动机，没有电刷。

（2）电调。电调全称为电子调速器(ESC)，主要作用是控制电动机的转速。

（3）电池。电池用来给电动机供电，旋翼飞行器常用的电池有聚合物锂电池、燃料电池等。

（4）平衡充电器。由于旋翼飞行器电池的电流极大，其专用电池必须要用平衡充电器进行充电。

（5）传动系统。微型旋翼飞行器载重小，一般将旋翼叶片直接安装在电动机的转轴上，不另外加装传动齿轮。但对于载重大的旋翼飞行器，旋翼轴与电动机转轴中间需要安装齿轮传动系统。原因是：首先，电动机转轴只能承受及传递扭矩，因此旋翼轴外面要有轴套支架，轴套上端通过轴承与桨毂相连，轴套支架底部固定在机体上承受旋翼拉力，旋翼轴只需承受扭矩；其次，电动机与旋翼之间必须安装自由行程离合器，当电动机停车时借助这种单向离合器可自行与旋翼脱开，使旋翼能自由地进行自转。

2）空心杯有刷直流电动机系统

微型旋翼飞行器采用空心杯电动机(伺服微特电动机)，彻底消除了由于铁芯形成涡流而造成的电能损耗，使电动机的运转特性得到了极大改善。其动力装置包括：

（1）空心杯有刷直流电动机：空心杯有刷直流电动机转子无铁芯。

（2）MOS 管：用做驱动电路。

（3）电池：锂电池用来给电动机供电。

（4）平衡充电器：专用电池必须要用平衡充电器充电。

#### 2. 燃油发动机及其工作系统和附件

为旋翼飞行器提供动力的燃油发动机主要有航空活塞发动机和涡轮轴发动机两大类，组成旋翼飞行器动力装置取决于所用燃油发动机的种类，可由下面的全部或部分系统组成。

1）航空发动机

航空发动机将燃油的化学能转换为机械能，然后带动旋翼旋转产生升力。

2）起动点火系统

由于燃油发动机的结构和循环过程的特点，决定了它不能像电动机那样自主点火起动，必须在发动机点火燃烧前先由其他能源来带动发动机旋转。常用的起动动力源有电动机和压缩空气两大类，对于小功率燃油发动机，带动发动机到达一定转速所需的功率小，就采用了起动电动机来带动发动机旋转。但是随着大推力发动机的出现，采用电动机已无法提供如此大的能量来带动大功率发动机，无法使其达到点火燃烧时的转速，因此对于大功率燃油发动机，需要更大的能源来带动发动机，即采用压缩空气，利用气源代替电源来起动发动机成为现在所有大功率发动机的起动方式。

3）发动机固定装置

发动机固定装置是用于将发动机固定在旋翼飞行器机体上的部件系统，它是旋翼飞行器最重要受力结构之一。它除了支承庞大发动机结构外，还要承担旋翼飞行器的动力传输，故其疲劳强度问题是该部件的设计关键。

4）燃油系统

用于存储和向航空发动机的油泵供给燃油，保证发动机正常工作。

5）滑油系统

滑油系统由带过滤装置的滑油箱、导管和空气滑油散热器组成，其功用是向发动机供给需用的滑油，并进行过滤和散热，保证一定量的滑油循环使用。

6）发动机散热装置

旋翼飞行器发动机散热方式有风冷式和液冷式两种，不过现在基本都是风冷式的多。

(1) 气冷式。气冷式发动机直接利用飞行时的迎面气流进行冷却。为了减少冷却空气流量，降低阻力，在汽缸后面加有挡流板，整个发动机加整流罩。在整流罩的进口或出口设置风门，根据散热需要调节冷却空气的流量。

(2) 液冷式。液冷式发动机的冷却方法类似于汽车发动机，用循环水或其他液体冷却发动机，而冷却液又通过蜂窝状空气散热器进行冷却。为了提高冷却效率和降低阻力，散热器通常装在精心设计的通道内。涡轮喷气发动机除尾喷管温度较高外，其他部分温度并不很高，发动机及其传动附件的散热比较简单，多从进气道引出少量空气，使其流过发动机和多旋翼飞行器体间的环形通道，同时起隔热作用。

7）防火和灭火装置

旋翼飞行器的防火和灭火装置包括防火墙、预警和灭火系统。防火墙实质上是设置在发动机舱周围的防火隔板；预警系统向驾驶员指示发生火情的部位，以便及时妥善处置；灭火系统能自动扑灭火情于萌芽状态，保证飞行的安全。

8）进气和排气装置

发动机的进气和排气装置包括进气道、排气管和喷口。通常旋翼飞行器的工作环境要比固定翼飞机的工作环境恶劣得多，当它在任意无准备的场地上起飞、着陆或者低空悬停时，旋翼下洗流和绕机体的环流会从地面携带大量的尘沙污物，形成浓密的尘雾，对发动机系统造成极大的危害。因此在旋翼飞行器的设计和使用中都要特别重视进气和排气装置的防护问题。

9）附件传动装置和机外传动系统

燃油发动机附件传动装置是指将发动机转子的功率、转速传输到附件，并驱动附件以一定的转速和转向工作的齿轮轮系及传动轴的组合体。机外传动系统是指旋翼飞行器传动系统，发动机所提供的动力要经过传动系统才能到达旋翼主轴，传动系统性能好坏将直接影响旋翼飞行器的性能和可靠性。

## 本章小结

旋翼飞行器(也称为直升机)是航空飞行器大家庭中的一员，其主要结构特点是具有一个或多个可旋转的机翼(旋翼)，用以产生克服机体自重的升力，以及提供推进力和操纵力，这是它在结构外形上和飞行原理上与固定翼飞机之间存在的最大的差别。这种差别使得旋翼飞行器具有大多数固定翼飞机所不具备的飞行特点。旋翼飞行器按结构划分有单旋翼式、共轴式双旋翼、纵列式双旋翼、横列式双旋翼、多旋翼及其他特殊结构等多种类型。它的应用已遍及民用和军用各个领域。

旋翼又称为升力螺旋桨，属于螺旋桨的一种，是旋翼飞行器最主要的部件。从能量观点来看，旋翼不过是一具“能量转换器”。从构造上来看，它是由数片桨叶及一个桨毂(亦称轴套)组成。旋翼的桨叶一面绕轴旋转，一面随飞行器做直线运动，甚至曲线运动，其空气动力现象要比固定机翼的复杂得多。

旋翼飞行器概念的提出是非常早的，但真正造出能飞行的旋翼飞行器却很晚，是 20 世纪 40 年代初期的事情。从那时至今 70 多年来，旋翼飞行器获得了前所未有的高速发展，其应用领域不断扩展，技术上有了许多重大突破，其中最重要的进展是近 10 年来多旋翼无人机的生产和应用在国内外的蓬勃发展，特别是低空、慢速、微轻型多旋翼无人机数量快速增加，占到民用旋翼飞行器市场的绝大多数份额。多旋翼无人机是一种机上没有搭载驾驶员的旋翼飞行器。目前大多数多旋翼无人机既是航模，又是无人机，称为航模级(也称为消费级)多旋翼无人机。与此同时，从发展的眼光来看，载人多旋翼飞行器(简称为多旋翼客机)必将成为多旋翼无人机发展的新热点。

旋翼飞行器动力装置的核心设备是发动机，常用的有电动机和燃油发动机两大类。电动旋翼飞行器以电动机作为动力来源，大多是微型和轻型的旋翼飞行器，属于消费级类(航模)，比较适合个人使用。其动力装置由电动机、电调、电池、平衡充电器等几部分构成。油动旋翼飞行器以燃油发动机(航空发动机)，包括航空活塞发动机和航空涡轮轴发动机作为动力来源，大多属于大中型的旋翼飞行器，载重大，航程远，特别适合用作载人的客机。其动力装置包括发动机、发动机起动系统、发动机固定装置、燃油系统、滑油系统、发动机散热装置、防火和灭火装置、进气和排气装置和传动系统等。

本章介绍和讨论的重点是：①旋翼飞行器的定义、特点、分类方法及其用途，旋翼的基本结构、运动和功能，以及如何按照旋翼驱动方式来区分旋翼飞行器和旋翼机两种不同的机型等。②旋翼飞行器的发展历程，包括早期技术探索时期，实用时期和大发展时期的主要进展；多旋翼无人机的定义、功能、市场现状和发展趋势，以及多旋翼无人机飞行控制的特点、方式和飞行安全保障措施等。③旋翼飞行器发动机的分类和品质要求、电动和油动旋翼飞行器的特点，以及两者的对比分析，电动和油动旋翼飞行器发动机数量要求及其动力装置系统的组成等。

# 习题

1. 什么是旋翼飞行器？它与固定翼飞机之间有哪些区别？
2. 什么是旋翼的反扭矩？旋翼飞行器如何消除旋翼的反扭矩？
3. 旋翼飞行器依据其重量分成了哪几类？按结构分成了哪几类？
4. 举例说明旋翼飞行器的用途。
5. 简述旋翼的基本结构、运动、功用和能量转换方式。
6. 如何按照旋翼驱动方式来区分旋翼飞行器和旋翼机？
7. 简述旋翼飞行器的发展历程。如何区分旋翼飞行器的实用期和大发展期？
8. 什么是多旋翼无人机？什么是航空模型、航模运动、航模级和载人多旋翼无人机？
9. 简要说明多旋翼无人机旋翼自转状态的气动力学原理。
10. 简述多旋翼无人机主要功能和用途。
11. 比较固定翼飞机、单旋翼飞行器和多旋翼无人机三者的飞行控制特点。
12. 什么是多旋翼无人机半自主控制和全自主控制？
13. 多旋翼无人机飞行安全保障措施有哪些？
14. 旋翼飞行器常用发动机的类型和品质要求有哪些？
15. 简述电动旋翼飞行器和油动旋翼飞行器的特点，并进行对比分析。
16. 简述电动旋翼飞行器和油动旋翼飞行器发动机的数量要求。
17. 组成电动旋翼飞行器和油动旋翼飞行器动力装置的系统有哪些？

# 第二篇　电动机篇

第2章　相关的电磁基本知识

第3章　直流电动机原理与特性

第4章　无刷直流电动机与空心杯电动机

# 第2章

# 相关的电磁基本知识

**主要内容**

(1) 磁的基本知识；
(2) 电的基本知识；
(3) 电流磁效应的基本知识；
(4) 电路的基本知识；
(5) 磁路的基本知识。

## 2.1 磁的基本知识

电与磁之间存在着密切的关系：利用电流可以产生磁场，反之利用闭合导体对磁场的相对运动可以产生电流。电动机工作原理是利用磁场对电流受力的作用，使电动机转动。因此要深入研究电动机的结构、运行机理和特性，首先有必要研究了解与之相关磁的基本知识。

### 2.1.1 磁性、磁体和磁化的基本概念

磁现象是自然界中常见的现象，它在许多科学技术领域及日常生活中得到了广泛的应用。

**1. 磁性**

磁性是指物质在磁场作用时，其原子或次原子水平所起的反应的性质。磁性是物质的一种基本属性，任何物质或强或弱都具有磁性，所以任何物质在不均匀磁场中都会受到磁力的作用。物质的磁性来源于原子的磁矩，其强弱是由在磁场中单位质量的物质所受到的磁力方向和强度来确定的。

物质是由原子组成的，原子又是由原子核和核外电子组成的。原子中电子绕原子核作圆轨道运转和绕本身的自旋运动，相当于有电流的闭合回路，会产生电磁以太的涡旋而形成磁性，即电子由于运动而产生磁矩。电子磁矩由电子的轨道磁矩和自旋磁矩组成，在晶体中电子的轨道磁矩受晶格的作用，其方向是变化的，不能形成一个联合磁矩，对外没有磁性作用；但是电子自旋运动会形成一个对外具有磁性作用的自旋磁偶极矩（磁矩），因此物质的磁性不是由电子的轨道磁矩引起而主要是由自旋磁矩引起的。虽然原子核也具有磁矩，但核磁矩很小，通常可忽略。所以一个原子的总磁矩，是其内部所有电子自旋磁矩的矢量和。在填满了电子的次壳层中，各电子的轨道分别占据了所有可能的方向，所以磁矩相互抵消，于是在计算原子的总轨道磁矩时，只需考虑在未填满的那些次壳层上的电子的未被抵消的自旋磁矩。

物质按照其内部结构及其在外磁场中的性状可分为抗磁性、顺磁性、铁磁性、反铁磁性和亚铁磁性物质。抗磁性和顺磁性物质为弱磁性物质；铁磁性和亚铁磁性物质为强磁性物质，简称磁性材料。

1）抗磁性物质

抗磁性物质没有固有原子磁矩，其原子和分子的电子壳层是充满的，电子总磁矩为零。当受外部磁场作用时，分子中产生感应的电子环流，它所产生的磁矩与外磁场方向相反，因此宏观表现为抗磁性。常见的抗磁性物质有水、金属铜、碳和大多数有机物和生物组织。

2）顺磁性物质

顺磁性物质有固有原子磁矩，但是没有相互作用。把顺磁性物质，如铂、铝、氧和某些稀土元素等移近磁场时，可依磁场方向发生磁化，但很微弱，要用精密仪器才能测出。

3）铁磁性物质

铁磁性物质有固有原子磁矩，直接交换相互作用。铁磁性物质被磁化后，将得到很强的磁场，如铁、钴、镍及某些稀土元素。当外加磁场去掉后，材料仍会剩余一些磁场，或者说材料“记忆”了它们被磁化的历史，这种现象称为剩磁。所谓永磁体就是被磁化后，剩磁很大。

4）反铁磁性物质

反铁磁性物质有磁矩，但是电子自旋反向平行排列，其磁化率为零。许多过渡元素的化合物都有这种反铁磁性。

5）亚铁磁性物质

亚铁磁性物质有固有原子磁矩，间接交换相互作用。当施加外磁场后，其磁化强度随外磁场的变化与铁磁性物质相似。亚铁磁材料多为各类铁氧体和某些金属间化合物。

**2．磁体和磁极**

1）磁体

具有磁性的物质就称为磁体。永磁体分为天然磁体、人造磁体。磁体的磁性两端最强，中间最弱。

物体是否具有较强磁性的判断方法如下：

（1）根据磁体的吸铁性判断。

（2）根据磁体的指向性判断。

（3）根据磁体相互作用规律判断。

（4）根据磁极的磁性最强判断。

2）磁极

磁体上磁性最强的部分叫磁极。磁极的特点有：

(1) 同名磁极相互排斥，异名磁极相互吸引。

(2) 水平面自由转动的磁体，指南的磁极叫南极(S)，指北的磁极叫北极(N)，中间没有磁性的区域叫做中性区。

(3) 磁极不能单独存在，即单独的N极或单独的S极不能存在。

(4) 一个永磁铁被分成很多部分后，每一部分仍分有两极。

**3. 磁化和磁化率**

1）磁化的定义

磁化是指使原来没有磁性的物体获得磁性的过程。一般材料在正常情况下并不对外显示磁性，只有当被磁化以后，它才能对外显示出磁性。

材料磁化后就是磁性材料，是一种具有磁有序的强磁性物质。人们最早发现的天然磁铁矿石的化学成分是四氧化三铁($Fe_3O_4$)。近代制造人工电磁铁是把铁磁物质放在通有电流的线圈中去磁化，使之变成暂时的或永久的磁铁。从应用功能上讲，磁性材料分为软磁材料、永磁材料、磁记录-矩磁材料、旋磁材料等类型。软磁材料、永磁材料、磁记录-矩磁材料中既有金属材料又有铁氧体材料；而旋磁材料和高频软磁材料就只能是铁氧体材料了。

(1) 永磁材料。永磁材料，也称硬磁性材料，是指经外磁场磁化以后，即使在相当大的反向磁场作用下，仍能保持一部或大部原磁化方向的磁性，磁性能长期保持。永磁材料有合金、铁氧体和金属间化合物三类。

(2) 软磁材料。软磁性材料被磁化后，磁性容易消失。它的功能主要是导磁、电磁能量的转换与传输。因此，对这类材料要求有较高的磁导率和磁感应强度，同时磁滞回线的面积或磁损耗要小。软磁材料大体上可分为合金薄带或薄片、非晶态合金薄带、磁介质(铁粉芯)和铁氧体等四类。

(3) 矩磁材料和磁记录材料。矩磁材料和磁记录材料主要用作信息记录、无接点开关、逻辑操作和信息放大。这种材料的特点是磁滞回线呈矩形。

(4) 旋磁材料。旋磁材料具有独特的微波磁性。常用的材料已形成系列，有Ni系、Mg系、Li系、YlG系和BiCaV系等铁氧体材料；并可按器件的需要制成单晶、多晶、非晶或薄膜等不同的结构和形态。

(5) 压磁材料。压磁材料的特点是在外加磁场作用下会发生机械形变，故又称磁致伸缩材料，它的功能是作磁声或磁力能量的转换。

2）磁化率

磁化率是表征磁化属性的物理量，用符号cm表示，$cm = M/H$，即磁化率等于磁化强度$M$与磁场强度$H$之比。对于顺磁质，$cm>0$；对于抗磁质，$cm<0$，其数值都很小。对于铁磁物质，cm数值很大，且还与$H$有关，即$M$与$H$之间有复杂的非线性关系。

## 2.1.2 磁场的基本概念

**1. 磁场的定义和特性**

磁体产生磁力作用的空间叫磁场。磁体之间的相互作用是通过磁场来实现的，它的性质是对放入磁场中的磁体产生磁力的作用。磁场也可视为电流、运动电荷、磁体或变化电场周围空间存在的一种特殊形态的物质,但它是一种看不见、摸不着的特殊物质。磁场不是由原子或分子组成的,但磁场是客观存在的。磁场具有波粒的辐射特性。磁体周围存在磁场,磁体间的相互作用就是以磁场作为媒介的,所以两磁体不用接触就能发生作用。

由于磁体的磁性来源于电流,电流是电荷的运动,因而概括地说,磁场是由运动电荷或电场的变化而产生的。用现代物理的观点来考察,物质中能够形成电荷的终极成分只有电子(带单位负电荷)和质子(带单位正电荷),因此负电荷就是带有过剩电子的点物体,正电荷就是带有过剩质子的点物体。运动电荷产生磁场的真正场源是运动电子或运动质子所产生的磁场。例如电流所产生的磁场就是在导线中运动的电子所产生的磁场。

磁场的基本特性是:对处于其中的磁体、电流、运动电荷有力的作用。当施加外磁场于物质时,磁性物质的内部会被磁化,会出现很多微小的磁偶极子。磁化强度估量物质被磁化的程度。知道磁性物质的磁化强度,就可以计算出磁性物质本身产生的磁场。创建磁场需要输入能量。当磁场被湮灭时,这能量可以再回收利用,因此这个能量被视为储存于磁场。

**2. 磁场的类型**

根据磁场空间各处的磁场强度分布情况,磁场可划分以下四种类型:

(1) 恒定磁场。磁场强度和方向保持不变的磁场称为恒定磁场或恒磁场,如铁磁片和通以直流电的电磁铁所产生的磁场。

(2) 交变磁场。交变磁场是磁场强度和方向都在发生规律变化的磁场,如工频磁疗机和异极旋转磁疗器产生的磁场。

(3) 脉动磁场。脉动磁场是磁场强度有规律变化而磁场方向不发生变化的磁场,如同极旋转磁疗器、通过脉动直流电磁铁产生的磁场。

(4) 脉冲磁场。脉冲磁场是用间歇振荡器产生间歇脉冲电流,将这种电流通入电磁铁的线圈即可产生各种形状的脉冲磁场。脉冲磁场的特点是间歇方式出现的磁场,磁场的变化频率、波形和峰值可根据需要进行调节。

除此以外,恒磁场又称为静磁场,而交变磁场、脉动磁场和脉冲磁场属于动磁场。磁场的空间各处的磁场强度相等或大致相等的称为均匀磁场,否则就称为非均匀磁场。

**3. 地磁场**

1) 地磁场的定义

地球本身就是一个大磁体。地磁场是指在地球周围的空间里存在的磁场,磁针指向地球南北极是因为受到地磁场的作用。地磁场的北极在地理的南极附近,地磁场的南极在地理的北极附近。地磁的南北极与地理的南北极并不重合,它们的交角称磁偏角,地磁场的形状跟条形磁体的磁场很相似。地球的磁场向太空伸出数万公里形成地球磁圈。地球磁圈对地球而言有屏障太阳风所挟带的带电粒子的作用。地球磁圈在白昼区(向日面)受到带电粒子力的影响而被挤压,在地球黑夜区(背日面)则向外伸出。

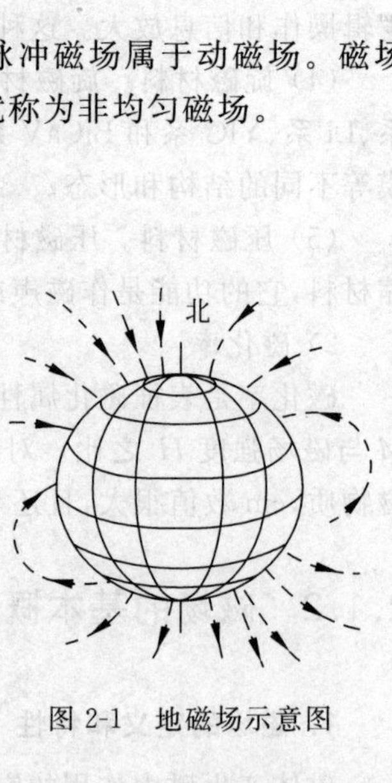


图 2-1 地磁场示意图

地球可视为一个磁偶极(图 2-1),通过北南(N-S)两个磁极的假想直线(磁轴)与地球的自转轴大约成 11.3°的倾斜。

2) 地磁场的起源

基本磁场是地磁场的主要部分,起源于地球内部,比较稳定,属于静磁场部分。变化磁场包括地磁场的各种短期变化,主要起源于地球外部,相对比较微弱。地球变化磁场可分为平静变化和干扰变化两大类型。

地球存在磁场的原因还不为人所知,普遍认为是由地核内液态铁的流动引起的。最具代表性的假说是"发电机理论"。1945 年,物理学家埃尔萨塞根据磁流体发电机的原理,认为当液态的外地核在最初的微弱磁场中运动,像磁流体发电机一样产生电流,电流的磁场又使原来的弱磁场增强,这样外地核物质与磁场相互作用,使原来的弱磁场不断加强。由于摩擦生热的消耗,磁场增加到一定程度就稳定下来,形成了现在的地磁场。地磁场强度大约是 500～600mO$_e$。

3) 地磁场的主要作用

人类很早就开始利用地磁场,例如,航海利用地磁场对指南针的作用来定向,以及根据地磁场在地面上分布的特征寻找矿藏。地磁场的变化能影响无线电波的传播,当地磁场受到太阳黑子活动而发生强烈扰动时,远距离通信将受到严重影响,甚至中断。假如没有地磁场,从太阳发出的强大的带电粒子流(通常叫太阳风)就不会受到地磁场的作用发生偏转而直射地球。在这种高能粒子的轰击下,地球的大气成分可能不是现在的样子,生命将无法存在。所以地磁场这顶"保护伞"对我们来说至关重要。

## 2.2 电的基本知识

由于油动旋翼飞行器在飞行过程中排出的废气会对周围空气造成污染,而电动旋翼飞行器则没有这个问题,因此在环保方面,旋翼飞行器采用电动机作为动力装置要优于采用燃油发动机。随着人们对生态环境保护问题越来越重视,也就会投入更多的精力和资源来研究和解决电动型旋翼飞行器目前所存在的问题。为了更好地研究电动型旋翼飞行器的动力装置,首先需要更多地研究和了解有关电的基本知识。

### 2.2.1 电和电荷的基本概念

#### 1. 电的重要性

人类历史发展通常被划分为三个阶段:农业社会、工业社会和信息社会。农业社会是指 18 世纪 60 年代工业革命之前人类社会的一种形态,有几千年的历史。其社会基本特征是以家庭为基本生产单位,依靠人力和畜力,使用简单的手工农具,劳动效率低下,自给自足。

工业社会始于 1785 年的第一次工业革命,英国人瓦特制成的改良型蒸汽机投入使用,提供了更加便利的动力,得到迅速推广,大大推动了机器的普及和发展。人类社会由此进入工业社会,以机器代替手工工具的蒸汽机时代。

19 世纪,1866 年德国人西门子成功研制发电机和 1870 年比利时人格拉姆发明电动机,人类社会发生了第二次工业革命,以电力为动力,进入了电气时代。电气时代的主要特征是电大量应用于各个领域，使社会生产效率全面提高，人们的生活水平获得改善，人的寿命延长。

信息社会始于1946年2月14日，美国宾夕法尼亚大学制成了世界上第一台计算机，人类社会进入以知识经济为主导的信息时代。信息时代的主要特征是电获得了更加空前规模的应用，以及科学技术发展突飞猛进，各种新技术、新发明层出不穷，并被迅速应用于工农业生产，大大促进了经济的发展。

电的广泛应用是电气时代和信息时代发展的基础。现在，电对于人类社会是如此的重要，不论是国民经济建设，还是人们的日常生活都已经完全离不开电。如果没有电，现代国家和城市都会因此而瘫痪。

充分认识到电的重要性可以促进我们更加努力地学习和了解有关电的知识。

**2. 电和电荷的定义**

1）电的定义

电是个一般物理学术语，是指静止或移动的电荷所产生的物理现象，它是像电子和质子这样的亚原子粒子之间产生的排斥力和吸引力的一种属性。在大自然里，电是一种自然现象，是一种能量，它是自然界四种基本相互作用（引力、电磁力、强相互作用、弱相互作用）之一，例如自然界的闪电就是电的一种现象。除了闪电，电还生成并显示出了其他许多令人印象深刻的自然效应，包括大家熟知的摩擦起电、静电感应、电磁感应等。

2）电荷的定义

构成物质的基本单元是原子，原子由电子和原子核构成，原子核又由质子和中子构成，电子带负电，质子带正电，是正、负电荷的基本单元，中子不带电。所谓物体不带电就是电子数与质子数相等，物体带电则是这种平衡的破坏。在自然界中不存在脱离物质而单独存在的电荷。在一个孤立系统中，不管发生了什么变化，电子、质子的总数不变，只是组合方式或所在位置有所变化，因而电荷必定守恒。

为了说明电荷的特征，不妨与质量作一些类比。电荷有正、负之分，于是电力有排斥力和吸引力的区别，质量只有一种，其间总是相互吸引，正是这种区别，使电力可以屏蔽，引力则无从屏蔽。德国科学家爱因斯坦描述了质量有随运动变化的相对论效应；而电子、质子以及一切带电体的电量都不因运动变化，电量是相对论性的不变量。

电或电荷有两种：一种叫做正电，另一种叫做负电。

**3. 电荷守恒定律**

电荷既不会创生，又不会消灭，它只能从一个物体转移到另一物体，或者从物体的一部分转移到另一部分；在转移过程中，电荷的总量保持不变，这就是电荷守恒定律，也就是说在与外界没有电荷交换的一个系统内，总电荷量不变（电荷的代数和不变）。电荷守恒定律是自然界重要的基本规律之一，它是从大量实验概括得出的自然界的基本规律，对宏观现象、微观现象都适用，对所有惯性参考系都成立。

要使物体带电，可利用电磁感应、摩擦起电、接触起电、静电感应、光电效应等方法。物体是否带电，通常可用验电器来检验。物体带电实际上是得失电子的结果，这意味着电荷不能离开电子、质子而存在，即电荷乃是电子、质子等微观粒子所具有的一种属性。

电荷守恒定律的微分形式的表达式为

$$\frac{\partial J_x}{\partial x}+\frac{\partial J_y}{\partial y}+\frac{\partial J_z}{\partial z}=-\frac{\partial \rho}{\partial t} \tag{2-1}$$

式中：$J$ 为电流密度，$\rho$ 为电荷的体积密度。此式表明在闭合面上各处流出的总电流，等于在闭合面所包围的容积中总电荷的时间减少率，或者说电荷是守恒的。

## 2.2.2　电场的基本概念

### 1. 电场、电场力和电场强度

1）电场的定义

电场是存在于电荷周围能传递电荷与电荷之间相互作用的物理场，它是电磁场的一个方面。在电荷的周围存在着由它产生的电场，同时电场对场中其他电荷产生力的作用。观察者相对于电荷静止时所观察到的电场称为静电场。如果电荷相对于观察者运动，则除静电场外，还有磁场出现。除了电荷可以引起电场外，变化的磁场也可以引起电场，前者为静电场，后者叫做感应电场。由于变化的磁场引起电场，所以运动电荷或电流之间的作用要通过电磁场来传递。

电场是电荷及变化磁场周围空间里存在的一种特殊物质。电场这种物质与通常的实物不同，它不是由分子、原子所组成，但它是客观存在的，电场具有通常物质所具有的力和能量等客观属性。电场的力的性质表现为：电场对放入其中的电荷有作用力，这种力就称为电场力。电场的能的性质表现为：当电荷在电场中移动时，电场力对电荷做功(这说明电场具有能量)。

2）电场力

电场力是当电荷置于电场中所受到的作用力，或是在电场中为移动自由电荷所施加的作用力。库仑定律阐明，在真空中两个静止点电荷之间的相互作用力与距离平方成反比，与电量乘积成正比，作用力的方向在它们的连线上，同号电荷相斥，异号电荷相吸(图 2-2)。

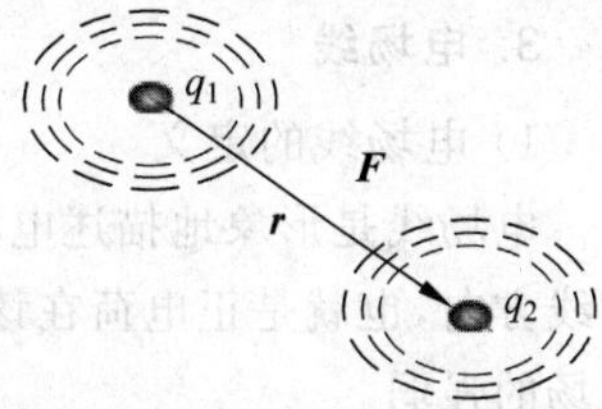


图 2-2　库仑定律示意图

当有多个电荷同时作用时，其大小及方向遵循矢量运算规则。电场力是由电荷和电场强度共同决定的，而电场强度是由电场本身决定的。若知道某点的电场强度的大小和方向，就可求出电荷在该点受的电场力的大小和方向。

3）电场强度

电场力的性质用电场强度来描述。在电场中放一个检验电荷，它所受到的电场力跟它所带电量的比值叫做这个位置上的电场强度。电场强度是一个矢量，电场中某点的电场强度的方向与正电荷在该点所受静电力的方向相同，与负电荷在该点受静电力的方向相反。正电荷受电场力的方向为该点场强方向，在点电荷形成的电场中，在以点电荷为球心的球面上的各点电场强度大小相等，但方向不同。

电场强度是用来表示电场强弱和方向的物理量，它是矢量，用 $\boldsymbol{E}$ 表示，其数值等于电场中某点的电荷所受静电力 $F$ 跟它的电荷量 $q$ 比值，即 $\boldsymbol{E}=F/q$，电场强度的单位为 V/m(伏特/米)或 N/C(牛顿/库仑)，这两个单位实际上相等。常用的单位还有 V/cm(伏特/厘米)。

电场中某一点处的电场强度 $\boldsymbol{E}$ 的大小和方向是唯一的，其大小和方向取决于场源电荷及空间位置。电场是客观存在的，与放不放检验电荷以及放入检验电荷的正、负电量的多少均无关。

电场中各点场强的大小相等、方向相同的电场就叫匀强电场。两个大小相同、正对且带等量异种电荷的平行金属板间的电场中，除边缘附近外，整体上是匀强电场。

**2. 电流强度**

导体中的自由电荷在电场力的作用下做有规则的定向运动就形成了电流。电流产生的原因是导体中有电压的存在，所以产生了电力场强，使电路中的自由电荷受到电场力的作用而产生定向移动，从而形成了电路中的电流。

电流强度简称电流，是指单位时间里通过导体任一横截面的电量。通常用字母 $I$ 表示，它的单位是安培，简称安，用符号 A 表示。造成电荷在导体中定向移动的作用力来源于电源的电动势形成的电压，继而产生了电场力，在电场力的作用下，处于电场内的电荷发生定向移动，形成了电流。电流表达式为

$$I = Q/t \tag{2-2}$$

式中：$Q$ 为电荷量，单位为 C(库伦)；$t$ 为时间，单位为 s(秒)。

每秒通过 1C 的电量称为 1A(安培)。安培是国际单位制中所有电流的基本单位。除了安培，常用的单位有千安(kA)、毫安(mA)、微安($\mu$A)，1A＝1000mA＝1 000 000$\mu$A。

电学上规定：正电荷定向流动的方向为电流方向。有很多种承载电荷的载子，例如，导电体内可移动的电子、电解液内的离子、等离子体内的电子和离子、强子内的夸克。这些载子的移动形成了电流。

**3. 电场线**

1）电场线的定义

电场线是形象地描述电场而引入的假想曲线，规定电场线上每点的场强方向沿该点的切线方向，也就是正电荷在该点受电场力的方向(负电荷受力方向相反)。曲线的疏密表示电场的强弱。

如图 2-3 所示为某电场的一组电场线，不同点的场强的方向可以通过作该点的切线得到，场强的大小可以根据不同区域的电场线的疏密程度判断得到，电场线密的地方场强大。从图中可以看出 $B$ 点的电场强度大小大于 $C$ 点的电场强度的大小。

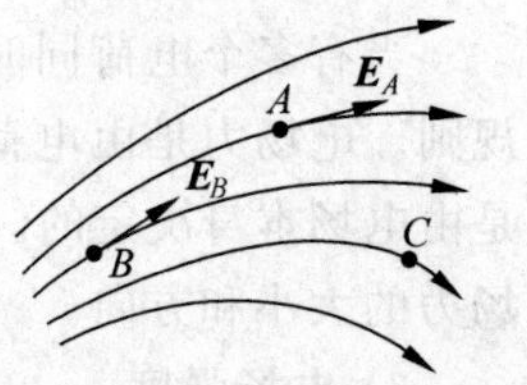

图 2-3　电场线示意图

电场线是人们为了研究电场而假想的曲线，不是实际存在的线。电场线只能描述电场的方向及定性地描述电场的强弱，并不是带电粒子在电场中的运动轨迹。带电粒子的运动轨迹是由带电粒子受到的合外力情况和初速度共同决定的。电场中的电场线确定以后是不变的，但是电荷在电场中运动时初速度不同，得到的运动轨迹可以有无数种。只有当电场线是直线，而带电粒子又只受电场力作用时运动轨迹才有可能与电场线重合。

2）电场线的特点

(1) 电场线上每点的切线方向就是该点电场强度的方向。

(2) 电场线的疏密反映电场强度的大小(疏弱密强)。

(3) 静电场中电场线始于正电荷或无穷远，止于负电荷或无穷远，既不封闭也不在无电荷处中断。

(4) 任意两条电场线不会在无电荷处相交。

3) 常见电场的电场线

(1) 正点电荷。正点电荷的电场线呈现发散状(图 2-4)，越靠近点电荷处，电场线越密，电场强度 $\boldsymbol{E}$ 越大。以场源电荷为圆心、一定长度为半径的圆周上的各点场强的大小相同，方向不同。

(2) 负点电荷。负点电荷的电场线呈现会聚状(图 2-5)，其形状与正点电荷相似，越靠近点电荷处，电场线越密，电场强度 $\boldsymbol{E}$ 越大。以场源电荷为圆心一定长度为半径的圆周上的各点场强的大小相同，方向不同。

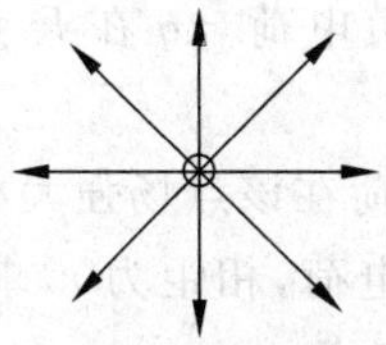

图 2-4　正点电荷的电场线

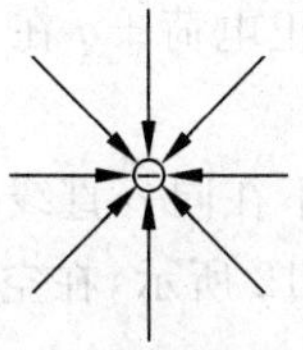

图 2-5　负点电荷的电场线

(3) 等量同号电荷。等量同号电荷的电场线呈现相斥状(图 2-6)，电荷连线的中点处电场强度 $\boldsymbol{E}=0$，电荷连线的中垂线上各点的电场强度与中垂线共线。

(4) 等量异号电荷。等量异号电荷的电场线呈现相吸状(图 2-7)，电荷的连线上的电场的方向是由正电荷指向负电荷，电荷连线的中垂线与该处的电场的方向处处垂直。

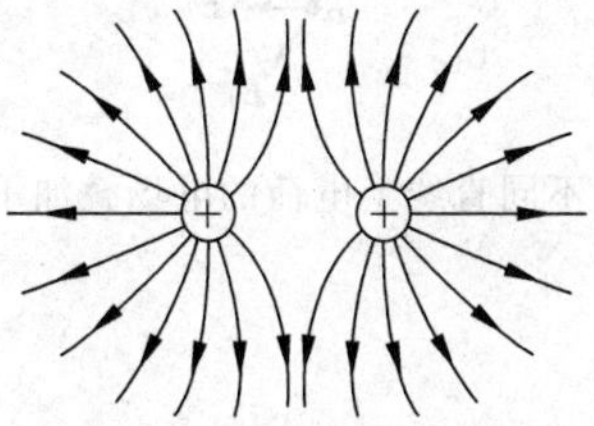

图 2-6　等量同号电荷的电场线

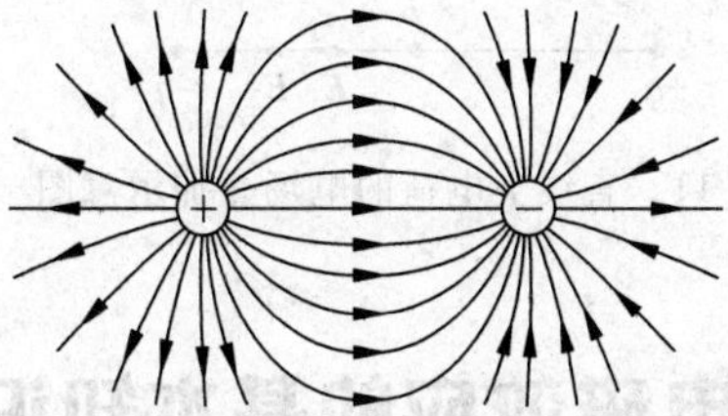

图 2-7　等量异号电荷的电场线

(5) 匀强电场。匀强电场的电场线呈现平行的、等间距的、同向的直线状(图 2-8)，电场强度处处相等。

4) 电场线的疏密和电场强度的关系

按照电场线的画法的规定，场强大的地方电场线密，小的地方电场线疏。在图 2-9 中，$\boldsymbol{E}_A > \boldsymbol{E}_B$。

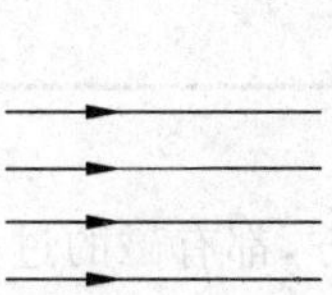

图 2-8　匀强电场的电场线

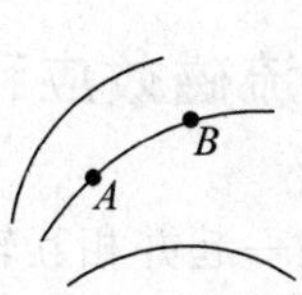


图 2-9　电场线的疏密和电场强度的关系

但若只给一条直电场线，如图 2-10 所示，$A$、$B$ 两点的场强大小无法由疏密程度来确定，对此情况可有多种推理判断：

(1) 若是正点电荷电场中的一根电场线，则 $\boldsymbol{E}_A > \boldsymbol{E}_B$。

(2) 若是负点电荷电场中的一根电场线，则有 $\boldsymbol{E}_A < \boldsymbol{E}_B$。

(3) 若是匀强电场中的一根电场线，则有 $\boldsymbol{E}_A = \boldsymbol{E}_B$。

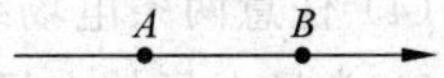


图 2-10　一条直电场线示意图

**4. 电场叠加原理**

如果空间有几个点电荷同时存在，它们的电场就互相叠加，形成合电场，这时某点的场强等于各个电荷单独存在时在该点产生的场强的矢量和，这叫做电场的叠加原理。电场叠加时某点场强的合成遵守矢量运算的平行四边形定则。

(1) 当两场强方向在同一直线上时，选定一个方向为正方向后可作代数运算。

如图 2-11 所示，正电荷 $+q$ 在 $P$ 点场强为 $\boldsymbol{E}_1$，负电荷 $-q$ 在 $P$ 点场强为 $\boldsymbol{E}_2$，则 $\boldsymbol{E}_P = \boldsymbol{E}_1 + \boldsymbol{E}_2$，方向向右。

(2) 当场强方向不在同一直线上时，应求出各电荷在该点场强大小，然后判断其方向进行矢量合成。如图 2-12 所示，在空中两个等量异种电荷，相距为 $r$，求到两点电荷距离为 $r$ 的 $P$ 点的电场强度。

因为 $\boldsymbol{E}_1$ 和 $\boldsymbol{E}_2$ 的方向所成夹角为 $2\times60°$，依平行四边形定则，作出 $\boldsymbol{E}_1$、$\boldsymbol{E}_2$ 的合场强 $\boldsymbol{E}_P$，由于 $\Delta PE_2E_P$ 为等边三角形，故 $\boldsymbol{E}_P = \boldsymbol{E}_1 = \boldsymbol{E}_2$，方向向右。

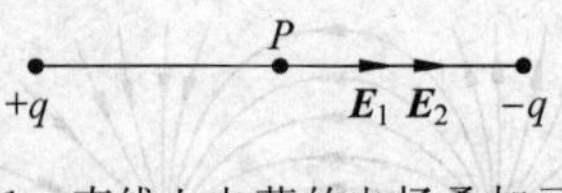


图 2-11　直线上电荷的电场叠加示意图

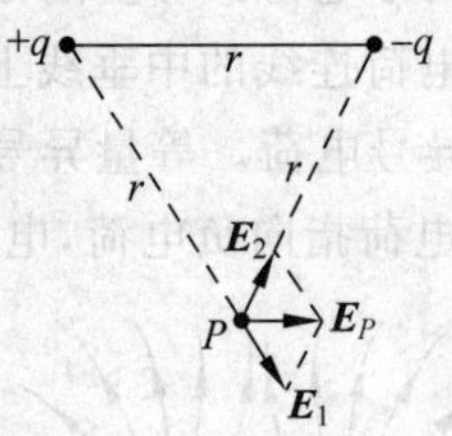


图 2-12　不同直线上电荷的电场叠加示意图

## 2.3　电磁效应的基本知识

1820 年之前，磁现象与电现象是被分别进行研究的，许多科学家都认为电与磁没有什么联系，连库仑也曾断言，电与磁是两种完全不同的实体，它们不可能相互作用或转化。但是电与磁是否有一定联系的疑问一直萦绕在一些有志探索的科学家的心头。1820 年丹麦物理学家汉斯·奥斯特(H. C. Oersted)通过多次反复实验验证，向科学界宣布了电流的磁效应，从而揭开了电磁学的序幕。

### 2.3.1　电磁场、电流磁效应和安培定则

电与磁经常联系在一起并相互转化，凡是用到电的地方，都有磁的过程参与其中。从本质上看：所有的磁现象都可归结为运动电荷之间通过磁场而发生的相互作用。

**1. 电磁场**

电磁场是有内在联系、相互依存的电场和磁场的统一体。随时间变化的电场产生磁场，随时间变化的磁场产生电场，两者互为因果，形成电磁场。电磁场可由变速运动的带电粒子引起，也可由强弱变化的电流引起，不论原因如何，电磁场总是以光速向四周传播，形成电磁波。电磁场是电磁作用的媒递物，具有能量和动量，是物质存在的一种形式。

电磁场是电磁作用的媒递物，是统一的整体，电场和磁场是它紧密联系、相互依存的两个侧面，变化的电场产生磁场，变化的磁场产生电场，变化的电磁场以波动形式在空间传播。电磁波以有限的速度传播，具有可交换的能量和动量，电磁波与实物的相互作用，电磁波与粒子的相互转化等，都证明电磁场是客观存在的物质，它的“特殊”只在于没有静质量。

**2. 电流的磁效应**

任何通有电流的导线，都可以在其周围产生磁场的现象，称为电流的磁效应，它揭示了性质不同的电现象与磁现象之间的联系。丹麦物理学家奥斯特于 1820 年就通过实验证明了电流可以对磁铁施加作用力，反过来，磁铁也可以对载流导体施加作用力，而且电流和电流之间也存在着相互作用力。

电流的磁效应是指任何通有电流的导线，都可以在其周围产生磁场的现象。非磁性金属通以电流，可以产生磁场，其效果与磁铁建立的磁场相同。在通电流的长直导线周围，会有磁场产生，其磁感线的形状为以导线为圆心、封闭的同心圆，且磁场的方向与电流的方向互相垂直。通电导线的周围存在磁场，且磁场与电流的方向有关。一个载流的螺线管线圈的行为很像一块磁铁，一端相当于 N 极，另一端相当于 S 极，并且螺线管的极性和电流方向间的关系，可以用安培定则（也称右手定则）来描述，用右手握住螺线管，弯曲的四指沿电流回绕方向，将拇指伸直，这时拇指便指向螺线管的 N 极，如图 2-13 所示。

**3. 安培定则**

法国科学家安培（A. M. Ampere，1775—1836）把磁的本质简化为电流，认为磁体有一种绕磁轴旋进的电流，磁体中的电流与导体中的电流相互作用便导致了磁体的转动。这在某种意义上起到了用电流相互作用力来统一解释各种电磁现象的效果。

安培定则也叫右手定则，是表示电流和电流激发磁场的磁感线方向间关系的定则。针对通电导体是直线还是螺线管，安培定则分为两种情况，即安培定则一和安培定则二。

（1）安培定则一。适用于通电直导线中的电流和磁感线指向。用右手握住通电直导线，让大拇指指向电流的方向，那么四指的指向就是磁感线的环绕方向，如图 2-14 所示。

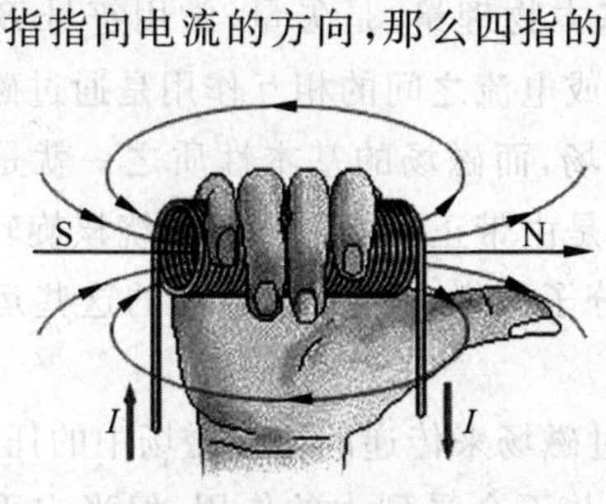


图 2-13　确定载流螺旋管极性的安培定则二

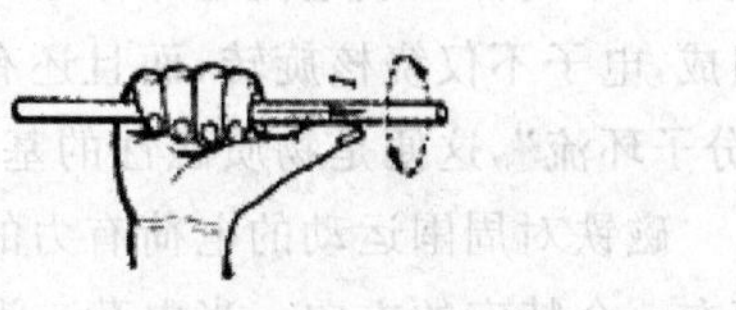

图 2-14　通电直导线中的安培定则一

(2) 安培定则二。适用于通电螺线管中的电流和磁感线指向。用右手握住通电螺线管,使四指弯曲与电流方向一致,那么大拇指所指的那一端则是通电螺线管的 N 极(图 2-13)。

电磁学中,右手定则判断的主要是与力无关的方向。如果是和力有关的则全依靠左手定则,即关于力的用左手定则,其他的(一般用于判断感应电流方向)用右手定则。为了防止记混,可以发现"力"字向左撇,就用左手;而"电"字向右撇,就用右手。记忆口诀:左通力右生电。

### 2.3.2 磁感线、磁感强度和高斯定理

#### 1. 磁感线

1) 磁感线的定义

磁感应线(简称磁感线)也称为磁力线,是为了描述磁场的强弱与方向,人们想象在磁场中画出的一组有方向的曲线。磁感线任何一点的曲线方向都跟放在该点的磁针北极所指的方向一致,即磁体周围的磁感线都是从磁体的北极出来,回到磁体的南极,如图 2-15 所示。

2) 磁感线的特点

磁感线是为了直观、形象地描述磁场而引入的带方向的曲线,不是客观存在的。其特点有:

(1) 磁感线是封闭的曲线,不相切不相交,没有起点也没有终点。

(2) 磁感线立体的分布在磁体周围,而不是平面的。

(3) 磁感线在磁体外部由 N 极至 S 极,在磁体的内部由 S 极至 N 极。

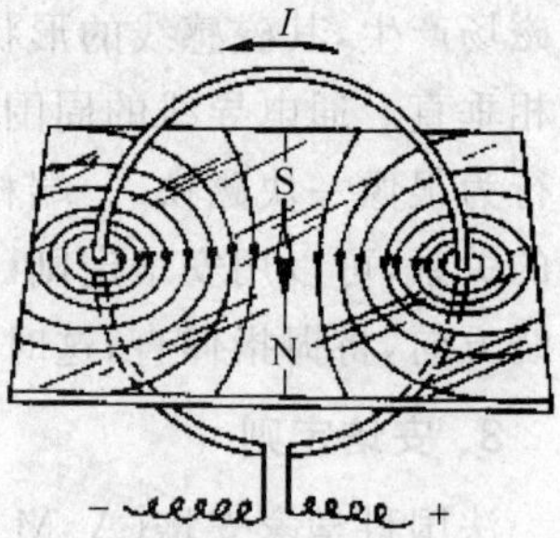

图 2-15 磁感线示意图

(4) 磁感线的疏密程度表示磁场的强弱。

(5) 每一点切线方向表示该点磁场的方向,也就是磁感应强度的方向。

(6) 匀强磁场的磁感线平行且距离相等。没有画出磁感线的地方不一定没有磁场。

#### 2. 磁感强度

磁感应强度是用来描述磁场强弱和方向的基本物理量,是矢量,常用符号 $\boldsymbol{B}$ 表示。磁感应强度也被称为磁通量密度或磁通密度。磁极或电流之间的相互作用是通过磁场来传递的。磁极或电流在自己周围的空间里产生一个磁场,而磁场的基本性质之一就是对于任何置于其中的磁极或电流施加作用力。物质的原子是由带正电的原子核和绕核旋转的负电子组成,电子不仅绕核旋转,而且还有自旋。原子、分子等微观粒子内电子的这些运动形成了"分子环流",这便是物质磁性的基本来源。

磁铁对周围运动的电荷有力的作用,它是通过磁场来传递的。在磁场中的任何一点,都存在一个特定的方向。当电荷 $q$ 沿该方向运动时并不会受到力的作用,但当它垂直于该方向运动时,则要受到力 $f$ 的作用。$f$ 大小正比于电荷 $q$ 及它的运动速度 $v$。

实验证明,在磁场中同一点上,对于不同的 $q$ 和 $v$,比值 $f/(qv)$ 都相同。可见这一比值

反映了该点磁性的本质，称为磁感应强度 $\boldsymbol{B}$，它的大小为

$$\boldsymbol{B}=f/(qv) \tag{2-3}$$

$\boldsymbol{B}$ 有大小和方向，是一矢量。在国际单位制中，$\boldsymbol{B}$ 的单位为 T(特[斯拉])。1T=1N/(A·m)，或 $1\mathrm{T}=1\mathrm{Wb/m^2}$。

在工程计算中，过去常习惯于采用 Gs(高斯)，它和特[斯拉]的换算关系为 $1\mathrm{T}=1\times10^4\mathrm{Gs}$。

**3. 磁通和磁场高斯定理**

1）磁通

磁通是表示磁场分布情况的物理量。设在磁感应强度为 $\boldsymbol{B}$ 的匀强磁场中，有一个面积为 S 且与磁场方向垂直的平面，磁感应强度 $\boldsymbol{B}$ 与面积 S 的乘积，叫做穿过这个面积的磁通量，简称磁通。磁通是标量，用符号 $\Phi$ 表示。

$$\Phi=\boldsymbol{BS} \tag{2-4}$$

在一般情况下，磁通量是通过磁场在曲面面积上的积分定义的。其中，$\Phi$ 为磁通量，$\boldsymbol{B}$ 为磁感应强度，$\boldsymbol{S}$ 为曲面，$\boldsymbol{B}\cdot\mathrm{d}\boldsymbol{S}$ 为点积，$\mathrm{d}\boldsymbol{S}$ 为无穷小矢量。对于闭合曲面，面积的方向垂直于曲面向外。

$$\Phi=\int_S \boldsymbol{B}\mathrm{d}\boldsymbol{S} \tag{2-5}$$

磁通量是标量。磁通量通常采用通量计进行测量。通量计包括测量线圈以及估计测量线圈上电压变化的电路，从而计算磁通量。

在国际单位制中，磁通量的单位是韦[伯]，是以德国物理学家威廉·韦伯的名字命名的，符号是 Wb，是标量，但有正负，正负仅代表穿向。在工程计算中，常用 Mx(麦克斯韦)作为磁通单位，它同韦[伯]的关系为：$1\mathrm{Mx}=1\times10^{-8}\mathrm{Wb}$。

2）磁场高斯定理

对一封闭曲面来说，一般取向外的指向为正法线的指向。这样从闭合面穿出的磁通量为正，穿入的磁通量为负，由于磁感线是闭合线，那么穿过任一封闭曲面的磁通量一定为零(图 2-16)。

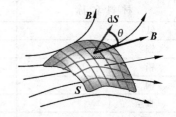

图 2-16 封闭曲面磁感线示意图

磁场的高斯定理表述为：磁场中通过任一封闭曲面的磁通量一定为零。高斯定理计算公式为

$$\oint\!\!\!\oint_S \boldsymbol{B}\mathrm{d}\boldsymbol{S}\cos\theta=0 \tag{2-6}$$

磁场高斯定理的物理意义：磁场为无源场(涡旋场)。

## 2.3.3 磁化电流和磁场强度的基本概念

**1. 磁化电流**

除非在真空中，电流周围总有物质存在，物质分子电流的磁矩在电流所产生的磁场中就要受到力偶矩的作用，使原来杂乱无章的分子电流平面的法线和外磁场方向趋向一致，分子电流因此产生附加磁场而影响原来的外磁场。这些能影响外磁场的物质称为磁介质。磁介质实质上是在磁场作用下发生变化并能反过来影响磁场的物质。磁介质在磁场作用下的变

化叫做磁化，因磁化而出现的宏观电流叫磁化电流。

设原来电流（传导电流）磁场的磁感应强度为 $\boldsymbol{B}_0$，磁介质因磁化产生磁化电流所激发起来的附加磁感应强度为 $\boldsymbol{B}_1$，总磁场的磁感应强度为 $\boldsymbol{B}$，它是由上述两部分叠加而成的，即

$$\boldsymbol{B} = \boldsymbol{B}_0 + \boldsymbol{B}_1 \tag{2-7}$$

不同的磁介质所产生的附加磁场有很大的差异。有些物质所产生的 $\boldsymbol{B}_1$ 与 $\boldsymbol{B}_0$ 方向相同，称为顺磁性物质，如铝、钨、钠及氧化铜等都是顺磁性物质；还有一些磁介质所产生的 $\boldsymbol{B}_1$ 与 $\boldsymbol{B}_0$ 方向相反，称为抗磁性物质，如铋、铜、氯化钠及石英等都是抗磁性物质。实验结果表明，磁介质的 $\boldsymbol{B}_1$ 都比 $\boldsymbol{B}_0$ 小很多，一般不到它的万分之一。只有少数几种磁介质，它在外磁场中所产生的附加磁场 $\boldsymbol{B}_1$ 和 $\boldsymbol{B}_0$ 同方向，而且 $\boldsymbol{B}_1$ 要比 $\boldsymbol{B}_0$ 大几百倍，甚至几千倍，即 $\boldsymbol{B}_1 \gg \boldsymbol{B}_0$。这种磁介质称为铁磁性物质，如铁、钴、镍、钆等元素及其合金。

铁磁物质有一些特殊的性质，并且在工农业生产上得到了广泛应用。由磁学基本知识可知，$\boldsymbol{B}_1$ 和 $\boldsymbol{B}_0$ 的关系由下式描述：

$$\boldsymbol{B}_1 = 4\pi\eta\boldsymbol{B}_0 \tag{2-8}$$

式中 $\eta$ 是磁化率。

将式(2-8)代入式(2-7)可得

$$\boldsymbol{B} = (1 + 4\pi\eta)\boldsymbol{B}_0 \tag{2-9}$$

令 $\mu_r = 1 + 4\pi\eta$，式中 $\mu_r$ 称为相对磁导率，则

$$\boldsymbol{B} = \mu_r\boldsymbol{B}_0 \tag{2-10}$$

真空中的相对磁导率 $\mu_r = 1$，顺磁性物质相对磁导率 $\mu_r$ 略大于 1，抗磁性物质的相对磁导率 $\mu_r$ 略小于 1，而铁磁物质的 $\mu_r \gg 1$。表 2-1 给出了几种常用物质的相对磁导率。

**表 2-1　几种常用物质的相对磁导率**

| 材料名称 | 材料类型 | 相对磁导率 $\mu_r$ |
|---|---|---|
| 钛 | 抗磁性物质 | 0.999 83 |
| 银 | 抗磁性物质 | 0.999 98 |
| 铅 | 抗磁性物质 | 0.999 983 |
| 铜 | 抗磁性物质 | 0.999 991 |
| 真空 | 顺抗磁性物质 | 1 |
| 空气 | 顺抗磁性物质 | 1.000 000 1 |
| 铝 | 顺磁性物质 | 1.000 02 |
| 钯 | 顺磁性物质 | 1.0008 |
| 镍 | 铁磁性物质 | 600 |
| 锰锌铁氧体 | 铁磁性物质 | 1500 |
| 软钢(0.2C) | 铁磁性物质 | 3000 |
| 铁(0.2 杂质) | 铁磁性物质 | 5000 |
| 硅钢(4Si) | 铁磁性物质 | 7000 |
| 坡莫合金(78Ni) | 铁磁性物质 | 100 000 |
| 纯铁(0.05 杂质) | 铁磁性物质 | 200 000 |
| 导磁合金(5Mo79Ni) | 铁磁性物质 | 1 000 000 |

**2. 磁场强度**

磁场强度是描述磁介质中磁场的一个辅助物理量。常用符号 $\boldsymbol{H}$ 表示，定义为

$$\boldsymbol{H} = \boldsymbol{B}/\mu \tag{2-11}$$

式中 $\boldsymbol{B}$ 是磁感应强度，$\mu$ 是磁导率，$\mu=\mu_r\mu_0$，其中 $\mu_0$ 为真空磁导率，$\mu_r$ 为相对磁导率。

在国际单位制中，$\boldsymbol{H}$ 的单位为 A/m；但在工程上，过去一般采用 $O_e$（奥斯特）。它们的换算关系为 $1\text{A/m} = 4\pi\times10^{-3}O_e = 0.0126O_e$。

由于在真空中 $\mu=1$，因此在真空中的磁感应强度 $\boldsymbol{B}=\boldsymbol{H}$。在空气中，$\boldsymbol{H}$ 和 $\boldsymbol{B}$ 在数值上相差甚微。

磁场的研究与电场相类似，既然 $\boldsymbol{E}$ 称为电场强度，理应把 $\boldsymbol{B}$ 称为磁场强度，只是由于历史原因，人们长期把 $\boldsymbol{B}$ 称为磁感应强度，而把磁场强度这一术语赋予了另一个物理量 $\boldsymbol{H}$，实际上 $\boldsymbol{H}$ 本不该称为磁场强度的。由于历史习惯，人们现在还在把 $\boldsymbol{H}$ 称为磁场强度，本书沿袭这样的用法称谓。但真正确定磁场强度大小的物理量应用磁感应强度 $\boldsymbol{B}$ 这个物理量；而磁场强度 $\boldsymbol{H}$ 这个物理量在磁路计算中要用到它，它是作为一个重要的辅助量出现的。

### 3. 法拉第电磁感应定律和麦克斯韦方程组

1）法拉第电磁感应定律

1820 年丹麦科学奥斯特提出电能转化为磁之后，很多人尝试磁转化为电，其中英国物理学家法拉第经过十年努力才得到实验上的成功，于 1831 年确定了电磁感应现象：闭合电路的一部分导体在磁场里做切割磁感应线的运动时，导体中就会产生电流。由于这个现象是法拉第发现的，故称法拉第电磁感应定律。电磁感应现象是电磁学中最重大的发现之一，它奠定了现代电机的基本理论基础，在电工技术、电子技术等方面都有广泛的应用。

2）麦克斯韦方程组

麦克斯韦方程组是英国物理学家麦克斯韦在 19 世纪建立的描述电场与磁场的四个基本方程。在麦克斯韦方程组中，电场和磁场已经成为一个不可分割的整体。该方程组系统而完整地概括了电磁场的基本规律，并预言了电磁波的存在。

麦克斯韦提出的涡旋电场和位移电流假说的核心思想是：变化的磁场可以激发涡旋电场，变化的电场可以激发涡旋磁场；电场和磁场不是彼此孤立的，它们相互联系、相互激发组成一个统一的电磁场（也是电磁波的形成原理）。麦克斯韦进一步将电场和磁场的所有规律综合起来，建立了完整的电磁场理论体系。这个电磁场理论体系的核心就是麦克斯韦方程组。

麦克斯韦方程是电磁学的最基本方程，奠定了电磁理论的基础。由电磁理论可知，磁路中的麦克斯韦方程为

$$\oint \boldsymbol{H}\mathrm{d}\boldsymbol{L} = NI \tag{2-12}$$

式中 $N$ 是线积分路径所包围的导体数（如线圈匝数），$I$ 是每根导体所流过的电流，$\boldsymbol{H}$ 是磁场强度，$\mathrm{d}\boldsymbol{L}$ 是闭合回路长度微元。

根据安培环路定理，磁场强度沿闭合路径的线积分，等于套着该路径的线圈中电流 $I$ 和线圈匝数 $N$ 的乘积 $NI$。闭合路径上的磁通势的方向和线圈中电流的方向，应符合安培定则（右手定则）。若线圈不止一个，则磁通势等于每个线圈的 $NI$ 的代数和。

由式(2-12)可得一闭合的、各处截面均匀磁场的安培定律形式，为

$$\boldsymbol{H} = IN/\boldsymbol{L} \tag{2-13}$$

由此可知，磁场强度 $\boldsymbol{H}$ 的大小和磁介质无关，而和安培匝（安匝）成正比。安匝数 $IN$

又称为磁通势。在国际单位制(SI)中,磁通势的单位是安培(A),但在工程上也用安培匝作为磁通势的单位。

**4. 起始磁化曲线、磁滞回线和去磁曲线**

1) 起始磁化曲线

铁磁材料(如铁、镍、钴和其他铁磁合金)具有独特的磁化性质。取一块未磁化的铁磁材料,在磁化的过程中,其磁化曲线首先从坐标原点开始,磁感应强度 $\boldsymbol{B}$ 着磁场强度 $\boldsymbol{H}$ 增大而沿着曲线 $Oa$ 上升,并渐渐进入饱和状态 $a$ 点,此后,如果再增加磁场强度 $\boldsymbol{H}$,则 $\boldsymbol{B}$ 基本上保持不变。与 $a$ 点相应的磁感应强度 $\boldsymbol{B}_S$ 称为饱和磁感应强度,此时的磁场强度 $\boldsymbol{H}_S$ 称为饱和磁场强度,曲线 $Oa$ 称为起始磁化曲线。

2) 磁滞回线和去磁曲线

当磁铁充磁达到饱和状态之后,若逐渐减小外加磁场强度 $\boldsymbol{H}$,磁铁中的磁感应强度 $\boldsymbol{B}$ 将随之减小。但是,$\boldsymbol{B}$-$\boldsymbol{H}$ 关系不再按 $Oa$ 曲线下降,而是按如图 2-17 所示的另外一条曲线 $ab$ 下降。当外加磁场为零时,磁铁中的磁感应强度 $\boldsymbol{B}$ 不再等于零,而是等于 $Ob$,此时若改变外加磁场的方向,并逐渐向相反的方向增加,则 $\boldsymbol{B}$-$\boldsymbol{H}$ 曲线按如图 2-17 所示的曲线 $bca'$ 变化,$a'$ 点达到负向饱和状态。此后若再增加负向外加磁场强度 $\boldsymbol{H}$,则其磁感应强度 $\boldsymbol{B}$ 基本不变。而当它逐渐减小到零,并再逐渐向正值增加时,$\boldsymbol{B}$-$\boldsymbol{H}$ 关系将沿曲线 $a'b'c'a$ 变化。随着外加磁场的不断反复变化,磁铁中的 $\boldsymbol{B}$-$\boldsymbol{H}$ 关系将沿封闭曲线 $abca'b'c'a$ 重复变化。这样的封闭曲线称为磁滞回线。由于所谓永磁材料的"磁性适应"现象,一般磁滞回线要经过 2～3 次反复磁化后才会完全重合。

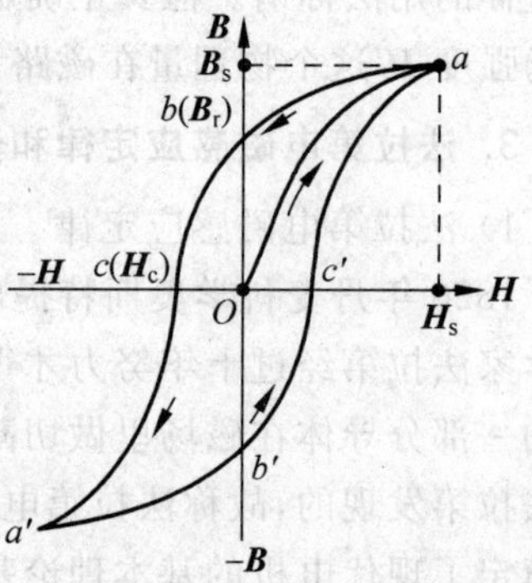


图 2-17 起始磁化曲线和磁滞回线

在如图 2-17 所示的磁滞回线中,其第二象限的 $bc$ 段称为去磁曲线,它表示永磁材料被完全磁化后无外励磁时的 $\boldsymbol{B}$-$\boldsymbol{H}$ 关系。由于永磁材料一般应用在无外励磁状况下,因而去磁曲线是表示永磁材料特性的主要曲线。

## 2.4 电路的基本知识

在研究电动型旋翼飞行器动力装置时,需要了解与其相关电路的作用与组成,理解电压与电流参考方向的意义,理解电路的基本定律并能正确应用;了解电路的有载工作、开路与短路状态,并理解电功率和额定值的意义,会计算电路中各点的电位。

### 2.4.1 电路的基本概念

**1. 电路的定义和作用**

1) 电路的定义

电流流过的路径叫做电路,又称导电回路。它是由各种元器件为实现某种应用目的、按一定方式连接而成的整体。最简单的电路由电源、负载、传输环节和辅助设备四大部分组成,其中电源是提供电能或信号的设备;负载是消耗电能或输出信号的设备;电源与负载之间通过传输环节相连接,如用连接导线把电源、负载和其他辅助设备连接成一个闭合回路,则起到传输电能的作用;为了保证电路按不同的需要完成工作,在电路中还须加入适当的辅助设备,如控制元件开关、控制器和测量仪表等。

电路导通叫做通路,只有通路,电路中才有电流通过。电路某一处断开叫做断路或者开路,实际工作中开路或断路是允许的。如果电路中电源正负极间没有负载而是直接接通则叫做短路,这种情况是决不允许的,因为电源的短路会导致电源、用电器、电流表被烧坏等现象的发生。另有一种短路是指某个元器件的两端直接接通,此时电流流经直接接通处而不会经过该元器件,这种情况叫做该元器件短路。

2) 电路的作用

(1) 实现电能的传输、分配与转换。

(2) 实现信号的传递与处理。

**2. 电路的分类方法**

电路分类方法主要有:

1) 根据电源提供的电流不同分类

(1) 直流电路。直流电路中电源采用直流电,其电流流向始终不变,由正极流向负极。直流电用符号 DC 表示,如电池等。

(2) 交流电路。直流电路中电源采用交流电,其电流流动的方向、大小会随时间改变。交流电用符号 AC 表示,如家用电源(110V,220V)。

2) 根据连接电路元件的基本方式分类

(1) 串联电路。将各用无器件串联起来组成的电路叫串联电路。串联是连接电路元件的基本方式之一,这种方式将电路元器件,如电阻、电容、电感、用电器等逐个顺次首尾相连接。电流只有一条通路,开关在任何位置都控制整个电路,其作用与所在的位置无关。优点是在一个电路中,若想控制所有电器,即可使用串联的电路;缺点是只要有某一处断开,整个电路就成为断路,所有串联的元件都不能工作。

串联电路中总电阻等于各电子元件的电阻和,各处电流相等,总电压等于各处电压之和。

(2) 并联电路。并联电路是使在构成并联的电路元器件间电流有一条以上的相互独立通路。优点是用电器之间互不影响。一条支路上的电器损坏,其他支路不受影响。

并联电路中,总电阻的倒数为所有电阻倒数之和,各处电压相等。

3) 根据所处理信号的不同分类

(1) 模拟电路。模拟电路是处理模拟信号的电路,由电气设备和元器件按一定方式连接起来,电路其实是在电压作用下,由自由电子移动或自由离子移动形成的。模拟信号是由自然界产生周期性变化的连续性的物理自然变量,再将连续性物理自然变量转换为连续的电信号,并通过运算连续性电信号的电路即称为模拟电路。模拟电路对电信号的连续性电压、电流进行处理。最典型的模拟电路应用包括放大电路、振荡电路、线性运算电路(加法、减法、乘法、除法、微分和积分电路)。

(2) 数字电路。将连续性的电信号转换为不连续性定量的电信号,并运算不连续性定量电信号的电路称为数字电路。数字电路中，信号大小为不连续并定量化的电压状态。多数采用布尔代数逻辑电路对定量后信号进行处理。典型数字电路有振荡器、寄存器、加法器、减法器等。

**3. 电路涉及的主要物理量**

电路的作用是进行电能与其他形式能量之间的相互转换。因此，用一些物理量来表示电路的状态及各部分之间能量转换的相互关系。

1）电流

(1) 电流的含义。电流在实用上有两个含义：

① 电流表示一种物理现象：电荷有规则的运动就形成电流。

② 电流代表一个物理量：电流的大小用电流强度来表示，而电流强度是指在单位时间内通过导体截面积的电荷量，其单位是安[培]，简称安，用大写字母 A 表示。电流强度平时人们多简称电流。

(2) 电流的方向。电流有真实方向和正方向之分，它们是两个不同的概念，不能混淆。

① 电流的真实方向：习惯上总是把正电荷运动的方向作为电流的方向，这就是电流的实际方向或真实方向，它是客观存在的，不能任意选择，在简单电路中，电流的实际方向能通过电源或电压的极性很容易地确定下来。

② 电流的正方向：复杂直流电路中，某一段电路里的电流真实方向很难预先确定；在交流电路中，电流的大小和方向都是随时间变化的。这时为了分析和计算电路的需要，引入了电流参考方向的概念，参考方向又叫假定正方向，简称正方向。

所谓正方向，就是在一段电路里，在电流两种可能的真实方向中，任意选择一个作为参考方向，即假定正方向。当实际的电流方向与假定的正方向相同时，电流是正值；当实际的电流方向与假定正方向相反时，电流就是负值。换一个角度看，对于同一电路，可以因选取的正方向不同而有不同的表示，它可能是正值或者是负值。要特别指出的是，电路中电流的正方向一经确定，在整个分析与计算的过程中必须以此为准，不允许再更改。

(3) 直流和交流。按照电源性质分类，电流分为两类：

① 直流电流：直流电流的大小和方向均不随时间变化，称为恒定电流，简称直流，用 $I$ 表示。对于直流电流，单位时间内通过导体截面的电荷量是恒定不变的，其大小为

$$I = \frac{Q}{T} \tag{2-14}$$

② 交流电流：交流电流的大小和方向均随时间变化，简称交流，用 $i$ 表示。对于交流电流，若在一个无限小的时间间隔 $dt$ 内，通过导体横截面的电荷量为 $dq$，则该瞬间的电流为

$$i = \frac{dq}{dt} \tag{2-15}$$

2）电阻

导体对电流的阻碍作用就叫该导体的电阻，用符号 $R$ 表示。电阻器是所有电子电路中使用最多的元件。电阻的主要物理特征是变电能为热能，也可说它是一个耗能元件，电流经过它就产生内能。电阻在电路中通常起分压分流的作用，对信号来说，交流与直流信号都可以通过电阻。电阻都有一定的阻值，它代表这个电阻对电流流动阻挡力的大小。电阻的单位是欧[姆]，用符号 Ω 表示。当在一个电阻器的两端加上 1V 的电压时，如果在这个电阻器

中有 1A 的电流通过，则这个电阻器的阻值为 1Ω。

电阻器的电气性能指标通常有标称阻值、误差与额定功率等。它与其他元件一起构成一些功能电路，电阻的种类很多，通常分为碳膜电阻、金属电阻、线绕电阻，以及固定电阻与可变电阻、光敏电阻，压敏电阻、热敏电阻等。

3）电压和电位

电场中 $A$、$B$ 两点之间的电压是指电场力把单位正电荷从 $A$ 点移动到 $B$ 点时所做的功 $W$。直流电压用符号 $U$ 表示；交流电压用符号 $u$ 表示。电压的单位为伏[特]（V）。

电场中某点的电位等于电场力将单位正电荷自该点移动到参考点所做的功。比较电压和电位的概念可以看出，电场中某点的电位就是该点到参考点之间的电压，电位是电压的一个特殊形式。对于电位来说，参考点是至关重要的。在同一电路中，当选定不同的参考点时，同一点的电位数值是不同的。原则上说，参考点可以任意选定。在电工领域，通常选电路里的接地点为参考点，在电子电路里，常取机壳为参考点。在实际应用时，电压总是针对两点而言。不过仅知道两点间的电压往往不够，还要求知道这两点中哪一点电位高，哪一点电位低。对于直流电动机来说，绕组两端的电位高低不同，电动机的转动方向可能是不同的。由于实际使用的需要，要求我们引入电压的极性，即方向问题。

在电路中指定流过元件的电流参考方向是从标以电压的正极性的一端指向负极性的一端，导体中的电流跟导体两端的电压成正比，跟导体的电阻阻值成反比，基本公式是

$$I = U/R \tag{2-16}$$

式中：$I$ 为电流；$U$ 为电压；$R$ 为电阻。

在电路中，电场力把单位正电荷 $Q$ 从 $A$ 点移到 $B$ 点所做的功 $W$ 为这两点间的电压，也称电位差。对于直流电路有电压表达式：

$$U_{AB} = \frac{W}{Q} \tag{2-17}$$

对于交流电路有电压表达式：

$$u_{AB} = \frac{dw}{dq} \tag{2-18}$$

电压的实际方向规定从高电位指向低电位，其方向可用箭头表示，也可用＋、－极性表示。

4）电动势

电路中因其他形式的能量转换为电能所引起的电位差叫做电动势，也可以定义为电源力把单位正电荷由低电位点 $B$ 经电源内部移到高电位点 $A$ 克服电场力所做的功，称为电源的电动势。电动势用 $E$ 或 $e$ 表示，单位是伏特（V）。在电路中，电动势也常用符号 $\delta$ 表示。

$$E = \frac{W}{Q} \tag{2-19}$$

$$e = \frac{dw}{dq} \tag{2-20}$$

电源的电动势是和非静电力的功密切联系的。非静电力是指除静电力外能对电荷流动起作用的力，在化学电池（干电池、蓄电池）中，非静电力是一种与离子的溶解和沉积过程相联系的化学作用；在温差电源中，非静电力是一种与温度差和电子浓度差相联系的扩散作用；在一般发电机中，非静电力起源于磁场对运动电荷的作用，即洛伦兹力。变化磁场产生

的有旋电场也是一种非静电力，但因其力线呈涡旋状，通常不用作电源，也难以区分内外。

在电源内部，非静电力把正电荷从负极板移到正极板时要对电荷做功，这个做功的物理过程是产生电源电动势的本质。非静电力所做的功，反映了其他形式的能量有多少变成了电能。因此在电源内部，非静电力做功的过程是能量相互转化的过程。电源的电动势正是由此定义的，即非静电力把正电荷从负极移到正极所做的功与该电荷电量的比值，称电源的电动势。

电动势与电势差（电压）是容易混淆的两个概念。电动势是表示非静电力把单位正电荷从负极经电源内部移到正极所做的功；而电压则表示非静电力把单位正电荷从电场中的某一点移到另一点所做的功。它们是完全不同的两个概念。电动势与电压的实际方向不同，电动势的方向是从低电位指向高电位，即由－极指向＋极，而电压的方向则从高电位指向低电位，即由＋极指向－极。此外，电动势只存在于电源的内部。

5）电功率

电功率是单位时间内电路中电场驱动电流所做的功。在物理学中，用电功率表示消耗电能的快慢，用符号 $P$ 表示。它的单位是瓦特，瓦特表示符号是 W。一个用电器功率的大小数值上等于它在 1s 内所消耗的电能。对于纯电阻电路，电功率计算公式为

$$P = I^2 R = \frac{U^2}{R} \tag{2-21}$$

用电器正常工作的电压叫额定电压，用电器在额定电压下正常工作的功率叫做额定功率，用电器在实际电压下工作的功率叫做实际功率。

## 2.4.2 电路图的基本概念

### 1. 电路模型和电路图

1）电路模型

为了便于用数学方法分析电路，一般要将实际电路模型化，用足以反映其电磁性质的理想电路元件或其组合来模拟实际电路中的器件，从而构成与实际电路相对应的电路模型。

某一种实际元件中在一定条件下常忽略其他现象，只考虑起主要作用的电磁现象，也就是用理想元件来替代实际元件的模型，这种模型称之为电路元件，又称理想电路元件。用一个或几个理想电路元件构成的模型去模拟一个实际电路，模型中出现的电磁想象与实际电路中的电磁现象十分接近，这个由理想电路元件组成的电路称为电路模型。按照电路模型画出来的图称为电路模型图。

2）电路图

用电路元件符号表示电路连接的图，叫电路图。电路图是人们为研究和工程规划的需要，用物理电学标准化的符号绘制的一种表示各元器件组成及器件关系的原理布局图。由电路图可以得知组件间的工作原理，为分析性能、安装电子、电器产品提供规划方案。在设计电路中，工程师可从容在纸上或电脑上进行，确认完善后再进行实际安装。通过调试改进、修复错误直至成功。采用电路仿真软件进行电路辅助设计、虚拟的电路实验，可提高工程师工作效率，节约学习时间，使实物图更直观。

电路图主要由元件符号、连线、节点、注释四大部分组成。

（1）元件符号。元件符号表示实际电路中的元件，它的形状与实际的元件不一定相似，甚至完全不一样。但是它一般都表示出了元件的特点，而且引脚的数目都和实际元件保持一致。

（2）连线。连线表示的是实际电路中的导线，在电路原理图中虽然是一根线，但在常用的印刷电路板中往往不是线，而是各种形状的铜箔块，就像收音机原理图中的许多连线在印刷电路板图中并不一定都是线形的，也可以是一定形状的铜膜。

（3）节点。节点表示几个元件引脚或几条导线之间相互的连接关系。所有和节点相连的元件引脚、导线，不论数目多少，都是导通的。

（4）注释。注释在电路图中是十分重要的，电路图中所有的文字都可以归入注释一类。它们被用来说明元件的型号、名称等。

电路模型图和电路图之间的区别：电路模型图是用实物的符号、图形或图片搭建或画出来的，一般没有特别严格的规范要求；而电路图则需要严格按照电路图画图的标准、规范进行画图。在电路图中，各种电路元器件都要采用标准的电路符号和规定的图形符号表示。

**2. 电路图的分类**

常见的电路图一共有四种：原理图、方框图、装配图和印板图。

1）原理图

原理图就是用来体现电子电路工作原理的一种电路图，又被叫做“电原理图”。由于它直接体现了电子电路的结构和工作原理，所以一般用在设计、分析电路中。分析电路时，通过识别图纸上所画的各种电路元件符号以及它们之间的连接方式，就可以了解电路的实际工作时情况（图 2-18）。

2）方框图（框图）

方框图是一种用方框和连线来表示电路工作原理和构成概况的电路图。从根本上说，这也是一种原理图，不过在这种图纸中，除了方框和连线，几乎就没有别的符号了。它和上面原理图主要的区别就在于原理图上详细地绘制了电路全部的元器件和它们的连接方式，而方框图只是简单地将电路按照功能划分为几个部分，将每一个部分描绘成一个方框，在方框中加上简单的文字说明，在方框间用连线（有时用带箭头的连线）说明各个方框之间的关系。所以方框图只能用来体现电路的大致工作原理，而原理图除了详细地表明电路的工作原理之外，还可以用来作为采集元件、制作电路的依据。

3）装配图

它是为了进行电路装配而采用的一种图纸，图上的符号往往是电路元件实物的外形图。我们只要照着图上画的样子，依样画葫芦地把一些电路元器件连接起来，就能够完成电路的装配。这种电路图一般是供初学者使用的。

装配图根据装配模板的不同而各不一样，大多数作为电子产品的场合，用的都是下面要介绍的印刷线路板，所以印板图是装配图的主要形式。在初学电子知识时，为了能早一点接触电子技术，主要选用了螺孔板作为基本的安装模板，因此安装图也就变成另一种模式（图 2-18）。

4）印板图

印板图的全名是“印刷电路板图”或“印刷线路板图”，它和装配图其实属于同一类的电路图，都是供装配实际电路使用的。

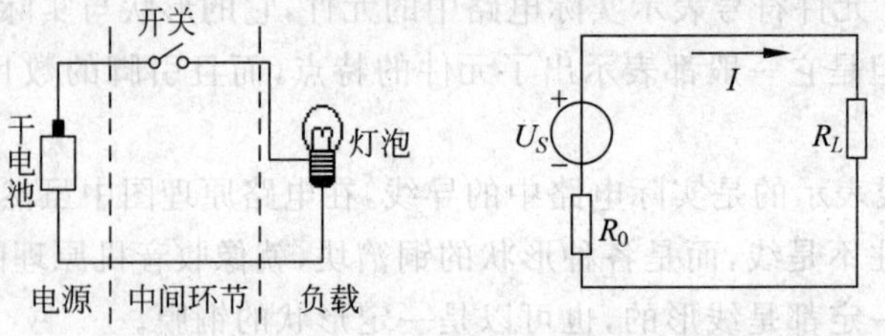


(a) 手电筒电路装配图　　(b) 手电筒电路原理图

图 2-18　手电筒电路装配图和原理图

印刷电路板是在一块绝缘板上先覆上一层金属箔，再将电路不需要的金属箔腐蚀掉，剩下的部分金属箔作为电路元器件之间的连接线，然后将电路中的元器件安装在这块绝缘板上，利用板上剩余的金属箔作为元器件之间导电的连线，完成电路的连接。由于这种电路板的一面或两面覆的金属是铜皮，所以印刷电路板又叫"覆铜板"。印板图的元件分布往往和原理图中大不一样，这主要是因为在印刷电路板的设计中，要考虑所有元件的分布和连接是否合理，要考虑元件体积、散热、抗干扰、抗耦合等等诸多因素，综合这些因素设计出来的印刷电路板，从外观看很难和原理图完全一致，而实际上却能更好地实现电路的功能。随着科技发展，现在印刷线路板的制作技术已经有了很大的发展；除了单面板、双面板外，还有多面板，已经大量运用到日常生活、工业生产、国防建设、航天事业等许多领域。

在四种形式的电路图中，原理图是最常用也是最重要的，能够看懂原理图，也就基本掌握了电路的原理，绘制方框图，设计装配图、印板图就都比较容易了。掌握了原理图，进行电器的维修、设计也是十分方便的。因此，关键是掌握原理图。

## 2.4.3　电路常用的基本元件

一张电路图就好比是一篇文章，各种单元电路就好比是句子，而各种元件就是组成句子的单词。所以要想看懂电路图，还得从认识单词——基本元件开始。

### 1. 电阻元件

1）电阻与电导的基本概念

导体的电阻不仅和导体的材质有关，而且还和导体的尺寸有关。实验证明，同一材料导体的电阻和导体的截面积成反比，而和导体的长度成正比。为了方便计算，常把电阻 $R$ 的倒数用电导 $G$ 来表示，电导 $G$ 的单位为西[门子](S)。

$$G = \frac{1}{R} \tag{2-22}$$

2）欧姆定律

电路欧姆定律：流过电阻 $R$ 的电流 $I$ 与电阻两端的电压 $U$ 成正比。

$$U = IR \tag{2-23}$$

电流 $I$ 与电压 $U$ 的方向一致。用欧姆定律列方程时，一定要在图中标明参考方向。

3）电阻的伏安特性

可以把电阻两端的电压 $U$ 与电流 $I$ 的关系标在坐标平面上，用一条曲线表示，这条曲线就称为电阻的伏安特性曲线，它常被用来研究导体电阻的变化规律，是物理学常用的图像法之一。

线性电阻的伏安特性曲线是一条过原点的直线。一般的电阻元件均为线性电阻元件。

非线性电阻的伏安特性由非线性电阻的伏安特性曲线图 2-19 可以看出，它是一条曲线，即非线性元件电流与电压不成正比，例如二极管就是一个典型的非线性电阻元件。

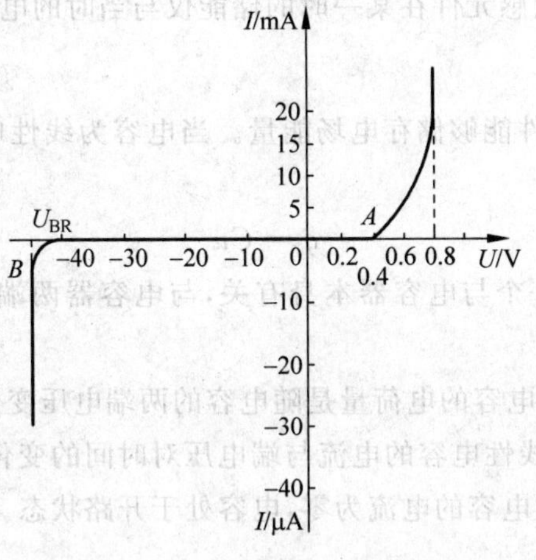


图 2-19 二极管的伏安特性曲线图

由线性元件组成的电路称为线性电路，由非线性元件组成的电路称为非线性电路。

4）电能

电阻元件在通电过程中要消耗电能，是一个耗能元件。从 $t_1 \sim t_2$ 的时间内，电阻元件吸收的能量为 $W$，全部转化为热能。

$$W = \int_{t_1}^{t_2} Ri^2 \mathrm{d}t \tag{2-24}$$

电能的单位是焦[耳]（J）或千瓦时（kW·h），简称为度。1kW·h 是指功率为 1kW 的电源（负载）在 1h 内所输出（消耗）的电能。

**2. 电感元件**

电感元件作为储能元件能够储存磁场能量。电感器由一个线圈组成，通常将导线绕在一个铁芯上制作成一个电感线圈（图 2-20）。线圈的匝数与穿过线圈的磁通之积为 $N\Phi$，称为磁链。

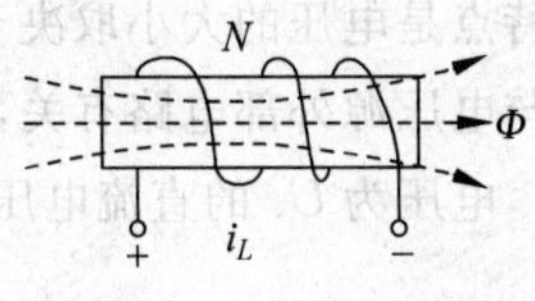


图 2-20 电感线圈示意图

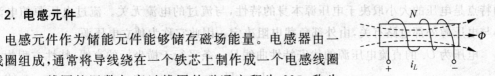

当电感元件为线性电感元件时，电感元件的特性方程为

$$N\Phi = Li \tag{2-25}$$

式中 $L$ 为元件的电感系数，简称电感，它是一个与电感器本身有关，与电感器的磁通、电流无关的常数，又叫做自感。其单位为亨利（H），有时也用毫亨（mH）、微亨（$\mu$H）。磁通 $\Phi$ 的单位是韦伯（Wb）。

当通过电感元件的电流发生变化时，电感元件中的磁通也发生变化，根据电磁感应定律，在线圈两端将产生感应电压，设电压与电流关联时电感线圈两端将产生感应电压。线性电感的电压与电流对时间的变化率成正比。

在一定的时间内，电流变化越快，感应电压越大；电流变化越慢，感应电压越小；若电流变化为零(即直流电流)，则感应电压为零，电感元件相当于短路。

当流过电感元件的电流为 $i$ 时，它所储存的能量为

$$W_L=\frac{1}{2}Li^2 \tag{2-26}$$

从上式中可以看出，电感元件在某一时的储能仅与当时的电流值有关。

### 3. 电容元件

电容元件作为储能元件能够储存电场能量。当电容为线性电容时，电容元件的特性方程为

$$q=Cu \tag{2-27}$$

式中 $C$ 为元件的电容，是一个与电容器本身有关，与电容器两端的电压、电流无关的常数，其单位为法拉(F)。

从式(2-27)可以看出，电容的电荷量是随电容的两端电压变化而变化的，由于电荷的变化，电容中就产生了电流，线性电容的电流与端电压对时间的变化率成正比。当电容元件的两端电压恒定不变时，通过电容的电流为零，电容处于开路状态。故电容元件对直流电路来说相当于开路。

电容所储存的电场能为

$$W_C=\frac{1}{2}Cu^2 \tag{2-28}$$

### 4. 电压源和电流源

电源是将其他形式的能量(如化学能、机械能、太阳能、风能等)转换成电能后提供给电路的设备。

1) 电压源

电压源是指理想电压源，即内阻为零，且电源两端的端电压值恒定不变(直流电压)。它的特点是电压的大小取决于电压源本身的特性，与流过的电流无关。流过电压源的电流大小与电压源外部电路有关，由外部负载电阻决定。因此它称为独立电压源。

电压为 $U_s$ 的直流电压源的伏安特性曲线是一条平行于横坐标的直线，特性方程为

$$U=U_s \tag{2-29}$$

如果电压源的电压 $U_s=0$，则此时电压源的伏安特性曲线就是横坐标，也就是电压源相当于短路。

2) 电流源

电流源是指理想电流源，即内阻为无限大、输出恒定电流 $I_S$ 的电源。它的特点是电流的大小取决于电流源本身的特性，与电源的端电压无关。端电压的大小与电流源外部电路有关，由外部负载电阻决定，因此也称为独立电流源。

电流为 $I_S$ 的直流电流源的伏安特性曲线是一条垂直于横坐标的直线。如果电流源短路，则流过短路线路的电流就是 $I_S$，而电流源的端电压则为零。

## 2.4.4 基尔霍夫定律

### 1. 有关电路结构的一些名词

（1）支路：通以相同的电流无分支的一段电路叫支路。如图 2-21 中有三条支路，分别是 *BAF*、*BCD* 和 *BE*。支路 *BAF*、*BCD* 中含有电源，称为含源支路；支路 *BE* 中不含电源，称为无源支路。

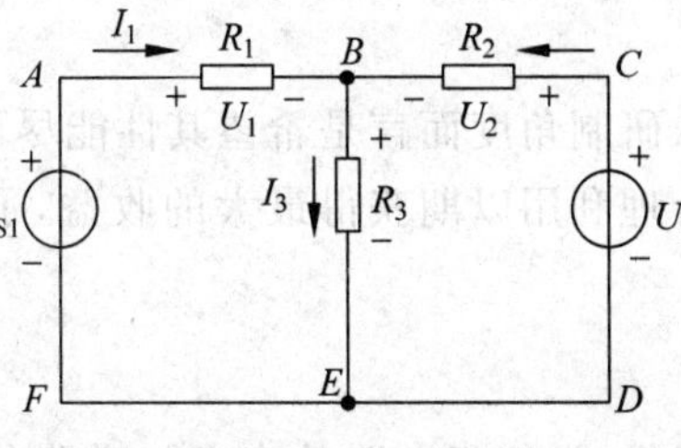


图 2-21 复杂电路

（2）节点：三条或三条以上支路的连接点称为节点。如图 2-21 中 *B*、*E*(*F*、*D*)为两个节点。

（3）回路：电路中任一闭合路径称为回路。如图 2-21 中有三个回路，分别是 *ABEFA*、*BCDEB*、*ABCDEFA*。

（4）网孔：不含交叉支路的回路称为网孔，如图 2-21 中 *ABEFA* 和*BCDEB* 都是网孔，而 *ABCDEFA* 则不是网孔。

### 2. 基尔霍夫电流定律（KCL）

基尔霍夫电流定律指出：任一时刻，流入电路中任一节点的电流之和等于流出该节点的电流之和。基尔霍夫电流定律简称 KCL，反映了节点处各支路电流之间的关系。

$$\sum I = 0 \tag{2-30}$$

由此，基尔霍夫电流定律也可表述为：任一时刻，流入电路中任一节点电流的代数和恒等于零。基尔霍夫电流定律不仅适用于节点，也可推广应用到包围几个节点的闭合面（也称广义节点）。可见，在任一时刻，流过任一闭合面电流的代数和恒等于零。

### 3. 基尔霍夫电压定律（KVL）

基尔霍夫电压定律指出：在任何时刻，沿电路中任一闭合回路，各段电压的代数和恒等于零。基尔霍夫电压定律简称 KVL，其一般表达式为

$$\sum U = 0 \tag{2-31}$$

应用上式列电压方程时，首先假定回路的绕行方向，然后选择各部分电压的参考方向，凡参考方向与回路绕行方向一致者，该电压前取正号；凡参考方向与回路绕行方向相反者，该电压前取负号。基尔霍夫电压定律不仅应用于回路，也可推广应用于一段不闭合电路：开口电路两端的电压等于该两端点之间各段电压降之和。

# 2.5 磁路的基本知识

电和磁是紧密相关的，如果只注意电而不重视磁，那么在很多情况下想深入研究其设备电路会感到很困难，原因是电动机、变压器、互感器、接触器和磁放大器等的工作原理都与磁密切相关。因此既要重视电路，也要花一些精力学习了解磁路的技术问题。

## 2.5.1 磁路的基本概念

制造电动机的磁性材料从研制角度而言是希望其性能尽可能地优越。但从使用角度考虑，对已研制出的材料，为了合理利用以期获得最大的收益，了解与磁路相关的基本概念就显得特别重要。

### 1. 磁路的定义

磁路是指磁通所通过的路径，类似于电路的定义。磁路分析的主要目的是要确定励磁磁通势和它所产生的磁通的关系，这对了解器件的性能，进行相应的设计，诸如确定磁路形状、尺寸、励磁电流的大小以及选择适用的材料等，都是必要的。

如图 2-22 所示，磁路与电路有许多相似之处，首先，物理量相似：磁路中的磁通与电路中的电流相似；磁路中的磁阻与电路中的电阻相似；磁位差、磁通势分别与电路中的电压、电动势相似。其次，遵循的基本定律相似：电路和磁路都有欧姆定律和基尔霍夫定律。但是两者之间也有不少区别，例如磁通只是描述磁场的物理量，并不像电流那样表示带电质点的运动，它通过磁阻时也不像电流通过电阻那样要消耗功率，因而也不存在与电路中的焦耳定律类似的磁路定律等。

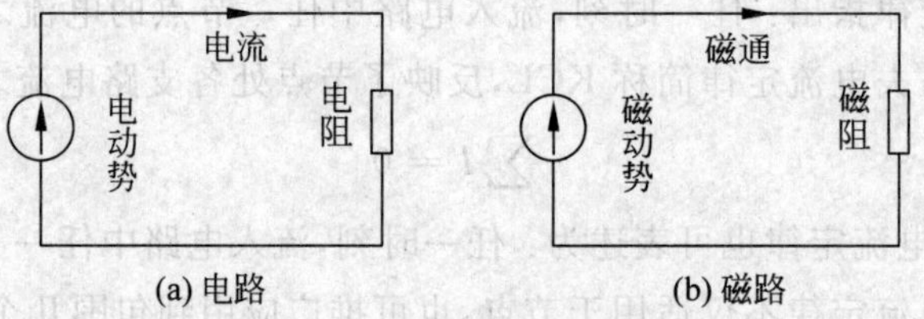


图 2-22 磁路与电路的比较示意图

1）常见磁路

在实际工程项目中，常见的磁路有以下几种：

（1）变压器磁路。由硅钢片叠成的铁芯组成闭合磁路，实现一、二次侧电压高低变换和电能传递。

（2）电抗器磁路。磁路由带有气隙的硅钢片铁芯组成，比不带气隙的饱和电抗器有较大的磁阻电抗值，用于抵消容性电流、降压起动、滤波和限流等。

（3）电动机中的磁路。无刷直流电动机的磁路由永磁体、磁轭和气隙组成。在电动机和电抗器中的气隙是由于工作原理需要而存在的，称为工作气隙。

为了加强磁场并把分散的磁场能集中起来，往往在磁通经过的路径中采用包括工作气隙的铁磁材料构成回路，以使绝大部分磁感线沿着铁磁材料和工作气隙形成回路，只有少量的磁力线穿出铁芯材料经周围空气形成回路，如图 2-23 所示。

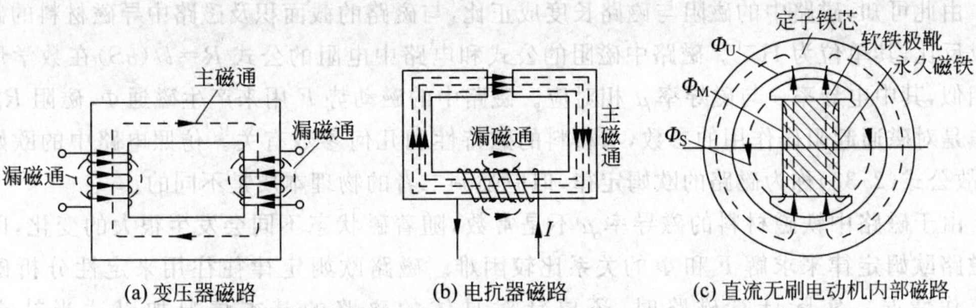


图 2-23 变压器、电抗器及电动机内部磁路

2）磁路分类

根据磁路的导磁性能，将磁路分为以下几种：

(1) 主磁路。由于铁芯的导磁性能比空气要好得多，所以绝大部分磁通将在铁芯内通过，这部分磁通称为主磁通，它在能量传递或转换过程中起耦合作用。主磁通所通过的路径称为主磁路。

(2) 漏磁路。围绕载流线圈、部分铁芯和铁芯周围的空间，还存在少量分散的磁通，这部分磁通称为漏磁通，它与主磁通所通过的路径不同。漏磁通所通过的路径称为漏磁路。

(3) 分支磁路。磁路也像电路一样，分为有分支磁路和无分支磁路。在无分支磁路中，通过每一个横截面的磁通都相等。

(4) 恒定磁通磁路。当励磁电流为直流时，磁路中产生恒定磁通，此磁路称为恒定磁通磁路。

(5) 交变磁通磁路。当励磁电流为交流时，产生交变磁通，此称为交变磁通磁路。

由于电工中常用铁磁材料作铁芯，铁磁材料的磁导率与其中的磁通密度或磁场强度有关而非恒定值，这就使磁路分析成为非线性问题。在一般电路中，导电材料的电导率比其周围的绝缘材料的电导率相差高达 $10^{20}$ 倍左右，而磁路中导磁材料的磁导率只不过比周围的非导磁材料（如空气）的磁导率大几千倍，因此，磁路中的漏磁现象比电路中的漏电现象要严重得多，这就给磁路的精确计算带来很大困难。有时，连近似计算也很烦琐。

在一般工程计算中，常常只计算主磁通而忽略漏磁通，或在主磁通上加一个修正系数作为对漏磁通的一个估计补偿。虽然漏磁现象较漏电现象严重，但在磁路中的许多基本定律都是在忽略漏磁通的条件下建立的，并不影响这些定律的正确性。

**2. 磁路欧姆定律**

假如某磁路是由一均匀截面为 $S$、长度为 $L$ 的铁磁材料组成，材料的磁导率为 $\mu$。根据该磁路中磁感应强度 $\boldsymbol{B}$，磁场强度 $\boldsymbol{H}$ 以及磁通 $\Phi$ 之间的关系，可得到

$$\Phi = \frac{IN}{L/\mu S} \tag{2-32}$$

简化为

$$\Phi = \frac{F}{R_m} \tag{2-33}$$

式中 $F$ 是磁动势 $F=IN$，$R_m$ 是磁阻 $R_m=L/\mu S$。

由此可知，磁路中的磁阻与磁路长度成正比，与磁路的截面积及磁路中导磁材料的磁导率成反比，其单位为 $H^{-1}$。磁路中磁阻的公式和电路中电阻的公式 $R=l/(\sigma S)$ 在数学形式上相似，其中电导率 $\sigma$ 与磁导率 $\mu$ 相对应。磁路中的磁动势 $F$ 用来产生磁通 $\Phi$，磁阻 $R_m$ 可看作是对磁通起阻碍作用的参数，与材料的磁特性和几何参数有关。仿照电路中的欧姆定律，故公式(2-33)称为磁路的欧姆定律，但应强调二者的物理本质是不同的。

由于磁路中铁磁材料的磁导率 $\mu$ 不是常数，随着磁状态不同会发生很大的变化，因此由磁路欧姆定律来求解 $F$ 和 $\Phi$ 的关系比较困难。磁路欧姆定律往往用来定性分析磁路的工作情况。实际计算磁路时，还要针对具体的磁路的基本情况加以适当补充和修正。

**3. 磁路基尔霍夫定律**

在电路中，根据电流的连续性定理有基尔霍夫第一定律，即 $\sum I=0$。同样在磁路中，根据磁通的连续性，也可以得到磁路的基尔霍夫第一定律，即磁路中通过任何闭合面上磁通的代数和等于零，也就是说，进入闭合面的磁通等于离开闭合面的磁通。它可以表示为

$$\sum \Phi = 0 \tag{2-34}$$

式(2-34)中，把穿出闭合面的磁通取正号，穿入闭合面的磁通取负号。

同样，根据磁路中的麦克斯韦方程，即式(2-12)，有

$$\oint \boldsymbol{H} \mathrm{d}\boldsymbol{L} = NI$$

式中：$\boldsymbol{H}$ 是磁场强度；$\boldsymbol{L}$ 是各段磁路长度；$N$ 是线积分路线所包围的导体数；$I$ 是每根导体所流过的电流。

类似地，可得出磁路基尔霍夫第二定律：

$$\sum \boldsymbol{HL} = \sum IN \tag{2-35}$$

即在闭合磁路中，各段磁位降的代数和 $\sum \boldsymbol{HL}$ 等于闭合磁路中磁动势的代数和 $\sum IN$。此定律适用于任何一个闭合回路，它把磁场强度和电流联系起来了，因此具有广泛用途。由于电动机和变压器的磁路总是由数段不同截面、不同铁磁材料和空气隙组成，所以在计算时，通过把整个磁路分成若干段，每段相同材料、相同截面且段内磁通密度处处相等，从而磁场强度亦处处相等，这样便于应用第二定律计算。

**4. 磁路与电路的对应关系**

对比磁路和电路的物理量和基本定律有很多类似之处，可用类比的方法列出它们之间的对应关系，例如若磁路中有一磁通经过若干段磁路，则此各段磁路的总磁位降等于各段磁路上磁位降之和。每一段磁路的磁位降等于该段磁路的磁阻与磁通的乘积，从而可得总磁阻等于各段磁路磁阻之和。这相当于串联电阻电路的总电阻等于其中各电阻之和。同样，磁路中若有多个磁路支路并联，则各支路的两端有相同的磁位降，各磁路支路的磁通之和即等于总磁通，从而可得这些并联支路的总磁导等于各支路磁导之和。这相当于并联电路的总电导等于其中各电导之和。磁路与电路的对比如表 2-2 所示。

表 2-2　磁路与电路的对比

| 电路 | | 磁路 | |
|---|---|---|---|
| 电流 | $I$ | 磁通 | $\Phi$ |
| 电动势 | $\boldsymbol{E}$ | 磁通势 | $\boldsymbol{E}$ |
| 电导率 | $\sigma$ | 磁导率 | $\mu$ |
| 电阻 | $R=\frac{L}{\sigma S}$ | 磁阻 | $R_m=\frac{L}{\mu S}$ |
| 电压降 | $U(IR)$ | 磁压降 | $\boldsymbol{H}L(\Phi R_m)$ |
| 欧姆定律 | $I=\frac{\boldsymbol{E}}{R}$ | 磁路欧姆定律 | $\Phi=\frac{F}{R_m}$ |
| 基尔霍夫第一定律 | $\sum I=0$ | 磁路基尔霍夫第一定律 | $\sum \Phi=0$ |
| 基尔霍夫第二定律 | $\sum IR=\sum \boldsymbol{E}$ | 磁路基尔霍夫第二定律 | $\sum \boldsymbol{H}L=\sum IN$ |

## 2.5.2 永磁磁路的等效磁路图

电动旋翼飞行器动力装置大多采用无刷直流永磁电动机，该类型电动机在磁路结构上的最大特点是采用永磁体做转子，而定子结构基本上与交流电动机相似。

### 1. 永磁磁路的基本概念

在含有永磁体的磁路中，永久磁铁既是一个可变磁通势源，又是磁路的一个组成部分。与类似的电路比较，它相当于一个具有内阻抗可变的电源。因此，一块永久磁铁可采用如图 2-24 所示的等效磁路来表示永久磁铁的运行状态。图 2-24 中包括一个假想的“虚拟磁通势”$F_{MX}$和永久磁铁的磁导 $G_{MX}$。换言之，作为一个磁通势源，永久磁铁对外磁路所提供的磁通势并非是恒值，而是与外磁路的磁阻有关，这是永磁磁路的一个特点。当永久磁铁的内部磁通为 $\Phi_M$ 时，永久磁铁两端作用于外磁路的磁通势为 $F_M$。

在永久磁铁与外磁路组成闭合回路时，如设外磁路的总磁位降为 $F_{12}$，按基尔霍夫第二定律 $\sum F=0$，磁铁两端的磁通势 $F_M$ 等于外磁路的总磁位降，两者符号相反。其等效磁路图如图 2-25 所示，并可以据此作出任何永磁磁路的等效磁路图。

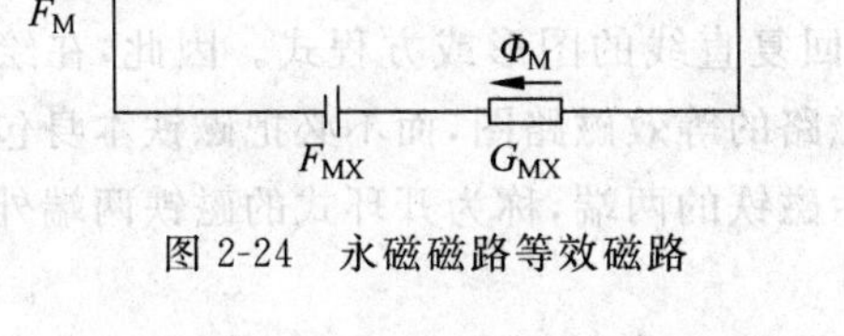


图 2-24　永磁磁路等效磁路

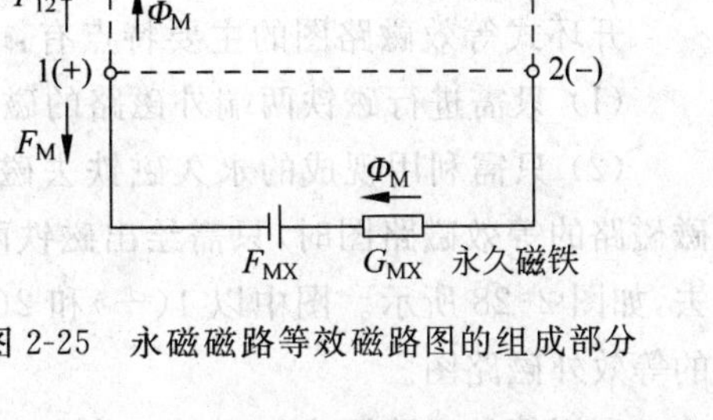

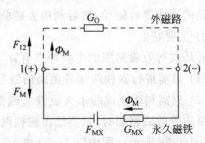


图 2-25　永磁磁路等效磁路图的组成部分

例如，对于如图 2-26 所示的具有固定气隙的环形永久磁铁，其等效磁路如图 2-27 所示。

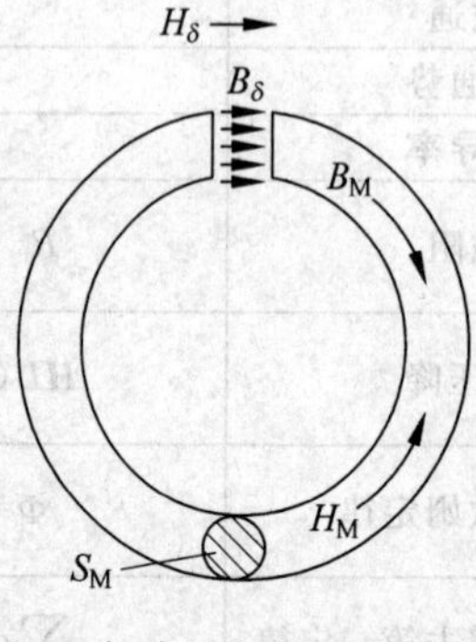

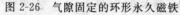

图 2-26　气隙固定的环形永久磁铁

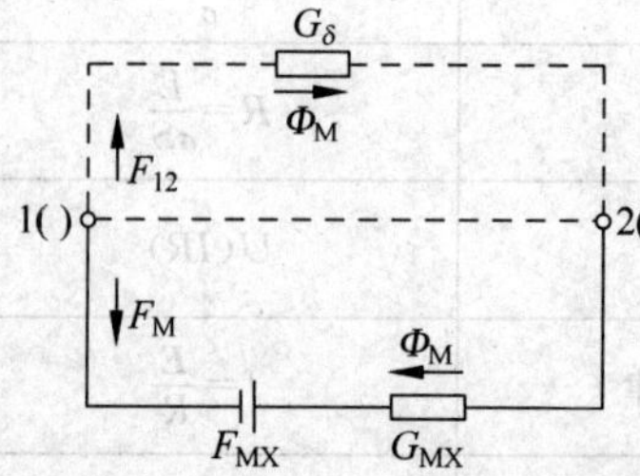


图 2-27　简单永磁磁路的等效磁路图

根据磁路和电路形式相似的原则，可以求得图 2-26 中的 $F_M$ 和 $\Phi_M$ 之间的关系为

$$F_M = F_{MX} - \frac{\Phi_M}{G_{MX}} \tag{2-36}$$

但是，只有当 $F_{MX}$ 和 $G_{MX}$ 值为常数时，式(2-36)才是一个直线方程式，$F_M$ 和 $\Phi_M$ 才呈线性关系。在现有的永磁材料中，只有稀土钴和一部分铁氧体磁铁的去磁曲线近似于直线。对于其他大多数永磁材料来说，其去磁曲线都是非线性的。如果磁铁工作点在去磁曲线上，则上述等效磁路图中的 $F_{MX}$ 和 $G_{MX}$ 都是不定值。由于去磁曲线上每一点的磁导率 $\mu$ 不相等，即使工作点处于回复直线上，$G_{MX}$ 也不是一个定值。由此可见，对大多数永磁材料来说，$F_{MX}$ 和 $G_{MX}$ 由去磁曲线的形状和磁铁工作点具体位置决定。它们与工作点及 $\boldsymbol{B}_M$ 之间的关系是比较复杂的，且 $\boldsymbol{B}_M$ 本身还是一个欲求的未知数，这就是求解永磁磁路的困难所在。

**2. 开环式等效磁路图**

开环式等效磁路图是以永久磁铁力磁路中的可变磁动势源为基础，但避开了 $F_M$ 和 $\Phi_M$ 之间的复杂变化关系。它适用于图解分析法、数学计算法以及一般的作图法。

1）作图方法

(1) 图解分析法。开环式等效磁路图解分析法的主要步骤是先算出磁铁两端外磁路的磁化曲线，然后利用永磁材料现成的去磁曲线，采用作图法解出所需的工作点。

(2) 数学计算法。开环式等效磁路数学计算法首先是用数学计算法算出永久磁铁两端外磁路的合成等效磁导，然后利用去磁曲线的方程式，用代数法解出所需的工作点。

2）主要特点

开环式等效磁路图的主要特点有：

(1) 只需进行磁铁两端外磁路的磁导计算。

(2) 只需利用现成的永久磁铁去磁曲线或回复直线的图形或方程式。因此，在绘制永磁磁路的等效磁路图时，只需绘出磁铁两端外磁路的等效磁路图，而不必把磁铁本身包含进去，如图 2-28 所示。图中以 1(＋)和 2(－)表示磁铁的两端，称为开环式的磁铁两端外磁路的等效外磁路图。

利用等效磁路图求解磁铁工作点时，首先按图 2-28 求出永久磁铁两端外磁路的总磁位

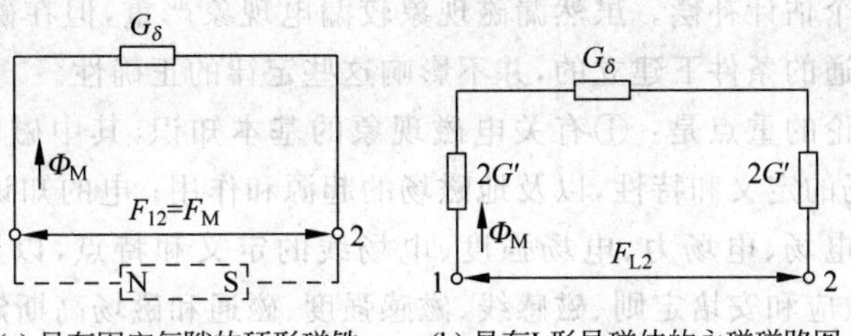

(a) 具有固定气隙的环形磁铁　(b) 具有L形导磁体的永磁磁路图

图 2-28　磁铁两端外磁路的等效磁路图

降 $F_{12}$ 和总磁通中 $\Phi_{12}$ 的关系 $F_{12}=f(\Phi_M)$。

当采用图解法时，将 $F_{12}=f(\Phi_M)$ 曲线绘于第二象限内。当采用数学计算方法时，去磁曲线或回复直线方程式中的 $F_M$ 值以绝对值 $F_M=F_{12}=f(\Phi_M)$ 代入方程式。由此可知，不论是图解分析法或是数学计算法，都只需应用 $F_{12}=f(\Phi_M)$ 的关系，不必改变符号。这种等效磁路简单明了，适用于无刷直流电动机主磁路的分析和求解。磁路计算时，通常是先给定磁通量，然后计算所需要的励磁磁通势。对于少数给定励磁磁通势来求磁通量，这是一个逆问题。由于磁路的非线性，需要进行试探和多次迭代才能得到解答。

## 本章小结

磁性是物质的一种基本属性，是指物质在磁场作用时，其原子或次原子水平所起的反应的性质。电与磁中间存在着密切的关系：利用电流可以产生磁场，反之，利用闭合导体对磁场的相对运动可以产生电流。即电场和磁场不是彼此孤立的，它们相互联系、相互激发组成一个统一的电磁场。电动机工作原理是利用磁场对电流受力的作用，使电动机转动。

电流流过的路径叫做电路，又称导电回路。它是由各种元器件为实现某种应用目的、按一定方式连接而成的整体。电路的作用是进行电能与其他形式的能量之间的相互转换。因此用一些物理量来表示电路的状态及各部分之间能量转换的相互关系。为了便于用数学方法分析电路，一般要将实际电路模型化，用足以反映其电磁性质的理想电路元件或其组合来模拟实际电路中的器件，从而构成与实际电路相对应的电路模型。常见的电路图有原理图、方框图、装配图和印板图四种，其中原理图是最常用也是最重要的，能够看懂原理图，也就基本掌握了电路的原理，绘制方框图，设计装配图、印板图这些就都比较容易了，进行电器的维修、设计，也是十分方便的。电路常用的基本元件有电阻、电感、电容、电压源和电流源等，与电路相关的物理定律主要有电路欧姆定律、基尔霍夫电流定律和基尔霍夫电压定律等。

磁路是指磁通所通过的路径，类似于电路的定义。磁路与电路有许多相似之处，首先，物理量相似：磁路中的磁通与电路中的电流相似；磁路中的磁阻与电路中的电阻相似；磁位差、磁通势分别与电路中的电压、电动势相似。其次，遵循的基本定律相似：电路和磁路都有欧姆定律和基尔霍夫定律。但是两者之间也有不少区别，例如磁通只是描述磁场的物理量，并不像电流那样表示带电质点的运动，它通过磁阻时，也不像电流通过电阻那样要消耗功率，因而也不存在与电路中的焦耳定律类似的磁路定律等。磁路中的漏磁现象比电路中的漏电现象要严重得多，这就给磁路的精确计算带来很大困难。有时，连近似计算也很烦琐。在一般工程计算中，常常只计算主磁通而忽略漏磁通，或在主磁通上加一个修正系数，作为对漏磁通的一个估计补偿。虽然漏磁现象较漏电现象严重，但在磁路中的许多基本定律都是在忽略漏磁通的条件下建立的，并不影响这些定律的正确性。

本章介绍和讨论的重点是：①有关电磁现象的基本知识，其中磁的知识包括磁性、磁体、磁极、磁化、磁场的定义和特性，以及地磁场的起源和作用；电的知识包括电和电荷的定义、电荷守恒定律、电场、电场力、电场强度、电场线的定义和特点，以及电场叠加原理等。②电磁场、电流磁效应和安培定则、磁感线、磁感强度、磁通和磁场高斯定理、磁化电流、磁场强度、法拉第电磁感应定律和麦克斯韦方程组，以及磁滞回线和去磁曲线等。③电路的定义、作用、分类方法，电路涉及的主要物理量、电路模型和电路图等有关电路的基本知识，电路常用的基本元件的类型和特性，以及基尔霍夫电流定律和基尔霍夫电压定律等。④磁路的基本知识包括磁路的定义、磁路欧姆定律、磁路基尔霍夫定律、磁路与电路的对比，以及开环式等效磁路图的作图方法等。

## 习题

1. 什么是磁性、磁体、磁极、磁化和磁化率？
2. 从应用功能上讲，磁性材料可分为哪些类型？
3. 简述磁场的定义、特性、类型，以及地磁场的起源和主要作用。
4. 什么是电、电荷、电场、电场强度、电场线？列举常见电场线的特点。
5. 什么是电磁场和电流的磁效应？简述安培定则的内容。
6. 什么是磁感线、磁感强度？磁感线有哪些特点？
7. 什么是磁通、磁场高斯定理、磁化电流和磁场强度？
8. 简述法拉第电磁感应定律和麦克斯韦方程组的内容。
9. 用图形画出起始磁化曲线、磁滞回线和去磁曲线，并作简单说明。
10. 简述电路的定义和作用、电路的分类方法。电路涉及的主要物理量有哪些？
11. 什么是电路模型和电路图？电路图如何分类？电路常用的基本元件有哪些？
12. 简述基尔霍夫电流定律和基尔霍夫电压定律的内容。
13. 什么是磁路？磁路有哪些类型？
14. 磁路与电路有何相似之处及不同之处？
15. 简述开环式等效磁路图的作图方法和主要特点。

# 第3章

# 直流电动机原理与特性

**主要内容**

(1) 电机的基本概念；

(2) 直流电动机工作原理、基本结构和分类；

(3) 直流电动机的电枢绕组与基本方程式；

(4) 直流电动机的工作特性和机械特性；

(5) 直流电动机起动、调速、制动与电气控制系统。

## 3.1 电机的定义、分类与电动机的结构类型

在人类社会发展史上，电能的生产、输送和应用已成为现代文明社会的主要标志之一。电机在人们生活工作的各个领域的应用越来越普及，越来越广泛，发挥的作用越来越大。与此同时，电机的种类、规格、性能也在不断更新发展。

### 3.1.1 电机的定义、类型和用途

**1. 电机的定义和类型**

电机是指依据电磁感应定律实现电能的转换或传递的一种电磁装置。电机的类型繁多，用途迥异，按照功能的不同，一般可将电机分为静止电机和旋转电机两大类。旋转电机用来实现机械能和电能之间的转换，包括发电机和电动机两类；静止电机用来实现不同形式电能之间的转换。

1) 静止电机

变压器是一种静止电机，它应用电磁感应原理，可将一种电压的电能转换为另一种电压的电能(一般是交流电)。它的输入和输出均为电能，与机械能无关，故无转动部分。变压器

是电力系统的一种主要设备，从电力的生产、输送、分配到各用电户，使用着各式各样的变压器。

要将大功率的电能输送到很远的地方去，采用较低的电压和相应的大电流来传输是不可能的。原因有两点：一方面，大电流将在输电线上引起大的功率损耗；另一方面，大电流还将在输电线上引起较大的电压降落，致使电能根本输送不出去。为此，需要用变压器将输电线路上电能的电压升高，相应的电流便可减小，这样可以极大地降低送电损耗。由此可见，变压器的主要用途就是实现远程高压送电，电能送到目的地后再经变压器降压提供用电户使用。

2）旋转电机

（1）发电机。发电机的主要作用是利用机械能转化为电能，目前最常用的是利用热能、水能、风能等推动发电机转子来发电。由于发电机工作原理不同又分为直流发电机、异步发电机和同步发电机等类型。目前在广泛使用的大型发电机都是同步发电机。

（2）电动机。电动机的主要作用是将电能转换为机械能。它利用电能产生驱动转矩，作为电器或各种机械的动力源。电动机按使用电源不同分为直流电动机和交流电动机。电力系统中的电动机大部分是交流电动机，直流电动机主要用于需要高转速的场合（交流电机的转速有 4000r/min 的瓶颈，直流可达 14 000r/min 以上）、对速度精确度有相当要求的场合、无交流电网的场合、低压场合（48V 以下）等。

**2. 电机的用途**

现在电机在国民经济中的各个领域起着极为重要的作用。人们在生产建设中使用电机，可以加速扩大生产规模，实现生产的自动化控制，提高生产效率；在日常生活中使用电机，可以极大地提高人们的生活品质和幸福指数。以后，随着人类社会的进步和发展，电机的地位与作用会越来越重要，应用越来越广泛，电机的种类、规格、性能也在不断更新。

在电力系统中，电机是十分重要的电气设备，电能的产生、输送、分配、变换、使用和控制都离不开电机。在发电厂里，发电机是最主要的设备之一，是发电厂的心脏，它将机械能转换为电能；电动机是发电厂各种辅助设备的拖动机械。在变电站里，用变压器升高或降低电压，以便于电能的远距离传输和合理、安全的分配。技术的进步和经济的发展，向电力工业提出了越来越高的要求，而电力工业对发电机、变压器的容量要求越来越高，数量要求越来越多。

电动机在国民经济建设和人们日常生活中的用途更是多得不胜枚举。电动机的使用和控制非常方便，能提供的功率从毫瓦级到万千瓦级，范围很大，大至重型工业，小至儿童玩具都离不开它。电动机具有自起动、加速、制动、反转、掣住等能力，能满足各种工作制式（连续式、短时运行制、断续周期运行制）下的运行要求，工作效率高，又没有烟尘、气味，不污染环境，噪声小等，所以在工农业生产、交通运输、国防、商业以及医疗设备、文化教育、家用电器等各方面获得了极其广泛的应用。

### 3.1.2 旋转电机的分类及其区别

**1. 旋转电机的分类**

旋转电机的结构形式必须有满足电磁和机械两方面要求的结构，以及具备满足适时静止和转动两种状态的结构。旋转电机的静止部分称为定子,旋转部分称为转子。按照定子和转子绕组中流过的电流的不同,旋转电机又可分为:

(1) 直流电机。直流电机的定子和转子绕组中都是直流电流。

(2) 交流电机。交流电机的定子和转子绕组中都是交流电流。

(3) 同步电机。同步电机的定子和转子绕组中,一个是交流电流,另一个是直流电流。

(4) 异步电机。异步电机的定子和转子绕组中都是交流电流。

**2. 电动机与发电机的区别**

电动机和发电机都属于旋转电机的范畴,在结构上基本上也是相同的,但它们的功用却完全不同。电动机是一种把电能变为机械能的机器,利用电动机可以把发电机所发出的大量电能应用到人们的生活或生产事业上去。发电机是一种把机械能转变为电能的机电设备,发电是它的本职工作,其工作原理是利用外力带动其转子旋转,使转子线圈上产生感应电流,提供给输电线路及用电户使用。电动机则相反,是利用通电线圈在磁场中受力转动的现象而制成的,其工作原理是把电流输入中心转子的线圈内,使转子旋转,然后带动其他机器工作,即它的本职工作是用电来做功。

**3. 电机的可逆性原理**

电机的可逆性是指同一电机既可作为发电机工作,又可作为电动机工作。同一台电机在不同的外界条件下作发电机或电动机运行的原理,称为电机的可逆性原理。

从基本电磁情况来看,一台电机原则上既可作为电动机运行,也可以作为发电机运行,只是约束的条件不同而已。闭合电路的一部分导体在磁场中做切割磁感线的运动时,导体中就会产生电流,这种现象叫电磁感应现象。如果从轴上输入机械功率,则电机作发电机运行,向外输出直流电能;如果从电刷上输入电功率,电机即作电动机运行,向外输出机械功率。电机的可逆性与电机本身的性质有关,它就是机械能和电能相互转换的设备,在不同的客观条件下,表现出不同的运行工况。

## 3.1.3 电动机的类型和结构

电动机是工业控制的心脏,是动力基础。电动机市场总体需求的增长一方面来自电力装机容量、电力等能源消费增长带来的同步增长,同时还将有自动化需求带动的电动机需求,并且随着地球生态环境日益恶化,人们关注环境保护和要求清洁能源的呼声越来越高,促使电动机应用需求也越来越大。

**1. 电动机的类型**

电动机是一种旋转式电磁机器,它将电能转变为机械能。电动机从工作电源上划分为两大类:

(1) 直流电动机。直流电动机是将直流电能转换为机械能的电动机。直流电动机的性能与它的励磁方式密切相关,通常直流电动机按励磁方式分为永磁直流电动机和电磁直流电动机两大类,其中电磁直流电动机又分他励直流电动机和自励直流电动机两类,而自励直流电动机再分为并励直流电动机、串励直流电动机和复励直流电动机三种。

(2) 交流电动机。交流电动机是将交流电能转换为机械能的电动机。交流电动机分为异步电动机和同步电动机两类,其中异步电动机按照定子线圈组数(称为相数)的不同分为单相异步电动机和三相异步电动机。三相异步电动机有笼式和绕线式两种类型,其中笼式转子的异步电动机结构简单、运行可靠、重量轻、价格便宜,广泛应用于工农业生产中,而单相交流电动机则多用在民用电器上。

2. 电动机的结构

电动机的结构主要包括一个用以产生磁场的电磁铁绕组或分布的定子绕组和一个旋转电枢或转子。在定子绕组旋转磁场的作用下,其在电枢中有电流通过并受磁场的作用而使其转动。根据电机可逆性原则,如果电动机在其结构上没有发生任何改变,则既可作电动机使用,也可作发电机使用。通常电动机的做功部分做旋转运动,这种电动机称为转子电动机;也有做直线运动的,称为直线电动机。电动机能提供的功率范围很大,从毫瓦级到千瓦级。电动机已经广泛应用在现代社会生活中的各个方面。

直流电动机与交流电动机在结构上的主要区别是:直流电动机是磁场不动,导体在磁场中运动;交流电动机是磁场旋转运动,而导体不动。从工作原理上说,直流电动机是通过电刷和换向器把电流引入转子电枢中,从而使转子在定子磁场中受力而发生旋转。交流电动机(以常用的交流异步电动机为例)是把交流电通入定子绕组,从而在定转子气隙中产生旋转磁场,旋转磁场在转子绕组中产生感应电流,进而使转子在定子磁场中受力产生旋转。比较而言,直流电动机的原理相对简单,但结构复杂;而交流电动机原理复杂,但结构相对简单。

## 3.2 直流电动机工作原理、基本结构和分类

直流电动机在电力拖动系统的调速和起动方面具有先天优势,在工业生产、加工和电器产品的各个领域发挥着重要的作用,特别是小型直流电动机,应用广泛。直流电动机也是目前多旋翼无人机使用最多、应用最广的动力装置,并随着多旋翼无人机行业的快速发展,越来越受到大家的关注和重视。

### 3.2.1 直流电动机工作原理、性能和发展特点

1. 直流电动机的工作原理

所谓直流电动机,实际上是指直流电动机的电枢供电电源是直流电,而在电枢绕组中流过的电流却是交流的。直流电动机的结构模型如图 3-1 所示,电刷 A 是正电位,B 是负电位,在 N 极磁场范围内的导体 $ab$ 中的电流是从 $a$ 流向 $b$,在 S 极磁场范围内的导体 $cd$ 中的电流是从 $c$ 流向 $d$。由于载流导体在磁场中要受到电磁力的作用,因此,$ab$ 和 $cd$ 两导体都要受到电磁力 $F$ 的作用。

根据磁场方向和导体中的电流方向,利用电动机左手定则判断,$ab$ 边受力的方向是向下,而 $cd$ 边则是向上。由于磁场是均匀的,导体中流过的又是大小相同的电流,所以,$ab$ 边和 $cd$ 边所受电磁力的大小相等,方向相反。这样,线圈上就受到电磁力矩的作用而按逆时针方向转动了。当线圈转到磁极的中性面上时,线圈中的电流等于零,电磁力矩等于零,但

是由于转子的惯性，线圈将继续转动。

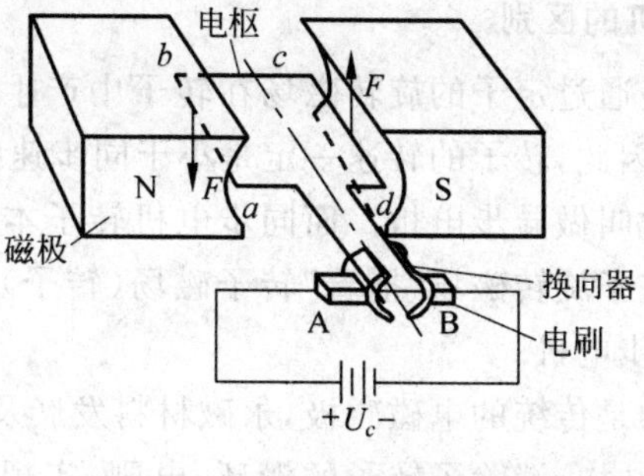


图 3-1　直流电动机的结构模型

线圈转过一个周期之后，虽然 $ab$ 与 $cd$ 的位置调换了，$ab$ 边转到 S 极范围内，$cd$ 边转到 N 极范围内，但是，由于换向片和电刷的作用，转到 N 极下的 $cd$ 边中电流方向也变了，是从 $d$ 流向 $c$，在 S 极下的 $ab$ 边中的电流则是从 $b$ 流向 $a$，故电磁力 $F$ 的方向仍然不变，线圈继续受力按逆时针方向转动。可见，分别处在 N、S 磁极范围内的导体中的电流方向总是不变的，因此，线圈两个边的受力方向也不变，这样，线圈就可以按照这个确定的受力方向不停地旋转，通过齿轮或皮带等机构的传动，便可以带动其他工作机械。

从图 3-2 所示直流电动机工作原理的分析可以看到，要使线圈按照一定的方向旋转，关键问题是当导体从一个磁极范围内转到另一个异性磁极范围内时（也就是导体经过中性面后），导体中电流的方向也要同时改变。换向器和电刷就是完成这个任务的装置。在直流发电机中，换向器和电刷的任务是把线圈中的交流电变为直流电向外输出；而在直流电动机中，则用换向器和电刷把输入的直流电变为线圈中的交流电。

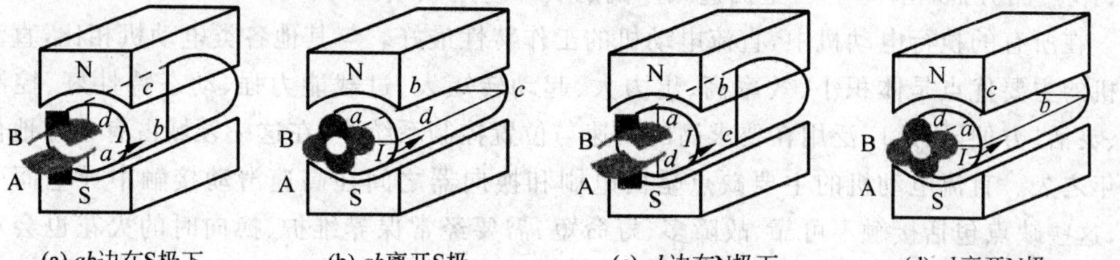


(a) $ab$边在S极下　(b) $ab$离开S极　(c) $ab$边在N极下　(d) $ab$离开N极

图 3-2　直流电动机工作原理

当然，在实际的直流电动机中，也不止一个线圈，而是有许多个线圈牢固地嵌在转子铁芯槽中，当导体中通过电流、在磁场中因受力而转动，就带动整个转了旋转。

**2. 直流电动机的工作性能特点**

(1) 调速性能好。所谓“调速性能”，是指电动机在一定负载的条件下，根据需要人为地改变电动机的转速，包括调速范围、调速精度、平滑性和过载能力等。直流电动机可以在重负载条件下，实现均匀、平滑的无级调速，而且调速范围较宽。

(2) 起动力矩大。直流电动机起动力矩大，且在重负载下可以均匀而经济地实现转速调节。

(3) 控制简便。在电力拖动系统中，电动机是原动力，起主导作用。由电子电路实现直流电动机的起动、反转、调速和制动控制方式，操作简单，可控性好，可靠性高，容易实现自动化高效控制。

#### 3. 异步电机与同步电机的区别

异步电机的工作原理是通过定子的旋转磁场在转子中产生感应电流而产生电磁转矩，转子中并不直接产生磁场，因此，转子的转速一定是小于同步速的(没有这个差值，即转差率就没有转子感应电流)，由此叫做异步电机。而同步电机转子本身产生固定方向的磁场(用永磁铁或直流电流产生)，定子旋转磁场“拖着”转子磁场(转子)转动，因此转子的转速一定等于同步速，因此也叫做同步电机.

早期的同步电机采用的是传统的电磁磁极，永磁材料发展及技术成熟后，普遍采用永磁体替代电激磁磁极，简化了结构，消除了转子的滑环、电刷，实现了无刷结构，缩小了转子体积；省去了激磁直流电源，消除了激磁损耗和发热。当今中小功率的同步电动机绝大多数已采用永磁式结构。

#### 4. 直流电动机的发展趋势

在电机发展历史上，世界上第一台旋转电机模型诞生于 1832 年，当时法国科学家皮克西在巴黎公开了一台永久磁铁型旋转式交流发电机模型，并在一年后在该发电机上安装整流子，将交流电变为直流电。当时由于人们最先得到和推广的是直流电，因而首先发展的是直流电机，即直流电机是最早出现的电机。早期，直流电机的结构五花八门，与现今直流电机结构大相径庭，而且直流电动机和直流发电机各自独立发展，结构也不尽相同。其后，随着电机可逆性原理的发现，使人们认识到发电机和电动机是可逆的，从而殊途同归，发电机和电动机的结构趋于相同。到 19 世纪末，直流电机的结构已基本定型，与现代直流电机的结构已很接近。直流电机在理论方面日益完善，逐渐成熟；在结构方面不断改进，走向统一；在产品方面，由小到大，全面进入广阔的实际应用领域。

在所有的执行电动机中，直流电动机的工作特性最好。与其他各类电动机相比，直流电动机的主要优点是体积小、效率高、出力大、起动转矩大、过载能力强、动态特性好、控制容易、灵活、方便，因此广泛用在要求高的调速与位置控制系统中，在这一领域占有主导地位近百年之久。直流电动机的主要缺点是由电刷和换向器之间在高速滑动接触中导电而引起的，这些缺点包括接触不可靠、故障多、寿命短、需要经常保养维护、换向时的火花也会对邻近无线电设备造成干扰等。

人们试图既要保持直流电动机的优良性能，又要去掉电刷和换向器所引发出的一系列缺点，于是发展了直流无刷化的电动机。正是由于控制理论的突破，电力电子器件和电子技术的发展，使得直流电动机无刷化才得以实现。20 世纪 80 年代中期以来，在工业先进国家，在执行电动机领域，已经出现了与有刷直流电动机一样性能优良的无刷电动机，并有代替有刷直流电动机的趋势。

### 3.2.2 直流电动机的基本结构和分类

#### 1. 直流电动机的基本结构

直流电动机与其他类型的电动机一样，由定子、转子和气隙三个主要部分组成，其结构图如图 3-3 所示。

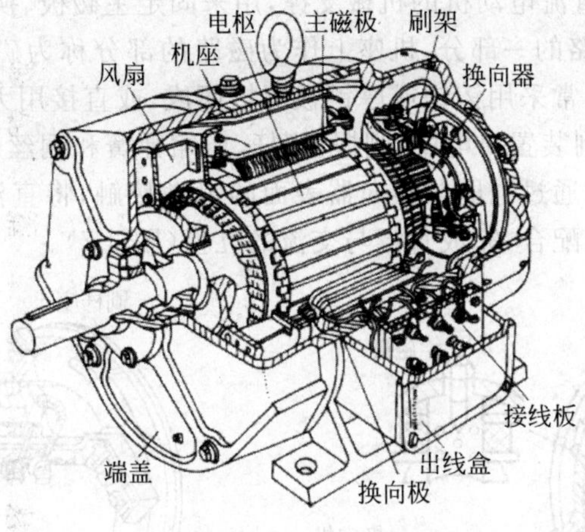


图 3-3　直流电动机的结构图

1）定子

定子主要起到电磁感应作用，用以产生磁场，以及起机械支撑作用，由主磁极、换向磁极、机座、端盖、轴承、电刷装置等部件组成。

（1）主磁极。主磁极由主磁极铁芯、励磁绕组组成，用于产生工作磁场。主磁极铁芯是用薄钢板冲制后叠装而成，主磁极绕组是用电磁线（小型电机）或扁铜线（大中型电机）绕制而成。主磁极是直流电动机的电磁感应部分，其作用是改变励磁电流方向，可改变励磁磁场方向，产生恒定的气隙磁通。主磁极的结构如图 3-4 所示。

（2）换向极。换向极是位于两个主磁极之间的小磁极，又称附加极，用于产生换向磁场，以减小电流换向时产生的火花，它由换向极铁芯和换向极绕组组成。

换向极铁芯是由整块钢制成、对换向性能要求高的电动机，用 1～1.5mm 钢板叠压而成。换向极绕组与主磁极绕组一样，也是用铜线或扁铜线绕制而成，并经绝缘处理，固定在换向极铁芯上，如图 3-5 所示。换向极绕组一般都与电枢绕组相串联，并且安装在两个相邻主磁极间的中线上。

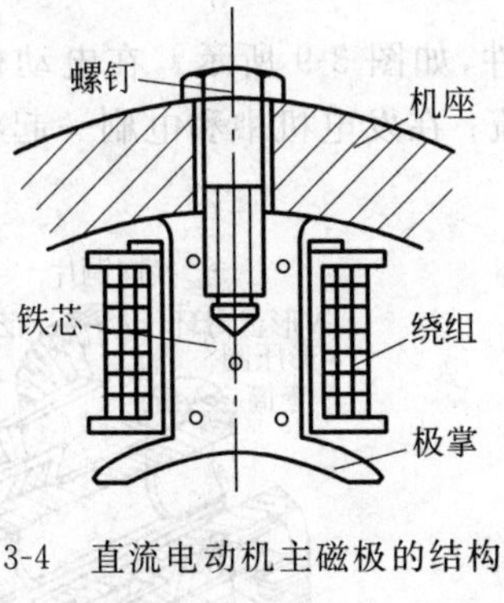


图 3-4　直流电动机主磁极的结构图

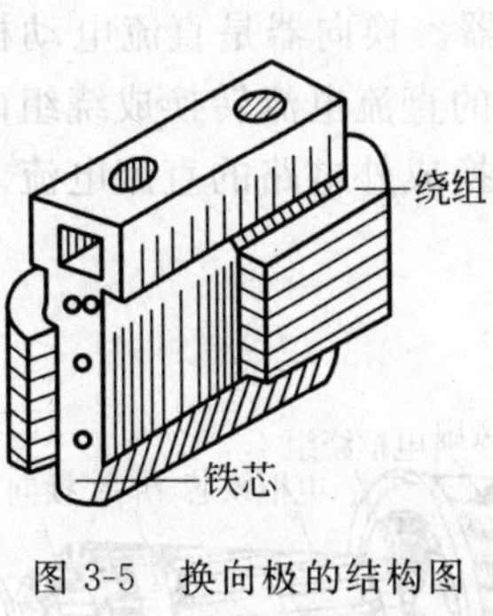


图 3-5　换向极的结构图

一般容量在 1kW 以上的直流电动机都会配置换向极。换向极绕组与电枢绕组串联，用于改善电动机的换向性能，防止产生电弧火花。整个换向极用螺钉固定在机座上。换向极数目和主磁极数目相等。

(3) 机座。机座是直流电动机的机械支撑,用来固定主磁极、换向极和端盖(图 3-6)。机座又是电动机磁路的一部分,机座上作为磁路的部分称为磁轭。为保证机座的机械强度和导磁性能,机座通常采用铸铁或厚钢板焊接而成,或直接用无缝钢管加工而成。

(4) 电刷装置。电刷装置由电刷、刷握、刷杆、压缩弹簧和铜丝瓣等组成,电刷一般用石墨粉压制而成,其作用是通过电刷与换向器表面的滑动接触,将直流电压、直流电流引入或引出电枢绕组,与换向片配合,完成直流与交流的互换(图 3-7)。

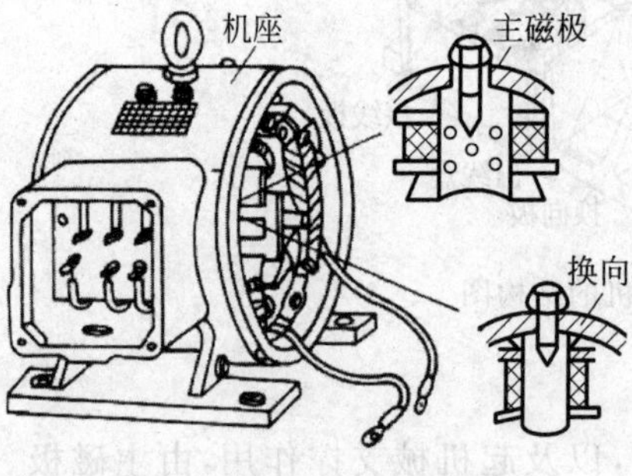


图 3-6 机座的结构图

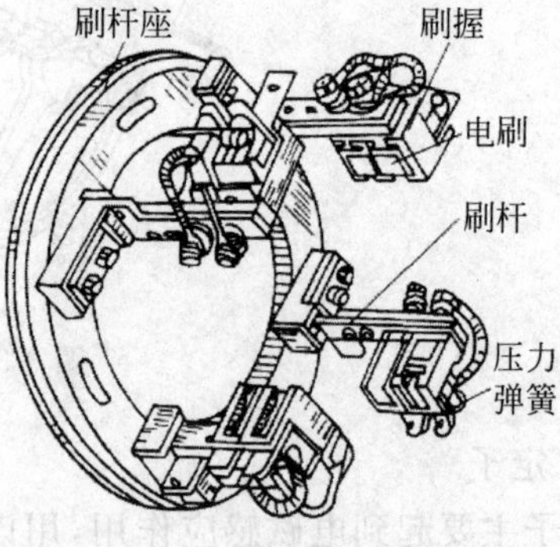


图 3-7 电刷装置结构图

2) 转子(电枢)

转子的作用是产生电磁转矩和感应电动势,它是能量转换的枢纽,由电枢铁芯、电枢绕组、换向器、风扇、转轴等部件组成,其结构如图 3-8 所示。

(1) 电枢铁芯。电枢铁芯属于电动机磁路的一部分,主要作用是导磁和嵌放电枢绕组。为减少电动机中的铁耗,常将电枢铁芯用 0.5mm 厚的硅钢片叠压而成,片间要绝缘。冲片圆周外缘均匀地冲有许多齿和槽,槽内嵌放电枢绕组;冲片上一般还有许多圆孔,以形成改善散热效果的轴向通风孔。

(2) 电枢绕组。电枢绕组是电动机的电路部分,其作用是产生感应电动势,通过电流产生电磁转矩,传送电磁功率,实现电动机能量转换,是电动机最关键的部件之一。电枢绕组由许多用绝缘导线绕制的线圈(又称元件)组成,各线圈以一定的规律焊接到各换向片上而连接成一个整体。

(3) 换向器。换向器是直流电动机的关键部件,如图 3-9 所示。在电动机中和电刷一起将电动机外的直流电流转换成绕组内的交流电流;在发电机中和电刷一起将发电机内部的交流电流转换成外电路的直流电流。

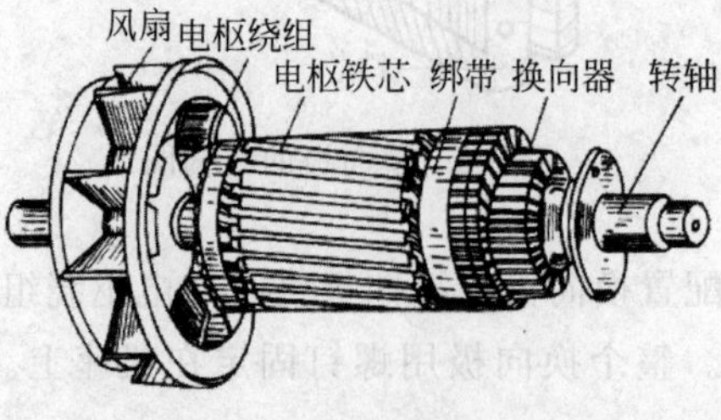


图 3-8 转子装置结构图

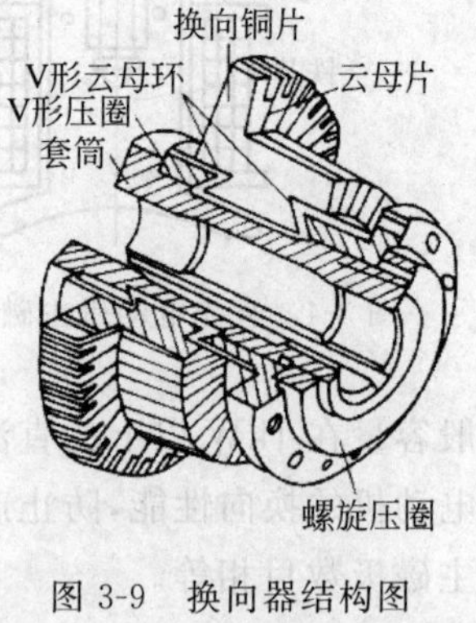


图 3-9 换向器结构图

从直流电动机工作原理的分析可以看到，要使线圈按照一定的方向旋转，关键问题是当导体从一个磁极范围内转到另一个异性磁极范围内时（也就是导体经过中性而后），导体中电流的方向也要同时改变。换向器和电刷就是完成这个任务的装置。在直流发电机中，换向器和电刷的任务是把线圈中的交流电变为直流电向外输出；而在直流电动机中，则用换向器和电刷把输入的直流电变为线圈中的交流电。当然，在实际的直流电动机中，也不止一个线圈，而是有许多个线圈牢固地嵌在转子铁芯槽中，当导体中通过电流、在磁场中因受力而转动，就带动整个转了旋转。

换向器的换向片使用银铜、镉铜等合金材料，用高强度塑料模压成。电刷与换向器滑动接触，为转子绕组提供电枢电流。电磁式直流电动机的电刷一般采用金属石墨电刷或电化石墨电刷。转子的铁芯采用硅钢片叠压而成，一般为 12 槽，内嵌 12 组电枢绕组，各绕组间串联后，再分别与 12 片换向片连接。

(4) 转轴。转轴用来传递转矩。为了使电动机可靠地运行，转轴一般用合金钢锻压加工而成。

(5) 风扇。风扇用来散热，降低电动机运行中的温升。

3) 气隙

直流电动机的气隙是指定子、转子之间的间隙。气隙是电动机主磁极与电枢之间的间隙，小型电动机气隙为 1～3mm，大型电动机气隙为 10～12mm。气隙虽小，但是因空气磁阻较大，在电动机磁路系统中有重要作用，其大小、形状对电动机性能有很大的影响。

**2. 直流电动机的分类**

直流电动机的种类较多，性能各异，分类方法也有很多，通常按照建立磁场的方式分类，分为永磁直流电动机和电磁直流电动机两大类。电磁直流电动机的励磁方式是指对励磁绕组如何供电、产生励磁磁通势而建立主磁场的问题。永磁直流电动机是用永磁体建立磁场的一种直流电机。永磁直流电动机起动和运行特性与电流励磁式的他励、并励直流电动机基本相同，在结构上除定子部分没有励磁绕组外，其电枢、电刷、换向器等零部件均与电流励磁式直流电机相同。

1) 电磁直流电动机

根据励磁方式的不同，电磁直流电动机有他励和自励两类。自励的励磁方式包括并励、串励、复励等，复励又有积复励和差复励之分。电磁直流电动机因励磁方式不同，定子磁极磁通（由定子主磁极的励磁线圈通电后产生）的规律也不同。使得电磁直流电动机的特性有很大的差异，从而使它们能满足不同生产机械及电器产品的要求。

(1) 他励直流电动机。他励直流电动机（图 3-10）的励磁绕组与电枢绕组无连接关系，而由其他直流电源对励磁绕组供电。由于他励直流电动机的励磁绕组接到独立的励磁电源供电，其励磁电流也较恒定，起动转矩与电枢电流成正比。转速变化也为 5%～15%。可以通过消弱磁场恒功率来提高转速或通过降低转子绕组的电压来使转速降低。

(2) 并励直流电动机。并励直流电动机（图 3-11）的励磁绕组与电枢绕组相并联，励磁绕组与电枢共用同一电源。作为并励发电动机来说，是电动机本身发出来的端电压为励磁绕组供电，从性能上讲与他励直流电动机相同。并励直流电动机的励磁电流较恒定，起动转矩与电枢电流成正比，起动电流约为额定电流的 2.5 倍左右。转速则随电流及转矩的增大而略有下降，短时过载转矩为额定转矩的 1.5 倍。转速变化率较小，为 5%～15%。可通过

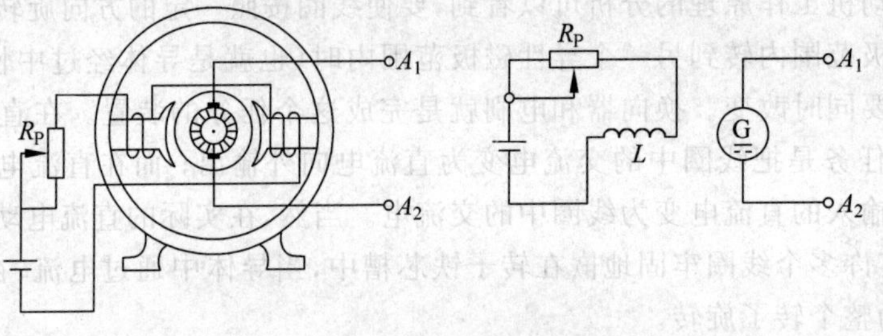


图 3-10　他励直流电动机的励磁方式

消弱磁场的恒功率来调速。

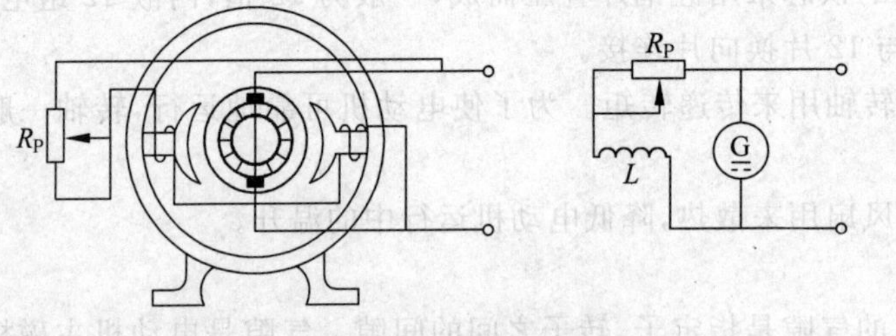


图 3-11　并励直流电动机的励磁方式

(3) 串励直流电动机。串励直流电动机的励磁绕组与电枢绕组串联后，再接于直流电源(图 3-12)。这种直流电动机的励磁电流就是电枢电流。串励直流电动机的励磁绕组与转子绕组之间通过电刷和换向器相串联，励磁电流与电枢电流成正比，定子的磁通量随着励磁电流的增大而增大，转矩近似与电枢电流的平方成正比，转速随转矩或电流的增加而迅速下降。其起动转矩可达额定转矩的 5 倍以上，短时间过载转矩可达额定转矩的 4 倍以上，转速变化率较大，空载转速甚高(一般不允许其在空载下运行)。可通过用外用电阻器与串励绕组串联(或并联)，或将串励绕组并联换接来实现调速。

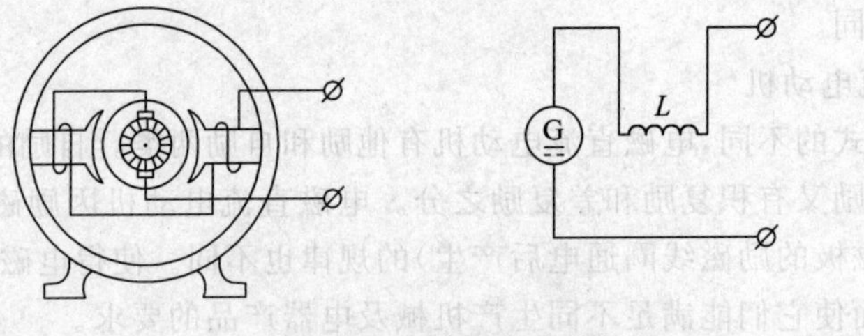


图 3-12　串励直流电动机的励磁方式

(4) 复励直流电动机。复励直流电动机(图 3-13)的定子磁极上除有并励绕组外，还装有与转子绕组串联的串励绕组(其匝数较少)。若串励绕组产生的磁通势与并励绕组产生的磁通势方向相同称为积复励，若两个磁通势方向相反，则称为差复励。复励直流电动机有并励和串励两个励磁绕组。串联绕组产生磁通的方向与主绕组的磁通方向相同，起动转矩约为额定转矩的 4 倍左右，短时间过载转矩为额定转矩的 3.5 倍左右。转速变化率为 25%～30%(与串联绕组有关)。转速可通过消弱磁场强度来调整。

2) 永磁直流电动机

永磁直流电动机一定是同步电机，不可能是异步电机。它由定子磁极、转子、外壳等组

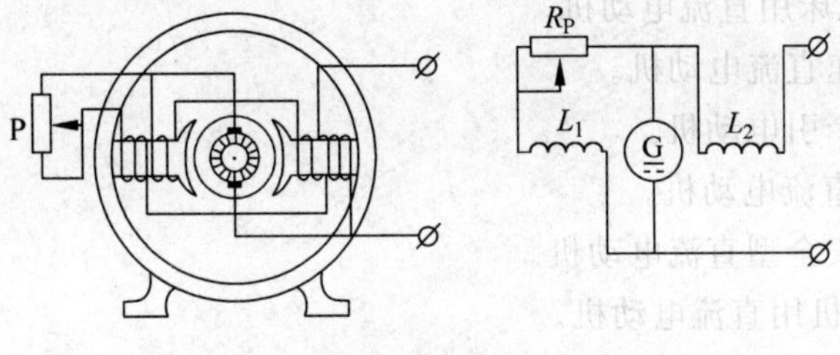


图 3-13　复励直流电动机的励磁方式

成，定子磁极采用永磁体（永久磁钢），有铁氧体、铝镍钴、钕铁硼等材料。按其结构形式可分为圆筒型和瓦块型等几种。绝大多数微型直流电动机都是永磁的，例如录放机中使用的直流电动机多数为圆筒型磁体，而电动工具及汽车用电器中使用的直流电动机则多数采用瓦块型磁体。按照有无电刷可分为以下两种：

（1）永磁无刷直流电动机。永磁无刷直流电动机是由一块或多块永磁体建立磁场的直流电动机，其特点是取消了一般传统电机上必不可少的电刷，是一种由电动机主体和驱动器组成的典型机电一体化产品。永磁无刷直流电动机的性能与恒定励磁电流的他励和并励直流电动机相似，可以由改变电枢电压来方便地调速。与他励式直流电动机相比，具有体积小、效率高、结构简单、用铜量少等优点，是小功率直流电动机的主要类型。

（2）永磁有刷直流电动机。电机电刷是连接电源与转子绕组的导电部件，具备导电与耐磨两种性能。永磁电动机的电刷使用单性金属片或金属石墨电刷、电化石墨电刷。由于有电刷和换向器的存在，有刷电机的结构复杂，可靠性差，故障多，维护工作量大，寿命短，换向火花易产生电磁干扰。

### 3. 直流电机的铭牌

每台直流电机的机座外表面上都钉有一块所谓的铭牌，直流电机铭牌上的数据是额定值，它是正确选择和使用直流电机的依据。直流电机铭牌的案例如表 3-1 所示。

**表 3-1　直流电机的铭牌**

| | | | | | |
|---|---|---|---|---|---|
| 直流电动机 | | | | | |
| 标准编号 | | | | | |
| 型号　Z3-31 | | 1.1kW | | 110V | |
| 13.45A | | 1500r/min | | 励磁方式 | 他励 |
| 励磁电压 | 100V | | 励磁电流 | 0.713A | |
| 绝缘等级 | B | 定额 | SI | 质量 | 59kg |
| 出品编号 | | | 出品日期 | 年　月 | |
| ×××电机厂 | | | | | |

1）产品型号

电机的产品型号表示电机的结构和使用特点，其格式为：第一部分用大写的拼音表示产品代号，第二部分用阿拉伯数字表示设计序号，第三部分用阿拉伯数字表示机座代号，第四部分用阿拉伯数字表示电枢铁芯长度代号，如图 3-14 所示。第一部分产品代号的含义如下：

Z 系列：一般用途直流电动机（如 Z2，Z3，Z4 等系列）。

ZJ 系列：精密机床用直流电动机。

ZT 系列：广调速直流电动机。

ZQ 系列：直流牵引电动机。

ZH 系列：船用直流电动机。

ZA 系列：防爆安全型直流电动机。

ZKJ 系列：挖掘机用直流电动机。

ZZJ 系列：冶金起重机用直流电动机。

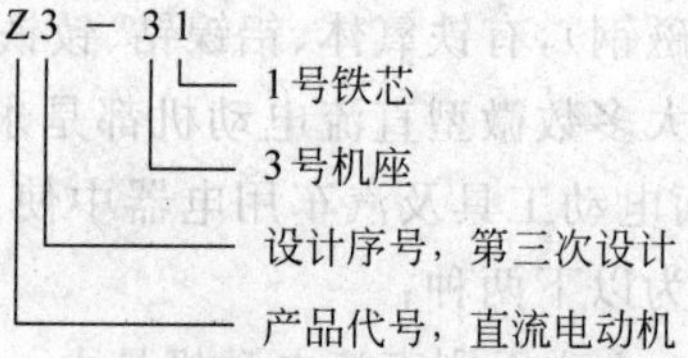

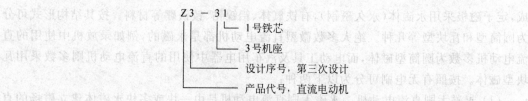

图 3-14　直流电机铭牌上型号每一个字符的含义

2）额定值

(1) 额定功率 $P_N$(W 或 kW)：表示直流电机按规定的方式额定工作时所能输出的功率。对直流发电机而言是指输出的电功率；对直流电动机而言是指输出的机械功率。

(2) 额定电压 $U_N$(V)：指电动机额定工作时出线端的电压值。对直流发电机而言是指输出的端电压；对直流电动机而言是指输入的直流电源电压。

(3) 额定电流 $I_N$(A)：对应额定电压、额定输出功率时的电流值。对直流发电机而言是指带有额定负载时的输出电流；对直流电动机而言是指轴上带有额定机械负载时的输入电流。

(4) 额定转速 $n_N$(r/min)：指电压、电流和输出功率都为额定值时的转速。

(5) 励磁方式：直流电机励磁绕组和电枢绕组的接线方式。

(6) 额定励磁电压 $U_{LN}$(V)：指电动机额定运行时所需要的励磁电压。

(7) 额定励磁电流 $I_{LN}$(A)：指电动机额定运行时所需要的励磁电流。

(8) 定额：指电动机按铭牌值工作时可以持续运行的时间和顺序。电动机定额分为连续定额、短时定额和断续定额三种，分别用 S1，S2，S3 表示。

① 连续定额(S1)：表示电动机按铭牌值工作时可以长期连续运行。

② 短时定额(S2)：表示电动机只能在规定的时间内短期运行。我国规定的短时运行时间有 10min、30min、60min 及 90min 四种。

③ 断续定额(S3)：表示电动机运行一段时间后就停止一段时间，周而复始地按一定周期重复运行。每周期为 10min，我国规定的负载持续率有 15%、25%、40%及 60%四种，如标明 40%则表示电动机工作 4min，休息 6min。

(9) 绝缘等级：表示电动机各绝缘部分所用绝缘材料的等级，绝缘材料按耐热性能分为七个等级，见表 3-2。目前我国生产的电动机使用的绝缘材料分为 B，F，H，C 四个等级。

**表 3-2　绝缘材料耐热性能等级**

| 绝缘等级 | Y | A | E | B | F | H | C |
|---|---|---|---|---|---|---|---|
| 最高允许温度/℃ | 90 | 105 | 120 | 130 | 155 | 180 | >180 |

## 3.3 直流电动机的电枢绕组与基本方程式

直流电动机转子是直流电动机能量转换的枢纽，它由电枢铁芯、电枢绕组组成。其中电枢铁芯主要用于导磁和嵌放电枢绕组，对直流电动机做功效能起决定作用的则是电枢绕组。电枢绕组负责产生电磁转矩和感应电动势，它是实现电动机能量转换的关键部件。

### 3.3.1 直流电动机电枢绕组

#### 1. 直流电动机电枢绕组的结构

电枢绕组由许多完全相同的绕组元件组成，绕组元件数和铁芯上的槽数有关，绕组元件之间按一定规律连接起来。每个绕组元件可能是多匝线圈，也可能是单匝的，它的两个末端分别连到换向器的两个换向片上，各个元件是在换向片上互相连接起来的。

1）绕组元件

构成绕组的线圈称为绕组元件，是由一匝或多匝导线绕制而成的线圈，即分单匝和多匝两种，如图 3-15 所示。在电枢槽中按一定规律相连的绕组元件组成电枢绕组。每一个元件均引出两根线与换向片相连，其中一根称为首端，另一根称为末端。

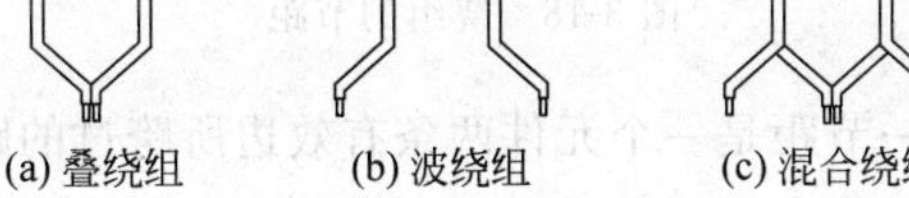

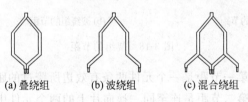

(a) 叠绕组　(b) 波绕组　(c) 混合绕组

图 3-15　直流电机的绕组元件

2）电枢绕组的形式

根据相邻两元件的连接规律不同，可分为单叠绕组、单波绕组、复叠绕组、复波绕组、混合绕组，其中单叠绕组和单波绕组最常用。

（1）叠绕组。叠绕组是指串联的两个元件总是后一个元件的端接部分紧叠在前一个元件端接部分，整个绕组成折叠式前进。

（2）波绕组。波绕组是指把相隔约为一对极距的同极性磁场下的相应元件串联起来，像波浪式前进。

3）实槽和虚槽

如图 3-16 所示，电枢铁芯上实际存在的槽叫做实槽 $Z$，一个元件的上层边与另一个元件的下层边称为一个虚槽 $u$，总虚槽数 $Z_0=uZ$（以下仅讨论 $u=1$，即 $Z_0=Z$ 的情况）。

实槽数 $Z$、元件数 $S$ 与换向片数 $K$ 的关系有 $Z=S=K$。

4）极距 $\tau$

极距是相邻两个主磁极轴线沿电枢表面之间的距离，用 $\tau$ 表示。如图 3-17 所示，极距是指一个磁极所占的槽数。

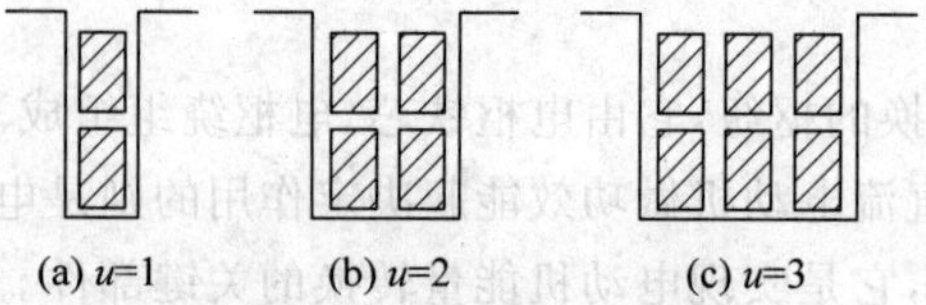


图 3-16　实槽中的虚槽

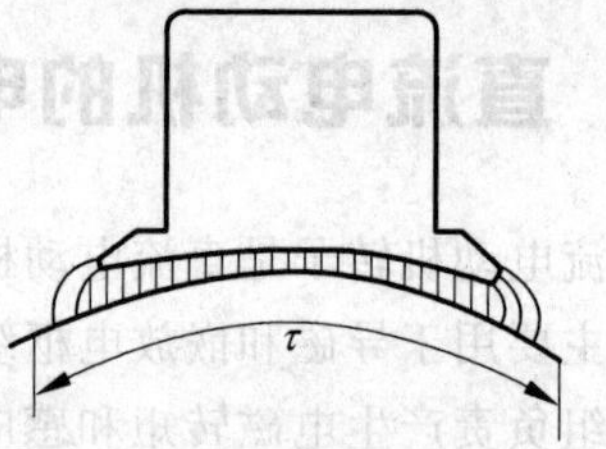


图 3-17　极距

5）绕组的节距

绕组的节距如图 3-18 所示。

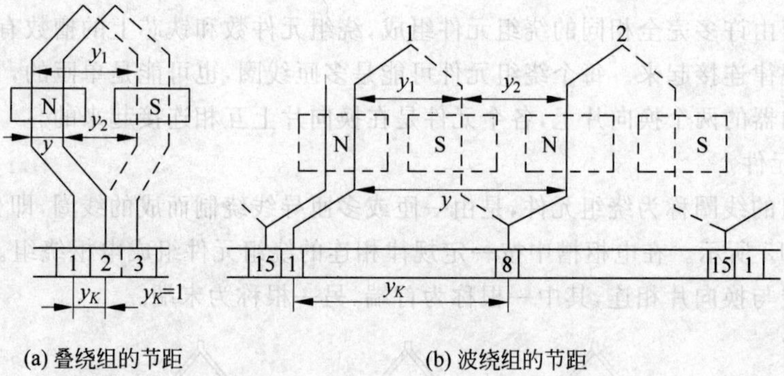


图 3-18　绕组的节距

(1) 第一节距 $y_1$。第一节距是一个元件两条有效边所跨过的距离(槽数)，通常 $y_1=\tau$。

(2) 第二节距 $y_2$。第二节距是连至同一换向片上的两个元件中第一个元件的下层边与第二个元件的上层边间的距离，即前一个元件下层边与后一个元件上层边所跨的槽数。

(3) 合成节距 $y$。合成节距是连接同一换向片上的两个元件对应边之间的距离，即前后两个相邻元件对应边之间所跨的槽数。

① 单叠绕组：$y=y_1-y_2$；

② 单波绕组：$y=y_1+y_2$。

(4) 换向器节距 $y_k$。换向器节距是同一元件首末端连接的换向片之间的距离，即一个元件两个出线端所跨的换向片数 $y_k=y$。

**2. 电枢单叠绕组和单波绕组的特点**

1）单叠绕组

(1) 结构。单叠绕组的特点是相邻元件(线圈)相互叠压，合成节距与换向节距均为 $1(y=y_k=1)$，即一个元件的上层边和下层边分别接在相邻的两个换向片上($y_k=1$)，同时第一个元件的下层边与第二个元件的上层边接在同一换向片上(一般 $y=1$ 右行)，并联支路数等于磁极数。

(2) 展开图。单叠绕组的展开图是把放在铁芯槽里、构成绕组的所有元件取出来画在一张图里，展示元件相互间的电气连接关系及主磁极、换向片、电刷间的相对位置关系。如某直流电动机槽数、换向片数、元件数都为 16，4 极，组成右行单叠绕组，如图 3-19 所示。

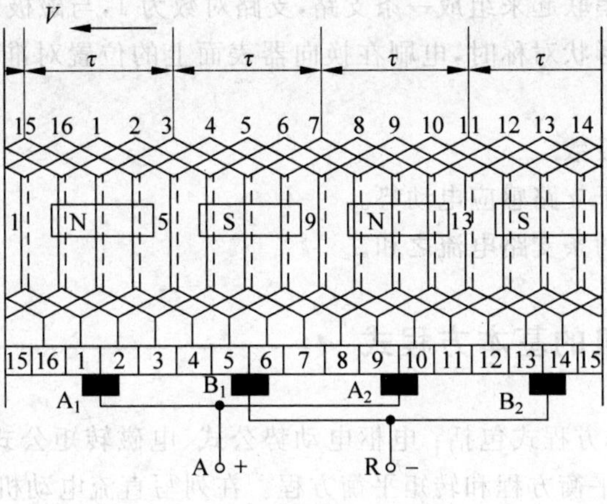


图 3-19　单叠绕组展开图

(3) 特点。

① 同一主磁极下的元件串联成一条支路，主磁极数与支路数相同。

② 电刷数等于主磁极数，电刷位置应使感应电动势最大，电刷间电动势等于并联支路电动势。

③ 电枢电流等于各支路电流之和。

2) 单波绕组

(1) 结构。一个元件的上层边和下层边分别接在相隔较远的两个换向片上，同时相串联的第一个元件的上层边与第二个元件的上层边放在相同极性的相邻磁极下面，它们在空间位置上相距约两个极距。$p$ 个元件串联沿圆周向一个方向绕行一周，其末尾所连的换向片必须回到起始换向片相邻的位置上，才能保证继续绕下去，并联支路数等于磁极对数。

(2) 展开图。单波绕组的合成节距与换向节距相等。如某直流电机槽数、换向片数、元件数都为 17，4 极，组成左行单波绕组，展开图如图 3-20 所示。

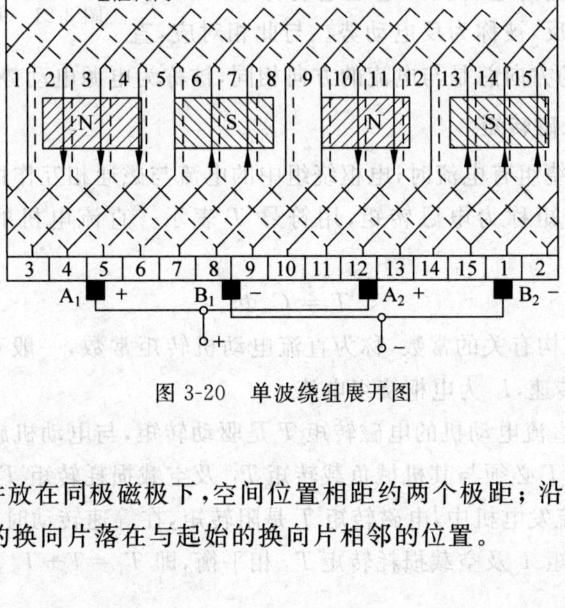


图 3-20　单波绕组展开图

(3) 特点。

① 两个串联元件放在同极磁极下，空间位置相距约两个极距；沿圆周向一个方向绕一周后，其末尾所在边的换向片落在与起始的换向片相邻的位置。

② 同极下各元件串联起来组成一条支路，支路对数为 1，与磁极对数无关。

③ 当元件的几何形状对称时，电刷在换向器表面上的位置对准主磁极中心线，支路电动势最大。

④ 电刷数等于磁极数。

⑤ 电枢电动势等于支路感应电动势。

⑥ 电枢电流等于两条支路电流之和。

## 3.3.2 直流电动机的基本方程式

直流电动机的基本方程式包括：电枢电动势公式、电磁转矩公式、电磁功率公式，以及功率平衡方程、电动势平衡方程和转矩平衡方程。在列写直流电动机的基本方程之前，各有关物理量如电压、感应电动势、电流转矩等，都应事先规定好它的参考方向。直流电动机各参考量的方向是任意的，但一旦标定好后就不应当再改变，所有的方程均按参考方向的标定进行列写。

### 1. 直流电动机电枢电动势

电枢电动势是电枢绕组在磁场中运动产生的感应电动势。电动机电枢线圈通电后在磁场中受力而转动，同时，当电枢在磁场中转动时，线圈中也要产生感应电动势，这个电动势的方向（由右手定则确定）与电流或外加电压的方向总是相反，称为反电势，如图 3-21 所示。

按照图 3-21 可导出电枢电动势 $E_a$ 计算公式为

$$E_a = C_e \Phi n \tag{3-1}$$

式中：$C_e$ 为与电机结构有关的常数，称为直流电动机电动势常数；$\Phi$ 为磁通；$n$ 为直流电动机转速。

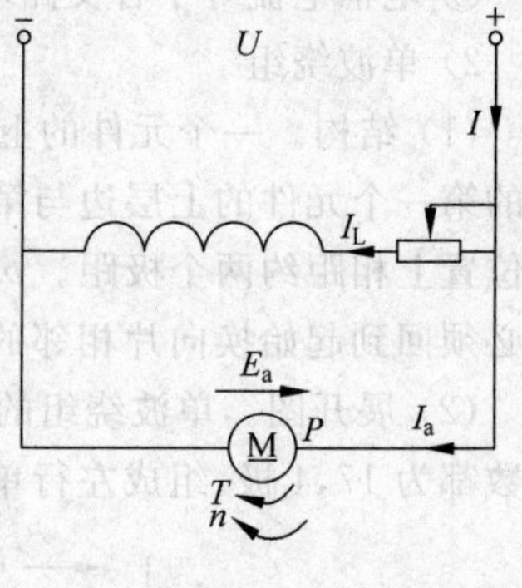


图 3-21　并励直流电动机电路图

如图 3-21 所示，直流电动机的电枢电动势 $E_a$ 的方向总是与电流的方向相反，被称为反电动势。与此相对应，直流发电机中，电动势的方向总是与电流的方向相同，被称为电源电动势。

### 2. 直流电动机电磁转矩

直流电动机电枢绕组有电流时，电枢绕组中的电流与磁通相互作用产生电磁力，受到电磁力的作用产生的转矩称为电磁转矩，用符号 $T$ 表示。直流电机的电磁转矩常用下式表示：

$$T = C_m \Phi I_a \tag{3-2}$$

式中：$C_m$ 为与电机结构有关的常数，称为直流电动机转矩常数，一般 $C_m = 9.55C_e$；$\Phi$ 为磁通；$n$ 为直流电动机转速，$I_a$ 为电枢绕组电流。

如图 3-21 所示，直流电动机的电磁转矩 $T$ 是驱动转矩，与电动机旋转方向相同，同时直流电动机的电磁转矩 $T$ 必须与其机械负载转矩 $T_L$ 及空载损耗转矩 $T_0$ 相平衡，即 $T = T_L + T_0$。与此相对应，直流发电机中，电磁转矩 $T$ 是阻转矩，在等速转动时，原动机的转矩 $T_1$ 必须与发电机的电磁转矩 $T$ 及空载损耗转矩 $T_0$ 相平衡，即 $T_1 = T + T_0$。

**3. 直流电动机电磁功率**

在直流电动机中，把通过电磁作用传递的功率称为电磁功率，用 $P$ 表示。电磁功率既可看成是机械功率，又可看成是电功率。从机械功率的角度看 $P$，它是电磁转矩 $T$ 和旋转角速度 $\omega$ 的积；从电功率角度看 $P$，它是电枢电动势 $E_a$ 和电枢电流 $I_a$ 的积，根据能量守恒定律，两者相等。由图 3-21 可得

$$P = T\omega = E_a I_a \tag{3-3}$$

式中：$P$ 为直流电动机电磁功率；$\omega$ 为直流电动机转动的角速度；$T$ 为直流电动机的电磁转矩，$E_a$ 电枢电动势；$I_a$ 为电枢绕组电流，也称为励磁电流。

**4. 直流电动机功率、电压和转矩平衡方程式**

1）直流电动机功率平衡方程式

直流电动机工作时，输入电功率 $P_1$ 不能全部转换为机械功率，必须扣除电机本身的铜耗 $P_{Cu}$后才能进行电磁转换。转换而来的机械功率不能全部输出，必须扣除电机的空载损耗后才能输出，其轴上的输出功率用符号 $P_2$ 表示。

$$\begin{aligned} P_1 &= P + \Delta P_{Cu} \\ P &= P_2 + \Delta P_{Fe} + \Delta P_{\Omega} \\ P_1 &= P_2 + \Delta P_{Cu} + \Delta P_{Fe} + \Delta P_{\Omega} \end{aligned} \tag{3-4}$$

式中：$P_1$ 为输入功率；$P_2$ 为输出功率；$P$ 为电磁功率；$\Delta P_{Cu}$为铜损耗，$\Delta P_{Fe}$为铁损耗；$\Delta P_{\Omega}$ 为机械损耗。

$$\Delta P_{Cu} = I_a^2 R_a \tag{3-5}$$

式中 $R_a$ 为电枢回路电阻。

2）电压平衡方程式

当直流电动机旋转轴上的机械负载发生变动时，电动机的转速、电动势、电流及电磁转矩将自动进行调整，以适应负载的变化，保持新的平衡。当负载增加，即阻转矩增加时，电动机的电磁转矩暂时小于阻转矩，转速开始下降，随着转速的下降，当磁通 $\Phi$ 不变时，反电动势 $E_a$ 必将减小，而电枢电流 $I_a$ 增加，于是电磁转矩也随着增加，直到电磁转矩与阻转矩达到新的平衡后，转速不再下降，而电动机以较原先为低的转速稳定运行。由图 3-21 可得电源电压平衡方程式为

$$U = E_a + I_a R_a \tag{3-6}$$

式中 $U$ 为电源电压，$R_a$ 为电枢回路电阻。

电压平衡方程式两边同乘电枢绕组电流 $I_a$，可得电源输入功率 $P_1$，即

$$P_1 = UI_a = EI_a + I_a^2 R_a \tag{3-7}$$

式中：$UI_a$ 为电源输入功率；$EI_a$ 为电枢反电势从电源吸收的电功率；$I_a^2 R_a$ 为电枢铜损耗。

3）转矩平衡方程式

直流电动机的电磁转矩是驱动转矩，它使电枢转动。电动机的电磁转矩 $T$ 必须与机械负载(输出)转矩 $T_2$ 及空载损耗转矩 $T_0$ 相平衡。

$$\begin{aligned} T &= T_0 + T_2 \\ T_2 &= 9.55\,\frac{P_2}{n} \end{aligned} \tag{3-8}$$

式中：$T$ 为电磁转矩；$T_0$ 为空载转矩；$T_2$ 为输出转矩；$P_2$ 为输出功率；$n$ 为直流电动机转速。

## 3.4 直流电动机的工作特性和机械特性

直流电动机的工作特性和机械特性是分析起动、调速和制动特性的依据，所以了解其工作特性和机械特性很重要，包括了解并掌握直流电动机工作特性和机械特性的表达式、计算和绘制，以及外串电阻、改变电枢电压、改变磁通时人为特性的特点、计算和绘制的一般表达式和特点。

### 3.4.1 直流电动机的工作特性

**1. 直流电动机工作特性的定义**

直流电动机的工作特性是指供给电机额定电压 $U_N$、额定励磁电流 $I_{fN}$时，电动机转速与负载电流之间的关系、转矩与负载电流之间的关系及效率与负载电流之间的关系。这三个关系分别称为电动机的转速特性、转矩特性和效率特性。

直流电动机的励磁方式不同，其工作特性将有很大的差别，下面分别讨论。

**2. 并励(他励)直流电动机的工作特性**

并励直流电动机的工作特性与他励直流电动机的工作特性相同。

1) 转速特性

并励直流电动机的转速特性可表示为 $n=f(I_a)$，把式(3-1)代入式(3-6)，整理可得：

$$n=\frac{U_N}{C_e\Phi_N}-\frac{R_aI_a}{C_e\Phi_N} \tag{3-9}$$

式中：$n$ 为直流电动机转速；$I_a$ 为电枢绕组电流；$U$ 为电源电压；$R_a$ 为电枢回路电阻；$C_e$ 为与电机结构有关的常数，称为直流电动机电动势常数；$\Phi$ 为磁通。

式(3-9)即为转速特性的表达式。如果忽略电枢反应的去磁效应，则转速与负载电流按线性关系变化，当负载电流增加时，转速有所下降。并励直流电动机的工作特性如图 3-22 所示。

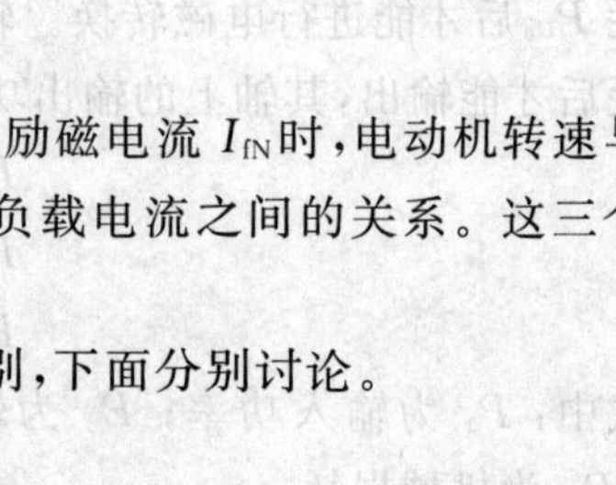


图 3-22 并励电动机的工作特性

2) 转矩特性

当$U=U_N$，$I_f=I_{fN}$时，$T_{em}=f(I_a)$的关系称为转矩特性。根据直流电动机电磁转矩公式可得电动机特性表达式：

$$T_{em}=C_m\Phi_NI_a \tag{3-10}$$

式中：$T_{em}$为转矩；$C_m$ 为与电机结构有关的常数，称为直流电动机转矩常数，一般 $C_m=9.55C_e$。

由此式可见，在忽略电枢反应的情况下电磁转矩与电枢电流成正比，若考虑电枢反应使主磁通略有下降，则电磁转矩上升的速度比电流的上升的速度要慢一些，曲线的斜率略有下降(图 3-22)。

3）效率特性

当 $U=U_N$，$I_f=I_{fN}$时，$\eta=f(I_a)$的关系称为效率特性：

$$\eta=\frac{P_1-\sum P}{P_1}=\frac{P_0+R_aI_a^2}{U_NI_a} \tag{3-11}$$

式中：$\eta$ 为电动机效率；$P_1=UI_a$ 为直流电源输入给电动机的电功率；$P_0$为空载损耗，是不随负载电流变化的；$T_0$为空载转矩；$T_2$ 为机械负载(输出)转矩。

当负载电流较小时效率较低，输入的功率大部分消耗在空载损耗上；当负载电流增大时，效率也增大，输入的功率大部分消耗在机械负载上；但当负载电流大到一定程度时，铜损快速增大，此时效率又开始变小。

**3．串励直流电动机的工作特性**

串励电动机的励磁绕组与电枢绕组相串联，电枢电流即为励磁电流。串励电动机的工作特性与并励电动机有很大的区别。当负载电流较小时，磁路不饱和，主磁通与励磁电流(负载电流)按线性关系变化，而当负载电流较大时，磁路趋于饱和，主磁通基本不随电枢电流变化。因此讨论串励电动机的转速特性、转矩特性和机械特性必须分段讨论，如图 3-23 所示。

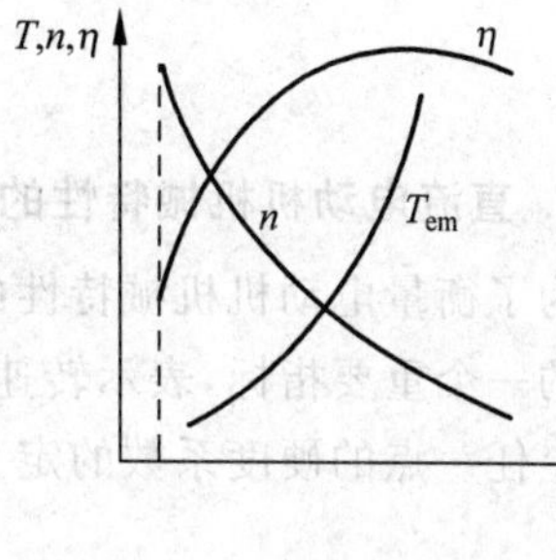


图 3-23　串励直流电动机的工作特性

1）转速特性

当负载电流较小时，电动机的磁路没有饱和，每极气隙磁通 $\Phi$ 与励磁电流 $I_f=I_a$ 呈线性关系，即

$$\Phi=K_fI_f=K_fI_a \tag{3-12}$$

式中 $K_f$ 为比例系数，串励电动机的转速特性可写成：

$$n=\frac{U}{C_e\Phi}-\frac{RI_a}{C_e\Phi}=\frac{U}{K_fC_eI_a}-\frac{R}{K_fC_e} \tag{3-13}$$

式中：$R$ 为串励电动机电枢回路总电阻，$R=R_e+R_f$。

2）转矩特性

串励电动机转矩特性可写为

$$T_{em}=K_fC_mI_a^2 \tag{3-14}$$

当负载电流较小时，转速较大，负载电流增加，转速快速下降，当负载电流趋于零时，电机转速趋于无穷大。因此串励电动机不可以空载或在轻载下运行，电磁转矩与负载电流的平方成正比。当负载电流较大时，磁路已经饱和，磁通 $\Phi$ 基本不随负载电流变化，串励电动机的工作特性与并励电动机相同。

**4．复励直流电动机的工作特性**

对于复励直流电动机，如果是并励(他励)绕组磁势起主要作用，则复励直流电动机的转速特性就与并励(他励)直流电动机接近；如果是串励绕组磁势起主要作用，则复励直流电动机的转速特性就与串励直流电动机接近。由于有串励和并励(他励)磁势的存在，复励直流电动机既有较高的起动能力和过载能力，又可允许空载或轻载运行。

## 3.4.2 直流电动机机械特性

### 1. 直流电动机机械特性的定义

直流电动机的机械特性是指在电动机的电枢电压、励磁电流、电枢回路电阻为恒值的条件下，即电动机处于稳态运行时，电动机的转速 $n$ 与电磁转矩之间的关系：$n=f(T_{em})$。由于转速和转矩都是机械量，所以把它称为机械特性。在直流电动机的诸多特性中，机械特性是最重要的特性，它将决定电机稳定运行、起动、制动以及转速调节的工作情况，是选用直流电动机的依据。按照方程式(3-1)、式(3-2)及电源电压平衡方程式(3-6)推导整理，可得直流电动机机械特性的表达式为

$$n=\frac{U-R_a I_a}{C_e \Phi} \tag{3-15}$$

### 2. 直流电动机机械特性的硬度

为了衡量电动机机械特性的平直程度，引进一个机械特性硬度的概念，它是电动机机械特性的一个重要指标，表示转速随转矩改变而变化的程度，通常用硬度系数 $\beta$ 来表示。特性曲线上任一点的硬度系数的定义是该点的转矩变化百分数与转速变化百分数之比，即其定义为

$$\beta=\frac{\mathrm{d}T}{\mathrm{d}n}=\frac{\Delta T}{\Delta n}\times 100\% \tag{3-16}$$

用 $\beta$ 来衡量机械特性的平直度，$\beta$ 值越大直线越平，特性越硬。对于不同的硬度有三种类型：

(1) 绝对硬的机械特性。当转矩改变时转速不变，它的硬度系数 $\beta\to\infty$，同步电机即具有此种特性。

(2) 硬的机械特性。具有这种特性的电动机，其转速随着转矩而变化，但改变程度不大，它的硬度系数 $\beta=10\sim40$，硬度系数在直线的机械特性上为一常数，在曲线的机械特性上为一变数。他励直流电动机与异步电动机正常工作部分的特性均属于这类。

(3) 软的机械特性。这种特性的转速随转矩的变化有较大的改变，它的硬度系数 $\beta<10$，串励电动机即属于这类，即机械特性硬度系数 $\beta<10$ 的电动机才算是串励电动机。

一般来讲，电动机的特性“软”或者“硬”，是指电动机抗“干扰”的能力，即负载变化时，电动机的“应变能力”。例如，负载突然增加(较大)，而需要的输入电流增加不是很大，这样的特性称之为“特性硬”，反之为特性软。电动机的特性的“软”和“硬”与电动机的电磁设计有关，一般磁场密度高、气隙大、绕组匝数少的电动机，其特性较硬，相反则特性软。

### 3. 直流电动机机械特性的类型

直流电动机机械特性分为固有机械特性(又称自然机械特性)和人工机械特性(又称人为机械特性)。

1) 固有机械特性

在直流电动机铭牌上会给出额定功率 $P_N$、额定电压 $U_N$、额定电流 $I_N$ 和额定转速 $n_N$。固有机械特性是指直流电动机转动工作时，当 $U=U_N=$常值，电枢回路不串外加电阻以及

并励和他励直流电动机的 $I_L=I_{LN}=$常值时的机械特性。

2）人工机械特性

人工机械特性是指直流电动机转动工作时，当电源电压 $U$ 或励磁电流不是额定值，或电枢回路串入外加电阻时的机械特性。

直流电动机的励磁方式不同，机械特性将有很大的差别，下面分别加以说明。

**4．并励（他励）直流电动机的机械特性**

由于他励和并励直流电动机均是他励式，没有接法上的差别，所以他励直流电动机和并励直流电动机的机械特性相同。

图 3-24 所示为并励（和他励）直流电动机的电路原理图。并励和他励直流电动机的机械特性是指当电源电压 $U=$常数，励磁电流 $I_a=$常值及电枢回路电阻为常值时，电动机的转速 $n$ 和电磁转矩 $T$ 之间的关系曲线，即 $n=f(T)$。对他励与并励而言，$\Phi$ 跟 $I_a$ 无关，以 $T=C_m\Phi I_a$ 代入式(3-15)中，可得他励和并励直流电动机的机械特性方程：

$$n = n_0 - \alpha T \tag{3-17}$$

式中：$n_0=U/C_e\Phi$ 称为理想空载转速；$\alpha=R_a/C_eC_m\Phi^2$；$T$ 为电磁转矩。

由式(3-17)及图 3-24 可知他励直流电动机的特性：励磁电流 $I_L$ 的大小与电枢电流 $I_a$ 的大小无关，它的大小只取决于 $R_L$，$U_L$ 的大小，当 $R_L$、$U_L$ 的大小一定时，$I_L$ 为定值，即磁通Φ为定值。

并励（和他励）直流电动机的机械特性曲线如图 3-25 所示。它是一条随负载转矩增加，转速略微下降的直线。因为它从空载到额定负载，转速下降不多，故属于硬特性。由于此特性曲线是在额定电压 $U_N$、额定励磁电流 $I_{aN}$ 及电枢回路没有串入附加电阻的情况下得到的，所以又称为自然机械特性。并励直流电动机和他励直流电动机一般用于拖动要求转速变化不大的生产机械。

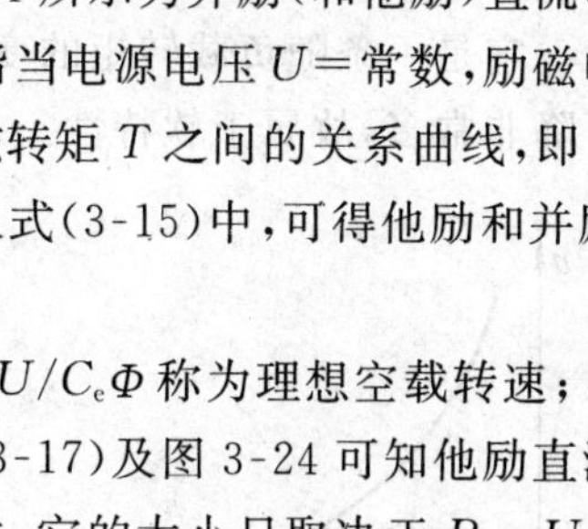

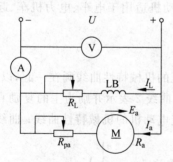


图 3-24　并励（和他励）直流电动机的电路原理图

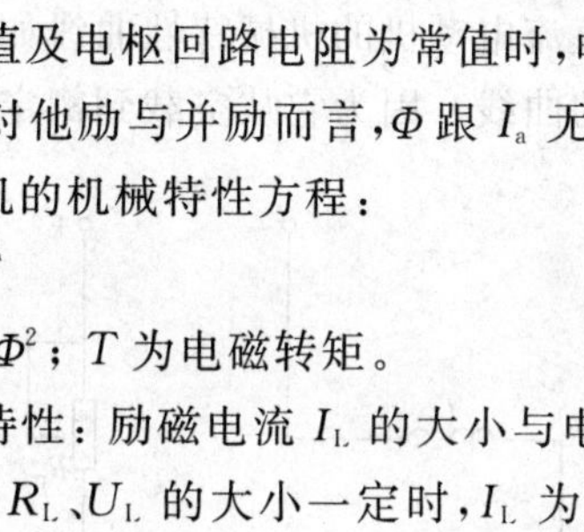

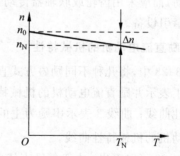


图 3-25　并励（和他励）直流电动机的机械特性曲线

必须注意的是：当磁通过分削弱后，如果负载转矩不变，将使电动机电流大大增加而严重过载。另外，当 $\Phi=0$ 时，从理论上说，电动机的空载转速将趋于∞，实际上励磁电流为零时，电动机尚有剩磁，这时转速虽不趋于∞，但会升到机械强度所不允许的数值，会产生“飞速超转”的危险，通常称为“飞车”。因此，直流他励电动机起动前必须先加励磁电流，在运转过程中，这两种电动机绝不允许励磁电路断开或励磁电流为零。为此，直流他励（并励）电动机在使用中，一般都设有“失磁”保护。

**5. 串励直流电动机的机械特性**

图 3-26 所示为串励直流电动机的电路原理图。串励直流电动机的机械特性是指当电源电压 $U$=常值，电枢回路电阻为常值时，电动机的转速 $n$ 和电磁转矩 $T$ 之间的关系曲线，即 $n=f(T)$。

当磁极未饱和时，串励电动机的磁通 $\Phi$ 跟电枢电流 $I_a$ 成正比，将 $T=C_m\Phi I_a$ 和 $\Phi=CI_a$ 代入，得机械特性方程：

$$n=\frac{U}{C_1\sqrt{T}}-\frac{R_a}{C_2} \tag{3-18}$$

式中：$C_1$，$C_2$ 为常数。

串励直流电动机的机械特性曲线如图 3-27 所示。它是一条随负载转矩的变化，转速有很大变化的曲线。因为它从空载到额定负载，转速下降非常多，故属于软特性。

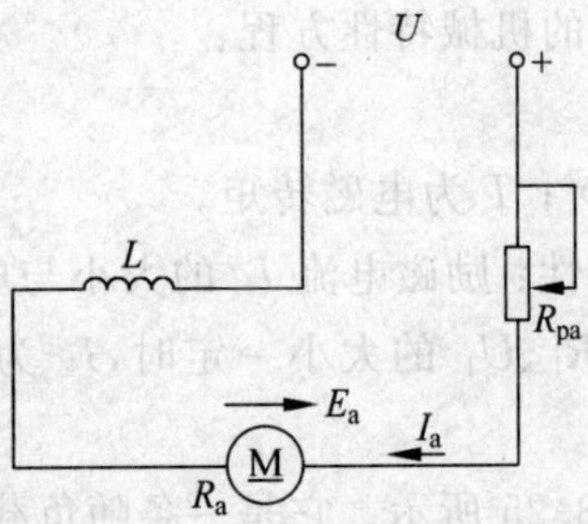


图 3-26　串励直流电动机的电路原理图

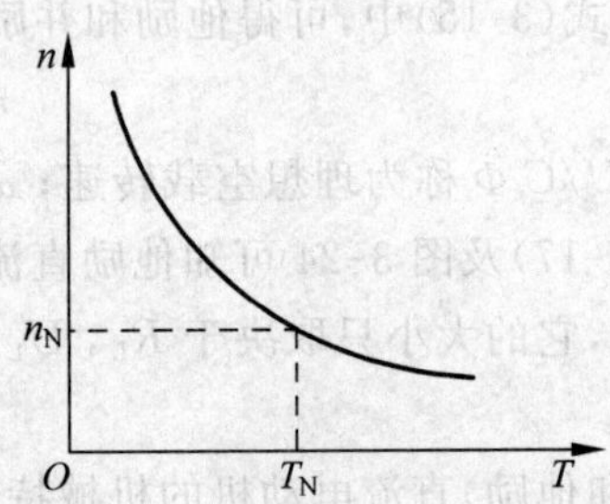


图 3-27　串励直流电动机的机械特性

当串励直流电动机转矩很小时，转速非常高，会产生“飞速超转”的危险，所以串励直流电动机不允许在空载或轻载的情况下运行，也不允许用传动带等容易发生断裂或滑脱的传动机构传动，而应采用齿轮或联轴器传动。串励电动机适用于电车、电力机车、起重机及电梯等电力牵引设备。

**6. 复励直流电动机的机械特性**

在图 3-28 中，将几种不同励磁方式直流电动机的机械特性曲线画在一起，以便于比较。图中曲线 1 表示并励直流电动机的机械特性曲线；曲线 2 表示并励为主的复励直流电动机的机械特性曲线；曲线 3 表示串励为主的复励直流电动机的机械特性曲线；曲线 4 表示串励直流电动机的机械特性曲线。

从图 3-28 可以看出：由于复励直流电动机既有并励绕组又有串励绕组，所以它的机械特性介于并励和串励直流电动机两者之间。当复励直流电动机中并励绕组起主要作用时，它的机械特性接近于并励直流电动机，如图 3-28 中曲线 2 所示；当复励直流电动机中的串励绕组起主要作用时，它的机械特性接近于串励直流电动机，如图 3-28 所示中的曲线 3 所示，但在空载或轻载时，不会发生“飞速超转”的危险。工业上常用的是积复励电动机，即他励绕组和串励绕组所产生的磁通方向一致，复励

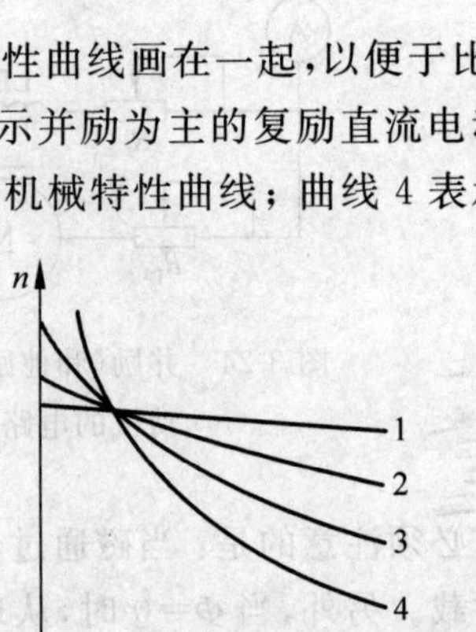


图 3-28　不同励磁方式直流电动机的机械特性曲线

电动机同时具有他励电动机和串励电动机的性质，复励电动机的机械特性介于它们两者之间，如图 3-28 所示。

复励电动机的机械特性曲线的形状依串励磁通所占的比重不同而不同，串励磁通所占比重大时机械特性较软，一般串励磁通在额定负载时约占全部磁通的 30%左右。

# 3.5　直流电动机起动、调速、制动与电气控制系统

直流电动机的使用主要包括起动、调速、反转和制动等过程。电动机的电磁转矩是驱动转矩，电动机的电磁转矩必须与机械负载矩及空载损耗转矩相平衡。当轴上的机械负载转矩发生变化时，电动机的转速、反电动势、电流及电磁转矩将自动进行控制调整，以适应负载的变化，保持新的平衡。

## 3.5.1　直流电动机起动特性与电气控制系统

### 1. 直流电动机起动特性

在稳态情况下，直流电动机的运行情况可以用基本方程来研究。在起动瞬间，电动机的转速 $n=0$，电枢电动势 $E_a=0$，有

$$I_a=\frac{U-E_a}{R_a}=\frac{U}{R_a} \tag{3-19}$$

由于 $R_a$ 的数值很小，因此电枢电流 $I_a$ 将会达到很大数值，以致电网电压突然降低，影响电网上其他用户的正常用电，并且还使电动机绕组发热和受到很大电磁力的冲击。因此要求起动时，电流不超过允许范围。但从电磁转矩 $T$ 来看，则要求起动时电流大些，才能获得较大的起动转矩。

直流电动机常用的起动方法有直接起动、电枢回路串电阻起动和降低电枢电源电压起动三种。任何一种起动方法最根本的原则都是确保在足够大的电磁转矩下尽量减小起动电流。

1）直接起动

直接起动就是电动机全压直接起动，是指不采取任何限流措施，把静止的电枢直接投入到额定电压的电网上起动。大型直流电动机一般不宜直接起动，通常直流电动机的直接起动只用在容量很小的电动机中。由于励磁绕组的时间常数比电枢绕组的时间常数大，为了确保起动时磁场及时建立，一般采用图 3-29(a)所示的接线图。

图 3-29(a)为并励直流电动机直接起动时的接线图。起动前先合上励磁开关 $Q_1$ 给电动机以励磁，并调节励磁电阻 $R_{fj}$，使励磁电流达到最大。在保证主磁场建立后，再合上开关 $Q_2$ 使电枢绕组直接加上额定电压，电动机将起动。直接起动过程中，电枢电流 $i_a$ 和转速 $n$ 的变化情况如图 3-29(b)所示。由图可见，开始时电流 $i_a$ 增长很快，电磁转矩也跟着很快增长，当电磁转矩大于负载转矩时，电枢便开始转动。在起动瞬间，电动机转速 $n\approx0$，由电枢电动势公式可知 $E_a\approx0$，电枢绕组电阻 $R_a$ 又很小，因电枢电压为额定电压 $U_N$，故会引起最大冲击电流 $I_{st}$，即通常所指的“起动电流”，可用下式求解：

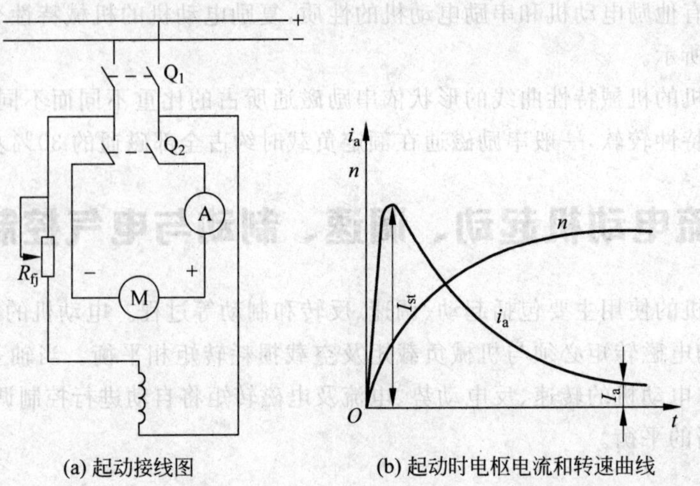


图 3-29　并励直流电动机直接起动时的接线图及电枢电流和转速曲线

$$I_{st}=\frac{U_N-E_a}{R_a}\approx\frac{U_N}{R_a} \tag{3-20}$$

随着电动机转速的升高，电枢电动势增大，电枢电流开始下降，相应地电磁转矩也开始变小，而转速上升变慢。这个过程一直持续到电磁转矩降到与负载转矩相等时，电动机才不再加速而稳定地匀速运行。此时电枢电流也降至稳定运行时的数值 $I_a$，起动过程结束。

2）电枢回路串电阻起动

为了限制直流电动机的起动电流，起动时可以将起动电阻 $R_{st}$ 串入电枢回路，待转速上升后，再逐步将起动电阻切除。由于起动瞬间转速 $n\approx0$，电枢电动势 $E_a\approx0$，串入电阻后起动电流 $I_{st}$ 为

$$I_{st}=\frac{U_N-E_a}{R_a+R_{st}}=\frac{U_N}{R_a+R_{st}} \tag{3-21}$$

可见，只要 $R_{st}$ 的值选择得当，就能将起动电流限制在允许范围之内。

若已知负载转矩 $T_L$，则可根据起动条件的要求确定串入电枢回路的起动电阻 $R_{st}$ 的大小，以保证起动电流在允许的范围内，并使起动转矩足够大。

3）降低电枢电压起动

降低电枢电压起动是在开始起动时将加在直流电动机电枢绕组两端的电压降低，以限制起动电流。在负载转矩 $T_L$ 已知时，根据起动条件可以确定起动电压；当 $T_L$ 未知时，起动电压可从 0V 开始。为了保持起动过程中电磁转矩值较大，随着电动机转速的上升，应逐步升高电压，但起动电流应限制在一定的范围以内，直至电枢绕组两端的电压等于额定电压。他励直流电动机降压起动时的机械特性如图 3-30 所示，由图可见，起动时 $n\approx0$，电枢感应电动势 $E_a\approx0$，由于电枢绕组两端的电压很低，所以起动电流 $I_{st}$ 也不大，但起动转矩 $T_{st}$ 大于负载转矩 $T_L$，转速开始上升。

随着转速的上升，电枢电动势 $E_a$ 逐渐增大，电枢电流将逐渐减小，电磁转矩也逐渐减小，转速上升也逐渐缓慢。为了加快起动过程，应逐渐升高电枢绕组两端的电压，以保持足够大的电磁转矩。但是，电枢电压升高的速度不能过快，应使电枢电流始终保持在允许值范围之内，直到电枢电压升到额定电压时，电动机稳定运行在 $A$ 点（图 3-30）。实际上，电源电

压可以连续升高，起动过程更快、更稳。

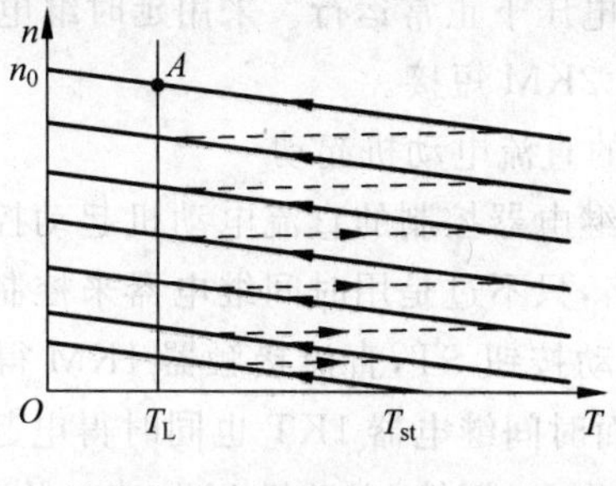


图 3-30　他励直流电动机降压起动时的机械特性

采用降压起动时，需要一套专用的直流发电机或晶闸管整流电源作为电动机电枢绕组的电源。采用专用直流发电机时，通过改变发电机的励磁电流来控制发电机的端电压；采用晶闸管整流电源时，用触发信号去控制输出电压，以达到降压的目的。

对于并励直流电动机，降压起动时，为使励磁不受电源电压的影响，可将并励改为他励，并配备两套电源设备：一套电源设备用于改变电枢绕组端电压；另一套电源设备作为励磁电源。降压起动法的优点是起动电流小，起动过程平滑，能量损耗少；缺点是起动设备投资较高。

**2. 直流电动机起动电气控制系统**

直流电动机接上电源以后，电动机转速从零到达稳定转速的过程称为起动过程。在起动过程中，电枢电流、电磁转矩、转速都随时间变化，是一个过渡过程。直流电动机起动控制时，有不同的控制参数，需要采用不同的方法进行控制。

1）通过电流控制直流电动机起动

如图 3-31 所示为由电流控制的直流电动机起动控制电路图。

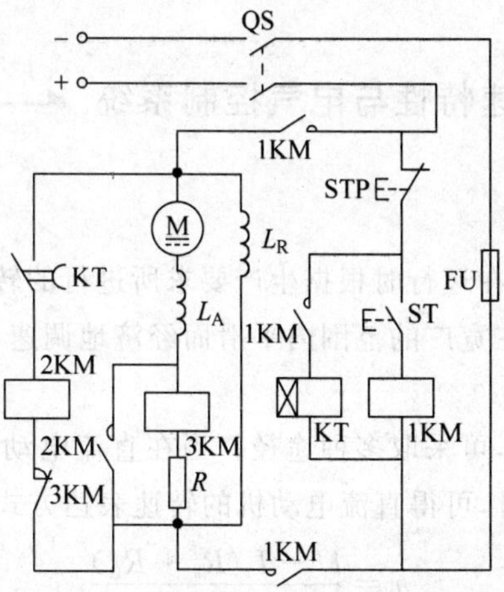


图 3-31　电流控制的直流电动机起动控制电路图

起动时，合上开关 QS，按下起动按钮 ST，接触器 1KM 线圈得电吸合，其常开触点闭合，电动机电枢回路串联电阻 $R$ 作降压起动，1KM 的一个常开触点闭合，实现自锁，KT 线圈也得电。与此同时，3KM 接触器动作，其常闭触点断开。当电动机转速升高时，电枢电流下降，3KM 释放，其常闭触点闭合，2KM 得电动作，2KM 的常开触点闭合，把降压电阻 $R$ 短接，电动机便开始在额定工作电压下正常运行。采用延时继电器 KT，目的是为了防止在起动之初，降压电阻 $R$ 被接触器 2KM 短接。

2）通过时间继电器控制的直流电动机起动

如图 3-32 所示为由时间继电器控制的直流电动机起动控制电路。这实际上是电阻降压起动的直流电动机起动电路，只不过是用时间继电器来控制短接电阻的先后而已。起动时，闭合电源开关 QS，按下起动按钮 ST，直流接触器 1KM 得电吸合，其常开触点闭合，使电枢回路串联 $R_1$，$R_2$ 起动。而时间继电器 1KT 也同时得电起动，其常开触点 1KT 经延时闭合，使 3KM 得电吸合，从而将 $R_1$ 短接，电动机 M 加速。此时，另一只时间继电器 2KT 得电动作，其常开触点延时闭合，使 2KM 得电动作，把电阻 $R_2$ 短接。这样，电动机便进入了正常运行状态。

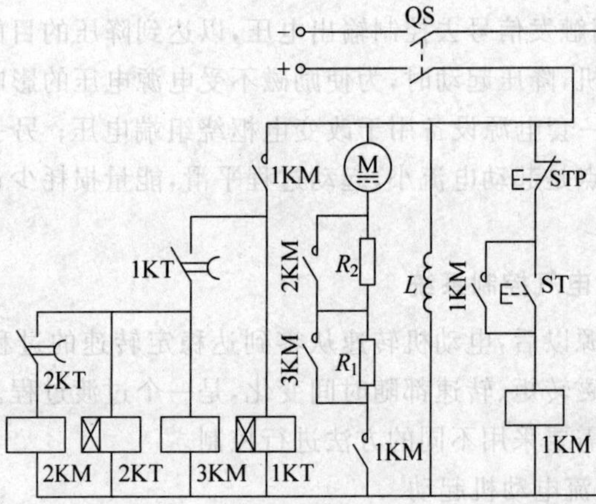


图 3-32　由时间继电器控制的直流电动机起动控制电路

## 3.5.2　直流电动机调速特性与电气控制系统

### 1. 直流电动机调速特性

直流电动机调速是指它在运行时根据生产要求所进行的转速变化的调节。直流电动机具有良好的调速性能，可以在宽广的范围内平滑而经济地调速，特别适用于对调速性能要求较高的电力拖动系统中。

对直流电动机进行调速，可采取多种途径。当在直流电动机的电枢回路中串入外加调节电阻（又称调速电阻）$R_\Omega$ 时，可得直流电动机的转速表达方式为

$$n=\frac{U-I_a(R_a+R_\Omega)}{C_e\Phi} \tag{3-22}$$

从式(3-22)可见，直流电动机的调速方法有以下 3 种：

(1) 改变串入电枢回路中的调速电阻 $R_\Omega$。

(2) 改变加于电枢回路的端电压 $U$。

(3) 改变励磁电流 $I_a$，以改变主极磁通 $\Phi$。

下面以他励直流电动机为例，介绍这三种调速方法。

1）改变电枢端电压调速

他励直流电动机拖动负载运行时，若保持电动机的每极磁通为额定磁通 $\Phi_N$，而且在电动机的电枢回路不串外接电阻，即 $R_\Omega=0$，则他励直流电动机的机械特性方程式为

$$n=\frac{U}{C_e\Phi_N}-\frac{R_a}{C_eC_m\Phi_N^2}T \tag{3-23}$$

由上式可知，当改变电动机电枢绕组的端电压 $U$ 时，电动机就可运行于不同的转速，电压 $U$ 越低，电动机的转速 $n$ 越低。他励直流电动机改变电枢端电压调速时的机械特性如图 3-33 所示，曲线 1，2，3，4 分别为对应于不同电枢端电压时电动机的机械特性曲线；竖起的直线 5 为负载的机械特性曲线。从图 3-33 中可以看出，改变电枢端电压后，电动机的理想空载转速 $n_0$ 随电压的降低而下降。但是，电动机机械特性的斜率不变，即电动机机械特性的硬度不变。

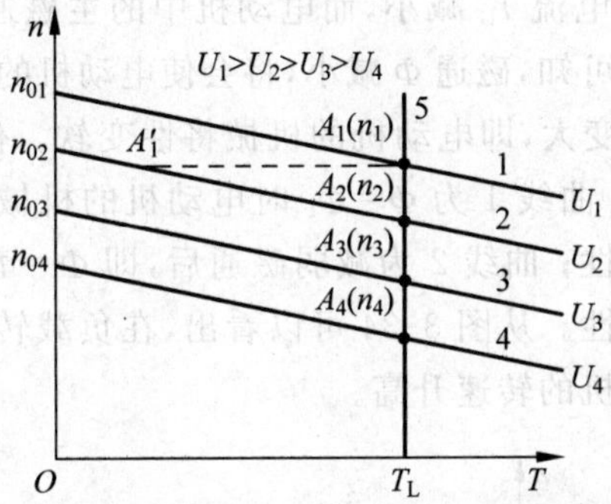


图 3-33　他励直流电动机改变电枢端电压调速时的机械特性

当他励直流电动机改变电枢端电压调速时，随着电枢端电压的降低，电动机机械特性平行地向下移动，如图 3-33 所示，当带恒转矩负载为 $T_L$ 时，在不同的电枢端电压 $U_1$，$U_2$，$U_3$，$U_4$ 下，电动机的转速分别为 $n_1$，$n_2$，$n_3$，$n_4$。由于调速过程中电动机的机械特性只是平行地上下移动而不改变其斜率，因此调速时，电动机机械特性的硬度不变，这是改变电枢端电压调速的优点。而且降低电枢端电压调速的平滑性好，当电枢端电压连续变化时，转速也能连续变化，可实现无级调速，调速范围大，稳定性好。

降低电枢端电压调速的最大缺点是须用专用电源。过去常用他励直流发电机作电源与他励直流电动机组成发电机电动机组。调节他励直流发电机的励磁电流便能任意改变加于他励直流电动机电枢的端电压 $U$，因而能在极宽广的范围内调速。此外，还可采用降压起动，可省去笨重的起动变阻器，而且起动时没有能量损耗。但是，这种发电机-电动机组的设备投资很大，机组运转的噪声也很大。

近年来，电力电子技术发展很快，晶闸管元件的应用日趋广泛。由晶闸管组成的整流器代替他励直流发电机向直流电动机供电，其调速、起动方法亦如上述，主要优点是占地面积小，重量轻，无噪声。改变电枢端电压调速，对于串励直流电动机来说，也是适用的。在电力牵引机车中，常把两台串励直流电动机从并联运行改串联运行，以使加于每台电动机的电压从全压降为半压。

2）弱磁调速

他励直流电动机拖动负载运行时，若保持电动机电枢绕组的端电压为额定电压 $U_N$，电枢回路不串电阻，即 $R_\Omega=0$，则他励直流电动机的机械特性方程为

$$n=\frac{U_N}{C_e\Phi}-\frac{R_a}{C_eC_m\Phi^2}T \tag{3-24}$$

由式(3-24)可知，当改变电动机的每极磁通时，电动机就可运行于不同的转速。因为直流电动机额定运行时，电动机的每极磁通 $\Phi=\Phi_N$，电动机的磁路已接近饱和，当采用改变磁通调速时，一般采用减弱磁通的方法来调速，即调速时使 $\Phi<\Phi_N$，所以这种调速方法称为弱磁调速。

由于改变磁通调速时，一般是通过改变励磁电流 $I_L$ 来改变磁通 $\Phi$ 的，所以这种调速方法又称为改变励磁电流调速。他励直流电动机励磁电流 $I_L$ 的改变，是由改变串接于其励磁回路中的调节电阻 $R_{fj}$ 来实现的。当电动机的励磁电压一定时，增大励磁回路中的调节电阻 $R_{fj}$ 将会使直流电动机的励磁电流 $I_L$ 减小，而电动机中的主磁通 $\Phi$ 也随之减小。由他励直流电动机的机械特性方程式可知，磁通 $\Phi$ 减小，将会使电动机的理想空载转速 $n_0$ 增加，而且电动机的机械特性的斜率 $\beta$ 变大，即电动机的机械将性变软。他励直流电动机弱磁调速时的机械特性如图 3-34 所示。曲线 1 为 $\Phi=\Phi_1$ 时电动机的机械特性，因为 $\Phi_1=\Phi_N$，所以曲线 1 为电动机的固有机械特性；曲线 2 为减弱磁通后，即 $\Phi=\Phi_2$ 时电动机的机械特性；曲线 3 为恒转矩负载的机械特性。从图 3-34 可以看出，在负载转矩不过分大时，减弱他励直流电动机的磁通可以使电动机的转速升高。

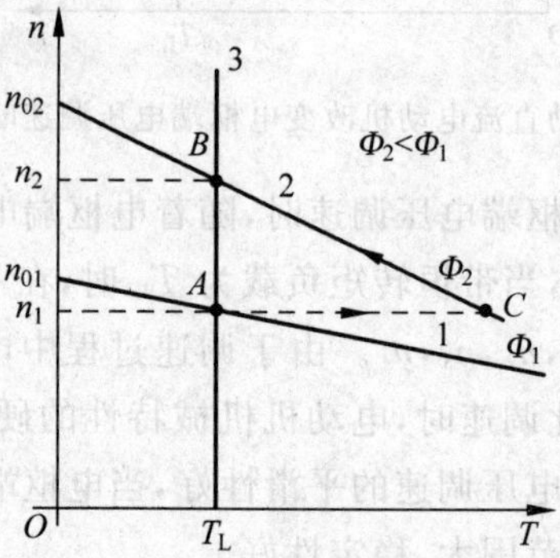


图 3-34　他励直流电动机弱磁调速时的机械特性

弱磁调速是在电流较小的励磁回路进行操作的，所以控制功率小，能量损耗小，而调速范围在理论上可以很大。如果利用滑线变阻器，则可以实现无级调速。但这种调速方法对于他励直流电动机来说是以 $R_{fj}=0$ 时的转速为最低转速，只能调高，不能调低。并且调高时也要受到电动机转子机械强度和换向等的限制，转速太高时，转子有遭到破坏的危险，所以调速范围较小。另外，由于弱磁后电动机机械特性的斜率变大，特性变软，将会使电动机运行的稳定性变差。

3）电枢回路串电阻调速

他励直流电动机拖动负载运行时，保持电枢绕组电源电压为额定电压 $U_N$，每极磁通为额定磁通 $\Phi_N$，在电枢回路中串入调速电阻 $R_\Omega$ 时，电动机的机械特性方程式为

$$n = \frac{U_N}{C_e\Phi_N} - \frac{R_a + R_\Omega}{C_e C_m \Phi_N^2}T \tag{3-25}$$

由式(3-25)可知，在电枢回路中串入不同的调速电阻 $R_\Omega$，电动机就可运行于不同的转速，且调速电阻 $R_\Omega$ 越大，电动机的转速 $n$ 越低。他励直流电动机电枢回路串电阻调速的电路原理图与前面所述的直流电动机电枢回路串电阻起动的电路原理图一样。

他励直流电动机电枢回路串电阻调速时的机械特性如图 3-35 所示，曲线 1 为 $R_\Omega=0$ 时电动机的机械特性曲线(即固有机械特性曲线)；曲线 2 和曲线 3 分别为 $R_\Omega=R_{\Omega1}$ 和 $R_\Omega=R_{\Omega2}$ 时电动机的机械特性曲线(即人为机械特性曲线)；曲线 4 为负载的机械特性曲线。从图 3-35 中可以看出，串入不同的 $R_\Omega$ 时，电动机的理想空载转速 $n_0$ 不变，但是电动机机械特性的斜率随 $R_\Omega$ 的增加而变大，即随着 $R_\Omega$ 的增加，电动机的机械特性变软。

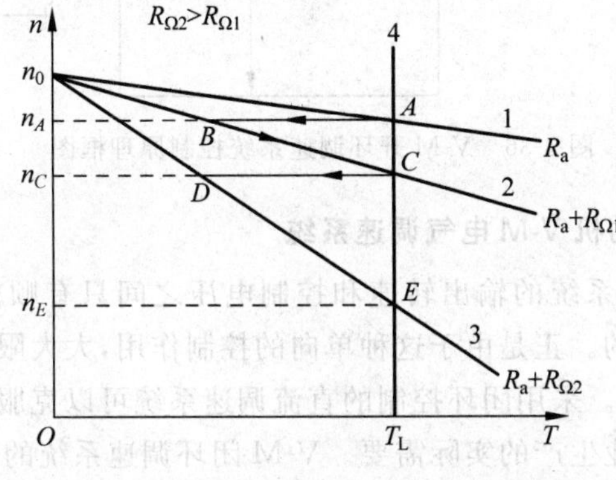


图 3-35 他励直流电动机电枢回路串电阻调速时的机械特性

在他励直流电动机电枢回路中串入的调速电阻 $R_\Omega$ 越大，则电动机的机械特性越软，电动机的转速 $n$ 也就越低，如图 3-35 所示。但是，如果电动机拖动恒转矩负载调速，则调速前后电动机的电磁转矩 $T$ 和电枢电流 $I_a$ 不变。这种调速方法以调速电阻 $R_\Omega=0$ 时的转速为最高转速，只能调低，不能调高，即只能使电动机的转速在额定转速以下调节。

在电枢回路中串电阻调速的方法，设备简单，操作方便，调速电阻又可作起动电阻用。但是，由于电阻只能分段调节，故调速不均匀，属有级调速，调速平滑性差。而且随着调速电阻的增大，电动机的机械特性变软，使得在负载变化时引起转速波动较大，即转速对负载的变化反应敏感，机组运行的稳定性差。在有一定静差率要求的前提下，调速范围显然不大，从图 3-35 可见，尤其在轻载或空载时，调速范围更小。另外，在调速过程中，较大的电枢电流要流过电枢回路中所串联的调速电阻，将会使调速电阻上的电能损耗增大，速度越低，调速电阻串得越大，电能损耗也就越大，电动机的效率越低。

并励、串励、复励直流电动机利用串入电枢回路的电阻调速的物理过程及有关优缺点与他励直流电动机类似，这里不再重复。

**2. 直流电动机开环 V-M 电气调速系统**

开环 V-M 电气调速系统是由晶闸管整流装置来实现对直流电动机供电的调速系统，其控制原理框图如图 3-36 所示。

从图 3-36 可以看出，对于开环调速系统，其控制电压与输出转速之间只有顺向作用而无反向联系，即控制是单方向进行的，输出转速并不影响控制电压，控制电压直接由给定电压产生。因此开环调速方式稳速性能差，稳态精度低，转速波动较大，很难实现多电动机的同步拖动。如果生产机械对静差率要求不高，那么开环调速系统也能实现一定范围内的无级调速。但是在实际生产中许多需要无级调速的生产机械常常对静差率提出较严格的要求，不允许有很大的转速波动，这时候开环调速系统往往不能满足实际生产的需要。

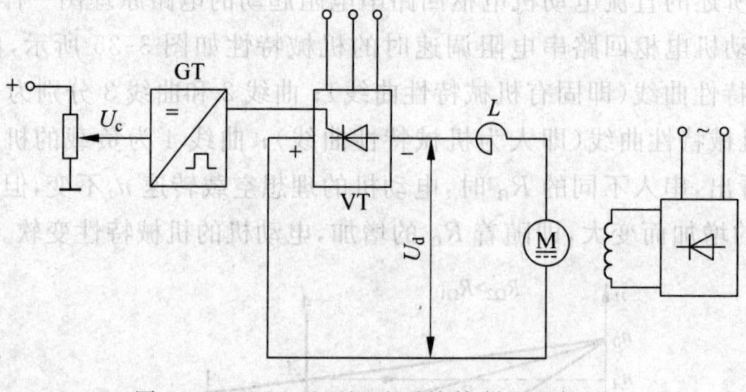


图 3-36　V-M 开环调速系统控制原理框图

### 3. 转速闭环直流电动机 V-M 电气调速系统

开环直流电动机调速系统的输出转速和控制电压之间只有顺向的作用而无反向的联系，即控制是单方向进行的。正是由于这种单向的控制作用，大大限制了开环直流调速系统在实际工业生产中的应用。采用闭环控制的直流调速系统可以克服开环直流调速系统的这种缺陷，能较好地适应工业生产的实际需要。V-M 闭环调速系统的控制原理框图如图 3-37 所示。

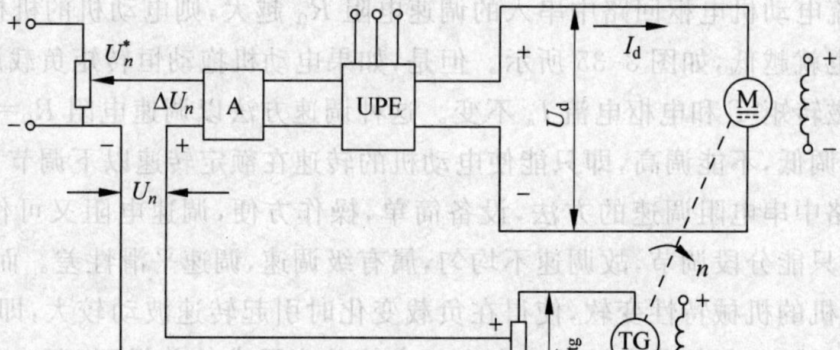


图 3-37　V-M 闭环调速系统控制原理框图

与开环直流调速系统相比，闭环调速系统是在系统的输出端和输入端引入了一条反馈通道，从而建立起了转速 $n$ 与控制器 A 之间的反相联系。具体的实现方法是：与直流电动同轴相连一台直流伺服电动机，从而引出与被调量转速 $n$ 成正比的负反馈电压 $U_n$，它与系统给定电压比较后，形成转速偏差控制电压 $\Delta U_n$，经过控制器放大后，形成作用于电力电子变换器 UPE 的控制电压 $U_c$，在控制电压 $U_c$ 的作用下，使电力电子变换装置输出跨接在直流电动机电枢两端得直流电压 $U_{d0}$，最终达到控制转速的目的。

### 4. 带电流截止负反馈闭环直流调速系统

对于转速闭环直流调速系统而言，突加电压起动时，由于电动机的机械惯性，其转速仍然为零，则反馈电压也为零，此时加在控制输入端的电压就是电压的给定值，这相当于直流电动机全压起动，会产生很大的冲击电流。这不仅对电动机换向不利，而且对于过载能力较低的晶闸管也是不允许的。

有些生产机械的电动机可能会遇到堵转的情况，这时候的电流将远远超过其允许值。所以必须采取措施来对原闭环调速系统进行改进，以适应实际生产的需要。这里采用的改进办法就是在原来闭环控制系统的基础上增设电流截止负反馈环节，组成带电流截止负反馈闭环直流调速系统(图3-38)。

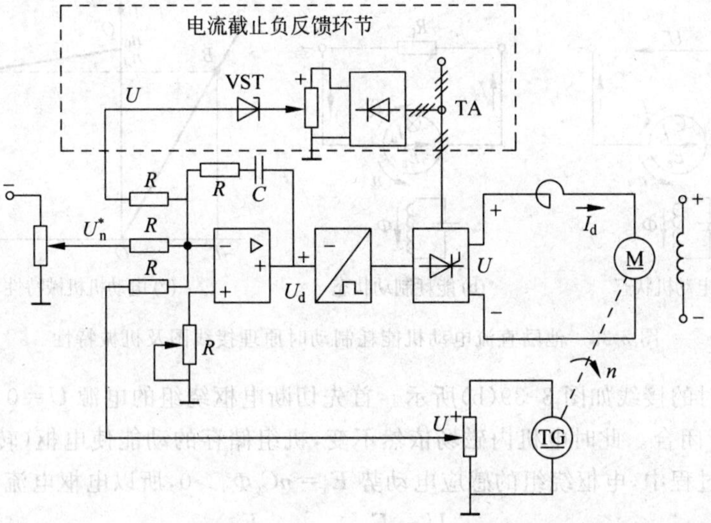


图3-38 电流截止负反馈闭环直流调速系统

在图3-38中，当流过直流电动机电枢的电流超过某一定值时，电流截止负反馈环节开始起作用，和转速负反馈电压一起加在控制器(图中采用运算放大器构成PI调节器)的输入端，依靠强烈的电流负反馈作用，使电动机转速急剧下降，很快把通过电动机电枢的电流限制在某一固定值，也称为堵转电流，从而达到保护电动机的目的。而当流过直流电动机电枢的电流小于某一定值时，电流截止负反馈环节不起作用，此时它相当于一个转速闭环直流调速系统。

## 3.5.3 直流电动机制动特性与电气控制系统

### 1. 直流电动机制动特性

直流电动机的制动是指在电动机的轴上加一个与旋转方向相反的电磁转矩，以达到机组的快速停转，或用以限制机组的转速在一定的数值以内。在他励直流电动机中，每极磁通 $\Phi$ 的大小和方向恒定不变，从电磁转矩 $T=C_m\Phi I_a$ 可知，可以用改变电枢电流 $I_a$ 的方法来改变电磁转矩 $T$ 方向。有三种方法可以使电枢电流 $I_a$ 反向，达到制动目的。

1) 能耗制动

切除电枢绕组的电源电压 $U$，并将电枢绕组经外接电阻 $R_L$ 短路，称为能耗制动，即

$$I_a = \frac{-E_a}{R_a + R_L} \tag{3-26}$$

以他励直流电动机拖动反抗性恒转矩负载为例，其接线图及机械特性如图 3-39 所示。制动前，他励直流电机作电动机运行，其接线图、电枢绕组电源电压 $U$、电枢绕组感应电动势 $E_a$、电枢电流 $I_a$、电动机的电磁转矩 $T$ 和电动机的转向如图 3-39(a)所示。此时电动机的机械特性为图 3-39(c)中的曲线 1，它与负载的机械特性曲线相交于工作点 $A$，电动机的转速为 $n$。

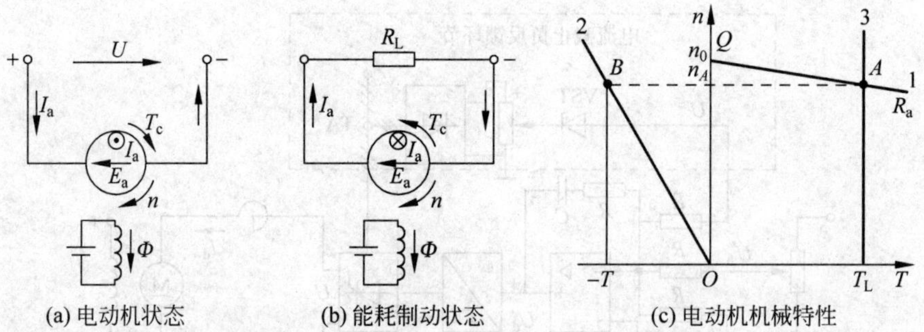


图 3-39　他励直流电动机能耗制动时原理接线图及机械特性

能耗制动时的接线如图 3-39(b)所示。首先切断电枢绕组的电源 $U=0$，并立即将电枢回路经电阻 $R_L$ 闭合。此时电机内磁场依然不变，机组储存的动能使电枢(转子)继续旋转。因为能耗制动过程中，电枢绕组的感应电动势 $E_a = nC_e\Phi_N > 0$，所以电枢电流的表达式为

$$I_a = \frac{U - E_a}{R_a + R_L} = -\frac{E_a}{R_a + R_L} \tag{3-27}$$

从式(3-27)可知，能耗制动时电枢电流 $I_a$ 和电磁转矩 $T$ 都与原来电动机运行状态时的方向相反。此时，电磁转矩 $T$ 的方向与电枢旋转方向相反而起制动作用，加快了机组的停车，一直到把机组储藏的动能完全消耗在制动电阻 $R_L$ 和机组本身的损耗上时，机组就停止转动，故称能耗制动。

直流电动机能耗制动方法简单，操作简便，制动时利用机组的动能来取得制动转矩，电动机脱离电网，不需要吸收电功率，比较经济、安全。但制动转矩在低速时变得很小，故通常当转速降到较低时，就加上机械制动闸，使电动机更快停转。

2）回馈制动

如果电动机的转速 $n$ 大于直流电动机的理想空载转速 $n_0$，即 $n > n_0$，则电枢绕组的感应电动势 $E_a > U$，称为回馈制动，即

$$I_a = \frac{-(E_a - U)}{R_a} \tag{3-28}$$

他励直流电动机在运行时，由于某种客观原因，当直流电动机的转速 $n$ 大于其理想空载转速 $n_0$ 时，电枢电动势 $E_a$ 则大于电枢绕组电源电压 $U$，此时直流电动机变成了直流发电机，电枢电流 $I_a$ 的方向发生了改变，由原来与电枢电源电压 $U$ 相同变为与电源电压 $U$ 相反，电流 $I_a$ 流向电网，向电网回馈(又称反馈)电能。其电磁转矩 $T$ 也由于电枢电流 $I_a$ 的反向而改变了方向，变成了制动性质的转矩，因此称为回馈制动，又称为发电制动或再生制动。

并励直流电动机若采用回馈制动，其方法与他励直流电动机基本相同，但应注意并励直

流电动机励磁绕组的电压和电流的大小和方向不能改变，以保证在回馈制动过程中电动机的每极磁通 $\Phi$ 不变。对于串励直流电动机来说，要实行回馈制动，就必须把串励绕组改为他励，其电枢绕组仍接在电网上，但励磁绕组由其他电压较低的电源供电，以保证所需的励磁电流来实现回馈制动。

3）反接制动

将电枢电源电压 $U$ 改变方向，并串入限流电阻 $R_L$，称为反接制动，即

$$I_a = \frac{-(E_a + U)}{R_a + R_L} \tag{3-29}$$

以他励直流电动机电压反接的反接制动为例进行分析。电压反接制动是把正向运行的他励直流电动机的电枢绕组电压突然反接，同时在电枢回路中串入限流的反接制动电阻 $R_L$ 来实现的，其原理接线图如图 3-40(a)所示。反接制动时，突然断开正转接触器 $KM_1$ 的主触头，再闭合反转接触器 $KM_2$ 的主触头，直流电源电压 $U_N$ 就反接到了电枢绕组两端，并在电枢回路中接入了制动电阻 $R_L$。由于此时电源电压 $U_N$ 反接，因而反接制动时电动机的机械特性是位于第二象限且斜率很大的一条直线，如图 3-40(b)中的曲线 2 所示。在反接制动瞬间，电动机的机械特性由图 3-40(b)中的曲线 1 立即变为曲线 2。但是由于机械惯性，电动机的转速 $n_A$ 不能突变，所以电动机的运行点由曲线 1 上的 $A$ 点过渡到曲线 2 上的 $B$ 点。在 $B$ 点，电动机的转速 $n$ 的大小和方向都不变，因此电枢感应电动势 $E_a$ 的大小和方向也都不变，但由于电枢绕组的电源电压 $U_N$ 反接，因此电枢电流 $I_a$ 和电磁转矩 $T$ 都瞬时由正值变为负值，如图 3-40(a)中所示虚线为 $+U_N$ 时的 $I_a$ 和 $T$，即

$$I_a = -\frac{U_N + E_a}{R_a + R_L} < 0 \tag{3-30}$$

因为电动机的电磁转矩 $T<0$，而电动机的转速 $n>0$，即 $T$ 与 $n$ 方向相反，所以 $T$ 为制动性质的转矩，使电动机的转速 $n$ 开始下降。随着电动机转速 $n$ 的下降，电枢电动势 $E_a$ 随之逐渐减小，电枢电流 $I_a$ 和电磁转矩 $T$ 的绝对值都逐渐减小，电动机的运行点沿图 3-40(b)中曲线 2 从 $B$ 点向 $C$ 点过渡。当转速 $n$ 下降到接近于零时，迅速切除电源，电动机就会很快停下来。

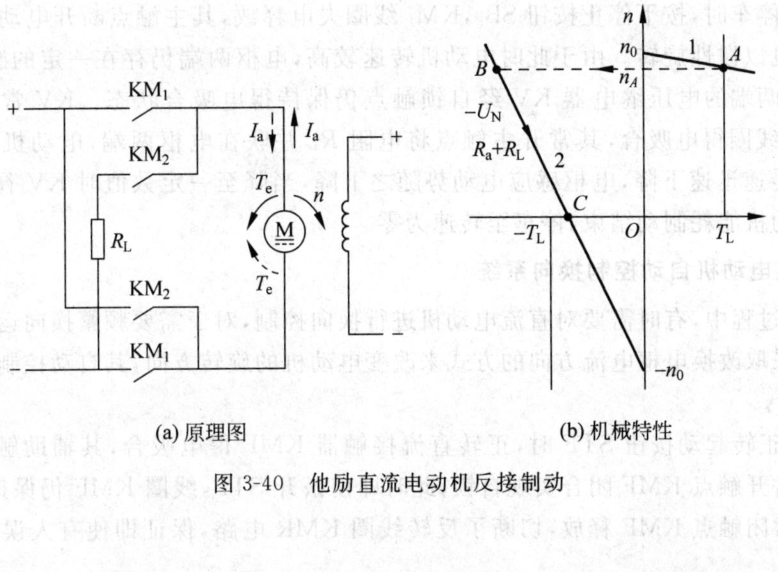


(a) 原理图　　(b) 机械特性

图 3-40　他励直流电动机反接制动

反接制动的优点是制动转矩大，制动时间短。缺点是制动时要由电网供给功率，电网所供给的功率和机组的动能全部消耗在电枢回路电阻及制动电阻 $R_L$ 上，因此很不经济，而且制动过程中冲击强烈，易损坏传动零件。

**2. 直流电动机制动电气控制系统**

制动是直流电动机一种很重要的运行状态，其电气制动是指使直流电动机产生一个与转速方向相反的电磁转矩，起到阻碍转动的作用。直流电动机制动控制时，有不同的控制方式，以下介绍其中常用的一种：直流电动机单向旋转能耗制动电气系统。

如图 3-41 所示为直流电动机单向旋转串联电阻起动、能耗制动电路。图中 $KM_1$、$KM_2$ 为正反转接触器，$KM_3$ 为短接电枢接触器，$KM_4$ 为制动接触器，$KA_1$ 为过电流继电器，$KA_2$ 为欠电流继电器，$KT_1$、$KT_2$ 为时间继电器，KV 为电压继电器。

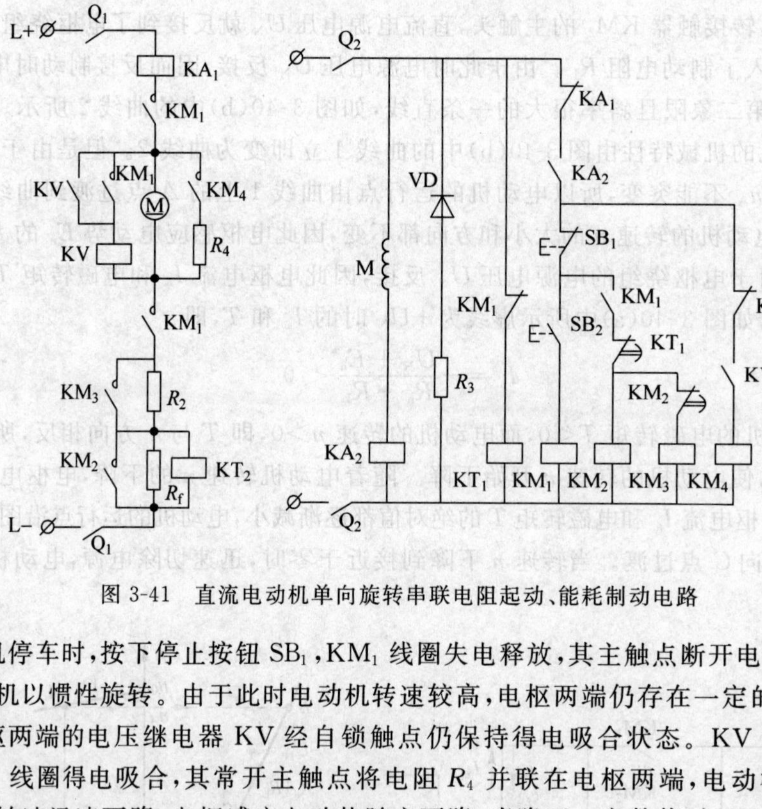

图 3-41　直流电动机单向旋转串联电阻起动、能耗制动电路

电动机停车时，按下停止按钮 $SB_1$，$KM_1$ 线圈失电释放，其主触点断开电动机电枢直流电源，电动机以惯性旋转。由于此时电动机转速较高，电枢两端仍存在一定的感应电动势；并联在电枢两端的电压继电器 KV 经自锁触点仍保持得电吸合状态。KV 常开触点仍闭合，使 $KM_4$ 线圈得电吸合，其常开主触点将电阻 $R_4$ 并联在电枢两端，电动机实现能耗制动，电动机转速迅速下降，电枢感应电动势随之下降，当降至一定数值时 KV 释放，$KM_4$ 线圈失电，电动机能耗制动结束，停车至转速为零。

**3. 直流电动机自动控制换向系统**

在工作过程中，有时需要对直流电动机进行换向控制，对于需要频繁换向运行的直流电动机，通常采取改换电枢电流方向的方式来改变电动机的旋转方向，其自动控制换向电路如图 3-42 所示。

当按下正转起动按钮 STF 时，正转直流接触器 KMF 得电吸合，其辅助触点 KMF 动作，一方面常开触点 KMF 闭合实现自锁，此时即使松开 STF，线圈 KMF 仍保持吸合状态；另一方面，常闭触点 KMF 释放，切断了反转线圈 KMR 电路，保证即使有人误按反转起动

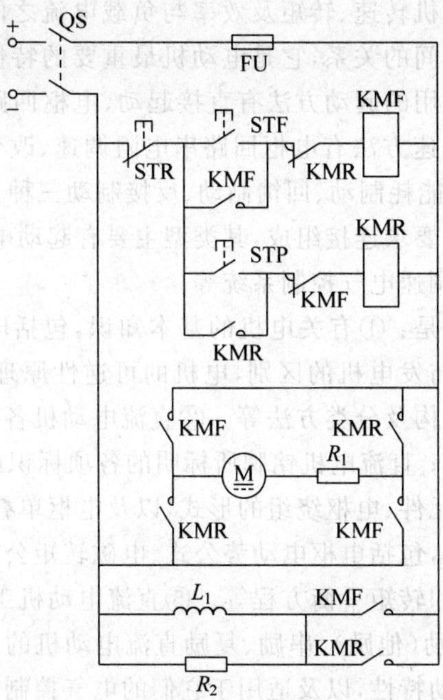


图 3-42　直流电动机自动控制换向电路

按钮 STR，也不致令 KMR 动作，从而避免误操作引起事故。KMF 吸合后，其主触点 KMF 动作，使电源电流从左至右通过电枢，电动机正向转动。同理，当按动反转按钮 STR 时，KMR 动作，电源电流从右至左通过电枢，而通过励磁线圈 $L_1$ 的电流方向不变，所以电动机反向转动。为避免过电压损坏电动机，在电枢中串联有限流电阻 $R_1$；在励磁电路中串联有放电电阻 $R_2$，其阻值一般为 $L_1$ 线圈阻值的数倍。

## 本章小结

电机是指依据电磁感应定律实现电能的转换或传递的一种电磁装置。其中电动机和发电机都属于旋转电机的范畴，在结构上基本上也是相同的，但它们的功用却完全不同。发电机是一种把机械能转变为电能的机电设备；电动机则相反，是一种把电能变作机械能的机器，其本职工作是用电来做功。电机的可逆性是指同一电机既可作为发电机工作，又可作为电动机工作。直流电动机外加的电源是直流的，但由于电刷和换向片的作用，在线圈中流过的电流是交流的，其产生的转矩的方向是不变的。

直流电动机由定子、转子和气隙三个主要部分组成。定子主要起到电磁感应作用，用以产生磁场以及起机械支撑作用；转子的作用是产生电磁转矩和感应电动势；气隙是指定子、转子之间的间隙。直流电动机分为永磁直流电动机和电磁直流电动机两大类，其中电磁直流电动机的性能与它的励磁方式密切相关。对直流电动机做功效能起决定作用的是电枢绕组，它由许多完全相同的绕组元件所组成。

直流电动机的基本方程式包括电枢电动势公式、电磁转矩公式、电磁功率公式，以及功率平衡方程、电动势平衡方程和转矩平衡方程。直流电动机的工作特性是指供给电机额定电压、额定励磁电流时,电动机转速、转矩及效率与负载电流之间的关系。电动机的机械特性指的是转速与电磁转矩之间的关系,它是电动机最重要的特性,是分析起动、调速和制动特性的依据。直流电动机常用的起动方法有直接起动、电枢回路串电阻起动和降低电枢电源电压起动三种;常用的调速方法有电枢回路串电阻调速、改变电枢端电压调速和弱磁调速三种;常用的制动方法有能耗制动、回馈制动、反接制动三种。直流电动机电气控制系统由电气控制元件按照一定的要求连接组成,其类型主要有起动电气控制系统、自动控制换向系统、制动电气控制系统和调速电气控制系统等。

本章介绍和讨论的重点是:①有关电机的基本知识,包括电机的定义、类型和用途,旋转电机的分类方法,电动机与发电机的区别,电机的可逆性原理;直流电动机的工作原理、工作特性、发展特点、基本结构及分类方法等。②直流电动机各种类型的特点,包括他励、并励、串励、复励等直流电动机;直流电机铭牌所标明的各项标识或数据的意义等。③直流电动机电枢绕组的结构、绕组元件、电枢绕组的形式,以及电枢单叠绕组和单波绕组的特点等。④直流电动机的基本方程式,包括电枢电动势公式、电磁转矩公式、电磁功率公式,以及功率平衡方程、电动势平衡方程和转矩平衡方程等。⑤直流电动机工作特性和机械特性的定义,机械特性的硬度的内容,并励(他励)、串励、复励直流电动机的工作特性和机械特性;有关直流电动机起动、调速和制动特性,以及适用于它们的电气控制系统等。

## 习题

1. 什么是静止电机和旋转电机?举例说明电机的用途和分类。

2. 电动机与发电机有何相同和不同之处?简述电机的可逆性原理。

3. 简述直流电动机的工作原理、工作特性和发展特点。异步电机与同步电机有何区别?

4. 简述直流电动机的基本结构,说明各部件所起的作用。

5. 简述电磁直流电动机的分类方法。

6. 直流电机的铭牌上各项文字(条款)有何含义?请举例说明。

7. 简述直流电动机电枢绕组的结构和特点。

8. 写出直流电动机的基本方程式,说明方程式中各有关物理量的定义。

9. 什么是直流电动机工作特性?

10. 画出并励和串励两种直流电动机工作特性示意图。

11. 什么是直流电动机机械特性和机械特性的硬度?

12. 简述并励(他励)、串励和复励直流电动机的机械特性。

13. 简述直流电动机三种起动方法的特性及其电气控制系统的内容。

14. 简述直流电动机三种调速方法的特性及其电气控制系统的内容。

15. 对比说明直流电动机开环和闭环 V-M 电气调速系统的控制原理。

16. 简述直流电动机三种制动方法的特性及其电气控制系统的内容。

17. 简述直流电动机自动控制换向系统的特性。

# 第4章

# 无刷直流电动机与空心杯电动机

**主要内容**

(1) 无刷直流电动机基本结构和工作原理；

(2) 无刷直流电动机的绕组结构及转子位置检测技术；

(3) 无刷直流电动机运行特性与转速控制技术；

(4) DIY 四旋翼无人机动力装置；

(5) 空心杯电动机基本结构、原理与特性。

## 4.1 无刷直流电动机基本结构和工作原理

电动旋翼飞行器大多采用无刷直流电动机作为动力装置，因此学习了解电动旋翼飞行器动力装置，实质上主要是学习了解有关无刷直流电动机技术的基础知识。无刷直流电动机是近几十年来随着电子技术和计算机技术飞速进步而发展起来的一种新型直流电动机，它是现代工业设备、现代科学技术和军事装备中重要的机电部件之一。

### 4.1.1 无刷直流电动机的基本结构和分类

无刷直流电动机(Brushless Direct Current Motor，BLDCM)是一种不使用机械结构换向电刷而直接使用电子换相器的新型电动机。从发展历史的角度看，无刷直流电动机来自于普通有刷直流电动机，即是说无刷直流电动机是在有刷直流电动机的基础上发展起来的。“青出于蓝而胜于蓝”，它是最具发展前途的机电一体化电机系统之一。

**1. 无刷直流电动机的基本结构及其特点**

1）无刷直流电动机的基本结构

无刷直流电动机属于三相永磁同步电动机的范畴，其磁场来自电动机转子上的永久磁铁，其结构由电子开关线路、永磁同步电动机主体和位置检测装置三部分组成，是一种典型的机电一体化产品，如图 4-1 所示。无刷直流电动机的基本结构与有刷直流电动机有相似之处，也有转子和定子，只不过与有刷直流电动机相反：有刷直流电动机的转子是线圈绕组，和动力输出轴相连，定子是永磁磁钢；无刷直流电动机的转子是永磁磁钢，连同外壳一起和输出轴相连，定子是绕组线圈，去掉了有刷直流电动机用来交替变换电磁场的换向电刷，故称之为无刷直流电动机。

无刷直流电动机基本结构原理如图 4-1 所示。无刷直流电动机定子的结构与普通的同步电动机或感应电动机相同，但没有笼型绕组和其他起动装置，在其铁芯中嵌入多相绕组（三相、四相、五相等），绕组可接成星形或三角形。转子上粘有已充磁的永磁体，由于磁极中磁性材料所放位置不同，可以分为表面式磁极、嵌入式磁极和环形磁极。由于电动机本体为永磁电机，所以习惯上也把无刷直流电动机叫做永磁无刷直流电动机。图 4-1 中的电动机本体为三相两极。三相定子绕组分别与电子开关线路中相应的功率开关器件连接，A 相、B 相、C 相绕组分别与功率开关管 $V_1$、$V_2$、$V_3$ 相接。位置传感器的跟踪转子与电动机转轴相连接。

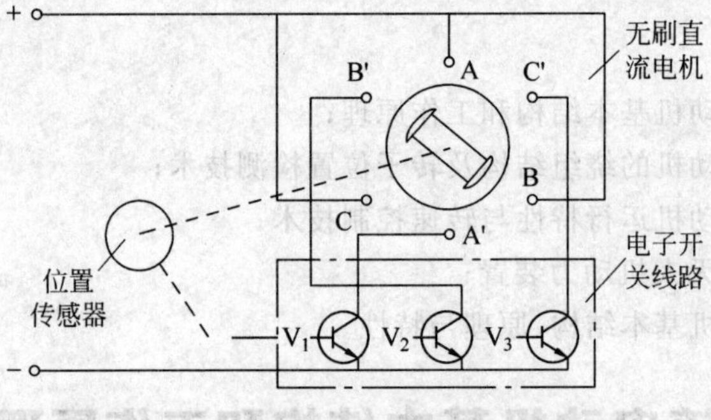


图 4-1　无刷直流电动机基本结构示意图

为了检测电动机转子的极性，在电动机内装有位置检测装置，常用的位置检测装置有直接检测式和间接检测式两种，其中位置直接检测装置是指各种类型的位置传感器，位置间接检测装置是指各种无传感器的转子位置检测装置。电子开关线路也称为电子调速器，其功能是接收电机的起动、停止、制动信号，以控制电机的起动、停止和制动。如图 4-1 所示，电子开关线路接收位置传感器信号和正反转信号，用来控制逆变桥各功率管的通断，产生连续转矩；接收速度指令和速度反馈信号，用来控制和调整转速；提供保护和显示等。

如图 4-1 所示，当定子绕组的某一相通电时，该电流与转子永久磁钢的磁极所产生的磁场相互作用而产生转矩，驱动转子旋转，再由位置传感器将转子磁钢位置变换成电信号，去控制电子开关线路，从而使定子各相绕组按一定顺序导通，定子相电流随转子位置的变化而按一定的次序换相。由于电子开关线路的导通次序是与转子转角同步的，因而起到了机械换向器的换向作用。

因此，所谓无刷直流电动机，就其基本结构而言，可以认为是一台由电子开关线路、永磁式同步电动机以及位置检测装置三者组成的“电动机系统”。无刷直流电动机的组成框图如

图 4-2 所示。

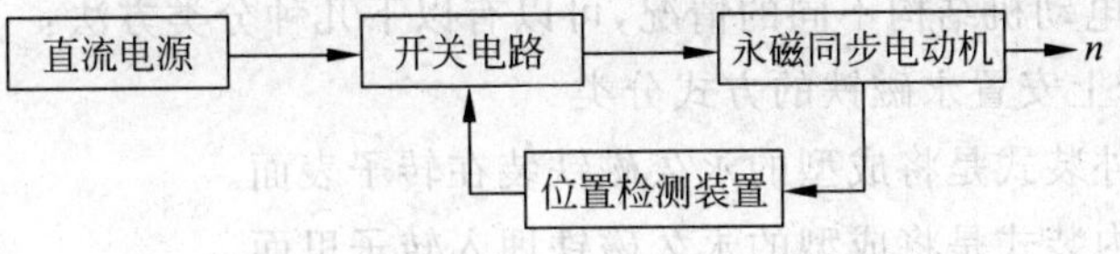


图 4-2　无刷直流电动机的原理框图

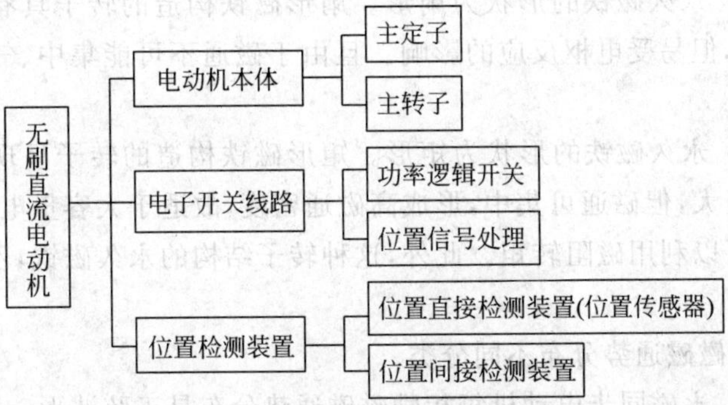


图 4-3　无刷直流电动机的组成框图

无刷直流电动机电子开关线路用来控制电动机定子上各相绕组通电的顺序和时间，主要由功率逻辑开关单元和位置信号处理单元两个部分组成。功率逻辑开关单元是控制电路的核心，其功能是将电源的功率以一定逻辑关系分配给无刷直流电动机定子上的各相绕组，使电动机产生持续不断的转矩，而各相绕组导通的顺序和时间主要取决于来自位置检测装置的信号。对于采用位置传感器的情况，所产生的信号一般不能直接用来控制功率逻辑开关单元，往往需要经过一定逻辑处理后才能去控制逻辑开关单元。

2）无刷直流电动机结构特点

由于无刷直流电动机是自控式运行的，所以不会像变频调速下重载起动的同步电动机那样在转子上另加起动绕组，也不会在负载突变时产生振荡和失步。中小容量的无刷直流电动机的永磁体，多采用高磁能积的稀土钕铁硼材料。稀土永磁无刷电动机的体积比同容量三相异步电动机缩小了一个机座号。

三相永磁无刷直流电动机和一般的永磁有刷直流电动机相比，在结构上有很多相近或相似之处。在永磁有刷直流电动机的基础上，采用装有永磁体的转子取代有刷直流电动机的定子磁极，用具有三相绕组的定子取代电枢，用技术先进的逆变器和转子位置检测器组成的电子换相器取代有刷直流电动机的机械换相器和电刷，就得到了三相永磁无刷直流电动机。

安装在无刷直流电动机转子上的永久磁铁的性能，在很大程度上决定了电动机的特性。目前采用的永磁材料主要有铁涂氧、铝镍钴、钕铁硼等，根据几种的磁感应强度和磁场强度呈线性关系这一特点，应用最为广泛的就是钕铁硼。它的线性关系范围最大，被称为第三代稀土永磁合金。

**2. 无刷直流电动机的分类方法**

根据磁路结构和永磁体形状的不同而不同，对于径向励磁结构，永磁体直接面向均匀气隙。如果采用稀土材料，由于采用非均匀气隙或非均匀磁场化方向长度永磁体的径向励磁结构，气隙磁场波形可以实现正弦或方波分布。

按照无刷直流电动机结构不同的情况，可以有以下几种分类方法：

1）按照在转子上安置永磁铁的方式分类

(1) 外装式。外装式是将成型的永久磁铁装在转子表面。

(2) 内装式。内装式是将成型的永久磁铁埋入转子里面。

2）按照永久磁铁的形状分类

(1) 扇形磁铁。永久磁铁的形状为扇形。扇形磁铁构造的转子具有电枢电感小、齿槽效应转矩小的优点，但易受电枢反应的影响。且由于磁通不可能集中、气隙磁密度低，电极呈现凹的特性。

(2) 矩形磁铁。永久磁铁的形状为矩形。矩形磁铁构造的转子呈现凸极特性，电枢电感大、齿槽效应转矩大，但磁通可集中，形成高磁通密度，故适于大容量电动机。由于电动机呈现凸极特性，故可以利用磁阻转矩。此外，这种转子结构的永久磁铁，不易飞出，故可作高速电动机使用。

3）根据每相励磁磁通势分布不同分类

(1) 正弦波形。永磁同步电动机每相励磁磁通势分布是正弦波形。稀土永磁体正弦波形电动机一般作为三相交流永磁同步伺服电动机使用。

(2) 方波形。永磁同步电动机每相励磁磁通势分布是方波形。通常稀土永磁方波形电动机属于永磁无刷直流电动机的范畴，但是这不是绝对的，究竟是三相永磁无刷直流电动机还是三相永磁交流同步电动机，主要决定于电动机的控制系统的方式及电动机的转子位置传感器的类型。

## 4.1.2 无刷直流电动机的工作原理及其优缺点

### 1. 无刷直流电动机的工作原理

有刷直流电动机与无刷直流电动机之所以称为“电动机”，就是说它们所完成的任务，都同样是靠“电动”作用，把电能转换为机械能，带动电动机轴上的机械负载工作。无刷直流电动机依靠改变输入到定子线圈上的电流波交变频率和波形，在绕组线圈周围形成一个绕电动机几何轴心旋转的磁场，这个磁场驱动转子上的永磁磁钢转动，电动机就转起来了。电动机的性能和磁钢数量、磁钢磁通强度、电动机输入电压大小等因素有关，更与无刷电动机的控制性能有很大关系。因为输入的是直流电，电流需要电子调速器将其变成三相交流电，控制电动机的转速，以满足使用需要。无刷直流电动机本体的结构是比较简单的，真正决定其使用性能的还是无刷电子调速器（电调），好的电子调速器需要有单片机控制程序设计、电路设计、复杂加工工艺等过程的总体控制，所以价格要比有刷电动机高很多。

如图 4-4 所示为三相无刷直流电动机半控桥型电路原理图，采用光电器件作为位置传感器，以 3 只功率晶体管 $V_1$、$V_2$ 和 $V_3$ 构成功率逻辑单元，它们的安装位置各相差 120°，均匀分布在电动机一端。借助安装在电动机轴上的旋转遮光板的作用，使得从光源射来的光线依次照在各个光电器件上，并依照某一光电器件是否被照射到光线来判断转子的磁极位置。图 4-4 所示的转子位置和图 4-5(a)所示的位置相对应。

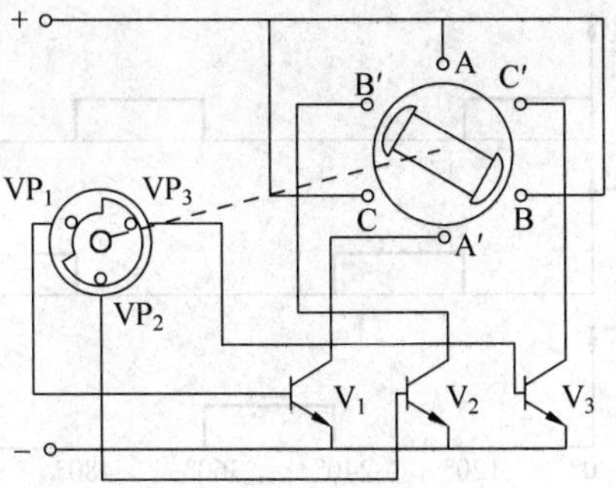


图 4-4　三相无刷直流电动机半控桥型电路原理图

由于此时光电器件 $VP_1$ 被光照射，从而使功率晶体管 $V_1$ 呈导通状态，电流流入绕组 A-A′，该绕组电流同转子磁极作用后所产生的转矩使转子磁极按图 4-5 中所示的顺时针方向运动。当转子磁极转到图 4-5(b)所示的位置时，直接装在转子旋转轴上的旋转遮光板亦跟着同步旋转，并遮住 $VP_1$ 而使 $VP_2$ 受光照射，从而使晶体管 $V_1$ 截止，$V_2$ 导通，电流从绕组 A-A′断开而流入绕组 B-B′，使得转子磁极继续朝箭头的方向转动，并带动遮光板同时朝顺时针方向旋转。当转子磁极转到如图 4-5(c)所示的位置时，此时旋转遮光板已经遮住 $VP_2$，使 $VP_3$ 被光照射，导致晶体管 $V_2$ 截止，$V_3$ 导通，因而电流流入绕组 C-C′，于是驱动转子磁极继续朝顺时针方向旋转，并重新回到图 4-5(a)所示的位置。

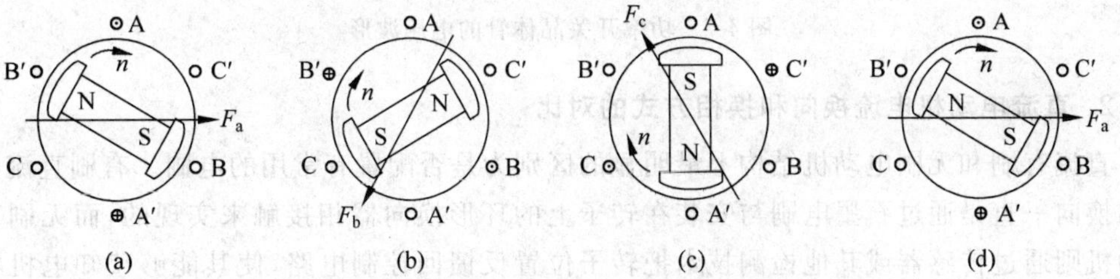


图 4-5　开关顺序及定子磁场旋转示意图

这样，随着位置传感器扇形片的转动，定子绕组在位置传感器 $VP_1$、$VP_2$、$VP_3$ 的控制下，便一相一相地依次馈电，实现各相绕组电流的换相。不难看出，在换相过程中，定子各相绕组在工作气隙内所形成的旋转磁场是跳跃式的。这样旋转磁场在 360°电角度范围内就有三种磁状态，每种磁状态持续 120°电角度。各相绕组电流与电动机转子磁场的相互关系如图 4-5 所示。

如图 4-5(a)所示为第一状态，$F_a$ 为绕组 A-A′通电后所产生的磁通势。显然，绕组电流与转子磁场相互作用，使转子沿顺时针方向旋转，转过 120°电角度后，便进入第二种状态，这时绕组 A-A′断电而绕组 B-B′通电，即定子绕组所产生的磁场转过了 120°，如图 4-5(b)所示。电动机转子继续沿顺时针方向旋转，再转过 120°电角度，便进入第三种状态，这时绕组 B-B′断电，C-C′通电，定子绕组所产生的磁场又转过了 120°电角度，如图 4-5(c)所示，它继续驱动转子沿顺时针方向转过 120°电角度后就恢复到初始状态了。这样周而复始，电动机转子便连续不断旋转。如图 4-6 所示为各相绕组的导通顺序示意图。如图 4-7 所示为电子换相线路中的功率开关晶体管的电压波形(一相)。

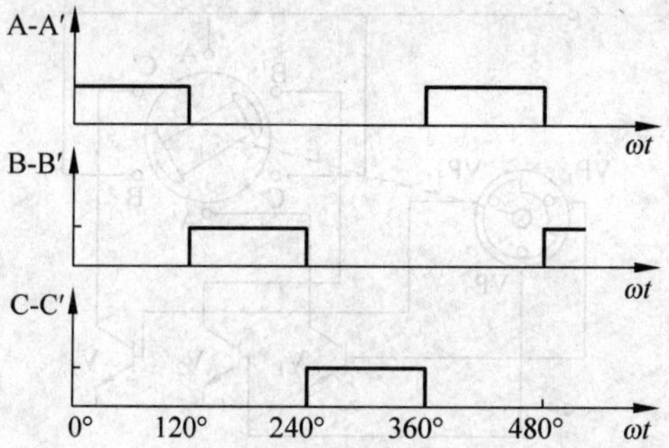


图 4-6　各相绕组的导通示意图

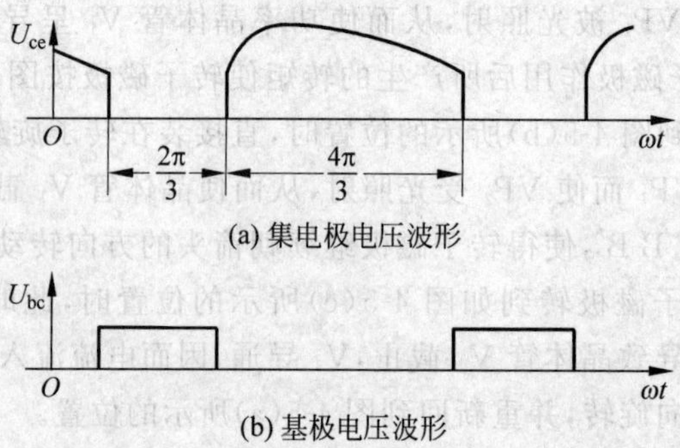


图 4-7　功率开关晶体管的电压波形

## 2. 直流电动机电流换向和换相方式的对比

直流有刷和无刷电动机结构上最明显的区别为是否配置有常用的电刷。有刷直流电动机的换向一直是通过石墨电刷与安装在转子上的环形换向器相接触来实现的，而无刷直流电动机则通过传感器或其他检测技术把转子位置反馈回控制电路，使其能够获知电机相位换相的准确时间。

1）有刷直流电动机电流换向的方式

有刷直流电动机电流换向是指其运行过程中，电枢绕组元件经过电刷时，从一条支路进入另一条支路，电流方向发生变化的过程。有刷直流电动机运行时电流换向过程如图 4-8 所示，外加的直流电压通过电刷和换向器的换向片再加到线圈上，由于电刷 A 和 B 静止不动，电流总是从正极电刷流入，经过处于 N 极下的导体，再从 S 极下的导体由负极电刷 B 流出；故当导体轮流交替地处于 N 极和 S 极下时，导体中的电流将随其所处磁极极性的改变而同时改变其方向，从而使电磁转矩的方向始终保持不变，使电动机持续运转。此时，换向器将外电路的直流电改变为绕组线圈内的交流电，这是一种“逆变”作用。

也就是说，当电枢旋转时，组成电枢绕组每条支路的元件在依次循环地转换，即一条支路中的元件经过被电刷短路之后，变为另一条支路的元件。由于流过每条支路的电流方向是不变的，相邻支路中电流的方向对绕组闭合回路来说是相反的，因此直流电动机工作时，绕组元件连续不断地从一条支路退出，而进入相邻的支路。在元件由一条支路转入另一条支路的这个过程中，元件里的电流就要改变一次方向。这种元件内电流改变方向的过程，就是所谓的换向。

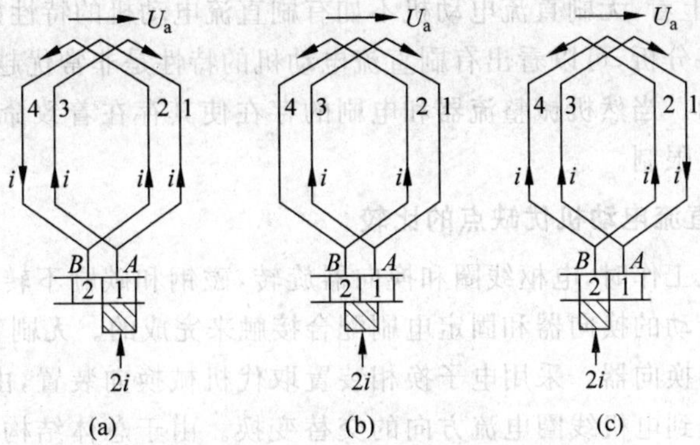


图 4-8　有刷直流电动机运行时电流换向过程

图 4-8 中假设电刷宽度等于换向片宽度，电刷不动，换向器从右至左运动。当电刷与换向片 1 接触时(如图 4-8(a)所示)，元件 1 属于右边一条支路，其中电流为 $i$，方向从右元件边流向左元件边，这时的电流定为 $+i$。当电刷与换向片 1、2 同时接触时[如图 4-8(b)所示]，元件 1 被电刷短路；当电刷与换向片 2 接触时[如图 4-8(c)所示]，元件 1 就进入左边一条支路，电流反向为 $-i$。这样，元件 1 中的电流在被电刷短路过程中改变了方向，即进行了换向。

2）无刷直流电动机电流换相的方式

无刷直流电动机的电流换相是指其绕组中电流从一相换到另一相的过程。无刷直流电动机的本体实际上就是一台永磁三相同步电动机，在定子绕组方面，由对称的三相绕组组成，每相绕组之间的相位差为 120°电角度。如图 4-4 所示，定子绕组在位置传感器 $VP_1$、$VP_2$、$VP_3$ 的控制下，便一相一相地依次馈电，实现了各相绕组电流的换相。显然，这里所指的换相是对定子绕组 A-A′、B-B′、C-C′之间电流转换而言的，与普通有刷直流电动机中所说的换向是完全不一样的。

### 3. 直流电动机定子与转子磁场的正交性

在传统的有刷直流电动机中，电刷的中心线对着磁极的中心线，也就是两个主磁极中间的几何中心线位置，该处的磁通密度为零。当电动机负载后电枢绕组流过电流，产生了电枢磁通势。这样的电枢磁通势与主磁极磁通势正交，称为交轴电枢磁通势。在磁路不饱和时，磁通密度正比于磁通势。由于主磁极磁场和交轴电枢磁场正交，所以产生的电磁转矩最大。而且由于二者正交，实现了互不干扰，完全解耦，并且容易实现分别独立控制，提高了控制性能。

如果电刷的放置位置偏离了几何中心线，就会产生直轴电枢磁通势。若电刷顺电枢旋转方向移动一个角度，对主磁极而言，直轴电枢反应将是增磁的；若电刷逆旋转方向移动一个角度，则直轴电枢反应将是去磁的。增磁的直轴反应和去磁的直轴反应都会对电动机的机械特性造成不利影响。

这就是说，整流子和电刷的共同作用，将定子、转子磁场强制在正交状态，这完全是靠机械结构的定位作用实现的。如果把这种机械换向作用采用电子器件来取代而实现，就可以制成无刷直流电动机了。无刷直流电动机的结构与有刷直流电动机相反，它的永久磁铁安放在转子上，电枢绕组放在定子上，定子、转子磁场不便于实现正交。转子磁场在运动中，因此需要与其做同步运动的传感器来随时提取转子磁极位置信息，由磁极位置来决定定子电流所形成的电枢定子磁场，从而保证二者近似正交。正交的近似性是由于转子存在着机械惯性的缘故，从这点上看，无刷直流电动机不如有刷直流电动机的特性好。

通过以上的粗略分析，可以看出有刷直流电动机的特性是非常优越的，是任何其他类型电动机所不能比拟的。当然机械整流器和电刷的存在使其存在着致命的缺点，使其优良特性的广泛应用受到了限制。

**4. 有刷和无刷直流电动机优缺点的比较**

有刷直流电动机工作时，电枢线圈和换向器旋转，磁钢和碳刷不转，线圈电流方向的交替变化靠随电动机转动的换向器和固定电刷配合接触来完成的。无刷直流电动机的转子和定子之间没有电刷和换向器。采用电子换相装置取代机械换向装置，由控制器提供不同电流方向的直流电来达到电机线圈电流方向的交替变换。由于总体结构上存在的这种差异，有刷直流电动机与无刷直流电动机在主要性能方面有很大差别，现将两者对比如下：

1）有刷直流电动机的优缺点

有刷直流电动机与无刷直流电动机相比较，优缺点如下：

（1）有刷直流电动机的优点

① 制造简单，成本低廉。

② 起动快，制动及时，可在大范围内平滑地调速。

③ 控制电路相对简单。

④ 定子与转子磁场的正交性好，因而反应特性和控制性能较好。

（2）有刷直流电动机的缺点

① 磨损大，维护难。有刷直流电动机的碳刷摩擦大，容易损坏。使用一段时间以后，需要打开电动机来清理碳刷，费时费力。

② 发热大，寿命短。由于有刷电动机的结构原因，电刷和换向器的接触电阻很大，造成电动机整体电阻较大，容易发热，而永磁体是热敏元件，温度太高会导致磁钢退磁，使电动机性能下降。寿命短，一般工作寿命约为1000～2000小时。

③ 效率低，输出功率小。有刷电动机发热问题突出，使相当一部分电能白白转化为热能，所以有刷电动机的输出功率不大，效率也低。比较而言，无刷电动机的耗电量只是碳刷的1/3。

④ 噪音高，干扰大。有刷直流电动机碳刷摩擦所发出的噪音要比无刷电动机高得多，而且随着日后碳刷逐步磨损，噪音会越来越大。有刷电动机运转时电刷产生的电火花会对无线电设备造成很大干扰。

2）无刷直流电动机的优缺点

无刷直流电动机与有刷直流电动机相比较，优缺点如下：

（1）无刷直流电动机的优点

① 重量轻。由于取消了机械碳刷、滑环结构，因此机体结构紧凑、体积小、重量轻、出力大。

② 干扰小。无刷电机去掉了电刷，最直接的变化就是没有了有刷电机运转时产生的电火花，这样就极大减少了电火花对无线电设备的干扰。

③ 噪音低。没有了机械电刷，运转时摩擦力大大减小，运行顺畅，噪音降低许多。

④ 调速范围宽。无级调速，过载能力强，任何速度下都可以全功率运行。

⑤ 外特性好。转矩特性优异，中、低速转矩性能好，起动转矩大，起动电流小。能够在

低速下输出大转矩，提供大的起动转矩，省去减速机而直接驱动大的负载。

⑥ 效率高。电动机本身没有励磁损耗和碳刷损耗，并消除了多级减速损耗，节能省电，综合节电率可达 20%～60%。

⑦ 寿命长。因为去掉了电刷，无机械换向器，机械磨损少。采用全封闭式结构，可以防止尘土进入电机内部，维修与保养简单(多数情况下不需要维修)。寿命长，通常可连续工作 20 000 小时左右，常规使用寿命 7～10 年。

⑧ 制动性好。软起软停，制动特性好，无须机械制动或电磁制动装置。

⑨ 可靠性高。性能优异，稳定性好，适应性强，过载能力强，使其在拖动系统中有出色的表现。

⑩ 震动小。运转平滑，噪音小，耐颠簸震动性好。

(2) 无刷直流电动机的缺点

① 成本高，其价格比有刷直流电动机高 2～3 倍。

② 需要增加位置传感器或采用其他检测技术，同时电子控制电路相对复杂。

③ 定子与转子磁场的正交特性差，有较明显转矩波动，因而反应特性和控制性能较差。

④ 转子永磁材料限制了电机使用环境温度，不适合于高温场合使用。

## 4.2　无刷直流电动机的绕组结构

从原理结构上看，无刷直流电动机本体部分就是一个永磁同步电动机：安放多相绕组的定子和放置永磁体的转子。无刷直流电动机的定子结构和功能与一般的交流异步电机或同步电机相类似，其主要作用是形成磁路和放置多相绕组。常见结构的定子铁芯有齿槽，便于安放绕组。

### 4.2.1　无刷直流电动机绕组结构的基本概念

#### 1. 无刷直流电动机绕组结构的定义

无刷直流电动机绕组是指许多个按某种规律互相连接在一起的线圈组。在有刷直流电动机转子电枢结构中，将构成绕组的线圈称为绕组元件，为了区别起见，对于无刷直流电动机，构成定子绕组的由一匝或多匝绝缘导线绕制而成的线圈就称其为线圈，而不称为绕组元件。这些线圈安放在定子铁芯槽内，以一定的规律焊接成一个整体，即构成“绕组”。

当绕组通电后，与转子磁铁所产生的磁场相互作用，产生力或力矩，就将电能转换成机械能，因此定子绕组成为能量转换过程中必经的中心环节。转子受到力或转矩的作用，便带动外施负载一起运动，完成了电动机的运动过程。在转子磁铁转动起来之后，其磁力线切割定子绕组，便在定子绕组中感生出感应电动势，反过来又影响了电动机内部电动势的平衡关系。可见，通电定子绕组和永磁体磁场之间的相互作用，是电动机内部机电能量转换的基本机制，气隙磁场是将定子绕组中的电能转换转子机械系统动能的主要媒介。

#### 2. 无刷直流电动机绕组结构的构成

无刷直流电动机绕组由许多用绝缘导线绕制的线圈组成。绕组的基本单元是线圈，每个线圈有两个边，分别放置在定子叠片的两个槽内。两个线圈边相连接的部分称为线圈端部。线圈边的直线部分放在槽内，称为线圈的有效部分，如图 4-9 所示。无刷直流电动机中的电磁能量转换主要通过线圈的直线部分进行。线圈一般是由若干匝数的导线串联构成，如图 4-9(b)所示。也可以是单匝的(图 4-9(a))。

与绕组结构密切相关的基本概念主要有：

(1) 电角度和机械角度。电动机圆周在几何上分成 360°，这个角度称为机械角度。但从电磁观点来看，若磁场在空间按正弦分布，则经过一对磁极 N-S 恰好相当于正弦曲线的一个周期。如果有导体切割这种磁场，经过一对 N-S 磁极，导体中所感生的正弦电动势的变化亦为一个周期，变化一个周期即经过 360°电角度，因而一对磁极占有的空间是 360°电角度。若电动机有 $p$ 对磁极，则电动机圆周按电角度计算就为 $p\times360°$，而机械角度总是 360°，因此有

$$电角度 = p\times 机械角度 \tag{4-1}$$

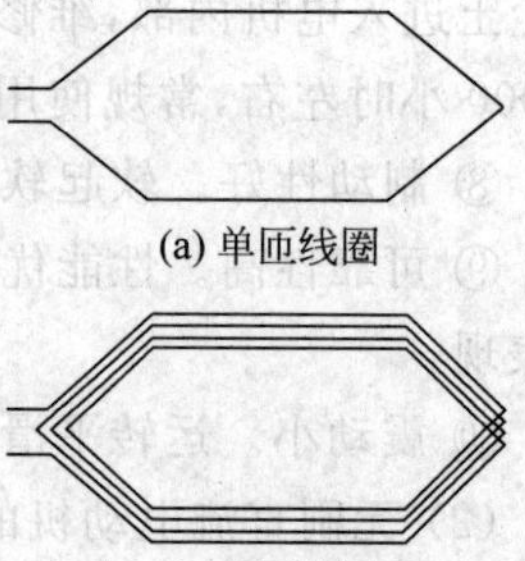

(a) 单匝线圈

(b) 多匝线圈

图 4-9　单匝和多匝线圈的基本结构

(2) 线圈。构成定子交流绕组的基本单元，不像在有刷直流电动机里那样称为元件，而称为线圈。线圈由一匝或多匝串联而成，它有两个引出线，一个叫首端，另一个叫末端。

(3) 节距、极距、整距(全距)、短距、长距。一个线圈的两个边所跨定子圆周上的距离称为节距，用字符 $\gamma$ 表示，一般用槽数计算。相邻两个主磁极轴线沿电枢表面之间的距离称为极距，用字符 $\tau$ 表示，极距是指一个磁极所占的槽数，节距应接近极距。$\gamma=\tau$ 的绕组称为整距绕组，$\gamma<\tau$ 的绕组称为短距绕组，$\gamma>\tau$ 的绕组称为长距绕组。常用的是整距绕组和短距绕组。

(4) 槽距角。定子铁芯相邻槽之间的电角度叫槽距角，用字符 $\alpha$ 表示。由于定子槽在定子内圆上，是均匀分布的，如设 $z$ 为定子槽数，$p$ 为极对数，则

$$\alpha=\frac{p\times360°}{z} \tag{4-2}$$

(5) 每极每相槽数。每一个极下每相所占的槽数，称为每极每相槽数，用字符 $q$ 表示有

$$q=\frac{z}{2pm} \tag{4-3}$$

式中 $m$ 是定子线圈组数，称为相数。

**3. 无刷直流电动机对绕组的基本要求**

无刷直流电动机的定子绕组形式虽然各不相同，但它们构成的原则却是相同的，这些原则主要有：

(1) 合成电动势和合成磁通势的波形要尽量接近正弦形，基波幅值要大，谐波要小。

(2) 绕组通电后产生定子磁场，应形成与转子磁场相同的极对数，如果不能满足这样的要求，电动机无法正常运行。

(3) 要节省用铜量，在用铜量一定时产生的扭矩或电动势最大。

(4) 线圈绝缘要可靠，有足够的机械强度能产生的电磁转矩或电动势最大。

(5) 要有良好的散热条件，制作工艺尽量简化，电机检修方便。

### 4.2.2 无刷直流电动机绕组的类型与分数槽绕组

#### 1. 无刷直流电动机绕组的类型

无刷直流电动机绕组是由许多基本单元线圈串联起来的，每个线圈有两个边，分别放置在定子叠片的两个槽内，两个线圈边相连接的部分称为线圈端部，绕组真正起作用能感生出感应电动势的有效部分是放在槽内的直线部分。若节距$\gamma$等于极距$\tau$时，即$\gamma=\tau$的绕组称为整距绕组。

无刷直流电动机绕组的分类方法有以下几种：

1）按照安放在定子铁芯槽内线圈边数划分

（1）单层绕组。单层绕组是指每个定子铁芯槽内只放置一个线圈边的绕组结构。单层绕组的优点是每个定子槽内只有一个绕组边，在制作时嵌线方便，可提高工效，不像双层绕组那样需要层间绝缘，因而提高了槽满率，且不存在层间绝缘的击穿问题，提高了电动机运行的可靠性。但是，单层绕组也存在着不足，它不能同时采用分布的任选节距的办法来有效地抑制谐波。

（2）双层绕组。双层绕组是指每个定子铁芯槽内放置两个线圈边，且分为上层和下层，中间用层间绝缘隔开的绕组结构。双层绕组一般都采用短距绕组，这样既改善了电动机的电磁性能，又可缩短绕组的端部接线，节省材料。因而在实际应用中，为了更好地改善无刷直流电动机的性能，多数采用双层绕组，如图 4-10 所示。

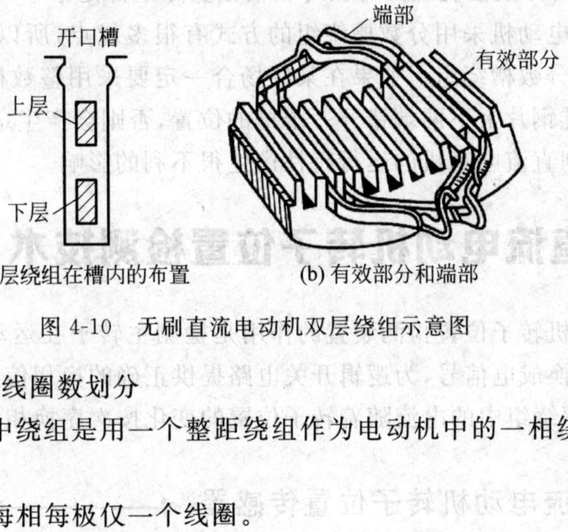

(a) 多层绕组在槽内的布置　　(b) 有效部分和端部

图 4-10　无刷直流电动机双层绕组示意图

2）按照每相每极的线圈数划分

（1）集中绕组。集中绕组是用一个整距绕组作为电动机中的一相绕组，包括以下两种情况：

① 对于单层绕组，每相每极仅一个线圈。

② 对于双层绕组，每相每极仅两个线圈。

（2）分布绕组。为了有效地利用定子内表面空间，便于绕组散热，每相绕组一般不用一个集中绕组，而是用几个集中绕组均匀地分散布置在定子表面上作一个相绕组，这就构成了所谓的分布绕组。分布绕组包括以下两种情况：

① 对于单层绕组，每相每极有两个或更多个线圈。

② 对于双层绕组，每相每极有两个以上线圈。

2. 无刷直流电动机分数槽绕组

在无刷直流电动机中，如采用整数槽，往往会发生定子的齿同转子磁极相吸而产生类似于步进电动机的齿和磁极“对齐”的现象，如图 4-11(a)所示，对电动机的运行性能产生不良的影响。因此常常需要采用分数槽，它的优点之一就是能把定子上齿和转子上磁极互相错开，从而改善电动机的运行性能，如图 4-11(b)所示。

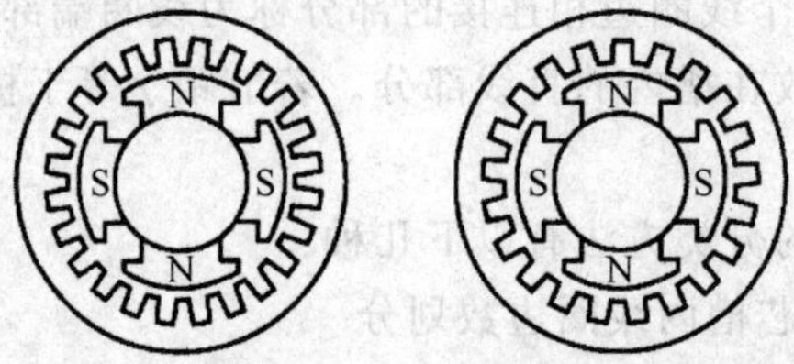

(a) 齿和磁极相互对齐　(b) 齿和磁极相互错开

图 4-11　整数槽中的齿和磁极相吸示意图

所谓分数槽绕组，是指每极每相槽数 $q$ 为一分数。一般表示为 $q=b+c/d$，其中 $b$ 为一整数，$c/d$ 为不可约的真分数。采用分数槽后，由于无刷直流电动机的槽不可能成为分数，又要保证各相所产生的转矩对称。在整数槽绕组中，按照 60°相带法，每对极仍可分为 3 个相带，每相带占 $q$ 个槽，可很方便地构成三相对称绕组。但在分数槽绕组中，由于 $q$ 是分数，而单个槽是不可能再分割的。

在分数槽绕组中，每一个极下每相所占的槽数实际上是互不相等的，部分极下多(或少)一个槽；一般所说的分数槽绕组的每极每相槽数实际上都是指平均值而言的。

由于无刷直流电动机采用分数槽绕组的方式有很多优点，所以在实际应用中无刷直流电动机一般都采用分数槽绕组。如果在某些场合一定要采用整数槽，则定子槽最好采用斜槽形式，即把定子硅钢片上下两端错开一个槽的位置，否则会产生定子齿同转子磁铁相吸而对齐的现象，对无刷直流电动机的运行特性产生很不利的影响。

## 4.3　无刷直流电动机转子位置检测技术

无刷直流电动机转子位置检测装置的作用是检测主转子在运动过程中的位置，将转子磁钢的位置信号转换成电信号，为逻辑开关电路提供正确的换相信息，以控制它们的导通和截止，使电动机电枢绕组中的电流随着转子位置的变化按次序换相。

### 4.3.1　无刷直流电动机转子位置传感器

无刷直流电动机转子位置传感器是检测电动机转子位置的传感器，其功用是为换相线路及时准确地提供转子位置，而转子位置是电动机进行换相的重要依据。实际使用中，转子位置传感器的种类很多，常用的有磁敏式、光电式和电磁感应式等。如今大量应用的是基于霍尔效应原理的磁敏式开关元件，其次是基于光电效应的发光二极管和光敏晶体管的光电转换开关元件。另外电磁感应式传感器现在已很少用，在早期应用较多，所以在此只介绍和讨论磁敏式和光电式两种位置传感器。

### 1. 磁敏式位置传感器

磁敏式位置传感器是指某些电参数按一定规律随周围磁场变化的半导体敏感元件，其基本原理为霍尔效应和磁阻效应。目前常规的磁敏传感器有霍尔元件或霍尔集成电路、磁敏电阻器及磁敏二极管、磁敏晶体管等多种。它们具有不同的特性，各种磁敏元件的特性如图 4-12 所示。

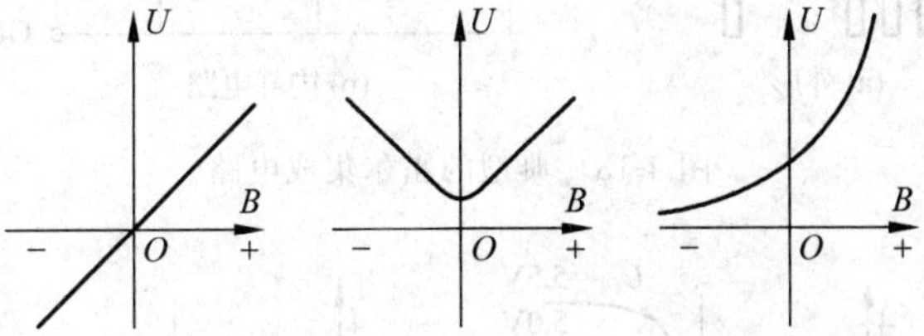


(a) 霍尔元件　(b) 磁敏电阻器　(c) 磁敏二极管

图 4-12　各种磁敏元件的特性

磁敏元件的主要工作原理是电流的磁效应，它主要包括霍尔效应和磁阻效应。

1）霍尔效应与霍尔集成电路

磁场会对位于其中带电导体内运动的电荷施加一个垂直于其运动方向的力，该力称为洛伦兹力，其大小与质点电荷量、磁感应强度及质点的运动速度成正比。洛伦兹力会使正负电荷分别积聚到导体的两侧，这在薄而平的导体中尤为明显。电荷在导体两侧的积累会平衡磁场的影响，在导体两侧建立稳定的电势差，产生新的电场，称为霍尔电场。

随着半导体横向方向边缘上的电荷积累不断增加，霍尔电场力也不断增大，它逐渐抵消了洛伦兹力，使电子不再发生偏转，从而使电流方向又回到平行于半导体侧面方向，达到新的稳定状态。霍尔电场在元件两侧间显示出电压，称为霍尔电压。产生霍尔电压的过程就叫做霍尔效应，它定义了磁场和感应电压之间的关系，由美国物理学家霍尔在 1879 年发现。

利用霍尔效应产生电压输出的元件称为霍尔元件，两个输出端输出霍尔电压，两个控制端输入控制电流。实用的霍尔片厚度很薄，均在几微米以下。从霍尔元件的结构来看，它的制作和半导体器件相近。目前，由硅材料制作的霍尔元件制造方便，适于大批量生产，价格低，性能虽稍差，但应用广泛。由砷化镓制成的霍尔元件性能最好，但价格高，应用受到了限制。

当霍尔元件在磁场中位置变化时，霍尔电动势的大小和方向也相应变化，这样就起到了反应传感器位置的作用。由于霍尔元件所产生的电动势不够大，在实际应用时往往要外接放大器，很不方便。随着半导体集成技术的发展，霍尔元件与霍尔电子电路集成在一起制作在同一块芯片上，这就构成了霍尔集成电路。如图 4-13 所示为典型的霍尔集成电路。

图 4-13(a)所示为其外形，与一般小型片式晶体管相类似，应用起来非常方便，其内部电路如图 4-13(b)所示，它通过简单开环放大器来驱动输出级。霍尔集成电路按功能分有线性型、开关型两种。其特性曲线如图 4-14 所示。选择何种形式霍尔集成电路须根据具体用途而定。一般而言，无刷直流电动机的位置传感器宜选用开关型，其特性曲线如图 4-14(b)所示。

霍尔效应在应用技术中特别重要。根据霍尔效应做成的霍尔器件，就是以磁场为工作

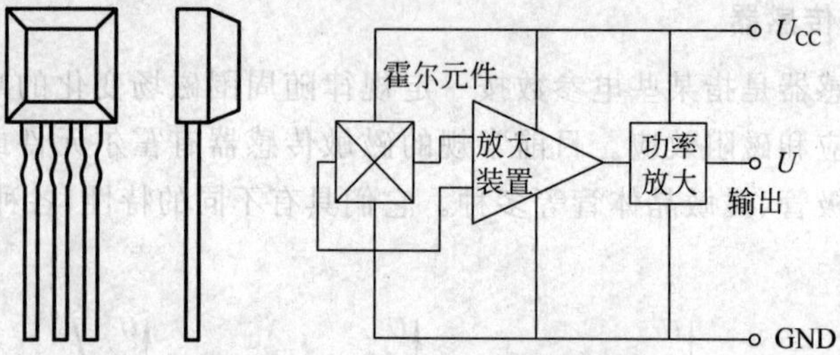


(a) 外形　　(b) 内部电路

图 4-13　典型的霍尔集成电路

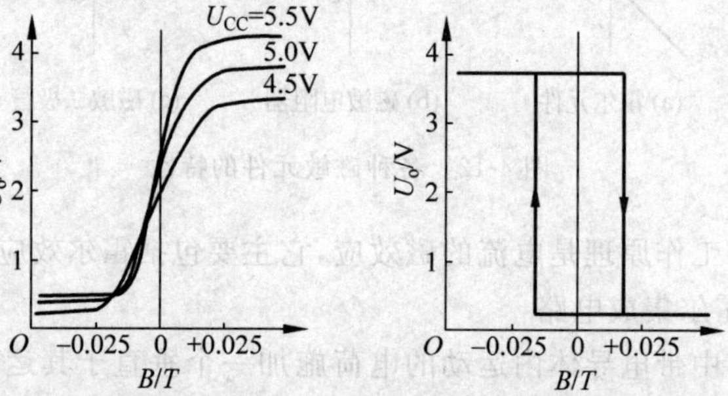


(a) 线性型　　(b) 开关型

图 4-14　霍尔集成电路特性曲线

媒体，将物体的运动参量转变为数字电压的形式输出，使之具备传感和开关的功能。

2）磁阻效应与磁敏电阻

磁阻效应是指元件的电阻值随磁感应强度而变化的现象。根据磁阻效应制成的传感器叫磁敏电阻，它可以制成任意形状的两端子元件，也可以做成多端子元件，这有利于电路设计。另外应当注意，霍尔元件输出电压的极性随磁场方向的变化而变化，磁敏电阻器的阻值变化仅与磁场的绝对值有关，与磁场方向无关。

磁敏式位置传感器也是由定子和跟踪转子两部分组成，以霍尔元件为例，定子由一组霍尔元件及导磁体组成，霍尔元件数一般与绕组相数相等，也可能比绕组相数少一半，可用于开关状态下四相半控电路的无刷直流电动机，并可控制正反转。

**2. 光电式位置传感器**

光电式位置传感器是基于光电效应制成的，由跟随电动机转子一起旋转的遮光板和固定不动的光源（发光二极管 LED）及光电管（光敏晶体管）等部件所组成，如图 4-15 所示。发光二极管作为光源，固定在一块不动的板上，光敏晶体管作为接收方。遮光板 Z 开有 120°电角度左右的缝隙，且缝隙的数目等于无刷直流电动机转子磁极的极对数。当缝隙对着光电管 $VP_1$ 时，光源 G 射到光电管 $VP_1$ 上，产生“亮电流”输出。光电管 $VP_2$ 和 $VP_3$ 因遮光板挡住了光线，只有“暗电流”输出。在“亮电流”作用下，定子三相绕组中的一相绕组将有电流导通，其余两相绕组不工作。遮光板随转子旋转，光敏晶体管随转子的转动而轮流输出“亮电流”或“暗电流”信号，以此来检测转子磁极位置，控制电动机三相绕组轮流导通，使该三相绕组按一定顺序通电，保证无刷直流电动机的正常工作。

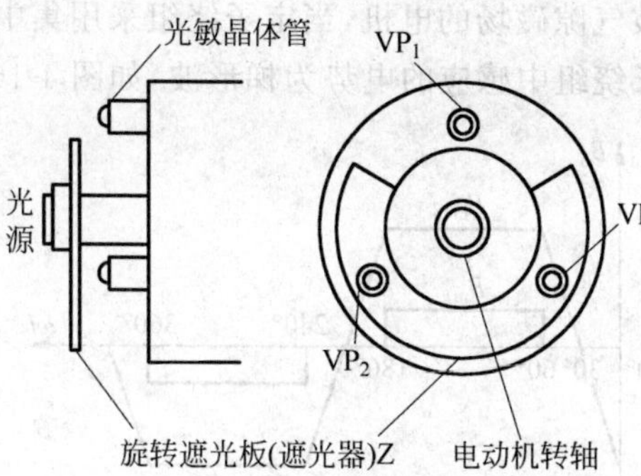


图 4-15 光电式位置传感器工作原理图

光电式位置传感器性能较稳定，但存在输出信号信噪比较大、光源灯泡寿命短、使用环境要求较高等缺陷，若采用新型光电元件，则可以克服这些不足之处。

## 4.3.2 无位置传感器的转子位置检测技术

传统的无刷直流电动机位置检测方法通过位置传感器来直接检测电机转子的位置，即直接位置检测法。无位置传感器控制技术主要通过电机内容易获取的电压或电流等信号经过一定的算法处理得到转子位置信号，也称为转子位置间接检测法。此概念始于 1966 年德国 Mieslinger 提出的电容移相换流位置估计法。无位置传感器控制方式下的无刷直流电动机具有可靠性高、抗干扰能力强等优点，同时能在一定程度上克服位置传感器安装不准确引起的换相转矩波动。

### 1. 反电势法

在各种无位置传感器控制方法中，反电势法是目前技术最成熟、应用最广泛的一种位置间接检测方法，其原理是利用电动机旋转时各相绕组内的反电势信号来控制换相。常用的反电势检测主要有三种方法：端电压法(反电势过零检测法)、积分法和续流二极管法。

在无刷直流电动机中，受定子绕组产生的合成磁场的作用，转子沿着一定的方向连续转动。电动机定子上安装有绕组，因此转子一旦旋转，就会在空间形成导体切割磁力线的情况。根据电磁感应定律可知，导体切割磁力线会在导体中产生感应电动势，所以在转子旋转的时候就会在定子绕组中产生感应电势，即运动电势，一般称为反电势或反电动势。

1) 端电压法(反电势过零检测法)

端电压法也称为反电势过零点检测法，将检测获得的反电势过零点信号延迟 30°电角度，得到 6 个离散的转子位置信号，为逻辑开关电路提供正确的换相信息，进而实现无刷直流电动机无位置传感器控制。

(1) 端电压法的基本原理

端电压检测法通过检测非导通相绕组的端电压，经软件计算或利用硬件电路获得反电势过零点，从而控制无刷直流电动机正确换相。对于稀土永磁无刷直流电动机，其气隙磁场波形可以为方波，也可以是梯形波或正弦波，与永磁体形状、电机磁路结构和磁钢充磁等有关。由此可以把无刷直流电动机分为方波电机和正弦波电机。对于径向充磁结构，稀土永磁体直接面对均匀气隙。由于稀土永磁体的取向性好，所以可以方便地获得具有较好方波形状的气隙磁场。对于方波气隙磁场的电机，当定子绕组采用集中整距绕组，即每极每相槽数 $q=1$ 时，方波磁场在定子绕组中感应的电势为梯形波，如图 4-16 所示。

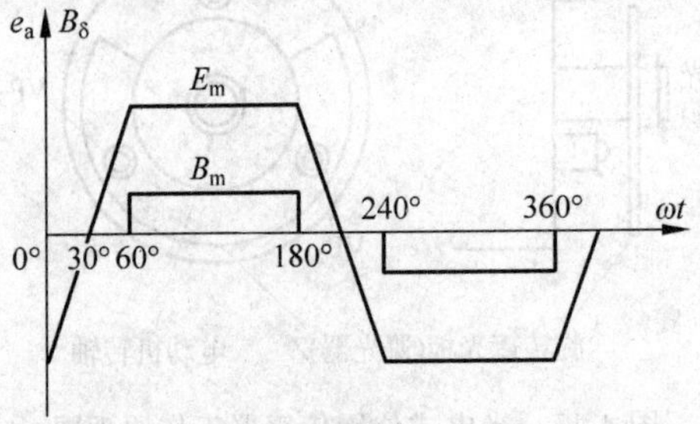


图 4-16　方波气隙磁场和梯形波反电势

对于两相导通星形连接、三相六状态控制的无刷直流电动机，方波气隙磁密在空间的宽度应大于 120°电角度，在定子绕组中感应的梯形反电势的平顶宽度也应大于 120°电角度。方波无刷直流电动机一般采用方波电流驱动，即与 120°导通型的逆变器相匹配，由逆变器向方波电动机提供三相对称的、宽度为 120°电角度的方波电流。方波电流应与反电势相位一致或位于梯形波反电势的平顶宽度范围内。

当某相绕组反电势过零时，转子直轴与该相绕组轴线恰好重合。因此只要检测到各相绕组反电势的过零点，就能获知转子的若干关键位置。再根据这些关键的转子位置信号做相应的处理后控制电动机换相，实现连续运转。这就是“反电势法”无位置传感器控制的基本原理。

从图 4-16 中可以看出 $\omega t=30°$ 电角度为 A 相反电势过零点时刻。控制电路检测到这一时刻，延时 30°电角度，到 60°电角度时切换到 A 相导通。A 相导通 l20°电角度后，到 180°电角度时关断 A 相，切换到 B 相导通。依此类推，就可以实现电动机的连续转动。

无刷直流电动机绕组反电势的过零点严格地反映了转子磁极位置。因此，只要能准确检测到绕组反电势的过零点信号，就可以判断出转子的关键位置。经过 30°电角度延时处理后，就可以作为绕组的换相时刻。再根据功率管的导通顺序触发相应的功率管，就能够实现无刷直流电动机的换相操作，保证电动机按固定的方向连续旋转。在实际应用中，反电势往往不能直接检测得到，要通过检测三相相电压，再根据不导通相绕组反电势过零点的条件计算出不导通相的反电势。

(2) 端电压法的缺点

端电压法(反电势过零检测法)是以电动机中性点电压为基准进行反电势过零检测的，属于间接反电势法检测方法，该方法将端电压作分压滤波处理，导致获得的位置信号比真正的反电势过零点延迟了一定的电角度，并且延迟角随频率的不同而不同。这就要求通过实验测量出不同运行频率下的换相延迟角，用于补偿相位偏移，而且延迟角一旦大于 30°时很可能会因为换相不准而导致电动机失步；另外，当电动机在静止或低速时，反电势信号为零或很小，难以得到有效的转子位置信号；再者，这种方法的基本原理是建立在忽略电枢反应影响的前提下的，这在原理上就存在一定误差。尤其是对于大功率无刷直流电动机，电枢反应对气隙合成磁场的影响更明显，使得反电势过零点与总的感生电势过零点不重合，误差更大，导致检测出的转子位置误差增大。

(3) 改进的端电压法

针对以上缺点，人们提出了以下改进方法：

① 利用神经网络的非线性任意逼近特性，采用基于神经元网络的电机相位补偿控制方法加以改进。其办法是首先由硬件电路获得有效的反电势信息，再利用 BP 神经网络进行正确相位补偿，实现无刷直流电动机的无位置传感器控制，这种方法获得了较好的效果。

② 将神经元网络方法对永磁无刷直流电动机反电势波形准确预测的结果进一步用于电机动、静态特性的仿真或预测，这将比假设电机反电势波形为理想正弦波或梯形波所进行的仿真更接近电机的实际运行结果。较之传统的电路和电场的计算方法，达到了快速性和准确性的统一，且由于神经元网络的自学习神经元网络成功训练后，就可以用以预测所研究类型的永磁无刷直流电动机的反电势波形。

2) 反电势积分法

反电势积分法属于反电势法的范畴，它是通过非导通相反电势积分获得转子位置信息的方法。这种检测方法将悬空相反电势的积分量与门限值进行比较，当反电势积分量达到门限值时，即为该相绕组的换相时刻。其原理是反电势积分自开路相反电势过零开始，设置一个阈值对应于换向时刻用来截至积分信号，当积分达到一定阈值大小时认为换向时刻到。反电势积分法存在积分累计误差与阈值设置问题，在电机低速运行时误差较大。

3) 续流二极管法(第三相导通法)

续流二极管法也称为第三相导通法，同样属于反电势法的范畴，它是通过检测并联于逆变器六个续流二极管中的不导通相绕组续流二极管的开关状态，间接检测电动机反电势过零点，控制逆变器开关管的开关状态。这种方法实际上是反电势过零点的间接检测，实质上还是反电势法。较之反电势法中的端电压法，续流二极管法改善了无刷直流电动机的低速性能，获得了更宽的调速范围(45～2300r/min)，该方法要使用六条检测电路，使硬件更加复杂，而且该方法要使逆变器中的开关管在 120°的导通期间，前半段调制后半段开通的方式工作，使控制更加困难。

**2. 三次谐波检测法**

对于反电势为梯形的方波电机，它的反电势除了基波外，还有丰富的高次谐波分量，可以通过反电势中的三次谐波来检测转子的位置。该方法只适用于星形连续的方波电机。通过对电枢三相相电压的简单叠加，反电势的基波分量和其他高次谐波分量由于相位互差 120°相互抵消，只有 3 次谐波及其奇数倍谐波由于同相而叠加可以从中提取反电势的 3 次谐波分量，用以检测转子的位置。这个信号的提取需要利用电机的中性线，以便 3 次谐波信号形成回路。将反映 3 次谐波相位信息的方波输入数字信号处理器(DSP)的 I/O 口，利用数字信号处理器强大的数据处理功能，用软件实现数字锁相功能和对换相时刻的准确估计，实验表明该方法能够准确快速地估计转子位置，动静态特性很好，但是当电机的转速低于某个值时，检测到的 3 次谐波严重畸变，不能准确估计转子的位置，所以在低速时需要额外的起动程序。

**3. 磁链法**

磁链法是指穿过线圈各匝的磁通量之和，当穿过某一线圈各匝的磁通量不相等时(如穿过线圈第一匝的磁通量和第二匝的磁通量可能不同)，那么磁通就是匝的函数，此时磁链等于穿过线圈各匝的磁通的积分，从首匝积分到末匝。当穿过某一线圈各匝的磁通量相等时，则该线圈的磁链就等于磁通乘以匝数。磁链单位是韦伯(Wb)。转子位置的磁链控制方法不同于反电势法，它是通过估计磁链以获得转子的位置信息。依据电动机的电压方程：

$$\boldsymbol{U}=\boldsymbol{RI}+\frac{\mathrm{d}\boldsymbol{\Psi}}{\mathrm{d}t} \tag{4-4}$$

式中：$\boldsymbol{U}$ 为相电压矩阵；$\boldsymbol{I}$ 为相电流矩阵；$\boldsymbol{R}$ 为电阻矩阵；$\boldsymbol{\Psi}$ 为磁链矩阵。

由测量的电压、电流获得电动机磁链

$$\boldsymbol{\Psi}=\int_0^t(\boldsymbol{U}-\boldsymbol{RI})\,\mathrm{d}t \tag{4-5}$$

若转子初始位置、电机参数、磁链与转子位置关系已知，则可由式(4-4)估计得到的电动机磁链可判断出转子位置。该函数在每个周期内对应 6 个峰值。通过检测峰值来获得转子的换相信号，可保证电动机在 470～35 000r/min 范围内有效运行。图 4-17 为磁链法示意图。

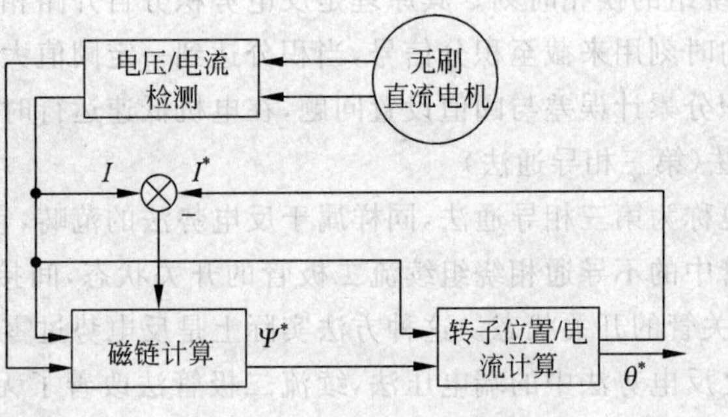


图 4-17　磁链法示意图

采用磁链法控制电动机时，应首先确定转子起动初始位置，以获得积分过程所必需的磁链初始信息。磁链法计算量较大，在低速运行时会产生误差累计且易受电动机参数变化影响。

**4. 电感检测方法**

反电势法和磁链法都是依靠转子磁场的运动判断转子位置，但当转子静止时，这两种方法都无法获得转子位置信息，不能实现电动机的自起动。针对该问题，可以采用电感法来确定静止时的转子位置。电感是指线圈通过变化的电流时在线圈自身引起感应电动势的现象。电感起作用的原因是它在通过非稳恒电流时产生变化的磁场，而这个磁场又会反过来影响电流，所以任何一个导体只要它通过非稳恒电流，就会产生变化的磁场，就会反过来影响电流，所以任何导体都会有自感现象产生。

电感法的基本原理是：首先在绕组中施加方波电压脉冲并检测其产生的电流幅值，然后比较电流幅值得知电感差异，最后根据电感与转子位置之间的关系进而判断转子位置。在不同的电感下，电流响应会存在差异，电感比较大，电流响应速度就比较快。因此根据这种对应关系，在恰当的时间间隔内对正反方向的相电流进行检测，就可得知电感差异，最后根据电感与转子位置之间的关系即可获得转子位置信息。电感法对于电动机静止时转子初始位置检测效果较好，但由于无刷直流电动机转子位置不同时的电感差异较小，因此该方法

1
2
3
4
5
6
7
8
9

依赖于高精度的电流检测技术。

电感检测方法的调速范围很广，可以达到 500～7500r/min，所以该方法可以克服反电势方法的低速性能，但是这种方法需要对绕组电感进行检测，难度因此而增大。

### 5. 卡尔曼(Kalnan)法

无刷直流电动机的换相和控制都需要准确的转子位置信息，反电势法存在不少问题，如控制精度不高、低速运行问题等。卡尔曼法是通过端电压检测，在得到反电势的基础上，用卡尔曼算法在线实时递推出转子位置，从而确定定子绕组的换相时刻。卡尔曼法通常利用数字信号处理芯片构建硬件及设计相应的控制软件来检测转子位置，例如采用无刷直流电动机卡尔曼递推公式和美国德州仪器公司生产的 IMS320F240 数字信号处理芯片为核心设计的软硬件框图，可以在线实时估计出转子的位置及速度，取得令人满意的效果。这种方法的缺点是在无刷直流电动机上要自带 3 个霍尔传感器，霍尔传感器是根据霍尔效应制作的一种磁场传感器，这种方案使硬件电路比较复杂。

改进的办法是采用美国模拟器件公司生产的 ADSP330 数字信号处理芯片构建软硬件，以实现扩展卡尔曼滤波无刷直流电动机无位置传感器的控制。这种方案最大的特点是利用软件的复杂性而使得硬件十分简单，只要 4 个电阻分压网络即可，利用数字信号处理器(DSP)的快速计算能力实现了卡尔曼滤波的算法，保证了位置检测的快速和准确性，使系统的可靠性和运行能力大大提高。

### 6. 状态观测器法

现代出现的无刷直流电动机转子位置检测方法都需要结合现代控制技术，而现代控制需要知道全部状态变量，然而实际情况中有些状态变量不易或无法检测，状态观测器正是为解决这个问题而出现的。状态观测器法即转子位置计算法，其原理是将电动机的相电压、电流作为坐标变换，通过易于检测的输入输出变量来估计系统的其他状态变量，在状态方程的基础上计算出转子的位置。

实际上，无刷直流电动机的无位置传感器控制问题和状态观测器问题相类似，也是通过电流、电压等电机变量来求解电机转子位置，因此可以设想通过设计状态观测器来观测转子位置，从而实现无位置传感器控制。因此，可以说具有随机干扰的动态系统的状态观测目的就是要在适当定义的统计意义上实现估计误差最小的最优估计。这种方法一般只适用于感应电动势为正弦波的无刷直流电动机，且计算工作烦琐，对计算机性能要求较高。

## 4.4　无刷直流电动机运行特性与转速控制技术

无刷直流电动机与有刷直流电动机相比，它们都是一种由直流电源供电，输入电能，输出机械能的原动机械。无刷直流电动机除使用电子换相器取代有刷直流电动机的电刷机械换向，使用永磁体产生转子磁场外，从结构和工作原理上都与有刷直流电动机类似。人们最关心的是它的转矩、转速及转矩和转速随输入电压、电流、负载变化而变化的规律，以及它的转速控制技术。

## 4.4.1 无刷直流电动机运行特性

### 1. 与无刷直流电机运行特性相关的基本方程

无刷直流电动机运行特性是指电动机在起动、正常工作和调速等情况下，电动机外部各可测物理变量之间的关系，主要包括起动特性、工作特性、机械特性和调速特性等。讨论无刷直流电动机运行特性一般都从转速公式、电动势平衡方程、转矩公式和转矩平衡方程式出发。

1）电动势平衡方程式

$$U = E + I_{acp} r_{acp} + \Delta U \tag{4-6}$$

式中：$U$ 为电源电压；$E$ 为电枢反电动势；$I_{acp}$ 为平均电枢电流；$r_{acp}$ 为电枢绕组的平均电阻；$\Delta U$ 是功率管饱和压降，对于桥式换相线路为 $2\Delta U$。

2）电枢反电动势 $E$

对于不同的电枢绕组形式和换相线路形式，电枢绕组反电动势有不同的等效表达式，但不论哪一种绕组和线路结构，电枢反电动势 $E$ 都可以表示为

$$E = C_e n \tag{4-7}$$

式中：$n$ 为电动机转速(r/min)；$C_e$ 为反电动势常数[V/(r·min$^{-1}$)]。

3）电动机转速 $n$

由式(4-6)和式(4-7)可知电动机转速 $n$ 为

$$n = \frac{E}{C_e} = \frac{U - I_{acp} r_{acp} - \Delta U}{C_e} \tag{4-8}$$

4）转矩平衡方程式

$$T = T_2 + T_0 + J\frac{d\omega}{dt} \tag{4-9}$$

式中：$T$ 为电磁转矩；$T_2$ 为输出转矩；$T_0$ 为摩擦转矩；$J$ 为转动部分(转子及负载)的转动惯量；$\omega$ 为转子的机械角速度。其中电磁转矩 $T$ 表示如下：

$$T = C_m I_{acp} \tag{4-10}$$

式中 $C_m$ 为直流电动机转矩常数。

### 2. 无刷直流电机的起动特性

无刷直流电动机的起动特性是指电动力机在恒定直流母线电压作用下，转速从零上升至稳定值过程中的转速、电流变化曲线。由于电动力机起动瞬间，转速和反电动势均为零，直流电源电压用符号 $U$ 表示，绕组线电阻用符号 $r_{acp}$ 表示，此时电枢电流(即起动电流)用 $I_n$ 表示，有

$$I_n = \frac{U - \Delta U}{r_{acp}} \tag{4-11}$$

式中：$\Delta U$ 为逆变桥功率器件管压降。

由于逆变桥功率器件管压降和电枢绕组阻值一般比较小，因此起动电流在短时间内会很大，可能达到正常工作电流的几倍到十几倍，所以起动电磁转矩非常大，起动过程的转速和电枢电流曲线如图 4-18 所示。在允许范围内，起动电流大有助于转子加速，电动机可以

很快起动，并能带负载直接起动。随着转子的加速，反电动势增加，电枢电流逐渐减小，电磁转矩降低，加速度减小，最后进入正常工作状态。

无刷直流电动机的起动转矩除了与起动电流有关外，还与转子相对于电枢绕组的位置有关。转子位置不同时，起动转矩是不同的。这是因为电枢绕组产生的磁场是跳跃的，所处位置不同时，转子磁场与电枢磁场之间的夹角在变化，因此所产生的电磁转矩也是变化的。这个变化量要比有刷直流电动机因电刷接触压降和电刷所短路元件数的变化而造成的起动转矩的变化大得多。

如果不考虑限制起动电流，则图 4-18 中转速曲线的形状由电动机阻尼比决定。当阻尼比 $0<\xi<1$ 时系统处于欠阻尼状态，转速和电流会经过一段超调和振荡过程才逐渐平稳。实际工作中由于要对电枢电流加以限制，因此起动时一般不会发生转速和电流振荡的情况。

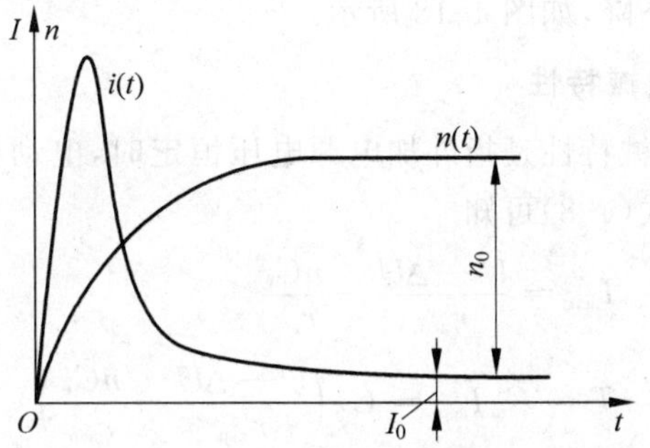


图 4-18　起动过程的转速和电流曲线

在电动机控制系统中，驱动电路的功率器件对流过电流比较敏感，如果流过的电流超过自身上限值，则器件在很短时间内就会被击穿。因此，为了能承受起动大电流就需要选择较大容量的功率器件。而电动机正常工作的额定电流比起动电流小很多，使功率管大部分时间工作在远远低于自身额定电流的状态，结果会降低器件的使用效率，增加成本。为此，在设计驱动电路的时候，要根据电动机的起动特性和工作要求选择合适的功率器件，并对起动电流加以适当限制。无刷直流电动机气隙磁场呈梯形分布，若相绕组在反电势梯形斜边范围内导通，则此时的反电势较小，电枢电流较大，因此相比于传统的有刷直流电动机，无刷直流电动机的起动电流可能较大。

**3. 无刷直流电机的工作特性**

无刷直流电动机的工作特性是指在直流母线电压 $U_d$ 不变的情况下，电枢电流、电动机效率和输出转矩之间的关系。在正常工作状态下，电枢电流随负载转矩的增大而增大，这样电磁转矩才能平衡负载转矩，保证电动机平稳运行，如图 4-19 所示。

对于电动机效率和输出转矩之间的关系，这里只考察电动机部分的效率与输出转矩的关系，则电动机效率 $\eta$ 计算公式为

$$\eta=\frac{P_2}{P_1}=1-\frac{\sum P}{P_1} \tag{4-12}$$

式中：$\sum P$ 为电动机的总损耗；$P_1$ 为电动机的输入功率，$P_1=I_{acp}U$；$P_2$ 为输出功率，$P_2=nM_2$，其中 $M_2$ 为输出转矩。当 $M_2=0$ 时，即没有输出转矩时，电动机的效率为零。随着输

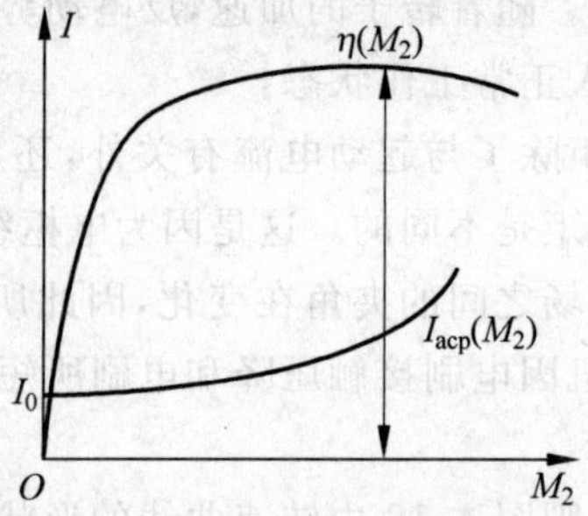


图 4-19　负载和效率特性曲线

出转矩的增加，电动机的效率增加。当电动机的可变损耗等于不变损耗时，电机效率达到最大值。随后，效率又开始下降，如图 4-18 所示。

**4. 无刷直流电机的机械特性**

无刷直流电动机的机械特性是指外加电源电压恒定时，电动机转速和电磁转矩之间的关系。由公式(4-6)和公式(4-8)可知

$$I_{acp}=\frac{U-\Delta U}{r_{acp}}-\frac{nC_e}{r_{acp}} \tag{4-13}$$

$$T=C_m I_{acp}=C_m\left(\frac{U-\Delta U}{r_{acp}}-\frac{nC_e}{r_{acp}}\right) \tag{4-14}$$

当不计 $U$ 的变化和电枢反应的影响时，式(4-14)等号右边的第一项是常数，所以电磁转矩随转速的减小而线性增加，如图 4-20 所示。当转速为零时即为起动电磁转矩。当式(4-14)右边两项相等时，电磁转矩为零，此时的转速即为理想空载转速。

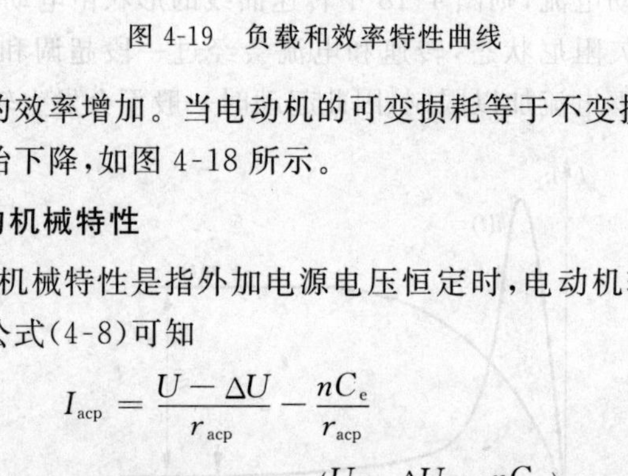

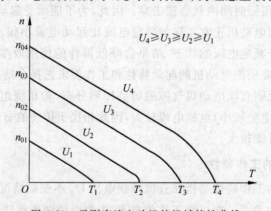


图 4-20　无刷直流电动机的机械特性曲线

无刷直流电动机的机械特性与普通他励有刷直流电动机的机械特性相似，有着良好的伺服控制性能。改变直流母线电压的大小可以改变机械特性曲线上的空载点，随着转速的减小，无刷直流电动机的反电动势减小，功率器件管压降 $\Delta U$ 增大，到一定值后，增加较快，所以机械特性曲线在接近堵转(即转速很低)时会加快下跌。

如图 4-20 所示是无刷直流电动机在不同的供电电压驱动下的机械特性曲线。其中 $n_{01}$、$n_{02}$、$n_{03}$、$n_{04}$ 是空载时的转速。在实际工作情况下，当转矩较大、转速较低时，流过开关管和电枢绕组的电流很大。这时管压降随着电流增大而增加加快，使加在电枢绕组上的电压

有所减小，图 4-20 中靠近横轴的直线部分会向下弯曲。又从式(4-14)可以看出，改变电源电压就能很容易地改变输出转矩或改变转速。所以无刷直流电动机的调速性能很好，可以通过采用改变电源电压的方法实现平滑的调速，但此时电子换相线路及其他控制线路的电压仍应保持不变。

### 5. 无刷直流电机的调速特性

无刷直流电动机的调速特性是指在电磁转矩不变的情况下转速与电源电压之间的变化关系。当转速为零时，即为起动电磁转矩；当式(4-14)等号右边两项相等时，电磁转矩为零，此时的转速即为理想空载转速。实际上，由于电动机损耗中可变部分及电枢反应的影响，输出转矩会稍微偏离直线变化。

图 4-21 表示不同电磁转矩下无刷直流电动机转速随电源电压变化的曲线，图中 $T_1<T_2<T_3<T_4$，其中 $A_1$ 点表示能够驱动电动机转动的最低电源电压，称为门限电压。当电源电压低于 $A_1$ 后，电动机将无法起动或停止转动，无法正常工作。图 4-21 中 $O$-$A_1$ 区称为无刷直流电动机转速调节特性的死区，当电源电压 $U$ 在死区范围内变化时，电磁转矩不足以克服负载转矩而使电动机起动时，转速始终为零。当电源电压大于门限电压，超出死区范围时，电动机才能起转并达到稳态，电源电压越大，稳态转速也越大。

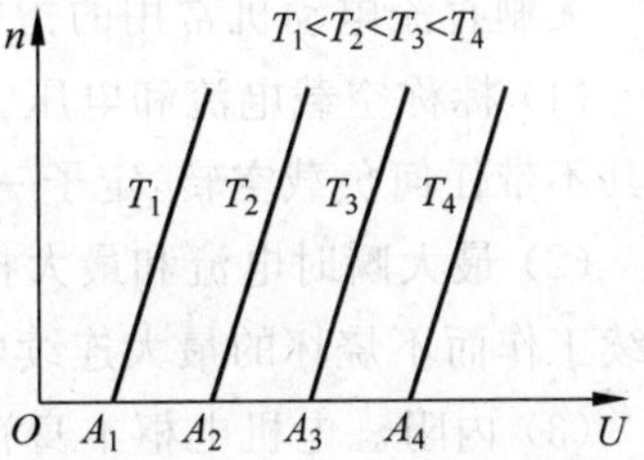


图 4-21　无刷直流电动机的调速特性

从无刷直流电动机的机械特性和式(4-14)可以看出，在同一转速下改变电源电压，可以很容易地改变输出转矩。所以，无刷直流电动机具有良好的调速控制性能，可以通过调节电源电压实现平滑调速，而此时电子换相电路及控制不必做任何修改。

### 6. 无刷直流电动机的 KV 值

无刷直流电动机的 KV 值定义为“转速 N”，表示输入电压增加 1V，无刷直流电动机空转转速增加的转速值。从这个定义来看，无刷直流电动机电压的输入与电动机空转转速是遵循严格的线性比例关系的。

1) KV 值与绕线匝数的关系

无刷电动机的意义不只是说明电动机转速与电压成严格的线性比例关系，还对于电动机的性能有一个开阔性的表示。无刷电动机的空转极速是 KV 值乘以输入的电压，因而内转子电动机的转速高于外转子无刷电动机。就扭力特性来看，KV 值体现了电动机扭力性能，当加上负载后，其极速降落到空载极速的 60%～70%，对于同种尺寸规格的无刷直流电动机来说，KV 值与绕线匝数的关系如下：

(1) 绕线匝数多的，KV 值低，最高输出电流小，但扭力大。

(2) 绕线匝数少的，KV 值高，最高输出电流大，但扭力小。

2) 在低电压环境下 KV 值对输出功率的影响

单从 KV 值不可以评价电动机的好坏，因为不同 KV 值有不同的适用场合，无刷直流电动机的电压范围很宽。在低电压环境(例如 7.4V)下 KV 值对输出功率的影响如下：

(1) KV 值低的，由于转速偏低，适合配较小的减速比和较大的螺旋桨，可输出较大功率。

(2) KV 值高的，由于转速较高，适合配较大的减速比和较小的螺旋桨，在满足输出功率的条件下，要减小负荷，避免电流过大。

3) 在高电压环境下 KV 值对输出功率的影响

在高电压环境(例如 11.1V)下 KV 值对输出功率的影响如下：

(1) KV 值低的，在这个电压环境下可以达到较高的转速，扭力比较大。需要配合较大的减速比和较小的螺旋桨，在满足输出功率的条件下，要减小负荷，避免电流过大。

(2) KV 值高的，在该环境中转速过高，为避免电流过大，要尽量减少负荷。利用其高转速，用于涵道风扇发动机很适合。

**7. 无刷直流电动机的指标参数**

无刷直流电动机常用的指标参数如下：

(1) 标称空载电流和电压。在空载试验时，对电动机施加标称空载电压(通常为 10V)，使其不带任何负载空转，定子三相绕组中通过的电流称为标称空载电流。

(2) 最大瞬时电流和最大持续电流。电机能承受的最大瞬时通过的电流，电机能允许持续工作而不烧坏的最大连续电流。

(3) 内阻。电机电枢本身存在内阻，虽然该内阻很小，但是由于电机电流很大甚至可以达到几十安培，所以该小内阻不可忽略。

## 4.4.2 无刷直流电动机转速控制技术

无刷直流电动机常用的转速控制方法大多采用闭环自动控制技术，是基于反馈的概念以减少不确定性。反馈理论的要素包括三个部分：测量、比较和执行。测量关心的是被控变量的实际值，与期望值相比较，用这个偏差来纠正系统的响应，执行调节控制。在工程实际中，应用最为广泛的调节器控制规律为比例、积分、微分控制，简称 PID 控制，又称 PID 调节。

**1. PID 控制基本原理**

将偏差的比例(Proportion)、积分(Integration)、微分(Differentiation)通过线性组合构成控制量，并用这一控制量对被控对象进行控制的技术就称为 PID 控制。PID 控制器是一个在工业控制应用中常见的反馈回路部件，由比例单元 P、积分单元 I 和微分单元 D 组成，其工作原理是根据系统的误差，利用比例、积分、微分计算出控制量进行控制。PID 控制器理论和应用的关键是做出正确的测量和比较后，如何才能更好地纠正系统。由于 PID 控制器具有简单易懂、算法简单、鲁棒性好、可靠性高、参数易整定，以及使用中不需要精确的系统模型等先决条件，它作为最早实用化的控制器已有近百年历史，现在仍然是应用最广泛的工业控制器。其控制系统典型结构如图 4-22 所示。

图 4-22 中 $r(t)$ 是给定值，$y(t)$ 是系统的实际输出值，给定值与实际输出值之差构成控制误差 $e(t)$，有

$$e(t) = r(t) - y(t) \tag{4-15}$$

标准 PID 控制器的基本原理是根据设定值与实际值之间的偏差 $e(t)$，按比例-积分-微分的线性组合关系构成控制量 $u(t)$，利用控制量 $u(t)$ 再对控制对象进行控制。连续控制系

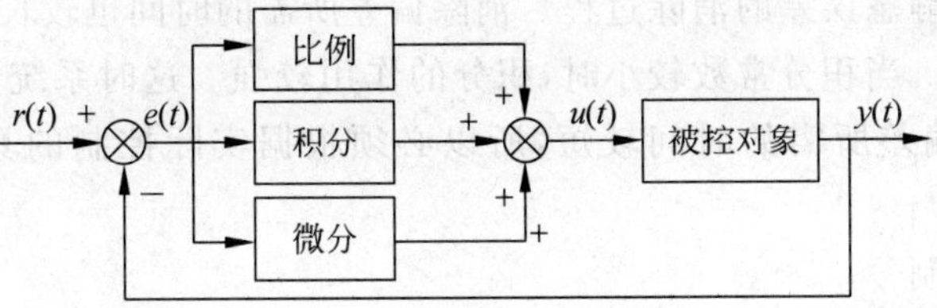


图 4-22　PID 控制系统框图

统 PID 控制规律形式为

$$u(t)=K_P\left(e(t)+\frac{1}{T_I}\int_0^t e(t)\mathrm{d}t+T_D\frac{\mathrm{d}e(t)}{\mathrm{d}t}\right) \tag{4-16}$$

式中：$K_P$ 为比例增益常数；$T_I$ 为积分增益/时间常数；$T_D$ 为微分增益/时间常数。

有些应用只需要 PID 控制器的部分单元，将不需要单元的参数设为零即可。因此 PID 控制器可以变成 PI 控制器、PD 控制器、P 控制器或 I 控制器。其中又以 PI 控制器比较常用，因为 D 控制器对系统噪声十分敏感，但没有 I 控制器的话，系统一般不会回到参考值，而存在一个稳定的误差量。

1）比例(P)控制

比例控制输出的数学式表示是：$P_{out}=K_P\cdot e(t)$。

比例控制是一种最简单的控制方式，控制器的输出与输入误差信号成比例关系。当仅有比例控制时系统输出存在稳态误差。在模拟 PID 控制器中，比例环节的作用是对偏差瞬间做出反应。偏差一旦产生，控制器立即产生控制作用，使控制量向减少偏差的方向变化。控制作用的强弱取决于比例系数。比例系数越大，控制作用越强，则过渡过程越快，控制过程的静态偏差也就越小。但是越大，也越容易产生振荡，破坏系统的稳定性。故而比例系数选择必须恰当，才能使得过渡时间短，达到静态偏差小而又稳定的效果。

比例控制在误差为 0 时其输出也会为 0。若要让受控输出为非零的数值，就需要有一个稳态误差或偏移量。稳态误差和比例增益成正比，和受控系统本身的增益成反比。若加入一个偏置，或是加入积分控制，可以消除稳态误差。

2）积分(I)控制

积分控制输出的数学式表示是：$I_{out}=\frac{K_P}{T_I}\int_0^t e(t)\mathrm{d}t$。

从积分控制数学表达式可以知道，只要存在偏差，则它的控制作用就不断增加。只有在偏差为零时，它的积分才能是一个常数，控制作用才是一个不会增加的常数。可见积分控制可以消除系统的偏差。

在积分控制中，控制器的输出与输入误差信号的积分成正比关系。对于一个自动控制系统，如果在进入稳态后存在稳态误差，则称这个控制系统是有稳态误差的或简称有差系统。为了消除稳态误差，在控制器中必须引入“积分项”。积分项的误差取决于时间的积分，随着时间的增加，积分项会增大。这样即便误差很小，积分项也会随着时间的增加而加大，它推动控制器的输出增大使稳态误差进一步减小，直到等于零。因此，比例+积分(PI)控制器可以使系统在进入稳态后无稳态误差。

积分环节的调节作用虽然会消除静态误差，但也会降低系统的响应速度，增加系统的超调量。积分常数越大，积分的积累作用越弱。这时，系统在过渡时不会产生振荡。但是，增大积分常数会减缓静态误差的消除过程。消除偏差所需的时间也较长，但可以减少超调量，提高系统的稳定性。当积分常数较小时，积分的作用较强。这时系统过渡时间中有可能产生振荡，不过消除偏差所需的时间较短，所以必须根据实际控制的具体要求来确定积分系统。

3）微分(D)控制

微分控制输出的数学式表示是：$D_{\text{out}}=K_{\text{P}}\cdot T_{\text{D}}\dfrac{\mathrm{d}e(t)}{\mathrm{d}t}$。

在微分控制中，控制器的输出与输入误差信号的微分（即误差的变化率）成正比关系。自动控制系统在克服误差的调节过程中可能会出现振荡甚至失稳。其原因是存在较大惯性组件或滞后组件，具有抑制误差的作用，其变化总是落后于误差的变化。解决的办法是使抑制误差的作用的变化“超前”，即在误差接近零时，抑制误差的作用就应该是零。这就是说，在控制器中仅引入“比例”项往往是不够的，比例项的作用仅仅是放大误差的幅值，而目前需要增加的是“微分项”，它能预测误差变化的趋势，这样具有比例+微分的控制器就能够提前使抑制误差的控制作用等于零，甚至为负值，从而避免了被控量的严重超调。所以对有较大惯性或滞后的被控对象，比例+微分(PD)控制器能改善系统在调节过程中的动态特性。

微分控制的作用由微分增益/时间常数决定。微分系统越大，它抑制偏差变化的作用越强；越小则其反抗偏差变化的作用越弱。微分控制显然对系统稳定有很大的作用。适当地选择微分常数，可以使微分作用达到最优。虽然微分控制可以提升整定时间及系统稳定性，不过因为纯微分器不是因果系统，因此在 PID 系统实现时，一般会为微分控制加上一个低通滤波器，以限制高频增益和噪声。实际应用上较少用到微分控制，估计 PID 控制器中只有约 20%用到了微分控制。

2. **数字式 PID 控制算法**

计算机出现后，人们将模拟 PID 控制规律引入到计算机中来。对式(4-16)的 PID 控制规律进行适当的变换，就可以用软件实现 PID 控制，即数字 PID 控制。数字式 PID 控制算法可以分为位置式 PID 和增量式 PID 控制算法。

1）位置式 PID 算法

由于计算机控制是一种采样控制，它只能根据采样时刻的偏差计算控制量，而不能像模拟控制那样不断输出控制量进行连续控制。由于这一特点，式(4-16)中的积分项和微分项不能直接使用，必须进行离散化处理。离散化处理的方法为：以 $T$ 作为采样周期，$k$ 作为采样序号，则离散采样时间 $kT$ 对应着连续时间 $t$。用矩形法数值积分近似代替积分，用一阶后向差分近似代替微分，可进行如下近似变换：

$$t\approx kT \tag{4-17}$$

$$\int_0^t e(t)\mathrm{d}t\approx T\sum_{j=0}^{k}e(jT)=T\sum_{j=0}^{k}e_j \tag{4-18}$$

$$\frac{\mathrm{d}e(t)}{\mathrm{d}t}\approx\frac{e(kT)-e[(k-1)T]}{T}=\frac{e_k-e_{k-1}}{T} \tag{4-19}$$

为了表示方便，将类似于 $e(kT)$ 的函数简化为 $e_k$ 等。将式(4-17)、式(4-18)和式(4-19)代入式(4-16)，可得到离散的 PID 表达式为

$$u_k = K_P\left(e_k + \frac{T}{T_I}\sum_{j=0}^{k} e_j + T_D\frac{e_k - e_{k-1}}{T}\right) \tag{4-20}$$

$$u_k = K_P \cdot e_k + K_I\sum_{j=0}^{k} e_j + K_D(e_k - e_{k-1}) \tag{4-21}$$

式中，$k$ 为采样序号，$k=0,1,2,\cdots,j$；$u_k$ 为第 $k$ 次采样时刻的计算机输出值；$e_k$ 为第 $k$ 次采样时刻输入的偏差值；$e_{k-1}$ 为第 $k-1$ 次采样时刻输入的偏差值；$K_I$ 为积分系数；$K_D$ 为微分系数。

如果采样周期足够小，则式(4-20)或式(4-21)的近似计算可以获得足够精确的结果，且离散控制过程与连续过程十分接近。式(4-20)或式(4-21)表示的控制算法直接按式(4-16)所给出的 PID 控制规律定进行计算，所以它给出了全部控制量的大小。因此，该算法被称为全量式或位置式 PID 控制算法。

这种算法的缺点是：由于全量输出，所以每次输出均与过去状态有关。计算时要对 $e_k$ 进行累加，工作量大。又因为计算机输出的 $u_k$ 对应的是执行机构的实际位置，一旦计算机出现故障，输出的 $u_k$ 将大幅度变化，从而会引起执行机构的大幅度变化。这样有可能造成严重的生产事故，在实际生产中是不允许的。增量式 PID 控制算法就可以避免这种现象的发生。

2）增量式 PID 算法

所谓增量式 PID 是指数字控制器的输出只是控制量的增量 $\Delta u_k$。当执行机构需要的控制量是增量，而不是位置量的绝对数值时，可以使用增量式 PID 控制算法进行控制。

增量式 PID 控制算法可以通过式(4-20)推导得出，经过整理，得到

$$\begin{aligned}\Delta u &= u_k - u_{k-1}\\ &= K_P\left(1+\frac{T}{T_I}+\frac{T_D}{T}\right)e_k - K_P\left(1+\frac{2T_D}{T}\right)e_{k-1} + K_P\frac{T_D}{T}e_{k-2}\\ &= Ae_k + Be_{k-1} + Ce_{k-2}\end{aligned} \tag{4-22}$$

式中：$A=K_P\left(1+\frac{T}{T_I}+\frac{T_D}{T}\right)$；$B=-K_P\left(1+\frac{2T_D}{T}\right)$；$C=K_P\frac{T_D}{T}$

由式(4-22)可以看出，如果计算机控制系统采用恒定的采样周期 $T$，一旦确定了 A、B、C，则只要使用前后三次测量的偏差值，就可以由式(4-22)求出控制量。

增量式 PID 控制算法与位置式 PID 算法相比，计算量小得多，因此在实际中得到广泛应用。而位置式 PID 控制算法也可以通过增量式控制算法推出递推计算公式：

$$u_k = u_{k-1} + \Delta u_k \tag{4-23}$$

式(4-23)就是目前在计算机控制中大量使用的数字递推 PID 控制算法。

### 3. PID 参数调试

1）PID 参数调试的基本概念

PID 的参数调试是指透过调整控制参数(比例增益、积分增益/时间、微分增益/时间)让系统达到最佳的控制效果。稳定性(不会有发散性的振荡)是首要条件。此外，不同系统有不同的行为，不同的应用其需求也不同，而且这些需求还可能会互相冲突。PID 只有 3 个参数，在原理上容易说明，但 PID 参数调试是一项困难的工作，因为要符合一些特别的判据，而且 PID 控制有其限制存在。历史上有许多不同的 PID 参数调试方式，包括齐格勒-尼科

尔斯方法等，其中也有一些已申请专利。

PID控制器的设计及调试在概念上很直接，但若有多个(且互相冲突)目标(例如高稳走性及快速的暂态时间)都要达到的话，在实际上很难完成。PID控制器的参数若仔细调试会有很好的效果，相反，若调试不当则效果会很差。一般初始设计常需要不断地进行环路模型仿真，并且修改参数，直到达到理想的性能或是可接受的偏差为止。有些系统有非线性的特性，若是在无负载条件下调试的参数可能无法在满负载的情况下正常工作。对这样的系统，可以利用增益规划的方式进行修正(在不同的条件下选用不同的数值)。

(1) 稳定性。若PID控制器的参数未挑选妥当，则其控制器输出可能就是不稳定的，也就是其输出发散过程中可能有振荡，且其输出只受饱和或是机械损坏等原因所限制。不稳定一般是由过大增益造成，特别是针对环路延迟时间很长的系统。一般而言，PID控制器会要求响应的稳定，不论程序条件及设定值如何组合，都不能出现大幅振荡的情形，但有时可以接受临界稳定的情形。

(2) 最佳性能。PID控制器两个基本的需求是调整能力(抑制扰动，使系统维持在设定值)及命令追随(设定值变化下控制器输出追随设定值的反应速度)。有关命令追随的一些判据包括上升时间及整定时间。有些应用可能基于安全考虑，不允许输出超过设定值，也有些应用要求在到达设定值过程中的能量消耗可以最小化。

2) PID参数调试的效果指标

(1) 上升时间。上升时间是受控对象的输出从零到第一次增加到稳态输出值所消耗的时间(或输入从10%增加到90%所消耗时间)。

(2) 超调量。超调量是指在响应过程中，超出稳态值的最大偏离量与稳态值之比，即

$$\sigma\% = \frac{y_{\max} - y_{\infty}}{y_{\infty}} \times 100\% \tag{4-24}$$

(3) 调节时间。调节时间是输出曲线最终收敛于稳态值(5%以内)所用的时间。

(4) 稳态误差。稳态误差是指稳态值与参考信号输入值之差。

PID三个参数增加的影响如表4-1所示。

**表4-1 PID三个参数增加的影响**

| 参数调整 | 上升时间 | 超调量 | 调节时间 | 稳态误差 | 系统稳定性 |
|---|---|---|---|---|---|
| $K_P$ 增加 | 减小 | 增加 | 小幅度减小 | 减小 | 下降 |
| $K_I$ 增加 | 小幅度减小 | 增加 | 增加 | 大幅度减小 | 下降 |
| $K_D$ 增加 | 小幅度减小 | 减小 | 减小 | 几乎不变 | 提高 |

3) PID调试的内容

P、I、D三个参数的内容有：

(1) P：比例控制系统的响应快速性，快速作用于输出。

(2) I：积分控制系统的准确性，消除过去的累积误差，回到准确轨道。

(3) D：微分控制系统的稳定性，具有超前控制作用。

在参数调试的时候，所要实现的任务就是在系统结构允许的情况下，在这三个参数之间权衡调整，达到最佳控制效果，实现稳快准的控制特点。

4）PID 参数调试的步骤

（1）把 P、I 和 D 参数都归零或取器件默认值。

（2）逐步增大 P，一直到输出响应发生振荡，再稍微减小一点 P。

（3）稍微加入一点积分信号，用于修正存在的稳态误差。

（4）加入少量的 D 看看效果。注意：一些控制器会尽量避免使用 D，因为微分项对测量噪声非常敏感，在传感器测量信号本身有较大噪声，且后期信号滤波处理并不好的情况下，应该尽量减小 D 的使用，否则反而会造成系统的不稳定。

（5）如果加入 D 后对输出响应有改善效果，则可以适当增加 D，同时调整 P，使得上升时间较小且超调较小或无超调。

（6）反复调整 P、I 和 D 的值，直到输出响应达到最佳效果。

### 4. PID 算法的修改

基本的 PID 算法在一些控制应用的条件下有些不足，需要进行小幅的修改。

1）积分饱和

积分饱和是指如果执行机构已经到极限位置仍然不能消除偏差时，由于积分作用，尽管 PID 差分方程式所得的运算结果继续增大或减小，但执行机构已无相应的动作。积分饱和是理想 PID 算法实现时常见的问题。若设定值有大的变动，则其积分量会有大幅的变化，大到输出值被上下限限制而饱和，因此系统会有过冲，而且即使误差量符号改变，积分量变小，但输出值仍被上下限限制，维持在上限（或下限），因此输出看似没有变化，系统仍会持续地过冲，一直到输出值落在上下限的范围内，系统的反馈值才会开始下降。此问题可以用以下方式处理：

（1）在控制变量离开可控制范围时，暂停积分。

（2）让积分值限制在一个较小的上下限范周内。

（3）重新计算积分项，使控制器输出维持在上下限之间的范围内。

2）串级 PID 控制器

两个 PID 控制器可以组合在一起得到更佳的效果，这方法称为串级 PID 控制。两个 PID 控制器中的一个 PID 控制器负责外回路，控制多旋翼无人机的飞行高度和水平位置等主要物理量，另一个 PID 控制器负责内回路，以外回路 PID 控制器的输出作为其目标值，控制快速变化的飞行姿态角参数等。

实际工作中，串级 PID 控制器内外回路控制器的参数可能会差很多，外回路的 PID 控制器有较大的时间常数，对应所有的飞行高度和水平位置控制需要的时间，内回路的 PID 控制器反应会比较快。每个控制器可以调整到符合其真正控制期望的系统，从而提高多旋翼无人机的自主飞行控制系统的工作效率，即采用串级 PID 控制器的主要优点是可以增加控制器的工作频率，减小其控制响应时间常数。

## 4.5　电池

电动旋翼飞行器的飞行使用无刷直流电动机作为动力来源，而无刷直流电动机所需的电能是由飞行器携带的电池提供的。为了更好地了解有关电动旋翼飞行器动力装置的技术问题，有必要对电池的基本概念、结构、工作原理和特性进行全面系统的讨论分析。

### 4.5.1 电池的定义和发展历程

**1. 电池的定义**

电池是指盛有电解质溶液和金属电极以产生电流的杯、槽或其他容器的部分空间，能将化学能转化成电能的装置，具有正极和负极之分。随着科技的进步，电池泛指能产生电能的小型装置，如太阳能电池。利用电池作为能量来源，可以得到具有稳定电压、稳定电流、长时间稳定供电、受外界影响很小的电流，并且电池结构简单，携带方便，充放电操作简便易行，不受外界气候和温度的影响，性能稳定可靠，在现代社会生活中的各个方面发挥重大作用。

电池的性能参数主要有电动势、容量、比能量和电阻。电动势等于单位正电荷由负极通过电池内部移到正极时，电池非静电力(化学力)所做的功。电动势取决于电极材料的化学性质，与电池的大小无关。电池所能输出的总电荷量为电池的容量，通常用安培小时作单位。在电池反应中，1kg 反应物质所产生的电能称为电池的理论比能量。电池的实际比能量要比理论比能量小。因为电池中的反应物并不全按电池反应进行，同时电池内阻也要引起电动势降，因此常把比能量高的电池称为高能电池。电池的面积越大，其内阻越小。电池的能量储存有限，电池所能输出的总电荷量叫做它的容量，通常用安培小时作单位，它也是电池的一个重要参数。原电池制成后即可以产生电流，但在放电完毕即被废。

**2. 电池技术发展历程**

1799 年，意大利物理学家伏特把一块锌板和一块银板浸在盐水里，发现连接两块金属的导线中有电流通过。于是，他就把许多锌片与银片之间垫上浸透盐水的绒布或纸片，平叠起来。用手触摸两端时，会感到强烈的电流刺激。伏特用这种方法成功制成了世界上第一个电池——“伏特电堆”。这个“伏特电堆”实际上就是串联的电池组，它成为早期电学实验、电报机的电力来源。

1836 年，英国的科学家丹尼尔对“伏特电堆”进行了改良。他使用稀硫酸作电解液，解决了电池极化问题，制造出第一个不极化，能保持平衡电流的锌-铜电池，又称“丹尼尔电池”。此后，又陆续有去极化效果更好的“本生电池”和“格罗夫电池”等问世。但是，这些电池都存在电压随使用时间延长而下降的问题。

1860 年，法国的普朗泰发明出用铅作为电极的电池。这种电池的独特之处是：当电池使用一段使电压下降时，可以给它通以反向电流，使电池电压回升。因为这种电池能充电，可以反复使用，所以称它为“铅酸蓄电池”。然而，无论哪种电池都须在两个金属板之间灌装液体，因此搬运很不方便，特别是蓄电池所用液体是硫酸，在挪动时很危险。

也是在 1860 年，法国的雷克兰士还发明了世界广泛使用的电池——碳锌电池的前身。它的负极是锌和汞的合金棒，而它的正极则是以一个多孔的杯子盛装着碾碎的二氧化锰和碳的混合物。在此混合物中插有一根碳棒作为电流收集器，负极棒和正极杯都被浸在作为电解液的氯化铵溶液中，此系统被称为“湿电池”。雷克兰士制造的电池虽然简陋但却便宜，所以一直到 1880 年才被改进的“干电池”取代，负极被改进成锌罐(即电池的外壳)，电解液变为糊状而非液体，基本上这就是现在人们所熟知的碳锌电池。

1887年，英国人赫勒森发明了最早的干电池。干电池的电解液为糊状，不会溢漏，便于携带，因此获得了广泛应用。

1890年美国发明家爱迪生发明了可充电的铁镍电池，并投入大批量生产。从此以后，随着人类社会电气化时代的到来，由各种不同材料制造、具有各种不同特性、适用于各种不同用途的各种各样的电池被人们发明出来，其中比较常用的有镍镉电池、碱性电池、太阳能电池、锂电池、镍氢电池、锂离子电池、燃料电池等，其中燃料电池、太阳能电池已成为当前全世界瞩目的新能源发展问题的焦点。

## 4.5.2 原电池的基本概念

### 1. 原电池的定义和工作原理

1）原电池的定义

原电池又称非蓄电池，是将化学能转变成电能的装置，其电化学反应不能逆转，只能将化学能转换为电能，不能像蓄电池那样重新储存电力。

2）原电池的工作原理

原电池的工作原理是利用两个电极的电势不同产生电热差，从而使电子流动，产生电流。原电池是电化学电池的一种，原电池反应属于放热的反应，一般是氧化还原反应，但区别于一般的氧化还原反应的是，电子转移不是通过氧化剂和还原剂之间的有效碰撞完成的，而是还原剂在负极上失电子发生氧化反应，电子通过外电路输送到正极上，氧化剂在正极上得电子发生还原反应，从而完成还原剂和氧化剂之间电子的转移。两极之间溶液中离子的定向移动和外部导线中电子的定向移动构成了闭合回路，使两个电极反应不断进行，发生有序的电子转移过程，产生电流，实现化学能向电能的转化。

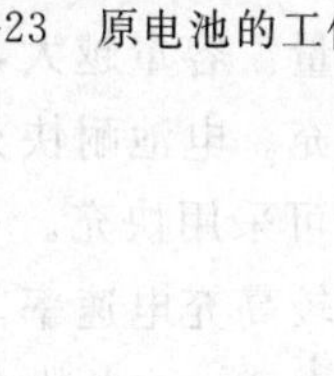

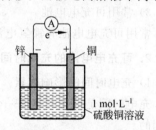


图4-23　原电池的工作原理示意图

从能量转化角度看，原电池是将化学能转化为电能的装置；从化学反应角度看，原电池的原理是氧化还原反应中的还原剂失去的电子经外接导线传递给氧化剂，使氧化还原反应分别在两个电极上进行，如图4-23所示。普通的干电池、燃料电池等非蓄电池都属于原电池。

### 2. 原电池的结构和类型

1）原电池的结构

从图4-23可知，原电池的基本结构主要由盛放在容器中电解液和正负两个电极组成。在原电池中若某一电极若不断溶解或质量不断减少，该电极发生氧化反应，则此为原电池的负极；若原电池中某一电极上有气体生成、电极的质量不断增加或电极质量不变，该电极发生还原反应，则此为原电池的正极。负极发生氧化反应，失去电子；正极发生还原反应，得到电子。电子由负极流向正极，电流由正极流向负极。负极材料一般要能与电解液自行发生氧化还原反应，溶液中，阳离子移向正极，阴离子移向负极。

2）原电池的类型

根据原电池采用的电极材料，可划分为以下几种类型：

（1）电极材料采用活泼性不同的金属，如锌铜原电池，锌作负极，铜作正极。

（2）电极材料采用金属和能导电的非金属，如锌锰干电池，锌作负极，石墨作正极。

（3）电极材料采用金属与化合物，如铅蓄电池，铅板作负极，二氧化铅作正极。

（4）惰性电极，如氢氧燃料电池，电极均为铂。

3）常用原电池

常用原电池有锌锰干电池、锌汞电池、锌银扣式电池及锂原电池等。

## 4.5.3 可充电电池的基本概念

### 1. 可充电电池的定义和工作原理

1）可充电电池的定义

可充电电池也称为二次电池或蓄电池，是指在电池放电后可通过充电的方式使活性物质激活而继续使用的电池，即当一个化学反应转化为电能之后，还可以用电能使化学体系修复，然后再利用化学反应转化为电能。

2）可充电电池的工作原理

可充电电池的工作原理是：电池放电后，能够用充电的方式使内部活性物质再生，把电能储存为化学能。当需要放电时再次把化学能转换为电能。实质上，可充电电池的作用是储存能量，而不是产生能量。

3）常用可充电电池

常用可充电电池有镍氢电池、镍镉电池、铅酸蓄电池、锂离子电池等。

### 2. 可充电电池的充电时间和续航能力

1）充电时间的影响因素

充电时间是可充电电池一个十分重要的性能评估指标，不同的电池充满电所需时间是不同的。

（1）高容量。容量越大，持续使用时间越长。

（2）耐快充。电池耐快充性能越好，越能承受较大充电电流，优质电池能承受 1.5h 即 1C 充电速率，可采用快充。

（3）急充较高充电速率。用较短时间充足电池，使用快捷。

（4）自放电小。自放电反映电池保持容量的能力，自放电越小，存放期越长，即用性好。

（5）循环寿命。指电池充放电次数，镍镉镍氢电池标称 500～1000 次，与电池品质和充放电条件有关，优质电池在正确使用条件下循环寿命甚至可达 5000 次以上。

2）续航能力

充电电池的续航能力是指一块电池在充满电的情况下，在特定的条件下，能够使用的时间。其实所谓的续航时间是一个宽泛的概念，没有严格的定义。人们通常所说的手机续航时间也就是手机电池在充满电的情况下，在一般使用条件下（一天打 15min 的电话，发 20 个短消息，晚上十点钟关机）能使用几天。对用于空中拍摄的电动旋翼飞行器而言，电池的续航能力可以理解为一块电池最长持续拍摄时间。衡量一款电池的续航能力到底有多强，目前靠国际上制定的一项 CIPA 标准来衡量，各厂商会提供某些产品在 CIPA 标准下可拍摄多少张照片的数据，但由于该标准是在一种特定的环境条件下测试的，而电池实际工作时间往往会随保存或使用的条件或环境有所改变，因此往往会产生较大误差。

### 4.5.4 锂电池

**1. 锂电池的定义和类型**

1）锂电池的定义

锂电池是指电化学体系中含有锂（包括金属锂、锂合金和锂离子、锂聚合物）的电池。锂电池大致可分为两类：锂原电池和锂离子电池。习惯上，人们把锂离子电池也称为锂电池，但这两种电池是不一样的。现在可多次充电的锂离子电池已经成为了主流。

锂电池的发明者是美国发明家爱迪生。由于锂金属的化学特性非常活泼，使得锂金属的加工、保存、使用，对环境要求非常高。所以，锂电池长期没有得到应用。随着 20 世纪末微电子技术的发展，小型化的设备日益增多，对电源提出了很高的要求。锂电池随之进入了大规模的实用阶段。

2）锂电池的类型

（1）锂原电池。锂原电池也称为锂金属电池，内含金属态的锂，是不可充电的。可以连续放电，也可以间歇放电。一旦电能耗尽便不能再用，目前在照相机等耗电量较低的电子产品中广泛使用。锂原电池自放电很低，可保存 3 年之久，在冷藏的条件下保存效果会更好。锂原电池与锂离子电池不同，锂原电池不能充电，充电将十分危险。

（2）锂离子电池。锂离子电池也称二次锂电池，不含有金属态的锂，是可以充电的。在 20℃下可储存半年以上，这是由于它的自放电率很低，而且大部分容量可以恢复。

锂电池存在自放电现象，如果电池电压在 3.6V 以下长时间保存，会导致电池过放电而破坏电池内部结构，减少电池寿命。因此长期保存的锂电池应当每 3～6 个月补电一次，即充电到电压为 3.8～3.9V（锂电池最佳储存电压为 3.85V 左右）、保持在 40%～60%放电深度为宜，不宜充满。电池应保存在 4℃～35℃的干燥环境中或者防潮包装。要远离热源，也不要置于阳光直射的地方。

**2. 锂电池的特点**

1）锂电池主要优点

（1）能量比较高。具有高储存能量密度，目前已达到 460～600Wh/kg，是铅酸电池的 6～7 倍。

（2）使用寿命长。使用寿命可达到 6 年以上，磷酸亚铁锂为正极的电池 1C 充放电，有可以使用 10 000 次的记录。

（3）额定电压高。单体工作电压为 3.7V 或 3.2V，约等于 3 只镍镉或镍氢充电电池的串联电压，便于组成电池电源组。

（4）具备高功率承受力。例如电动汽车用的磷酸亚铁锂离子电池可以达到 15～30C 充放电的能力，便于高强度的起动加速。

(5) 自放电率很低。自放电率低是锂离子电池最突出的优越性之一,目前一般可做到每月1%以下,不到镍氢电池的1/20。

(6) 重量轻。锂离子电池在相同体积下重量约为铅酸产品的1/6~1/5。

(7) 高低温适应性强。锂离子电池可以在-20℃~-60℃的环境下使用,经过工艺上的处理,可以在-45℃环境下使用。

(8) 绿色环保。不论生产、使用和报废,都不含有、也不产生任何铅、汞、镉等有毒有害重金属元素和物质。

(9) 生产基本不消耗水。对缺水的我国十分有价值。

2) 锂电池主要缺点

(1) 锂原电池存在安全性差,有发生爆炸的危险。

(2) 钴酸锂的锂离子电池不能大电流放电,安全性较差。

(3) 锂离子电池均需保护线路,防止电池被过充过放电。

(4) 生产要求条件高,成本高。

## 4.5.5 燃料电池

### 1. 燃料电池的定义

燃料电池是很有发展前途的新型动力电源,一般以氢气、碳、甲醇、硼氢化物、煤气或天然气为燃料作为负极,用空气中的氧作为正极。它与一般电池的主要区别在于一般电池的活性物质是预先放在电池内部的,因而电池容量取决于贮存的活性物质的量;而燃料电池的活性物质(燃料和氧化剂)是在反应的同时源源不断输入的,因此,这类电池实际上只是一个能量转换装置。

### 2. 燃料电池的工作原理

燃料电池的工作原理是利用一种叫质子交换膜的技术,使燃料(例如氢气或甲醇)在覆盖有催化剂的质子交换膜作用下,在阳极将燃料催化分解成为质子,这些质子通过质子交换膜到达阴极,在燃料的分解过程中释放出电子,电子通过负载被引出到阴极,这样就产生了电能。在阳极经过质子交换膜和催化剂的作用,在阴极质子与氧和电子相结合产生水。也就是说,燃料电池内部的燃料与空气中的氧进行化学反应生成水的过程中,同时产生了电流,也可以理解为是电解水的逆反应,如图4-24所示。

用氢作燃料的燃料电池在阳极除供应氢气外,同时还收集氢质子($H^+$),释放电子;在阴极通过负载捕获电子产生电能。质子交换膜的功能只是允许质子$H^+$通过,并与阴极中的氧结合产生水。这种水在反应过程中的温度作用下,以水蒸气的形式散发在空气中。注意,用氢作燃料电池所生成的是纯净水,可以饮用,而用甲醇作燃料生成的水溶液中可能产生甲醛之类有毒物质,不能饮用。图4-24为燃料电池工作原理的示意图。氢氧燃料电池的理论比能量达3600Wh/kg。单体电池的工作电压一般为0.8~0.97V,为了满足负载所需的工作电压,往往由几十个单体电池串联成电池组。

根据上述燃料电池的工作原理,只要不断地补充燃料,燃料电池就能不间断地运行,提供电能。它从外表上看有正负极和电解质等,像一个蓄电池,但实质上它不能“储电”而是一

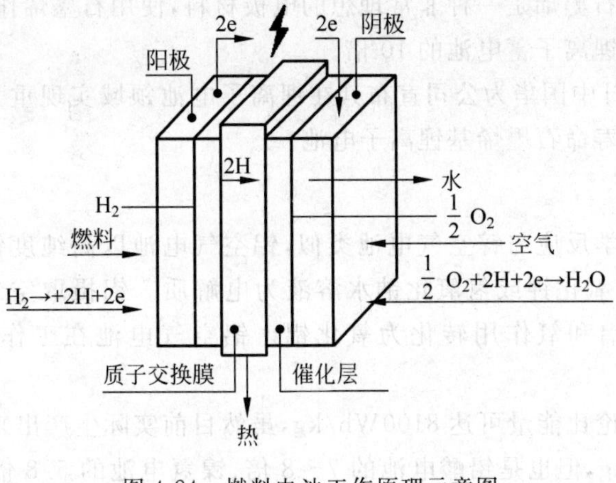


图 4-24 燃料电池工作原理示意图

个“发电厂”。

**3. 燃料电池的特点**

1) 燃料电池主要优点

(1) 清洁环保,产物是水。

(2) 能量转换效率高,能量转换率超过 80%(普通燃烧能量转换率只有 30%多)。

(3) 容量大,比能量高,功率范围广,不用充电,产生持续电流。

(4) 排放废弃物少,噪音低,绿色发电。

2) 燃料电池主要缺点

(1) 系统比较复杂。

(2) 成本高,仅限于一些特殊用途方面。

## 4.5.6 其他新型电池

续航能力是目前制约电动多旋翼无人机发展的重大障碍,航模级(消费级)多旋翼无人机续航时间基本在 20min 左右,用户外出飞行不得不携带多块电池备用,造成使用作业的极大不便。多旋翼无人机必须在动力源方面实现突破才能走上新的革命性高度,目前适用于多旋翼无人机动力装置的新型电池,除了燃料电池以外,还有以下三种。

**1. 石墨烯电池**

石墨烯是目前发现的最薄、最坚硬、导电导热性能最强的一种新型纳米材料。石墨烯电池是利用锂离子在石墨烯表面和电极之间快速大量穿梭运动的特性开发出的一种新能源电池。

从微观的角度看蓄电池的充放电过程,实际上是一个阳离子在电极中“镶嵌”和“脱离”的过程。所以,如果电极材料中的孔洞越多,则这个过程进行的越迅速,从宏观的角度看则表现为蓄电池充放电的速度越快。石墨烯的微观构造,是一个由碳原子所组成的网状结构。因为具有极限的薄度(只有一层原子的厚度),所以阳离子的移动所受限制很小。由于具有网状结构,由石墨烯所制成的电极材料也拥有充分的孔洞。同时正因为其具有高导电性、高强度、超轻薄等特性,石墨烯是一种非常理想的电极材料,使用石墨烯作为电池的阳极材料,其充放电速度将超过锂离子蓄电池的10倍。

2016年12月1日中国华为公司宣布其在锂离子电池领域实现重大研究突破:推出电池工业界首个高温长寿命石墨烯基锂离子电池。

**2. 铝空气电池**

铝空气电池的化学反应与锌空气电池类似,铝空气电池以高纯度铝(含铝99.99%)为负极,氧为正极,以氢氧化钾或氢氧化钠水溶液为电解质。铝摄取空气中的氧,在电池放电时产生化学反应,铝和氧作用转化为氧化铝。铝空气电池在工作时只消耗铝和少量的水。

铝空气电池的理论比能量可达8100Wh/kg,虽然目前实际生产出来的铝空气电池的比能量只达到350Wh/kg,但也是铅酸电池的7~8倍、镍氢电池的5.8倍、锂电池的2.3倍。采用铝空气电池后,多旋翼无人机能够明显地延长续航时间和航程,它是一种很有发展前途的电池。铝空气电池的特点如下:

(1) 优点。铝对人体不会造成伤害,可以回收循环使用,不污染环境。铝的原材料丰富,已具有大规模的铝冶炼厂,生产成本较低。铝回收再生方便,回收再生成本也较低。而且可以采用更换铝电极的方法来解决铝空气电池充电较慢的问题。

(2) 缺点。虽然铝空气电池含有高的比能量,但比功率较低,充电和放电速度比较缓慢,电压滞后,自放电率较大,需要采用热管理系统来防止铝空气电池工作时过热。

**3. 纳米电池**

$1nm=1.0\times10^{-9}m$,纳米电池即用纳米材料制作的电池,纳米材料具有特殊的微观结构和物理化学性能,如量子尺寸效应、表面效应和隧道量子效应等。

目前国内技术成熟的纳米电池是纳米活性炭纤维电池,由正负电极、电解质、聚合物隔离膜组成。纳米电池的负极材料是纳米化的天然石墨,正极是纳米化材料采用由PP和PE复合的多层微孔膜作为隔离膜,并在电解质中加入导电的纳米碳纤维。电池的正极由铝箔与电池正极连接;中间是聚合物的隔膜,它把正极与负极隔开;由纳米石墨组成的电池负极由铜箔与电池的负极连接。电池的上下端之间是电池的电解质,电池由金属外壳密闭封装。

纳米电池最大的优点是充电和放电速度极快,能在几秒钟内快速地充电和放电,效率是块状电极电池的100倍,是锂电池的20倍,而且这种快速充放电对电池的能量密度毫无影响。

# 4.6 DIY四旋翼无人机动力装置

电动旋翼飞行器飞行的动力来源是由无刷直流电动机以及保证其正常工作所必需的附件构成的系统提供的,该系统称为电动旋翼飞行器动力装置。为了更好地理解有关电动旋翼飞行器动力装置的技术问题,下面以常见的DIY航模级四旋翼无人机动力装置作为实例进行讨论分析。

### 4.6.1 DIY 精神与四旋翼无人机动力装置的组成

在旋翼飞行器销售市场上，为了满足不同消费者的需要，商家销售方法主要有两种：一种是销售成品机，消费者买回去可以直接放手飞；另一种销售的不是成品机，而是组装所需软硬件的各种零配件。消费者通过购买、自造将所有零配件收集齐全后，自己动手组装出一架属于"自己制造"的无人机。

#### 1. DIY 精神的定义

DIY 是 Do It Yourself 的英文缩写，兴起于近几年，逐渐成为一种流行。简单来说，DIY 就是自己动手，没有性别、年龄的区别，每个人都可以自己做，利用 DIY 做出来的物品自有一份自在与舒适。

DIY 起源于欧美，已有 50 多年历史。在欧美国家，由于工人薪资非常高，所以一般居家修缮或家具布置，能自己动手做就尽量不找工人，以节省费用。国外 DIY 产品公司通常有一系列相配合的资讯、材料、工具等，另外，产品所附的说明书非常详尽，自己动手做的过程不会有任何困难，而 DIY 产品的配件在超市就可轻易购得，因此，DIY 产品就像是一般商品一样，随处可买得到。

Do it yourself！这不是一句简单的英文，它代表的是一种精神。什么精神？自己去做，自己体验，挑战自我，享受其中的快乐，这就叫做 DIY，也是它能够流行的关键。

#### 2. 四旋翼无人机动力装置的组成

麻雀虽小，五脏俱全。航模级四旋翼无人机与大中型旋翼飞行器的总体结构基本上是一样的，都要在机身上安装起落装置、旋翼系统、动力装置、数据链路系统、飞行自控系统，以及任务设备等，其中动力装置系统主要包括无刷直流电动机、电子调速器(ESC)、电池等。

一架典型的航模级四旋翼无人机整体电路接线示意图如图 4-25 所示。

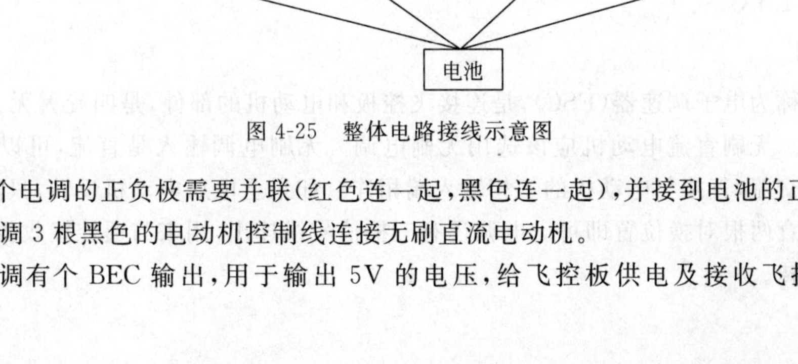

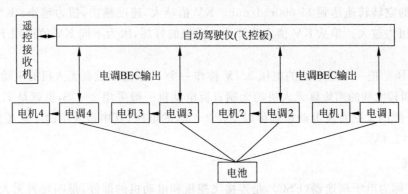


图 4-25　整体电路接线示意图

(1) 4 个电调的正负极需要并联(红色连一起，黑色连一起)，并接到电池的正负极上。

(2) 电调 3 根黑色的电动机控制线连接无刷直流电动机。

(3) 电调有个 BEC 输出，用于输出 5V 的电压，给飞控板供电及接收飞控板的控制信号。

(4) 遥控接收器连接在飞控板上，输出遥控信号，并同时从飞控板上得到5V供电。

在图4-25中，BEC全称英文为 battey elimination circuit，中文翻译成免电池电路。其原理是在电调里设置了一个电路模块，将12V电池输出的电压转换为5～6V给遥控接收机和舵机自动驾驶仪(飞控)等电子设备使用，而电机当然还是用12V供电的。这样就省去了那个5V电池，这就是BEC(免电池电路)名称的由来。BEC大多采用线性稳压方式，线性稳压方式的优点是线路简单，体积小，只要一根稳压管就可以了。但缺点是转换效率不高，稳压的时候能量损耗大(线性稳压效率一般只有65%～70%)，所以在工作过程中稳压管会很烫(电调发烫的主要热量来自这个稳压管，真正控制电机的MOS开关管其实发热量不大)。由于其效率不高，自然输出电流不可能很大，一般最大也就1A左右。

## 4.6.2 四旋翼无人机动力装置的主要部件

### 1. 电动机

电动机是四旋翼无人机的动力来源，是最重要的关键部件之一，被人们比喻为心脏。直流电动机类型分有刷电动机和无刷电动机两种，四旋翼无人机采用的是无刷直流电动机。

(1) 尺寸。无刷直流电动机在型号命名上用4位数字来表示它的尺寸，如2212、2018电动机等。前面2位数是电动机转子的直径，后面2位数是电动机转子的高度。形象地讲，前面2位越大，电动机越大，后面2位越大，电动机越高。又高又大的电动机，功率就更大。例如常用的新西达2212电动机，表示直径为22mm，转子的高度为12mm。一般而言，越大的电动机，其转速和扭力也就越大。

(2) 标称空载KV值。无刷直流电动机KV值定义为“转速/伏特”，意思是输入电压增加1V，无刷直流电动机空转转速增加的转速值。例如：1000KV电动机，外加1V电压，电动机空转时每分钟转1000转；外加2V电压，电动机空转就2000转了；电压为11V的时候，电动机的空转转速达到11 000rad/min。KV值越大，速度越快，扭力越小；KV值越小，速度越慢，扭力越大。单从KV值无法评价电动机的好坏，因为不同KV值适用于不同尺寸的螺旋桨。

(3) 电压。把一节锂电池的电压3.7V称作一个S，微型四旋翼无人机的电动机常用1S电池驱动，而较大些的四旋翼无人机的无刷直流电动机一般采用2～3S，也就是7.4～11.1V来驱动。一般的无刷直流电动机都可以支持2～3S的电压，其中最常用的配置还是3S的锂电，也就是11.1V。

### 2. 电调

电调全称为电子调速器(ESC)，是连接飞控板和电动机的部件，是四旋翼无人机最重要的部件之一。无刷直流电动机应该选用无刷电调。无刷电调输入是直流，可以接锂电池；输出是三相交流，直接与电动机的三相输入端相连。如果上电后电动机反转，只需要把这三根线中的任意两根对换位置即可。电调还有三根信号线连出，用来与遥控接收机连接，控制电动机的运转。

1 2 3 4 5 6 7 8 9

1）电调功能

（1）电动机调速。电调最基本的功能是电动机调速，就是将飞控板的控制信号转变为电流的大小，以控制电动机的转速。因为电动机的电流是很大的，通常每个电动机正常工作时平均有 3A 左右的电流，如果没有电调的存在，飞控板根本无法承受这样大的电流。

（2）变压供电。电调第二个功能是充当变压器的作用，将 11.1V 电压转变为 5V 为飞控板和遥控接收机供电。每个电调上面都会标出能够提供的电流值，如 20A、40A。大电流的电调可以兼容用在小电流的地方，小电流电调不能超标使用。

（3）电源转化。电调第三个功能是充当换相器的角色，因为无刷直流电动机没有电刷进行换相（直流电源转化为三相电源供给无刷直流电动机，并对无刷直流电动机起调速作用），所以需要靠电调进行电子换相。

（4）其他功能。电调还有一些其他辅助功能，如电池保护。起动保护、刹车制动等。

2）电调参数

（1）功率。无刷电调最主要的参数是电调的功率，通常以安培数 A 来表示，如 10A，20A，30A。不同电动机需要配备不同安培数的电调，安培数不足会导致电调甚至电动机烧毁。

（2）电流。无刷电调有持续电流和 $X$ 秒内瞬时电流两个重要参数，前者表示正常时的电流，而后者表示 $X$ 秒内容忍的最大电流。选择电调型号的时候一定要注意电调最大电流的大小是否满足要求，是否留有足够的安全裕度容量，以避免电调上面的功率管烧坏。

（3）内阻。所有的电调都具有其相应内阻，其发热功率需要注意。有些电调电流可以达到几十安培，由于发热功率是电流的平方的函数，所以电调的散热性能也十分重要，因此大规格电调内阻一般都比较小。

（4）额定电压。电调的额定电压可能与免电池电路的额定电压不同。例如电调额定电压是 14.8V，但是免电池电路可能不超过 12V，这就不得不给遥控接收机单独供电。如果没注意到这个问题，突然接到 4S 电池，电调可能没问题，但是免电池电路会不工作。

（5）刷新频率。电动机的响应速度与电调的刷新速率有很大关系。在多旋翼无人机开始发展之前，电调多为航模飞机而设计，航模飞机上的舵机由于结构复杂，工作频率最大为 50Hz。相应地，电调的刷新速率也都为 50Hz。四旋翼无人机与固定机翼飞机不同，不使用舵机，而是由电调直接驱动电动机，其响应速度远超舵机。目前，具备高性能的电调可支持高达 500Hz 的刷新频率。

3）可编程特性

通过内部参数设置，可以达到最佳的电调性能。设置的参数包括：电池低压断电电压设定、电流限定设定、刹车模式设定、油门控制模式、切换时序设定、断电模式设定、起动方式设定以及脉冲宽度调制（PWM）模式设定等。通常有三种方式可对电调参数进行设置：

（1）可以通过编程卡直接设置电调参数。

（2）通过 USB 连接，用电脑软件设置电调参数。

（3）通过接收器，用遥控器摇杆设置电调参数。

4）电调与电动机的匹配

无刷电调的种类按照功率分为 30A、40A、50A、60A、80A 和 120A 电调等。不同功率的电调要对应不同的电动机，否则会出现电动机转速不足或烧坏电调的情况。

当选择电子调速器的时候，最重要的事情是考虑电调与电动机的匹配。选择电调额定安培数高于电动机额定安培数是必要的，这样选择可以防止电调过载失效而受到损坏。通常选择的电调要比指标范围多10%～20%的余度。

5）临界电压

在电调上要设置临界电压，以确保电池不会过放而损坏。

### 3. 电池

电池主要用于提供能量，属于易耗品，也是后期投入比较多的一个主要部件。

可用来做四旋翼无人机动力的电池种类很多，常见的有锂电池（LiPo）和镍氢电池（NiMh），主要源于其优良的性能和便宜的价格优势。然而，对于四多旋翼无人机而言，电池单位重量的能量载荷很大程度上限制了其飞行时间和任务拓展，续航时间不够，其关键就在于电池容量的大小。

在相同电池容量的情况下，锂电最轻，效率最高，因此多旋翼无人机大多都选择锂电池；电池品牌的选择除了受机架尺寸限制外，还要注意以下几个参数。

1）电池电压

锂电池组包含电池和锂电池保护线路两部分。

（1）锂电池单节电压为3.7V，3S1P表示3片锂聚合物电池的串联，电压是11.1V，其中S表示串联，P表示并联。又如2S2P电池表示2片锂聚合物电池的串联，然后两个这样的串联结构并联，总电压是7.4V，电流是单个电池的两倍，如图4-26所示。

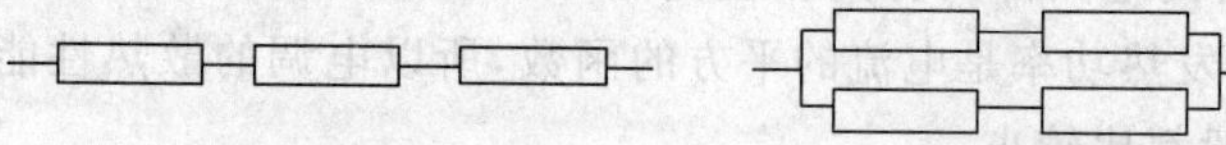


图4-26 锂电池电芯组合方式

（2）不仅在放电过程中电压会下降，而且由于电池本身具有内阻，其放电电流越大，自身由于内阻导致的压降就越大，所以输出的电压就越小。

2）电池容量

电池容量用毫安时（mAh）表示，电池的容量越大，存储的能量就越大，可以提供的续航时间就越长，不过相应的重量也越大。例如1000mAh电池，以1000mA放电，可持续放电1h；如果以500mA放电，可以持续放电2h。随着放电过程的进行，电池的放电能力在下降，其输出电压会缓慢下降，所以导致其剩余容量与放电时间并非是线性关系。单电芯充满电电压为4.2V，放电完毕会降至3.0V（再低可能过放导致电池损坏），一般无人机在3.6V时会电量报警。

在实际四旋翼无人机飞行过程中，有两种方式检测电池的剩余容量是否满足飞行安全的要求：一种方式是检验电池单节电压，另一种方式是实时检测电池输出电流做积分计算。

3）放电倍率

电池放电能力是普通锂电池和动力锂电池最重要的区别，动力锂电池需要很大电流放电。电池充放电电流的大小用充放电倍率来表示，它是充放电快慢的一种量度，其单位为C，计算公式：充放电倍率＝充放电电流/额定容量。例如额定容量为100mAh的电池用20A放电时，放电倍率为0.2C；1000mAh电池，放电倍率为5C，则电池可以5000mAh的电流强度放电。

锂聚合物电池一般属于高倍率电池。实际使用中，所用电池的容量 1h 放电完毕，称为 1C 放电；5h 放电完毕，则称为 1/5＝0.2C 放电。容量 5000mAh 的电池最大放电倍率为 20C。这很重要，如果用低 C 的电池，则大电流放电，电池会迅速损坏，甚至自燃。另外，不能让一块电池把它的电量完全放完，如果这样的话，这块电池就废掉了，当 11.1V 电池电压降低到 10V 时最好更换电池。

4）充电倍率

C 也表示锂电池充电倍率，只是将放电变成了充电，如 1000mAh 电池，2C 快充，就代表要用 2000mAh 的电流来充电。充电时要注意千万不要图快贸然用大电流，超过规定参数充电，电池很容易损坏。

5）电池内阻

电池欧姆内阻主要是由电极材料、电解液、隔膜电阻及各部分零件的接触电阻组成，与电池的尺寸、结构、装配等有关。电池的内阻不是常数，在充放电过程中随时间不断变化，不是线性关系。常随电流密度的对数增大而线性增加。电池的内阻很小，一般用单位毫欧来定义它。正常情况下，内阻小的电池其大电流放电能力强，内阻大的电池放电能力弱。

6）平衡充电器

由于四旋翼无人机电池的电流极大，其专用电池是不能用普通充电器的，必须要用平衡充电器。常用的 11.1V 的锂电池是由 3 节 3.7V 的锂电组成的，因为制造工艺原因，每节电池的充电放电特性都有差异，在电池串联的情况下，容易造成某节电池放电过度或充电过度。解决办法是分别对内部单节电池充电，平衡充电器就是起这个作用的。即采用平衡充电器来分别充其中的每一个 S，也就是每一个放电单元，这样比较保护电池。

经验表明：四旋翼无人机常用 2200mAh，3S、25C 的电池。值得注意的是，市面杂牌动力电池虚标、掉电压、虚焊问题严重，应尽量选择知名厂家的优质电池。应避免空中掉电摔机造成更大损失。

**4. 电动机与螺旋桨的匹配**

四旋翼无人机的旋翼系统是指它的 4 个空气螺旋桨由电动机驱动高速旋转产生升力，其外形结构非常简单，两片桨叶由中间的桨毂固定在一起构成一个整体，称为桨片。由于旋翼系统是电动旋翼飞行器动力装置驱动的对象，其尺寸大小、桨片和翼型形状等几何参数对动力装置的性能和功率要求有极大影响，因此四旋翼无人机动力装置设计必须考虑电动机功率与螺旋桨大小的匹配问题。

四旋翼无人机有 4 个旋翼，每个旋翼都只有 1 个桨片，全机总共有 4 个桨片，其中有 2 个为正桨，另外 2 个为反桨。桨叶的横剖面是翼形，假设螺旋桨在一种不能流动的介质中旋转，那么螺旋桨每转一圈，就会向前进一个距离，就称为螺距。常用桨片的尺寸有 1145、1045、9047、8045 等，其中 4 位数字的前两位代表直径，后两位代表螺距。如 1045 桨片的直径为 10in，而螺距为 4.5in，最大转速为 10 500rad/min。

四旋翼无人机采用的螺旋桨越大，升力越大，但对应需要更大的力量来驱动；螺旋桨转速越高，升力越大；电动机的 KV 越小，转动力量就越大。为了用转速来弥补升力不足，大螺旋桨需要采用低 KV 电动机，小螺旋桨需要采用高 KV 电动机。如果高 KV 带大桨，则力量不够，电动机和电调很容易烧掉。如果低 KV 电动机带小桨，那也完全没有问题，但升力不够，可能造成无法起飞。因此，在选择电调时，要注意电调要和电动机匹配问题，原则上电调的电流要和电动机的峰值相同，最好是大一点（但不能过大）。不同电动机需要使用对应的桨片，如表 4-2 中所列。

表 4-2　电动机与桨片的选择对应关系

| 电动机（KV 值） | 桨　片 |
|---|---|
| 800～1000 | 1110in 桨 |
| 1000～1200 | 10～9in 桨 |
| 1200～1800 | 9～8in 桨 |
| 1800～2200 | 8～7in 桨 |
| 2200～2600 | 7～6in 桨（注意桨强度，当心射桨） |
| 2600～2500 | 6～5in 桨（注意桨强度，当心射桨） |
| 2800 以上 | 建议使用 9050 剪桨（注意桨强度，当心射桨） |

# 4.7　空心杯电动机基本结构、原理与特性

空心杯电动机在结构上突破了传统电动机的转子结构形式，采用的是无铁芯转子，也叫空心杯型转子。其最大的特征是响应速度快，反应敏捷。原因主要是因为空心（无铁芯），所以电动机转动惯量特别小，反应非常快，起动性能和制动性能好。空心杯电动机一般应用在要求高精密度、高控制精度的情况，如微微型和微型旋翼飞行器上。

## 4.7.1　空心杯电动机基本结构与原理

空心杯电动机属于直流、永磁、伺服微特电动机，转子电感小、响应性好、效率高、体积小且易取得大扭矩，特别是随着辐射磁环的发展，相信空心杯会有更广阔的发展前景。

### 1. 空心杯电动机的基本结构

空心杯电动机与普通电动机的主要区别是采用无铁芯转子，也叫空心杯型转子。空心杯电动机具有突出的节能特性、灵敏方便地控制特性和稳定的运行特性，作为高效率的能量转换装置，代表了电动机的发展方向之一。微特电动机全称微型特种电动机，简称微电动机，是指直径小于 160mm 或额定功率小于 750W 或具有特殊性能、特殊用途的微型特种电动机。微特电动机常用于控制系统中，实现机电信号或能量的检测、解算、放大、执行或转换等功能，或用于传动机械负载，也可作为设备的交直流电源。空心杯电动机的应用从军事、高科技领域进入大工业和民用领域后，十多年来得到迅速的发展，已经涉及大部分行业和许多产品，尤其是在民用航空无人机领域，深受广大专业技术人员的青睐。

空心杯电动机在结构上突破了传统电动机的转子结构形式，采用无铁芯转子彻底消除了由于铁芯形成涡流而造成的电能损耗，同时其重量和转动惯量大幅降低，从而降低了转子自身的机械能损耗。由于转子的结构变化而使电动机的运转特性得到了极大改善，不但具有突出的节能特点，更为重要的是具备了铁芯电动机所无法达到的控制和拖动特性。

空心杯电动机分为有刷和无刷两种：有刷空心杯电动机转子无铁芯，无刷空心杯电动

机定子无铁芯。绕组采用三角形接法，如图 4-27 所示。

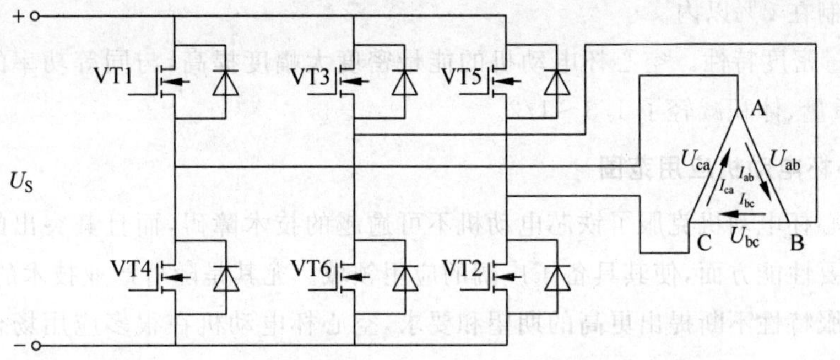


图 4-27　空心杯电动机三角形连接的三相桥式主电路

一般来说，空心杯电动机都是高转速电动机，其空载转速可以达到 50 000r/min 左右。对于直流电动机的调速方式一般都是使用脉宽调制（PWM）来控制电动机转速。由单片机输出一定频率的 PWM 波，通过改变 PWM 的占空比来改变电动机的转速。单片机与电动机之间需要一个驱动电路来连接。驱动电路又分为 H 全桥和 H 半桥，全桥电路可以控制电动机的正反转和转速，而半桥则只能控制电动机的转速，无法控制旋转方向。

**2. 空心杯直流电动机的基本原理**

空心杯直流电动机保持着有刷直流电动机的优良机械及控制特性，在电磁结构上与有刷直流电动机一样，但它的电枢绕组放在定子上，转子上放置永久磁钢。空心杯直流电动机的电枢绕组像交流电动机的绕组一样，采用多相形式，经由逆变器接到直流电源上，定子采用位置传感器或无位置传感器技术实现电子换向代替有刷直流电动机的电刷和换向器，各项逐次通电产生电流和转子磁极主磁场相互作用，产生转矩，使电动机旋转。

与有刷直流电动机相比，空心杯直流电动机由于消除了电动机滑动接触机构，因而消除了故障的主要根源。转子上没有绕组，也就没有了电的损耗。又由于主磁场是恒定的，因此铁损也是极小的。除轴承旋转产生磨损外，转子的损耗很小，因而进一步提高了工作的可靠性。

正是由于空心杯电动机这种独特的结构，才使它更节能。随着稀土磁材料和功率半导体价格的不断提高，新技术不断出现，在工业领域的应用也越来越广泛。

## 4.7.2　空心杯电动机的主要特性与应用范围

**1. 空心杯电动机的主要特性**

空心杯电动机具有十分突出的节能、控制和拖动特性，主要有：

(1) 节能特性。能量转换效率很高，其最大效率一般在 70%以上，部分产品可达到 90%以上（有铁芯电动机一般在 20%～50%）。

(2) 控制特性。因为空心，所以转动惯量特别小，响应极快，起动、制动迅速，机械时间常数小于 28ms，部分产品可以达到 10ms 以内（有铁芯电动机一般在 100ms 以上）。在推荐运行区高速运转状态下，可对转速进行灵敏的调节。

(3) 拖动特性。运行稳定性十分可靠,转速的波动很小,作为伺服微特电动机,其转速波动能够控制在2%以内。

(4) 能量密度特性。空心杯电动机的能量密度大幅度提高,与同等功率的有铁芯电动机相比,其重量、体积减轻了1/3～1/2。

**2. 空心杯电动机应用范围**

由于空心杯电动机克服了铁芯电动机不可逾越的技术障碍,而且其突出的特点集中在电动机的主要性能方面,使其具备了广阔的应用领域。尤其是随着产业技术的飞速发展,对电动机的伺服特性不断提出更高的期望和要求,空心杯电动机在很多应用场合拥有了不可替换的地位。

空心杯电动机的应用从军事、高科技领域进入大产业和民用领域后,十多年来得到迅速的发展,尤其是在产业发达国家,已经涉及大部分行业和很多产品。

(1) 需要快速响应的随动系统,如导弹的飞行方向快速调节、高倍率光驱的随动控制、快速自动调焦、高灵敏的记录和检测设备、产业机器人、仿生义肢等,空心杯电动性能很好地满足了其技术要求。

(2) 对驱动元件要求平稳持久拖动的产品,如各类便携式的仪器仪表、个人随身装备、野外作业的仪器设备、电动车等,同样一组电源,供电时间可以延长一倍以上。

(3) 各种飞行器,包括航空、航天、航模等。利用空心杯电动机重量轻、体积小、能耗低的优点,可以最大限度地减轻飞行器的重量。

(4) 各种各样的民用电器、产业产品。如家用电器、医疗器械、机器设备、智能化装置等,采用空心杯电动机作为执行元件,可以使产品档次提高,性能优越。

(5) 利用其能量转换效率高的优点,可作为发电动机使用;利用其线性运行特性,可作为测速发电动机使用;配上减速器,也可以作为力矩电动机使用等。

随着产业技术进步,各种机电设备严格的技术条件对伺服电动机提出越来越高的技术要求,同时,目前空心杯电动机的应用范围已经完全脱离了高端产品的局限性,正在迅速地扩大在一般民用等低端产品上的应用范围,以广泛提升产品品质。据有关资料统计,在产业发达国家,已经有100多种民用产品成熟应用了空心杯电动机。

**3. 空心杯电动机在微型多旋翼无人机上的应用**

微型多旋翼无人机利用空心杯电动机重量轻、体积小、能耗低的优点,可以最大限度地减轻本身的重量。具体说来是采用有刷直流空心杯电动机结合MOS管驱动电路作为动力。由于空心杯电动机需要的电流较大,因此常常将空心杯电动机的一端接到 $V_{CC}$ 上面(微型多旋翼无人机的 $V_{CC}$ 电压通常是3.7V),另一端用MOS管控制通断,并接到GND(公共端)上面。当信号输入端为高电平时,MOS管接通,则原本接到电动机的一端的MOS管D极与GND连通,加上原本接到 $V_{CC}$ 的电动机的另一条线,则电动机开始旋转;当信号输入端为低电平时,MOS管截止,电动机停止。因此,通过调节信号输入端的脉冲宽度调制(PWM波占空比),就可以控制空心杯电动机的转速快慢。在使用的时候,电动机的两根电源线调换位置会导致旋转方向反向,注意电动机的旋转方向与上面螺旋桨的配合。

## 本章小结

电动旋翼飞行器大多采用无刷直流电动机作为动力装置。无刷直流电动机是一种不使用机械结构换向电刷而直接使用电子换相器的新型电动机，它是在有刷直流电动机的基础上发展起来的最具前途的机电一体化电动机系统。其结构由电子开关线路、永磁同步电动机主体和位置检测装置三部分组成。与普通有刷直流电动机相比较，无刷直流电动机具有机体结构紧凑、体积小、重量轻、出力大、干扰小、噪音低、调速范围宽、效率高、寿命长、可靠性高和稳定性好等许多优点。从原理结构上看，无刷直流电动机本体部分就是一个永磁同步电动机，其定子结构和功能与一般的交流异步电动机或同步电动机相类似，其主要作用是形成磁路和放置多相绕组。无刷直流电动机转子位置检测方法有直接检测法和间接检测法两大类：其中常用的直接检测法有磁敏式、光电式和电磁感应式等；间接检测法有反电势法、三次谐波检测法、磁链法、电感检测方法、卡尔曼法、状态观测器法等。

无刷直流电动机运行特性是指电动机在起动、正常工作和调速等情况下，电动机外部各可测物理变量之间的关系，主要包括起动特性、工作特性、机械特性和调速特性等。实际选择和使用无刷直流电动机时，要特别关注其指标参数，例如 KV 值，其定义为“转速 N”，表示输入电压增加 1V，无刷直流电动机空转转速增加的转速值。在工程实际中，应用最为广泛的调节器控制规律为比例、积分、微分控制，简称 PID 控制，其工作原理是根据系统的误差，利用比例、积分、微分计算出控制量进行控制的。由于 PID 控制器具有简单易懂、算法简单、鲁棒性好、可靠性高、参数易整定，以及使用中不需要精确的系统模型等先决条件，它作为最早实用化的控制器已有近百年历史，现在仍然是应用最广泛的工业控制器。电动旋翼飞行器动力装置的能源主要来自锂电池或燃料电池提供的电能，这两种电池的优点是能量比高，重量轻，使用寿命长，绿色环保等。空心杯电动机在结构上突破了传统电动机的转子结构形式，采用的是无铁芯转子，也叫空心杯型转子。其最大的特征是响应速度快，反应敏捷。原因主要是因为空心（无铁芯），所以电动机转动惯量特别小，反应非常快，起动性能和制动性能好。空心杯电动机一般应用在要求高精密度、高控制精度的情况，如微微型和微型旋翼飞行器上。

本章介绍和讨论的重点是：①无刷直流电动机的基本结构及其特点、分类方法、工作原理，直流电动机电流换向和换相方式的对比，直流电动机定子与转子磁场的正交性，无刷直流电动机的优缺点等。②无刷直流电动机绕组结构的定义、构成、基本要求、类型，以及分数槽绕组；无刷直流电动机转子位置检测技术，包括磁敏式和光电式位置传感器，以及无位置传感器的转子位置检测技术，如反电势法、反电势积分法、续流二极管法（第三相导通法）、三次谐波检测法、磁链法、电感检测方法、卡尔曼法和状态观测器法等。③无刷直流电动机的起动特性、工作特性、机械特性、调速特性、KV 值和其他指标参数，以及 PID 控制基本原理及比例控制、积分控制和微分控制的基本概念；数字式 PID 控制算法、参数调试的内容和步骤，积分饱和串级 PID 控制器等。④熟悉和掌握电池的定义和发展历程、原电池和可充电电池的工作原理，以及锂电池、燃料电池和其他新型电池的定义、类型和特点等。⑤四旋翼无人机动力装置的组成及其主要部件，包括电动机、电调、电池等，空心杯电动机基本结构与原理、主要特性和应用范围等。

# 习题

1. 什么是无刷直流电动机？说明其基本结构、工作原理和特点。
2. 对比分析有刷直流电动机电流换向和无刷直流电动机换相方式的差异。
3. 对比分析无刷直流电动机和有刷直流电动机的优缺点。
4. 什么是无刷直流电动机绕组结构？说明其构成、基本要求和类型。
5. 简述有刷直流电动机的基本结构、工作原理及其优缺点。
6. 无刷直流电动机转子位置传感器有哪些类型？说明其工作原理。
7. 无位置传感器的转子位置检测技术有哪些类型？说明其工作原理。
8. 写出与无刷直流电动机运行特性相关的基本方程。
9. 简述无刷直流电动机的起动特性、工作特性、机械特性、调速特性的定义和内容。
10. 什么是无刷直流电动机的KV值？常用无刷直流电动机的指标参数有哪些？
11. 什么是PID控制？简述比例控制、积分控制和微分控制的内容。
12. 常用的数字式PID控制算法有几种？分别说明各种算法的主要内容。
13. 简述PID参数调试的基本概念、效果指标、调试的内容和步骤。
14. 简述PID积分饱和、串级PID控制器的内容。
15. 什么是电池、原电池和可充电电池？简述它们的工作原理。
16. 什么是锂电池、燃料电池、石墨烯电池、铝空气电池和纳米电池？简述它们的工作原理和特点。
17. 画出四旋翼无人机整体电路接线框图，并加以说明。
18. 四旋翼无人机动力装置主要部件有哪些？说明与各主要部件相关的内容。
19. 什么是空心杯电动机？说明其基本结构、主要特性和应用范围。
20. 如何将空心杯电动机应用到微型多旋翼无人机上？

# 第三篇　航空发动机篇

第5章

# 与航空发动机相关的基本知识

**主要内容**

(1) 气体和热力系统的的基本知识;
(2) 气流的基本知识;
(3) 燃烧和火焰传播的基本知识;
(4) 热力学基本定律;
(5) 航空发动机的类型及发展历程。

## 5.1 气体的基本知识

航空燃油发动机,即航空发动机产生动力的工作过程是以空气为介质,将燃料的热能转换成气体的机械能,从而获得动力的过程。在这个转换过程中,气体的状态在不断变化着,这些变化都必须遵循一定的规律。了解这些规律才能理解航空发动机产生动力的原理。

### 5.1.1 气体运动的特点和工质的定义

**1. 气体运动的特点**

物质都是由分子组成的,分子时刻都在作无规则的热运动:分子之间存在着空隙,分子之间有相互作用力,相互之间经常碰撞,交换着动能和热能。但是,与液体或固体比较起来,气体的分子运动得最快,分子间空隙最大,分子间的作用力最小。所以,若把气体充入容器内,其分子很快便能均匀地充满容器,使容器具有膨胀的趋势,此时如果容器的体积能够变大,气体便能够膨胀而对外做功。

2. 工质的定义

不论是航空活塞式发动机，还是涡轮轴发动机，都是利用气体的这些特点，把气体(燃气)作为媒介来完成热能与机械能之间的相互转换的，这种媒介物质称为工作介质，或简称工质。气体是航空发动机的理想工质，它与液体或固体相比，具有更好的膨胀性、压缩性和流动性，易于实现能量转化。

## 5.1.2 理想气体和气体的属性

1. 理想气体

气体分子本身的体积与分子间的空隙比较起来是微不足道的，分子间作用力也很微弱。所以在研究实际问题时，可以将分子的体积及分子间的作用力忽略不计，这会使研究的问题大为简化，而得出来的结论又与实际情况非常接近。因此，在热力学中，设想出一种气体，它的分子只有质量而没有体积，而且分子之间完全没有作用力，这种气体称为理想气体。

当实际气体的压力与大气压力相比不太大，或者实际气体的温度与室温相比不太低时，便与理想气体非常接近。由于航空发动机实际工作中的工质气体在其工作的温度和压力内，性质与理想气体非常接近，所以可以将航空发动机的工质气体都作为理想气体来处理。

2. 气体的属性

1) 连续介质假设

大气连续性假设是将大量的、单个分子组成的大气看成是连续的介质。所谓连续介质，就是指组成介质的物质连成一片，内部没有任何空隙。在其中任意取一个微团都可以看成是由无数分子组成，微团表现出来的特性体现了众多分子的共同特性。对大气采用连续性假设的理由是与所研究的对象(飞机)相比，空气分子的平均自由行程要比飞机的尺寸小得多。

燃油航空发动机都是在较稠密的气体中工作，气体分子的平均自由行程与物体的尺寸相比都是微乎其微的，即在微小的体积中，有非常多的分子。因此当研究气体的流动时，可以不考虑气体分子间的间隙及其相互作用，而是认为气体的质点是稠密的，并且连续地充满它所占据的空间。当气体作为热机工质而稳定流动时，既不会中断，也不会堆积。

2) 气体的压缩性

气体因压力和温度的变化而改变其密度的性质，称为气体的压缩性。气体压缩性的大小通常用压缩系数 $\beta$ 来表示，其定义为在一定温度下，压强 $p$ 升高一个单位时，流体体积 $V$ 或密度 $\rho$ 的相对变化量。

$$\beta=-\frac{1}{V}\frac{\mathrm{d}V}{\mathrm{d}p}=\frac{1}{\rho}\frac{\mathrm{d}\rho}{\mathrm{d}p} \tag{5-1}$$

式中：$V$ 为原有的体积；$\mathrm{d}V$ 为体积的改变量；$\mathrm{d}p$ 为压强的改变量。因为压强与体积的变化方向是相反的，故上式中有一负号。

当气体的速度改变时，会引起其压力和密度的变化，但若气体以低速流动时，引起的气体密度的变化会很小，只有当气流速度较大时才要考虑对气体压缩性的影响。

3) 气体的黏性

流体都是有黏性的，空气也是有黏性的。黏性是施加于流体的应力和由此产生的变形速率以一定的关系联系起来的流体的一种宏观属性，表现为流体的内摩擦。由于黏性的耗能作用，在无外界能量补充的情况下，运动的流体将逐渐停止下来。黏性对物体表面附近的流体运动产生重要作用，使流速逐层减小并在物面上为零，在一定条件下也可使流体脱离物体表面凡是有黏性作用的地方，各层气流的速度是不均一的，这也是摩擦阻力产生的根源。

不同性质的流体，其黏性系数相差很大。温度对黏性系数的影响很密切，例如液体的黏性系数随温度的升高而急剧降低，而气体的黏性系数则随温度的升高而增大。

## 5.2 热力系统的基本知识

### 5.2.1 热力系统、状态和状态参数

**1. 热力系统的定义**

在热力学中把所要研究的对象称为热力系统。与热力系统有关的周围物体称为外界或环境。将热力系统与外界分隔开的空间界限，称为边界或界面。边界可以是真实的，也可以是假想的。热力系统的变化总是存在热现象，往往伴随着热能和机械能之间的转换。热现象是一种复杂的物质运动形式，是物质中大量分子热运动的宏观表现。

**2. 热力系统的分类**

在进行热力学分析时，既要考虑热力系统内部的变化，也要考虑热力系统通过边界和外界发生的能量交换和物质交换，但对外界的变化不必追究。热力系统的选取，取决于所要研究的任务，它可以是一群物体、一个物体或物体的某一部分。

(1) 闭口系统。热力系统与外界只发生能量交换，无物质交换，该热力系统为闭口系统(图 5-1)。

(2) 开口系统。热力系统与外界不仅发生能量变换，而且有质量交换，即有物质流入或流出系统，则称该热力系统为开口系统(图 5-2)。

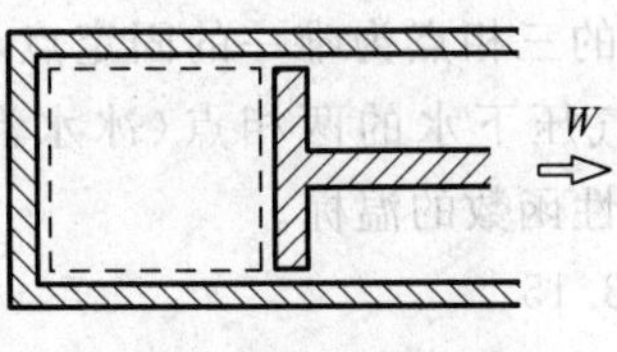


图 5-1　闭口热力系统

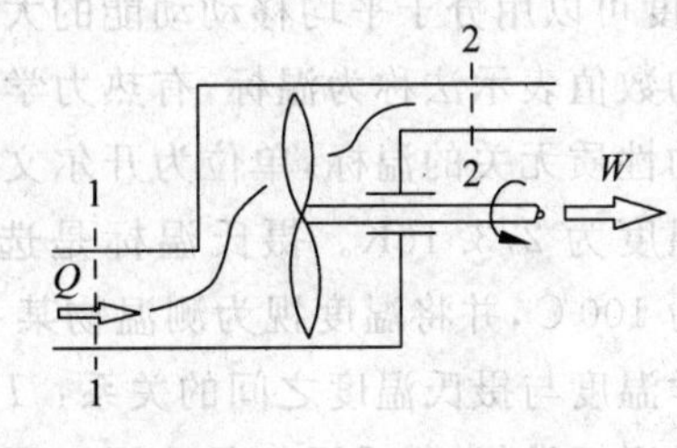


图 5-2　开口热力系统

(3) 绝热系统。热力系统与外界不发生热交换，则称该热力系统为绝热系统。

(4) 孤立系统。热力系统与外界既无能量交换，也无物质交换，即与外界无任何联系，则称该热力系统为孤立系统。实际上，与外界绝对不发生任何联系的系统是不存在的。当实际存在的系统与外界的能量交换和物质交换少到可忽略的程度时，就可近似地当作孤立系统来处理，因此孤立系统只是一种假设的极限情况。

**3. 热力状态和状态参数**

热机依靠工质从热源吸热及对外膨胀做工而实现热功转换，这时工质本身也在不断发

生变化。为了说明热机的热功转换过程，必须研究这个过程中工质所发生的变化，因而就需要说明在这个过程中，工质所组成的热力系统发生变化时所经历的每一种宏观状况。热力学中把工质所处于的某处宏观状况称为工质的热力状态，简称状态。

工质的状态常用一些物理量来描述，这种描述工质状态的物理量称为状态参数。状态参数的数值仅决定于工质的状态，而与达到这个状态所经历的变化过程无关。故对应于所给定的状态，所有的状态参数都各自有确定的数值。当有一个状态参数的数值发生变化时，工质的状态也就发生变化，常用的状态参数有六个，这六个状态参数是比容、压力、温度、内能、焓和熵。其中比容、压力、温度是基本状态参数，它们可以直接测量，比较直观，其他状态参数可以根据基本状态参数进行计算间接得到。

1）压力

压力是指单位面积上所承受的垂直方向的作用力。压力的法定计量单位是 Pa($N/m^2$)，由于 Pa(帕)这个单位太小，工程上常用 MPa(兆帕，$1MPa=10^6Pa$)或 Bar(巴，$1Bar=10^5Pa$)作为压力的单位。热力系统的真实压力是绝对压力，用符号 $P$ 表示。由于测量压力的仪表总是处于大气环境下，因此绝对压力是不能直接测得的，一般测得的是绝对压力与当时当地大气压力的差值。热力系统的真实压力超出当地大气压力的部分称为表压力或表压，用 $p_g$ 表示：

$$p_g = p - p_0 \tag{5-2}$$

式中：$P_0$ 为当时当地大气压力，可以用气压计测得。

2）比容

比容也称为比体积，是指单位质量的物质所占有的容积。比容的法定计量单位是 $m^3/kg$。其表达式为

$$v = V/m \tag{5-3}$$

式中：$v$ 为比容，$V$ 为容积，$m$ 为质量。

3）温度

温度表示物体的冷热程度，是描写处于热平衡状态的热力系统宏观特性的物理量。对于气体，温度可以用分子平均移动动能的大小来表示。

温度的数值表示法称为温标，有热力学温标、摄氏温标、华氏温标等。热力学温标是与测温物质的性质无关的温标，单位为开尔文(K)。以水的三相点为唯一的固定点，规定水的三相点的温度为 273.16K。摄氏温标是选用标准大气压下水的两相点(冰水混合物)为 0℃，沸点为 100℃，并将温度视为测温物某一物性的线性函数的温标。

热力学温度与摄氏温度之间的关系：$T_K = T_c + 273.15$。

同摄氏温标类似，华氏温标是选用标准大气压下水的两相点(水的冰点、冰水混合物)为 32℉，沸点为 212℉，将水的冰点和沸点之间等分 180 份。

热力学温度与华氏温度之间的关系：$T_K = (T_F - 32) \times 5/9$。

4）内能

内能也称热力学能，是指组成热力系的大量微观粒子本身具有的能量(不包括热力系宏观运动的能量和外场作用的能量)。内能包括分子的动能、分子力所形成的位能、构成分子的化学能和构成原子的原子能。在热能和机械能的转换中，一般不涉及化学反应和核反应，因此化学能和原子能一般不发生变化，故在工程热力学中，内能只考虑分子的动能和分子力所形成的位能。

分子动能大小与气体的温度有关，而位能大小与分子之间的距离有关，即在压力一定时与热力系统的比容有关。由此可知内能是状态参数，是热力系统的温度和比容的函数。对于完全气体内能只是温度的函数，即 $U=U(T)$。

单位质量的物质的内能称为比内能，用 $u$ 表示，为 $u=U/m$，内能的法定计量单位为焦耳(J)，比内能的单位为焦耳/千克(J/kg)。

5）焓

焓是一个组合的状态参数，定义为

$$H = U + pV \tag{5-4}$$

可以看出：焓($H$)是状态参数，对于完全气体焓也只是温度的函数。

单位质量物质的焓称为比焓，用 $h$ 表示，即 $h=H/m$，焓的法定计量单位为焦耳(J)，比焓的单位为焦耳/千克(J/kg)。

6）熵

熵为在微元可逆过程中热力系统与外界交换的热量 $\delta Q$ 与换热时热力系统的温度 $T$ 的比值，用 $S$ 表示熵，其表达式为

$$\mathrm{d}S = \frac{\delta Q}{T} \tag{5-5}$$

单位质量的物质的熵称为比熵，用 $s$ 表示，即 $s=S/m$。熵的法定计量单位为 J/K，比熵的法定计量单位为 J/K·kg。

### 5.2.2　热力系统平衡状态、气体状态方程和热力过程

#### 1. 热力系统的平衡状态

热力系统平衡状态是指在没有外界作用的情况下宏观性质不随时间变化的状态。平衡状态是宏观状态中一种重要的特殊情况。任何热力系统如果它原来处于平衡状态，而又没有外界的作用，那么它将一直保持这种平衡状态；如果原来处于非平衡状态（内部存在不平衡势：温差、压差等），那么它内部必然会自发地进行一个变化过程。经过一段时间，当不平衡势逐渐消失而内部不再发生变时，热力系统也达到了平衡状态。

处于平衡状态的单相流体，如果忽略重力的影响，又没有其他外场作用，它内部各处的各种性质都是均匀一致的，体现为压力均匀一致、温度均匀一致，而且所有宏观性质也都是均匀一致的。热力学主要研究的就是这种均匀的平衡状态。

#### 2. 气体的状态方程

根据气体的分子运动理论，气体的比容、温度和压力三者之间相互的联系可由状态方程表示

$$pv = RT \tag{5-6}$$

式中：$p$ 为气体的绝对压力($\mathrm{N/m^2}$)；$v$ 为气体的比容($\mathrm{m^3/kg}$)；$T$ 为气体的热力学温度(K)；$R$ 为气体常数[J/(kg·K)]。常见气体的气体常数 $R$ 数值如表 5-1 所示。

**表 5-1　常见气体的气体常数 R 数值**

| 气　体 | $R/[J\cdot(kg\cdot K)^{-1}]$ | 气　体 | $R/[J\cdot(kg\cdot K)^{-1}]$ |
|---|---|---|---|
| 氧 | 26.00 | 氨 | 297.20 |
| 氢 | 4158.88 | 一氧化碳 | 297.20 |
| 空气 | 287.10 | 二氧化碳 | 189.31 |

根据状态方程，在气体状态参数 $p,v,T$ 中，只有两个参数是独立的，已知任意两个参数，就可求出第三个。在热力学中常用压力和比容作为独立参数，并将气体的状态通过 $p$-$v$（压-容）图的形式表示出来，如图 5-3 所示。当气体的状态发生变化时，把变化过程中每一瞬间的状态都在压容图上用点表示出来，就得到一条曲线。所以压-容图上的一条曲线，就表示气体状态的一个变化过程。

### 3. 气体的热力过程

气体理想的热力过程有：等容过程、等压过程、等温过程和绝热过程。这些理想热力过程的 $p$-$v$ 图如图 5-4 所示。

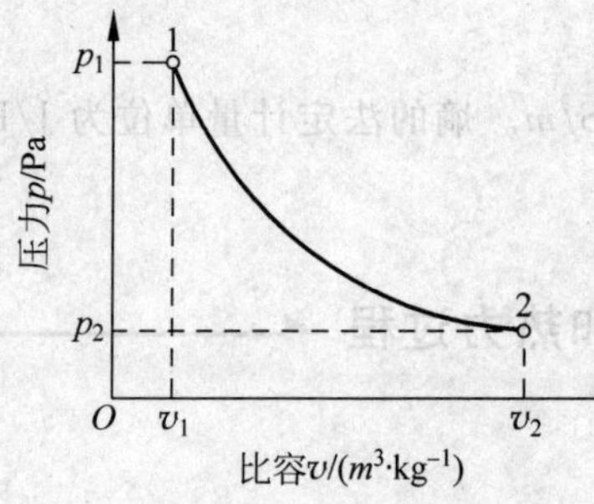

图 5-3　气体 $p$-$v$（压-容）图

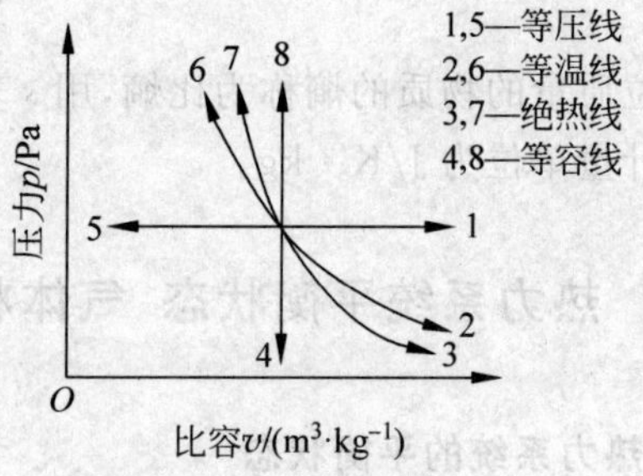

图 5-4　特殊热力过程气体 $p$-$v$（压-容）图

（1）等容过程。等容过程是比容不变的热力过程，活塞发动机的燃烧过程就是近似的等容过程。

（2）等压过程。等压过程是压力不变的热力过程，涡轮轴发动机的燃烧过程是近似的等压过程。

（3）等温过程。等温过程是温度不变的热力过程。

（4）绝热过程。

绝热过程是气体与外界没有热交换的热力过程，活塞发动机和涡轮轴发动机的压缩和膨胀过程就是近似的绝热过程。经理论推导，在绝热条件下，气体的压力和比容满足下列关系：

$$pv^k = 常数 \tag{5-7}$$

式中 $k$ 为气体的绝热指数。对空气 $k=1.4$，对燃气 $k=1.33$。

## 5.3　气流的基本知识

当航空发动机工作时，燃料与空气均匀混合，形成混合气流进行燃烧膨胀做工。通常在发动机工作的主要状态下，都可以认为混合气流是稳定流动的，即气体在流动过程中，其热力学参数及运动参数都不随时间而变，随流动位置的变化而变化。但不论其变化的情况如何复杂，气流的速度、压力、温度和密度等各个参数总是有规律地相互联系和互相影响着。

## 5.3.1　稳定流动和连续方程

### 1. 稳定流动的定义

稳定流动是指流体在空间各点的流动参数，包括流速、压力、温度和密度等不随时间变化的流动，也称为定常流动。当航空发动机稳定工作时，流过发动机的气体的流动，可近似看成是稳定流动，即气体在流动过程中，其热力学参数及运动参数都不随时间而变，但随流动位置的变化而变化。

### 2. 连续方程

连续方程是质量守恒定律应用于流体流动的关系式。当气体稳定地流过管道时，单位时间内，流过任何横截面的气体质量相等。这就是气体的连续性原理，表达这个原理的数学方程称为连续方程。

单位时间内流过管道某一横截面的气体质量称为流量，用符号 $m$ 表示，按照流量的定义，可写出流量的计算式为

$$m = CA\rho = CA/v \tag{5-8}$$

式中：$A$ 为管道的横截面积；$C,v,\rho$ 分别为截面 $A$ 处气体的流速、比容和密度。

## 5.3.2　能量方程和伯努利方程

### 1. 能量方程

气体动力学能量方程是能量守恒与转换定律应用于开口系统中的方程表达式。考察航空发动机工作时的边界系统，燃料与空气均匀混合的气体在不停地流动着，所以物质也能通过所研究的系统边界。此时，流动气体的能量也随工质流动通过边界面进出该系统。因此，该系统的能量就受到热、功以及通过边界的物质的影响。

若系统中的流动为稳定的流动，则：

(1) 工质进出控制面时，各截面上工质的状态参数恒定不变，但不同的截面上各参数可不相同，即工质的全部参数(包括流速)只沿流动方向存在着变化，称之为一元流动。

(2) 进入控制体之工质质量，恒等于同时间内离开控制体之工质质量，即：$m_1 = m_2$，且不随时间而变化。

(3) 通过控制面的热和功不随时间而变化，系统中稳定的单位质量流动工质具有的能量包括：

① 工质所处的高度而具有的位能 $Z_g$。

② 工质的流动而具有的动能(动压)$C^2/2$。

③ 工质内部分子热运动而且有的内能 $u$。

④ 推动工质流动的功，这种能量称为流动能或推动功 $pv$。

推动功来源于当工质从横截面 1 流入系统时受到系统内工质对其阻挡，外面的流体必

须克服这一阻力才能进入系统，后面的流体推动前面的流体向前流进系统而做功。同样，当工质流出系统时也需要这样的推动功。根据推动功的含义可计算其大小，设进口横截面1的压力 $p_1$，流速 $C_1$ 都不随时间变化。假设横截面1的面积为 $A$，那么前面的流体从后面的流体获得的推动功为 $p_1AC_1=p_1V_1=mp_1v_1$，考虑到流进系统的这部分工质所具有的内能为 $u_1$，两者之和正是这部分工质系统的焓 $h_1=u_1+p_1v_1$。

同样，可推导得到流出系统的工质带出系统的能量。

依据能量守恒与转换定律可推导得到能量方程，经过整理得出其微分形式为

$$dq-dw_N=dh+\frac{dC}{2}+gdZ \tag{5-9}$$

式中 $w_N$ 为气体对外所做的功(除推动功以外的功，称为轴功)。

**2. 伯努利方程**

伯努利方程实为以机械能形式表示的能量方程，因而只要把能量方程基本式中有关热量的项用机械能的形式代换，便可得出伯努利方程。

将热力学第一定律解析式代入能量方程，经过推导、整理可得

$$p_1+\rho\frac{C_1^2}{2}=p_2+\frac{C_2^2}{2}=p^* \tag{5-10}$$

式中：$C^2/2$ 称为动压，它表示流动气体从动能转化成的压力能；$p$ 为静压，它表示气体本身所具有的真实压力(当地压力)；$p^*$ 为常数，称为总压或全压。

式(5-10)为不可压缩气体作理想流动时伯努利方程的常用表达式。

伯努利方程式(5-10)可总结为：当不考虑密度变化的气体作稳定连续的理想流动时，其总压是不变的，即其静压和动力之和为常数。因此，若气体的流速增加，其静压必然下降，反之亦然。

## 5.3.3 音速和马赫数

**1. 音速**

音速是弱扰动波在介质中的传播速度，用符号 $a$ 表示。经理论推导有

$$a=\sqrt{\frac{\Delta p}{\Delta\rho}} \tag{5-11}$$

式中：$\Delta p$ 为受扰动后引起的介质压力微变量；$\Delta\rho$ 为受扰动后引起的介质密度微变量。

由此可见音速描述了介质的压缩性：$a$ 越大，说明介质受压后其密度变化小，介质不易压缩；$a$ 越小，说明介质受压后其密度变化大，介质易压缩。例如，常温下声音在水中的传播速度为1450m/s。

对于空气介质音速为

$$a=20\sqrt{T} \tag{5-12}$$

式中：$T$ 为气体绝对温度。

由此可见，对于一定的气体，其音速只与介质温度有关，当温度升高时，音速也升高，介质压缩性变差。相反，当温度降低时，音速也降低，介质压缩性变好。所以，热空气不易压缩。如在海平面，当空气温度为288K时(15℃)，音速值为340m/s(1224km/h)。当在

11 000m 高空时，大气温度降为 216.5K(−56.5℃)，音速值减小为 295m/s(1062km/h)。

**2. 马赫数**

马赫数的定义是气流中任意一点处的流速与该点处气流音速的比值，用符号 $M$ 表示，即

$$M=\frac{C}{a} \tag{5-13}$$

经理论推导，当气体与外界无能量交换且没有摩擦损失(称之为绝能无摩擦流动)时，气流马赫数 $M$、气流流速 $C$、气体密度 $\rho$ 的关系为

$$-M^2\frac{\mathrm{d}C}{C}=\frac{\mathrm{d}\rho}{\rho} \tag{5-14}$$

式中：$\mathrm{d}C$、$\mathrm{d}\rho$ 分别为某横截面处气流流速 $C$、气体密度 $\rho$ 的微分变量。

由此可见，当气流 $M$ 数较高时，将会带来因气流流速变化引起的密度变化量增大，气流压缩性变好。相反，当气流 $M$ 数较小时，气流压缩性变差。通常对于气流 $M$ 数小于 0.3 的低速气流，通过上述公式可以看出，此时因气流流速变化引起的密度变化量很小，可以忽略不计。所以，通常将 $M$ 数小于 0.3 的低速气流当作不可压流，即绝能无摩擦流动时，气体密度可认为不变。通过根据不同气流 $M$ 数的大小，可以将气流分成：

(1) $M<0.3$ 时，低速气流。

(2) $0.3\leqslant M\leqslant 0.8$ 时，亚音速气流。

(3) $0.8\leqslant M\leqslant 1.2$ 时，跨音速气流。

(4) $M>1$ 时，超音速气流。

(5) $M>5$ 时，超高音速气流。

所以，气流的马赫数不仅可以描述一定音速下的气流速度，更重要的是可以反映气流的压缩性。

### 5.3.4 气流的滞止参数和管道中气流参数的变化

**1. 气流的滞止参数**

按一定的过程将气流阻滞到速度为零时气流的参数叫做滞止参数。运用滞止参数分析或计算问题比较方便；同时滞止参数也比较容易测量，所以滞止参数在发动机中得到广泛的应用。

1) 总温

气流绝能地阻滞到速度为零时气体的温度叫总温，用 $T^*$ 表示，如图 5-5 所示。经理论推导，总温 $T^*$、静温 $T$ 及马赫数 $M$ 的关系为

$$T^*=T+\frac{k-1}{2kR}C^2=T\left(1+\frac{k-1}{2}M^2\right) \tag{5-15}$$

式中：$C$ 为气体流速；$k$ 为气体的绝热系数；$R$ 为气体常数；$M$ 为气流马赫数。

由此可见，气流的总温 $T^*$ 等于静温 $T$ 和动温 $\frac{k-1}{2kR}C^2$(由动能转换而成)之和。

例如，飞机在飞行中，飞机的蒙皮因其附面层作用实际上承受着气流总温(尤其是飞机

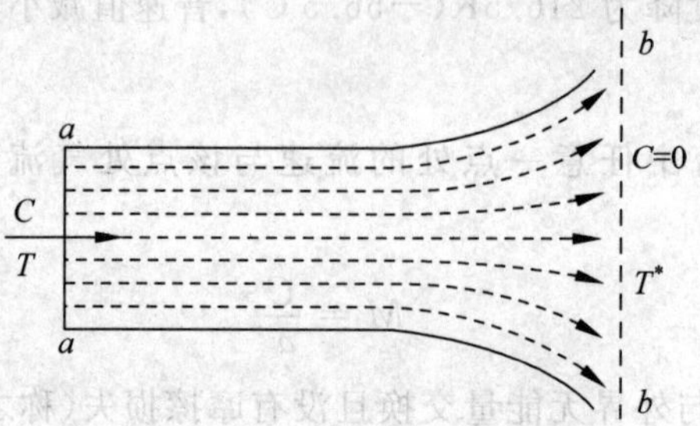


图 5-5　气流在管道绝能滞止示意图

机头和机翼前缘可直接感受到气流总温)。当飞行高度为 11 000m，飞机飞行马赫数为 0.8 时，总温为－28℃。飞行马赫数增加到 3 时，总温为 333℃。飞行马赫数进一步增加到 5 时，总温为 1026℃。这就是通常所说的气动加热，即"热障"问题。

气流的总温描述了气流所具有的总能量大小，气流绝能流动时总温不变。

2) 总压

气流绝能、无摩擦地阻滞到速度为零时气体的压力叫总压，用 $p^*$ 表示。经理论推导，总压 $p^*$、静压 $p$ 及马赫数 $M$ 的关系，对于不可压流，可简化为

$$p^* = p + \frac{\rho C^2}{2} \tag{5-16}$$

式中：$\rho$ 为流体的密度；$C$ 为流体的流速。

气流的总压描述了气流所具有的总机械能大小及气体做功的能力。当气体绝能无摩擦流动时，其总压不变。气流马赫数 $M=1$ 时的状态称为临界状态。在此状态下，总压与静压之比称为气体的临界压力比($\pi$)。在分析燃气涡轮发动机喷管工作时，常用此状态作为基准。

**2. 管道中气流参数的变化**

当气流在管道内做绝能、无摩擦流动时，经理论推导可得到气流流速 $C$ 与管道截面积 $A$ 及马赫数 $M$ 的关系为

$$\frac{\Delta A}{A} = (M^2 - 1)\frac{\Delta C}{C} \tag{5-17}$$

管道截面形状的变化对亚音速气流和超音速气流的影响是完全不同的。

1) 亚音速气流

对于亚音速气流($M<1$)，当流过收敛型管道时，随着截面积 $A$ 的减小，流速 $C$ 升高，同时伴随压力、温度降低。当流过扩散型管道时，截面积 $A$ 增大，流速 $C$ 降低，同时伴随压力、温度升高。

2) 超音速气流

对于超音速气流($M>1$)，当流过收敛型管道时，随着截面积 $A$ 的减小，流速 $C$ 也减小，同时伴随压力、温度升高。当流过扩散型管道时，截面积 $A$ 增大，流速 $C$ 升高，同时伴随压力、温度降低。

扩散型和收敛型管道如图 5-6 所示。

由式(5-17)可以看出，单纯的收敛型管道不可能将亚音速($M<1$)气流加速到超音速

($M>1$)，要将亚音速气流加速到超音速($M>1$)，必须采用收敛-扩散型管道，即前端为收敛型管道，后端连接着扩散型管道，这种管道称为拉瓦尔管(图 5-6)。

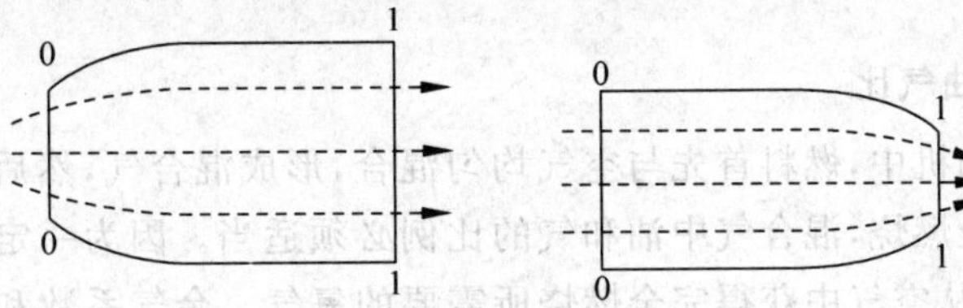


图 5-6　扩散型和收敛型管道示意图

拉瓦尔管是一种先收缩后扩张，用以产生超声速气流的管道，形状如图 5-7 所示，管的横截面为圆形或矩形，壁面形状通常按二维等熵流动或轴对称流理论计算。1883 年，瑞典工程师 C. G. P. de 拉瓦尔在他发明的汽轮机中，首先使用这种管道，因而得名。拉瓦尔管广泛使用于超声速风洞、喷气发动机、汽轮机、火箭推进器等须用超声速气流的设备中。

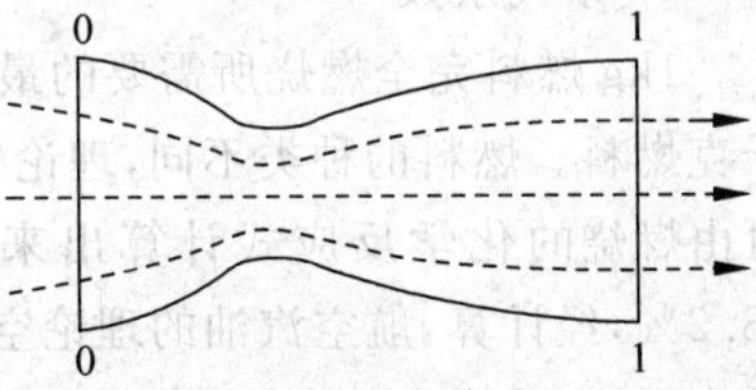


图 5-7　拉瓦尔管示意图

拉瓦尔管在正常工作状态下，亚声速气流在收缩段加速，至喉道(即管中横截面最小处)达到声速，进入扩张段成为超声速流，然后继续加速，直到管出口为止。就功能而言，拉瓦尔喷管实际上起到了一个“流速增大器”的作用，不仅仅是航空飞行器的燃气涡轮发动机和其他高速飞行的飞行器，还包括能飞出地球大气层的航天飞行器所使用的发动机，如火箭发动机、飞弹的喷管也是这样的喇叭形状的，所以拉瓦尔喷管在航空和航天飞行器上都有着非常广泛的应用。

# 5.4　燃烧和火焰传播的基本知识

燃料燃烧是航空燃油发动机最重要的热力过程之一，它是将燃料的化学能转变为热能的过程。旋翼飞行器动力装置系统工作时，燃料的燃烧性能直接影响发动机的工作稳定性、功率、经济性和可靠性，甚至影响旋翼飞行器的飞行安全。

## 5.4.1　燃料燃烧的基本知识

### 1. 燃烧的定义和实质

燃烧是物质产生发光、发热的化学反应。燃烧过程实际上就是将燃料所具有的热能释放出来，燃料燃烧越完全，热能释放就越彻底，热效率就越高。燃烧产物中若再无可燃物质时，这种燃烧就叫完全燃烧；否则，叫做不完全燃烧。

航空发动机目前都采用航空汽油和航空煤油作为燃料，用空气作为氧化剂。汽油和煤油都是液态的碳氢化合物。碳氢燃料燃烧反应的实质是：空气中的氧分子与某些具有高能量的分子相碰撞，当高能分子能量足以破坏氧分子结构时，氧分子就变成了具有活化能的分子，即活性氧分子，活性氧分子与燃料分子碰撞后，将生成一种化学性质极不稳定的叫过氧化物的物质，作为活性中心，这种过氧化物活性中心会自动繁殖，引导化学反应的产生。所以，碳氢燃料与氧在燃烧过程中，生成的过氧化物越多，化学反应速度越快，燃料燃烧得也越快。

**2. 余气系数和油气比**

在航空燃油发动机中，燃料首先与空气均匀混合，形成混合气，然后才进行燃烧。要使混合气中的燃料完全燃烧，混合气中油和气的比例必须适当。因为一定量的燃料只有与适量的空气混合，才能从空气中获得完全燃烧所需要的氧气。余气系数和油气比是用来描述混合气中油和空气成分的参数。

1）余气系数

1kg 燃料完全燃烧所需要的最少空气量称为理论空气量，用 $L_i$ 表示，单位是千克空气/千克燃料。燃料的种类不同，理论空气量的数值也就不同。任何一种燃料的理论空气量都可由燃烧的化学反应式计算出来。例如常规大气条件下，氧在空气中的质量含量约为 23.2%，经计算，航空汽油的理论空气量为 15.1 千克空气/千克汽油，航空煤油的理论空气量为 14.7 千克空气/千克煤油。所以近似地讲，在常规大气条件下完全燃烧 1kg 航空汽油或航空煤油所需要的最少空气量为 15kg。发动机实际燃烧时，混合气中的空气量和燃油量都可能变化。实际同 1kg 燃料混合燃烧的空气量称为实际空气量用 $L_p$ 表示。实际空气量不一定等于理论空气量。

余气系数是指混合气中实际空气量与理论空气量的比值，用 $\alpha$ 表示，即

$$\alpha = \frac{L_p}{L_i} \tag{5-18}$$

（1）富油混合气。燃油发动机工作时，如果混合气中实际空气量小于理论空气量，则余气系数小于 1。混合气燃烧时，由于氧气不足，燃料过多（富油），燃料不能完全燃烧，这种混合气叫做富油混合气。余气系数比 1 小得越多，表示混合气越富油。

（2）贫油混合气。燃油发动机工作时，如果混合气中实际空气量大于理论空气量，则余气系数大于 1。混合气燃烧时，由于氧气有剩余，燃料能够完全燃烧，这种混合气叫做贫油混合气。余气系数比 1 大得越多，表示混合气越贫油。

（3）理论混合气。燃油发动机工作时，如果混合气中实际空气量等于理论空气量，则余气系数等于 1。混合气燃烧时，燃料能够完全燃烧，氧气也没有剩余。混合气既不贫油也不富油，则这种混合气叫做理论混合气。由此可见，余气系数的大小可以较为直观地反映混合气贫、富油程度，是影响发动机燃烧的重要物理概念。

2）油气比

油气比也可以用来描述混合气的成分，它是混合气中燃料的质量与空气质量的比值，用 $C$ 表示，即

$$C = \frac{m_0}{m_a} \tag{5-19}$$

式中：$m_0$ 为混合气中燃油的质量；$m_a$ 为混合气中空气的质量。

油气比 $C$ 与余气系数 $\alpha$ 的关系为

$$C = \frac{1}{\alpha L_i} \tag{5-20}$$

油气比可以直接反映混合气中燃料与空气的比例，但不能直观反应混合气的贫、富油程度。当油气比 $C=0.0662$ 时，相应的余气系数 $\alpha=1.0$。

**3．燃料的热值**

1kg 燃料完全燃烧后，将燃烧产物冷却到起始温度，所放出的热量，叫做燃料的热值，单位为千焦耳/千克燃料。起始温度根据测量条件来规定，通常定为 25℃。

由于航空燃料都是碳氢化合物，完全燃烧后必然生成大量的水，当燃烧产物冷却到 25℃时，这部分水蒸气便会凝结成水，还要放出一部分热量(约 2512kJ/kg)。测量燃料热值时，若计入水蒸气凝结放出的这部分热量，得到的燃料热值，称为高热值，用 $H_h$ 表示；若不计入这部分热量得到的燃料热值，称为低热值，用 $H_l$ 表示。

航空发动机工作时，因为燃料在发动机中燃烧后燃烧产物排出发动机时，废气温度很高(一般在 300℃以上)，水蒸气不会在发动机内凝结成水，所以发动机实际工作时只能利用燃料的低热值。因此，在计算和分析发动机的燃料热值时，指的都是低热值。表 5-2 给出几种常用液体燃料的低热值数据。

**表 5-2　几种常用液体燃料的低热值**

| 燃　料 | 低热值 $H_l/(kJ\cdot kg^{-1})$ | 燃　料 | 低热值 $H_l/(kJ\cdot kg^{-1})$ |
|---|---|---|---|
| 汽油 | 43 961 | 柴油 | 41 868 |
| 煤油 | 43 124 | 酒精 | 2710 |

如果燃料不能完全燃烧，1kg 燃料的实际放热量就小于燃料的热值。所以，混合气越富油，1kg 燃料的实际放热量就越小。

**4．混合气的放热量**

发动机实际工作时，混合气的放热量直接影响发动机的功率和温度。对于单位重量混合气的放热量 $q_c$ 而言，只与混合气的余气系数 $\alpha$ 有关，其关系如图 5-8 所示。

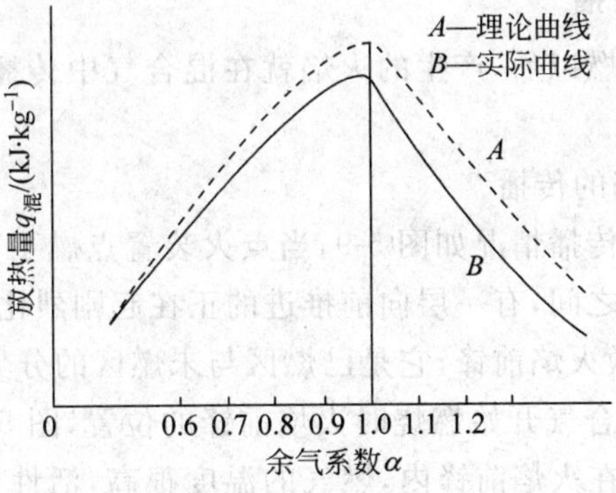


图 5-8　混合气的放热量与余气系数 $\alpha$ 的关系

从图 5-8 中可以看出：当余气系数大于 1 过多时，尽管燃料可以完全燃烧，但由于剩余的空气较多，燃料释放出的热量被多余的空气吸收，最终使混合气发热量减小；当余气系数小于 1 过多时，因氧气不足，燃料不能完全燃烧，同时多余的燃料也将吸收热量，所以混合气的发热量减小。实践证明，只有当余气系数稍小于 1 时(约为 0.97)，混合气的发热量最大。

## 5.4.2 火焰传播的基本知识

### 1. 混合气着火的基本概念

发动机中混合气温度达到一定数值时，开始出现火焰而燃烧起来的现象，叫做混合气着火。混合气着火所需要的最低温度，叫做着火温度。

当混合气温度较低时，虽然其过氧化物活性中心不断地繁殖，但活性中心与容器壁碰撞后会迅速消失，活性中心的消失速度远大于其繁殖速度，混合气不可能着火。只有当混合气的温度升高到一定值，活性中心的繁殖速度增加并开始大于其消失速度时，活性中心的数量急剧增多，混合气便立即着火，最终引导化学反应的发生。所以，要使混合气燃烧，必须使混合气温度达到着火温度，这是混合气燃烧不可缺少的条件。混合气的着火温度随组成混合气的燃料与氧化剂种类的不同而不同。表 5-3 给出了几种常见的燃料与空气组成的混合气经实验测得的着火温度。

**表 5-3 几种常见燃料与空气组成的混合气着火温度**

| 燃　料 | 着火温度/℃ | 燃　料 | 着火温度/℃ |
|---|---|---|---|
| 汽油 | 440 | 煤油 | 229 |
| 乙烷 | 515 | 苯 | 562 |
| 正庚烷 | 223 | 异辛烷 | 418 |

目前，使混合气开始着火的方法有两种：一种是用专门的火源对混合气加温，使混合气的温度达到着火温度，这种方法叫做点燃；另一种是先压缩空气，提高其温度，使空气与燃料组成混合气时即可达到着火温度，这种方法叫做压燃。现代航空发动机中，通常采用点燃的方法使混合气着火，地面某些柴油发动机则采用压燃方式。

### 2. 混合气中火焰的传播

混合气被点火装置点燃以后，产生的火焰就在混合气中传播而使所有的混合气逐渐燃烧起来。

1）静止混合气中火焰的传播

静止混合气中火焰的传播情况如图 5-9，当点火装置点燃了其邻近一小部分混合气后，在已燃气体与新鲜混合气之间，有一层向前推进的正在起剧烈化学反应的发光、发热的气体薄层，这个气体薄层就叫做火焰前锋，它是已燃区与未燃区的分界面。

在图 5-9(a)中表示混合气开始燃烧时火焰前锋的位置，图 5-9(b)表示过了很短时间以后火焰前锋前进的位置。在火焰前锋内，燃气的温度很高，活性中心浓度很大。因此，燃气会将热能传给邻近的新鲜混合气，使其温度逐渐升高，同时燃气的活性中心也会向邻近的新鲜混合气内扩散。结果使邻近火焰前锋的一层新混合气活性中心迅速繁殖，温度很快上升，当达到着火温度时便燃烧起来。随即这一层就成为新的火焰前锋，火焰前锋在新鲜混合气中就是这样一层一层地向前推进，连续点燃新鲜混合气，直到新鲜混合气燃烧完为止。火焰的传播即是指火焰前锋不断向前推进、不断产生新的火焰前锋的过程。火焰前锋相对于新鲜混合气向前推进的速度叫做火焰传播速度，用 $v_p$ 表示。

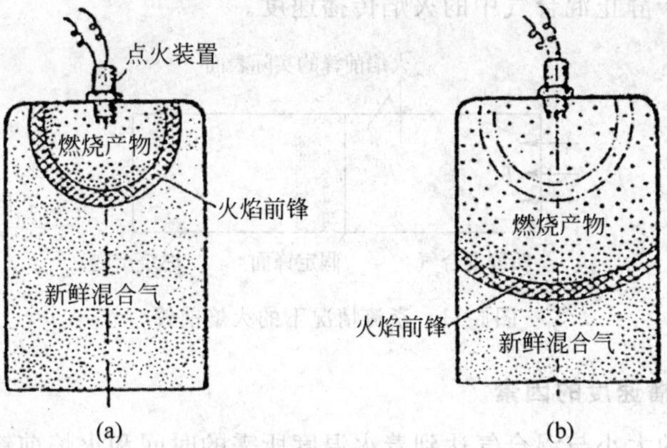


图 5-9　静止混合气中火焰的传播

2）流动混合气中火焰的传播

流动混合气中火焰的传播原理与静止混合气中火焰的传播原理相同，但是由于混合气是流动的，火焰前锋的位置与静止气体中的情况有所不同；同时，发动机内的混合气通常都在做紊流流动，在这种情况下，火焰的传播速度比在静止混合气中要快得多。

（1）火焰在层流混合气中的传播。假设混合气在绝热材料制成的圆管内以一定的速度从左向右流动，则圆管任意横截面上各点的流速都相等，如图 5-10 所示。在管内右边某处点燃混合气后，所形成的火焰前锋便向新鲜混合气内推进。

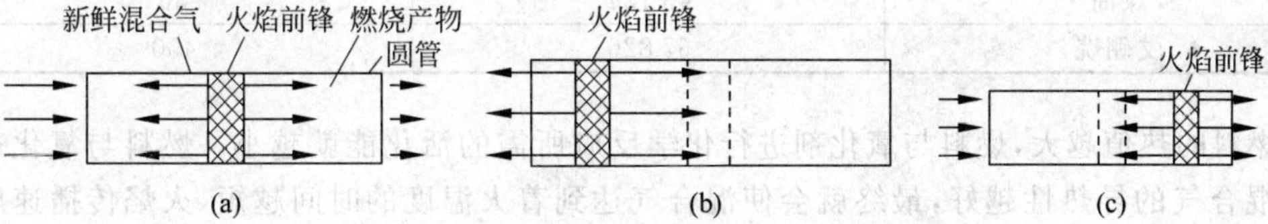


图 5-10　流动混合气中火焰的传播

如果火焰传播速度等于新鲜混合气的流速，火焰前锋便稳定在管内某一位置，如图 5-10(a)所示，这与逆水行舟中划行速度等于水流速度时船即停滞不前的道理相同；如果火焰传播速度大于新鲜混合气的流速，火焰前锋的位置则逐渐向前移动，如图 5-10(b)所示，这与逆水行舟中划行速度大于水流速度时船便逆水而上的情形相同；如果火焰传播速度小于新鲜混合气的流速，火焰前锋的位置则逐渐向后移动，如图 5-10(c)所示，这与逆水行舟中划行速度小于水流速度时船被推向下游的情形相同。

由此可见，要使火焰前锋保持在管内某一位置不动以便不断点燃新鲜混合气，火焰传播速度必须等于混合气的流动速度。

（2）火焰在紊流混合气中的传播。航空发动机的实际燃烧过程是在紊流中进行的，当气体作紊流流动时，气体的流动极为紊乱，管道内同一截面上各点的气流速度变化很大，所以火焰前锋的表面呈现极不规则的曲面，如图 5-11 所示。这种弯曲的表面有效地增加了火焰前锋内的燃气与新鲜混合气的接触面积。所以气体运动的紊乱和接触面积的增大都加强了燃气与新鲜混合气之间的热传递和活性中心的扩散。新鲜混合气的温度能够比较迅速地达到着火温度，大大加快了新鲜混合气的燃烧速度。当气体作紊流流动时，紊流混合气中的火焰传播速度远大于静止混合气中的火焰传播速度。

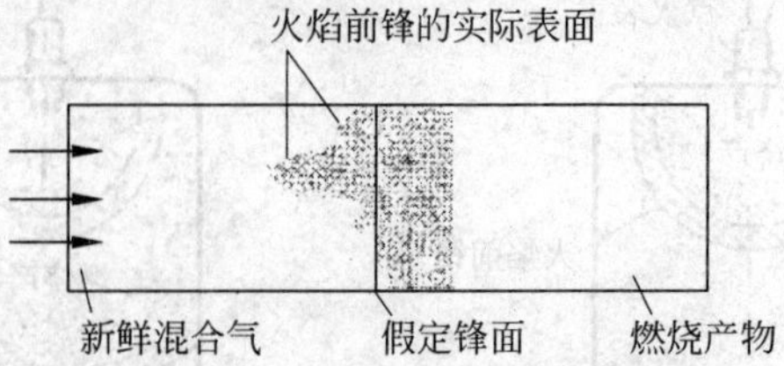


图 5-11 紊流情况下的火焰前锋

### 3. 影响火焰传播速度的因素

火焰传播速度的大小与混合气达到着火温度所需的时间和火焰前锋内进行的化学反应速度密切相关,归纳起来有以下因素。

1) 混合气的性质

不同性质的燃料与氧化剂组成的混合气,由于燃料的热值、燃料与氧化剂进行化学反应所需的活化能以及混合气的导热性不同,因而有着不同的火焰传播速度,表 5-4 为几种燃料火焰传播速度 $v_p$ 值。

**表 5-4 几种燃料的火焰传播速度 $v_p$ 值**

| 燃 料 | 热值/(kJ·kg$^{-1}$) | 火焰传播速度 $v_p$/(cm·s$^{-1}$) |
|---|---|---|
| 汽油 | 43 961 | 45 |
| 煤油 | 43 124 | 36 |
| 戊硼烷 | 67 826 | 450 |

燃料的热值越大,燃料与氧化剂进行化学反应所需的活化能就越小。燃料与氧化剂组成的混合气的导热性越好,最终就会使混合气达到着火温度的时间越短,火焰传播速度也越大。

2) 混合气的余气系数

实验表明,任何碳氢燃料与空气组成的混合气,无论是在静止还是在流动状态下燃烧,一般都是混合气的余气系数为 0.8～0.9 时,火焰传播速度最大。余气系数过大或过小,超过某一极限值时,火焰则不能传播。火焰能够传播的最大余气系数叫做贫油极限;最小余气系数叫做富油极限。火焰传播速度最大时的余气系数和贫、富油极限随燃料种类和实验条件的不同而有所不同。例如,汽油与空气组成的混合气在层流状态下,初温为 150℃时的实验结果如图 5-12 所示。

火焰传播速度随余气系数变化的规律主要受混合气放热量因素的影响。余气系数稍小于 1 时,混合气的放热量最大,燃气温度最高,火焰前锋内燃气与新鲜混合气之间的热传递和活性中心的扩散作用最强,所以火焰传播速度最大。余气系数过大或过小,由于混合气的放热量过大,致使火焰前锋内燃气温度过低,不能点燃邻近的新鲜混合气,因而火焰就不能传播,燃烧中断。

3) 混合气的初温、初压

混合气的初温、初压是指混合气在燃烧以前的温度和压力。混合气的初温升高,新鲜混合气达到着火温度的时间就越短。而且燃烧后气体的温度也升高,活性中心浓度增大,其扩

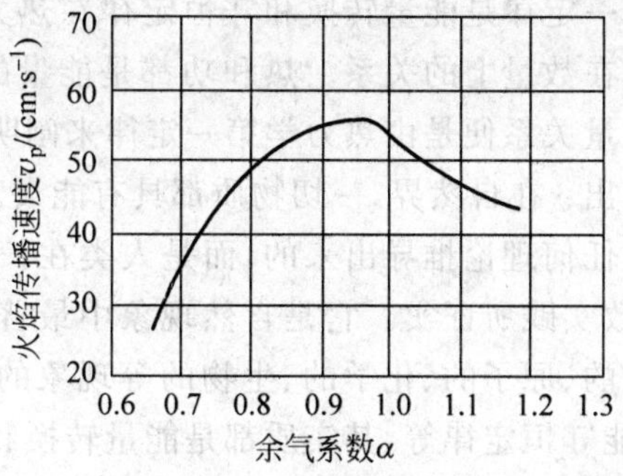


图 5-12　在层流状态下火焰传播速度与余气系数的关系

散作用增强，因此火焰传播速度增大。混合气的初压对火焰传播速度的影响则较为复杂，实验结果表明：在静止的混合气中，初压的变化对火焰传播速度基本没有影响；在紊流混合气中，火焰传播速度则随初压的增大而增大。

4）气流的紊流强度

由于在紊流混合气中的火焰传播速度远大于层流混合气中火焰的传播速度，所以气流的紊流强度越大，火焰前锋表面显著弯曲（图 5-12）。甚至某些正在燃烧的气团可能脱离火焰前锋而进入新鲜混合气内，某些新鲜混合气的气团也可能穿入火焰前锋，使火焰前锋表面碎裂，形成犬牙交错的形状，大大地增加了燃气与新鲜混合气的接触面积、热传递作用和活性中心扩散的作用，最终使火焰传播速度增大。

5）点火能量

点火装置的点火能量越高，邻近混合气达到着火温度的时间越短，火焰传播速度越大。

## 5.5　热力学基本定律

热力学第一定律和第二定律是科学界公认的宇宙普遍规律。能量守恒定律认为，能量可以由一种形式变为另一种形式，但其总量既不能增加也不会减少，是恒定的。这个定律应用到热力学上，就是热力学第一定律。这一定律指出物质和能量既不能被消灭也不能被创造。热力学第二定律是描述热量传递方向的：分子有规则运动的机械能可以完全转化为分子无规则运动的热能；热能却不能完全转化为机械能。此定律的一种常用的表达方式是，每一个自发的物理或化学过程总是向着熵增高的方向发展。

### 5.5.1　热力学第一定律

在工程热力学中，热力学第一定律主要说明热能和机械能在转移和转换时，能量的总量是守恒的。它确定了热能与机械能在转换时相互间的数量关系，是热力学的基本定律，是进行热力分析的基础。

**1. 热力学第一定律的表述**

能量守恒与转换定律是自然界中最重要的普遍规律之一。它说明自然界中物质所具有的能量既不能创造，也不能消灭，只能从一种形式转变为另一种形式，在转变的过程中，能量的总和保持不变。热力学第一定律是能量转换和守恒定律在热力学上的应用,它确定了热能与其他形式能量相互转换在数量上的关系。热和功都是能量的形式,因此它们可以相互转换。热和功相互转换的数量关系便是由热力学第一定律来阐明的。

能量转换和守恒定律指出:在自然界,一切物质都具有能量。能量有各种不同的形式,能量转换和守恒定律不是从任何理论推导出来的,而是人类在长期的生产斗争和科学实验中丰富经验的总结,并为无数实践所证实。它是自然现象中最普遍、最基本的规律之一,普遍适用于机械的、热的、电磁的、原子的、化学的、生物的等现象的变化过程。物理学中的功能原理、工程力学中的机械能守恒定律等,其实质都是能量转换和守恒定律。热力学第一定律就是能量转换和守恒定律在热现象上的应用。

热力学第一定律可以表述为:热可以变为功,功也可以变为热。一定量的热消失时,必产生与之数量相当的功;消耗一定量的功时也必出现相当数量的热。

历史上曾有不少人企图制造一种不消耗能量而能连续不断做工的所谓第一类永动机,但所有此类永动机都违反了能量转换和守恒定律,均归于失败。因此,热力学第一定律也可表述为:第一类永功机是不可能造成的。

**2. 热力学第一定律的解析式**

热力系在状态变化过程中的能量平衡方程可由能量守恒定律推得,它是分析热力系状态变化的基本方程。热力学第一定律只说明了热力系统储存的能最不变化的情况。一般热力系统在状态变化过程中储存的能量都会有所变化,因此能量平衡关系可表述为

输入热力系统的能量-热力系统输出的能量=热力系统储存能量的变化

上式表达了热力系统储存能量和传输能量之间相互转换与守恒的普遍关系,反映了一切热过程的共性。但在不同的具体热力过程中,参与转换的能量形式各不相同,因而能量方程的形式也各不一样,从而体现了各个热过程的个性。

在具体分析实际过程时,一般遵循下列步骤:

(1) 根据需要确定研究范围,即划定热力系。

(2) 根据过程进行的具体情况,确定通过边界参与热过程的各种能量形式。

(3) 按能量转换与守恒原则建立能量方程式。

现以图 5-13 所示汽缸内气体膨胀过程为例,设汽缸内装有 $m$ kg 气体,其状态参数为 $p_1$、$v_1$ 和 $T_1$,加入热量 $Q$ 之后,活塞从位置 1 移动到位置 2,气体的压力、比容和温度分别变为 $p_2$、$v_2$ 和 $T_2$。这样,加入热量 $Q$ 后,气体的能量有了变化,温度升高了,内能增大了,气体膨胀推动活塞作了功。可见,加给气体的热量,一部分用来增大气体的内能 $\Delta U$,其余部分,即 $Q-\Delta U$,根据热力学第一定律,必然转换成了外功 $W$,即

$$Q = W + \Delta U \tag{5-21}$$

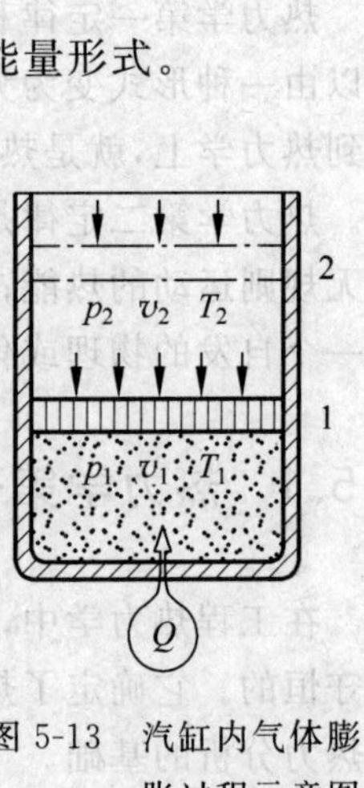


图 5-13 汽缸内气体膨胀过程示意图

公式(5-21)称为热力学第一定律解析式。

在一般的热力过程中,加给气体的热量一部分用来增大气体的内能,一部分用来对外做功。

在各种热力过程中,气体可能吸热,也可能放热,其内能可能增大,也可能减小,气体可

1
2
3
4
5
6
7
8
9

能膨胀做功，也可能被压缩而获得外功。因此，应用热力学第一定律解析式时规定：加热量为正值，放热量为负值；内能增大量为正值，内能减小量为负值；气体的膨胀功为正值，压缩功为负值。

若把式(5-21)写成微元过程，有

$$dq = du + dw \tag{5-22}$$

## 5.5.2　热力学第二定律

在自然界中热力过程具有方向性。热力学第一定律只是准确地肯定了过程中的能量平衡关系，并不能说明过程的方向性。而研究过程的方向性，正是热力学第二定律的任务。研究热力学第二定律，分析发动机的理论循环，主要目的在于弄清怎样把加入的热能更多地转换为机械能，明确提高热效率的方法。目前广泛用在航空发动机上的热力循环是航空活塞发动机采用的奥托循环和航空燃气涡轮发动机采用的布莱顿循环。

### 1. 活塞式发动机的理想循环(奥托循环)

如图 5-14 所示，奥托循环是由绝热压缩 1-2、等容加热 2-3、绝热膨胀 3-4 和等容放热 4-1 这四个热力过程组成的。这个循环首先由德国工程师奥托在 1876 年成功地应用于内燃机并由此得名。由于该循环在等容条件下加热，也称为等容加热循环。现代航空活塞发动机都是按奥托循环来工作的。

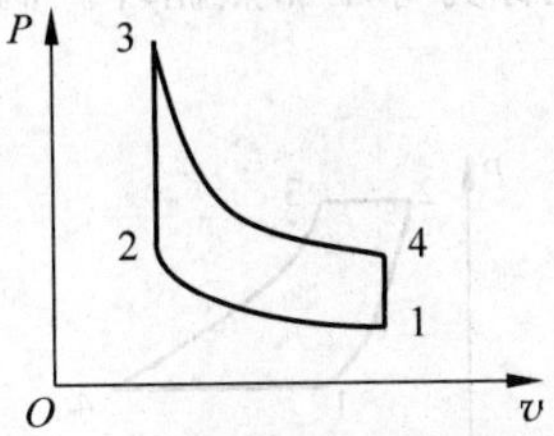


图 5-14　航空活塞发动机的理想循环(奥托循环)

在奥托循环中，工质首先被活塞压缩，进行绝热压缩。在这个过程中，发动机对工质做功，气体压力和温度升高，为气体燃烧、膨胀做准备。然后进行等容加热，实际上是燃料燃烧释放出热能的过程，气体温度、压力急剧升高，为膨胀做功准备条件。然后进行绝热膨胀，在这个过程中，工质推动活塞做功，气体压力、温度降低。最后气体进行等容放热过程，工质向外界放出热量，气体温度、压力降低，直到恢复到原来状态为止。这样，工质就完成了一个循环。由此可见，通过工质气体不断地完成热力循环，最终发动机就不断地输出机械功。这一切都依赖于燃料可靠的燃烧，因此必须确保可靠的点火源。

奥托循环热效率($\eta_{hot}$)定义为：一次循环中，1kg 工质气体对发动机所做的功与燃料加给它的热量的比值，其公式为

$$\eta_{hot} = \frac{q_1 - q_2}{q_1} \tag{5-23}$$

式中：$q_1$ 为燃料加给单位工质的热量；$q_2$ 为单位工质散发到大气的热量。

经进一步的推导可得到：

$$\eta_{\text{hot}} = 1 - \frac{1}{\varepsilon^{k-1}} \tag{5-24}$$

式中，ε 为汽缸压缩比，即气体在汽缸中压缩前后的体积比。

由式(5-24)可以看出，奥托循环热效率的大小取决于发动机的压缩比。压缩比越大，气体被压缩得越厉害，加热后气体具有的膨胀能力就越强，可将更多的热能转换成机械功，且随废气排出的散失到大气中的不可利用的热能越少，热的利用率越高，故热效率就越高。

① 若发动机压缩比=6.0，则循环热效率=51%；

② 若发动机压缩比=8.0，则循环热效率=56.5%；

③ 若发动机压缩比=9.0，则循环热效率=58.5%。

发动机的实际工作过程较为复杂，如压缩、膨胀过程并非严格的绝热过程，存在着散热损失，燃烧过程也并非严格的等容加热，实际的加热过程是通过组织燃油与空气燃烧并释放出燃油中的热能而实现的，存在不完全燃烧及燃烧产物的离解损失等。所有这些损失最终都会使气体膨胀能力降低，气体对发动机所做的机械功减小。所以，实际发动机的热效率更低。为了提高其热效率，除主要应提高发动机的压缩比外，还须尽可能地降低发动机各工作过程的损失。

**2. 涡轮喷气发动机的理想循环(布莱顿循环)**

如图 5-15 所示，布莱顿循环由绝热压缩 1-2、等压加热 2-3、绝热膨胀 3-4 和等压放热 4-1 这四个热力过程组成的。这个循环是由科学家布莱顿在 1873 年左右首先提出来的。由于这个循环存在等压加热，故也称为等压加热循环。涡轮喷气发动机和冲压喷气发动机的理想循环就是布莱顿循环。

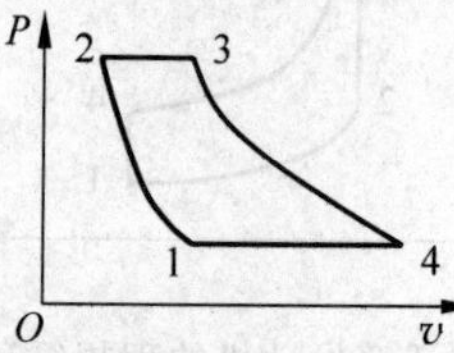


图 5-15　航空涡轮喷气发动机的理想循环(布莱顿循环)

在布莱顿循环中，工质从状态 1 开始，进行绝热压缩过程 1-2，在这个过程中工质获得外功，比容减小，压力和温度提高。工质变到状态 2 时，外界开始对它加热，进行等压加热过程 2-3，工质的温度升高，比容增大。当工质变到状态 3 时，进行绝热膨胀过程 3-4，在这个过程中，工质膨胀做工，比容增大，压力和温度降低。为了使工质恢复到原来的状态 1，以便再度膨胀做工，工质进行等压放热过程 4-1，在这个过程中，工质放出热量，温度降低，比容减小。当工质恢复到原来的状态 1 时，就完成了一个循环。

布莱顿循环的理想循环功，在图 5-15 上可用封闭曲线 1-2-3-4-1 所包围的面积的大小来表示。

在等压加热过程 2-3 中，加给工质的热量为

$$q_1 = C_p(T_3 - T_2) \tag{5-25}$$

在等压放热过程 4-1 中，工质放出的热量为

$$q_2 = C_p(T_4 - T_1) \tag{5-26}$$

由于理想循环，布莱顿循环的理想循环做工为

$$w_0 = C_p(T_3 - T_2) - C_p(T_4 - T_1) \quad (5\text{-}27)$$

式中，$T_1$、$T_2$、$T_3$、$T_4$ 分别为工质状态1、2、3、4时的温度。

布莱顿循环的理想循环效率为

$$\eta_{\text{hot}} = 1 - \frac{T_1}{T_2} = 1 - \frac{1}{\left(\frac{p_2}{p_1}\right)^{\frac{k-1}{k}}} = 1 - \frac{1}{\pi^{\frac{k-1}{k}}} \quad (5\text{-}28)$$

式中，$\pi$ 为工质被压缩后的压力 $p_2$ 与压缩前的压力 $p_1$ 的比值，称为增压比。增压比的大小说明工质在压缩过程中压力提高的程度。

布莱顿循环热效率的高低取决于增压比和绝热指数，而与加热量无关。增压比越大，热效越高。

工质的绝热指数增大，效率也随之提高。但由于工质绝热指数的变化范围较小，所以它对热效率的影响不大。因此，提高布莱顿循环热效率的基本方法是增大发动机增压比。

布莱顿循环的循环功：

$$w_0 = \left(1 - \frac{1}{\pi^{\frac{k-1}{k}}}\right) q_1 \quad (5\text{-}29)$$

由式(5-29)可知，理想循环功主要与增压比和加热量有关。当增压比保持不变，或者说热效率保持不变时，理想循环功与加热量成正比。当加热量保持不变时，如果增压比加大，热效率就提高，加热量中有更多的热量被用来做功，因而理想循环功增大。但是提高增压比和增加加热量，都会提高循环中的最高温度 $T_3$，虽然布莱顿循环的热效率与循环中的最高温度 $T_3$ 无关，但是 $T_3$ 过高将烧坏涡轮叶片。所以 $T_3$ 不能过高，必须限制在涡轮叶片安全极限以下。

**3. 热力学第二定律的表述**

人们在研究机械能与热能相互转化的过程中，通过大量的实践发现，机械能可以通过摩擦自发地全部转换成热能，但反过来，热能却不可能全部转换成机械能。无数实践表明：热能转变成机械能的过程中，必须损失一部分热能，才能将另一部分热能转变成机械能，但不可能将全部热能转变成机械能。

热力学第二定律是人们在实践中总结出来的客观规律。它有各种不同的说法，其中涉及范围最广泛的一种说法是：自然界中凡是有关热现象的自发过程都是不可逆的。

这里所说的自发过程是指不需外界辅助就能自动地进行的过程。例如有两个被分隔开的容器，甲容器内盛有气体，乙容器内为真空，当它们连接在一起并互相沟通时，气体就会自发地从甲容器流入乙容器，这是一种自发过程。反之，已经流进乙容器的气体，却决不会自发地逆向全部流回到甲容器中去。

在长期的生产实践中，人们早就熟悉这样的事实：热能不会自发地转换为机械能，而机械能通过摩擦却能自发地转换为热能。为什么机械能转换为热能，与热能转换为机械能这两种过程之间会有这种区别呢？这是由于热能的本质所引起的。热能是物质内部大量分子做无规则运动所具有的能量。大量分子的无规则运动是一种漫无秩序的混乱运动，一切有规则的运动往往很容易被破坏而转变为这种无规则的运动。也就是说，有规则的运动转变为无规则运动的机会较多。反之，大量分子漫无秩序的混乱运动自发地转变为同一方向有

规则运动的机会则非常少，因此可以说，这种转变是不可能自发性出现的。机械运动是大量分子的有规则运动，所以可以自发地转变为热能，而热能却不会自发转变为机械能。

要想使自发过程逆向进行，必须提供一定的条件。例如，要使热从温度较低的物体逆向传至较高温物体，必须要有制冷机，同时要靠外界对制冷机做功，这里所说的"外界做功"就是使热由温度较低的物体传至温度较高的物体所必须具备的条件。没有这个条件，热决不会从温度较低的物体自发地传到温度较高的物体。

热力学第二定律有好几种表述形式，比较著名的有以下两种。

1）克劳修斯表述

克劳修斯将热力学第二定律表述为：热不可能从低温物体传到高温物体而不引起其他任何变化。

航空发动机工作时，燃料在汽缸或燃烧室中燃烧，释放出热能，对工质加热，相当于热源向工质供热，工质膨胀做功后排出发动机。无论工质膨胀得如何彻底，膨胀后的温度总是比大气温度高，从而不可避免地有一部分热能排入大气中，这可以看作是向冷源排热。所以任何一种热机，要将热能转变成机械能，必须具备热源和冷源，工质必须向冷源排热，因而只能将部分热能转变成机械能。这是热机热效率不高的根本原因之一。

由于任何热力发动机都要向冷源排热，所以从热源获得的热量不可能全部转换为功，只有热源获得的热量与排到冷源中的热量的差额这部分热量才能转换为功。

2）开尔文-普朗克表述

开尔文-普朗克将热力学第二定律表述为：不可能制造出只与单一温度的热源交换热量并对外界做功又不引起其他变化的循环热力发动机。

热力学第二定律克劳修斯表述指出：为了使热从低温物体传到高温物体，必须由外界做功；开尔文-普朗克表述指出，为了使热力发动机运行，必须同时具备高温热源和低温热源。因此，不可能把吸收的热量全部转变为功，即不可能制造出热效率为100%的热力发动机。那种所谓不违反热力学第一定律，能利用存在于自然界中的无限能量并永久运转下去的发动机，称为第二类永动机，热力学第二定律表明第二类永动机是不可能成功实现的。

热力学第二定律的两种表述法在语句表达方式上虽然不同，但在实质上却是等效的。如果否定其中一种表述，必定导致否定另外一种表述。

热力学第二定律是人们在实践中总结出来的自然界的一条客观规律，不能违背。历史上曾有人企图创造一种发动机，利用大气所含热能来源源不断地做功。这种只从一个热源（大气）吸收热能来做功的发动机（称为第二类永动机）是违反热力学第二定律的（没有冷源），只有转变为机械能的热量而没有废气带走的热量，这种想法是不可能实现的。根据热力学第二定律，人们虽然不能把加入发动机的热量全部转变成机械功，但是，在尽可能的范围内，必须想方设法尽量减小损失，把加入的热量尽可能多地转变为机械功，以提高发动机的效率。

## 5.6 航空发动机概述

航空燃油发动机即航空发动机，是一种高度复杂和精密的热力机械，其功用是为航空飞行器提供飞行所需动力。作为航空飞行器的心脏，它不仅直接影响航空飞行器的飞行性能、可靠性及经济性,而且是一个国家科技、工业和国防实力的重要体现。目前,世界上能够独立研制高性能航空发动机的国家只有美国、俄罗斯、英国、法国等少数几个国家,可见其技术门槛很高。

## 5.6.1 航空发动机的类型和基本要求

### 1. 航空发动机的类型

航空发动机本质上是热机,即它将航空油料的热能转换成机械能。这一转换过程分两步:第一步是燃油燃烧释放热能,第二步是将释放出的热能转变成机械能。根据能量转换的方式和规律,航空发动机可分为两大类型。

1) 航空活塞式发动机

航空活塞式发动机采用的燃油为航空汽油,它是利用航空汽油与空气的混合气体在变化的封闭空间中燃烧完成热能与机械能的相互转换的。其特点是发动机功率较小,主要用作低空、低速、短途航空飞行器的动力装置,如小型飞机、小型旋翼飞行器、无人机、农用飞机等。

2) 航空喷气式发动机

航空喷气式发动机采用的燃油是航空煤油,它是利用航空煤油与空气的混合气体在高速流动过程中完成热能与机械能的相互转换的。其特点是发动机功率很大,相对而言体积小、重量轻,主要用作大型、高空、高速和大航程航空飞行器的动力装置,如大型民用客机、大型旋翼飞行器、高速战斗机、大型运输机等。根据不同的用途,航空喷气式发动机还可划分为涡轮喷气发动机、涡轮风扇发动机、涡轮螺旋桨发动机和涡轮轴发动机等几种类型。

航空活塞式发动机与航空喷气式发动机相比较,它们的工作原理是相同的,燃气(混合气)做功都需要有进气、加压、燃烧和排气这四个阶段,不同的是,在活塞式发动机中这四个阶段是分时依次进行的,但在喷气式发动机中则是连续进行的,燃气依次流经喷气发动机的各个部分,对应着活塞式发动机的 4 个工作位置。在经济性方面,小功率航空活塞式发动机经济性优于小功率涡轮轴发动机,但大功率涡轮轴发动机不仅单位耗油率较低,而且购置和使用成本都优于航空活塞式发动机。

### 2. 对航空发动机的基本要求

航空发动机工作的好坏直接影响飞行安全、飞机的性能和营运者的经济效益。因此,对航空发动机应做出相应的要求,一般衡量航空发动机品质的主要指标是性能参数、可靠性、维修性和总寿命。

对航空发动机的基本要求可归结如下。

1) 功率重量比大

在设计和制造航空飞行器的任何部件时,都应在满足使用要求和结构强度的前提下,尽量减轻其重量。对航空发动机来说,就是要保证有足够大的功率而自重又很轻。衡量发动机功率大、重量轻的标准是"功率重量比",即发动机所发出的功率与发动机重量之比值。"功率重量比"越大,表示在有相同功率的情况下,发动机越轻。

2）燃油消耗量小

航空发动机是否省油，是航空飞行器使用的重要经济指标。评定航空发动机的经济性，常用“燃油消耗率”作标准。“燃油消耗率”是指单位功率（1N 或 1hp）在 1h 内所消耗油料的重量。燃油消耗率越小，说明发动机越省油。

3）迎风面积小

航空发动机应在保证功率不减小的前提下，力求体积较小。体积小，可以使发动机所占据的空间小，有利于航空飞行器装载更多的人员、货物、设备。在发动机的体积尺寸中，迎风面积的大小与其空气阻力的大小有直接的关系，因此应力求减小其迎风面积，以减小空气阻力。

4）工作安全可靠

航空飞行器在空中飞行的安全是由各组成部分可靠工作来保证的。要在空中维持正常飞行，其发动机就必须始终处于可靠运行工作状态。所以，航空发动机的可靠性是十分重要的。为了保证发动机工作安全可靠，必须精心设计、选用合适材料、严格工艺规程，并在发动机组装完成后进行“试车”，在试车台上模拟各种高度条件。在装上飞行器之后还要进行试车。只有当确定各项规定指标都符合要求时，才能让飞行器飞上天空。为了保证飞行器在空中飞行随时处于可靠状态，在整个使用过程中，还要定期对发动机进行检查和维修。

5）寿命长

在保证航空发动机可靠性的前提下，要求发动机的寿命长。这是航空发动机经济性的另一项重要指标。寿命长可以降低使用成本，节约原材料，提高经济性。航空发动机的寿命分为以下两种：

（1）翻修寿命。翻修寿命是指两次翻修之间或新发动机开始使用至第一次翻修之间的使用（实际工作）时间，单位是“小时”。

（2）使用寿命。使用寿命是指全新发动机由开始使用到报废的使用（实际工作）时间，单位也是“小时”。由于设计、材料、工艺、使用条件不同，各发动机的寿命都不相同。

6）维护、修理方便

维护、修理统称为维修，是保证航空发动机可靠性的重要工作。航空发动机能否随时处于可靠工作状态，很大程度取决于维修质量。维修的好坏影响发动机的寿命。

维护的目的之一，是发现故障和排除故障，并对必要的部位进行检测、清洗、更换润滑油等。根据发动机工作的长短，维护工作一般都按不同的项目定期进行。而修理则是在零部件损坏的情况才进行。由于维修工作量很大，维修成本在航空飞行器使用成本中占据很大比例，这就有必要在设计制造时考虑拆装、检查，以及维修的方便性，以减少维修工作量，降低维修成本。

## 5.6.2 航空发动机的由来与发展

航空发动机的功能是为动力航空飞行器提供动力，推动飞行器升空并维持其在空中飞行，因此，发动机性能的优劣对动力航空飞行器安全可靠地飞行起着至关重要的作用。纵观人类航空事业的发展历史，可以看出人类航空史上的一切重大成就，几乎都与航空发动机参数及性能的改善或新型动力装置的研制成功有关。换言之，航空发动机不仅从狭义上讲是动力航空飞行器飞行的动力，而且从广义上讲它也是航空事业发展的推动力。

航空发动机诞生一百多年来，其发展历程主要经过了两个阶段。

(1) 前40多年(1903—1945年)以活塞式发动机为主的时代。

(2) 后70多年(1939年至今)以喷气式发动机为主的时代。

**1. 航空活塞式发动机时代**

1) 航空活塞发动机的由来

人类很早以前就幻想像鸟一样在天空中自由飞翔，也曾进行过各种尝试，但是多半因为动力源问题未获得解决而归于失败。最初曾有人把专门设计的蒸汽机装到飞机上去试，但因为发动机太重，都没有成功。到19世纪末，在内燃机开始用于汽车的同时，人们即联想到把内燃机用到飞机上去作为飞机飞行的动力源，并着手这方面的试验。

1903年，莱特兄弟把一台4缸、水平直列式水冷发动机改装之后，成功地用到他们的"飞行者一号"飞机上进行飞行试验。这台发动机只发出8.95kW的功率，重量却有81kg，功重比为0.11kW/daN。发动机通过两根自行车上那样的链条，带动两个直径为2.6m的木制螺旋桨。首次飞行的留空时间只有12s，飞行距离为36.6m。但它是人类历史上第一次有动力、载人、持续、稳定、可操作的重于空气飞行器的成功飞行，并意味着人类航空史上第一台航空活塞发动机的诞生。

2) 航空活塞发动机的发展

虽然航空活塞发动机的诞生为人类动力航空飞行打开了大门，但飞机及其动力装置真正有规模的发展还是在1914年7月第一次世界大战爆发以后。战争是技术的催化剂，两次世界大战把航空活塞式发动机技术发展推向顶峰。经过历时4年的第一次世界大战，航空活塞发动机功率从75kW左右提高到313kW，功重比提高到0.75kW/daN，从而使飞机的速度从100km/h提高到200km/h。在第二次世界大战期间，航空活塞式发动机更加获得不断改进完善和迅速发展，当大战结束时，达到其技术发展的顶峰。航空活塞发动机功率从近10kW提高到2500kW左右，功率重比从0.11kW/daN提高到1.5kW/daN，飞行高度达15 000m，飞行速度从16km/h提高到近800km/h，接近了螺旋桨飞机的速度极限。

1903—1945年是航空活塞式发动机的全盛时期。活塞式发动机加上螺旋桨，构成了所有战斗机、轰炸机、运输机、侦察机，以及民航飞机的动力装置；活塞式发动机加上旋翼，构成了所有旋翼飞行器的动力装置。著名的活塞式发动机有英国的梅林V型12缸液冷式发动机，功率1120kW，用于"飓风""喷火"和"野马"战斗机；美国普拉特·惠特尼公司(简称普·惠公司)的"黄蜂"系列星形气冷发动机，汽缸7～28个，功率970～2500kW，广泛用于各种战斗机、轰炸机和运输机。

带螺旋桨的航空活塞式发动机的最大缺点是飞行速度受到限制(800km/h以下)。一方面，因为发动机需要功率与飞行速度的三次方成正比，随着速度的提高，所需发动机功率急剧增大，而通过增加汽缸数目来增大功率所带来的重量负荷使飞机不能承受；另一方面，随着飞行速度的提高，螺旋桨的效率急剧下降并有机毁人亡的危险。因此，为了实现高速飞行，必须寻求新的动力装置，这就是喷气式发动机。第二次世界大战之后，随着涡轮喷气发动机的发展，活塞式发动机逐渐退出了航空动力装置领域的霸主地位。人们再没有研制大功率的活塞式发动机，设计工作主要集中在功率小于370kW的小发动机上，用于公务机、农林机、运动机、无人机等轻型飞机和旋翼飞行器上。

### 2. 航空喷气式发动机时代

1）航空喷气发动机的由来

喷气式发动机是一种直接反作用推进装置。低速工质（空气和燃料）经增压燃烧后以高速喷出而直接产生反作用推力。由于喷气发动机没有了限制飞行速度的螺旋桨，而且单位时间流入发动机的空气流量比活塞式发动机大得多，从而能产生很大的推力，使飞机的飞行速度得到极大的提高。

与喷气发动机原理有关的研究已有久远的历史，中国古代的火箭和走马灯就是喷气推进和涡轮机原理的体现。将燃气涡轮发动机用于飞机动力的研究工作始于20世纪20年代，当时美、苏、德、英等国家都有人提出了各种燃气涡轮喷气发动机专利和方案，并进行研究工作。英国空军少校怀特于1903年1月16日申请了第一项飞机推进专利，经过多年研究试验，终于在1937年4月12日试验成功了世界第一台怀特离心式涡轮喷气发动机WU，推力为200daN。

1937年9月德国人奥海因研制的首台燃气涡轮发动机HeSI台架试车成功，推力为265daN。到1939年春，改进型HeS3B的台架推力达到490daN。1939年8月27日，一架装了这种发动机的He178飞机进行了世界上首次喷气飞行试验，试飞获得成功。这次成功的试飞意味着诞生了世界上第一台喷气发动机，并同时诞生了第一架喷气式飞机，人类喷气飞行的时代就此开始。以后，又陆续出现了涡轮螺旋桨发动机、涡轮轴发动机、涡轮风扇发动机和桨扇发动机，由于其在重量和高速性能等方面远远优于活塞式发动机，使得各种燃气涡轮发动机成为当今航空动力装置的主力。

2）航空喷气发动机的发展

早期的涡轮喷气发动机和飞机尚处于试验阶段，在第二次世界大战中并没有发挥多大的作用，到战后特别是20世纪50年代才获得迅速的发展。战后第一批装备部队使用的喷气式战斗机是1944年美国制造的F80和1946年苏联制造的米格9，飞机为平直梯形机翼，发动机推力800～900daN，飞行速度900km/h左右。飞机速度达到声速以后，为了突破"声障"，在涡轮喷气发动机上加装了加力燃烧室，它可以在短时间内加幅度提高推力。之后，战斗机继续向高空高速发展。1958年美国推出F104战斗机，最大飞行马赫数2.2，使用升限17.68km。动力为J79单转子加力式涡轮喷气发动机，最大推力7020daN，推重比4.63。涡轮喷气发动机在军用战斗机上广泛应用的同时，也被其他机种所选用。首先是轰炸机，随后是运输机、旅客机和侦察机。

如果把20世纪40～50年代研制的单轴涡轮喷气发动机算为第一代，那么50～60年代研制的加力式涡轮喷气发动机为第二代，其性能参数水平为：涡轮前燃气温度950～1100℃，推重比4.5～5.5，不加力耗油率0.9～1.0kg/(daN·h)，加力耗油率2.0kg/(daN·h)左右。现在已发展到第四代，推重比达9～11。

3）航空涡轮轴发动机的发展

在涡轮喷气发动机蓬勃发展的过程中，驱动旋翼飞行器旋翼的动力装置也实现了涡轮化，派生出一种新型航空燃气涡轮发动机，称为航空涡轮轴发动机。它的工作原理是靠动力涡轮把燃气发生器出口燃气中的绝大部分可用能量转变为轴功率，通过减速器驱动旋翼。与活塞式发动机相比，涡轮轴发动机重量轻，震动小，功率重力比大。

世界上最早研制涡轮轴发动机的是法国透博梅卡公司。20世纪50年代中期，透博梅卡公司研制的功率为 405kW 的“阿都斯特 2”涡轮轴发动机成功应用到“云雀 2”直升机上。此后，涡轮轴发动机不断改进创新，已经发展到第四代。

第三代涡轮轴发动机是 20 世纪 70 年代设计、80 年代投产的产品。主要代表机型有马基拉、T700-GE-701A 和 TV3-117VM，分别装备到 AS322“超美洲豹”、UH-60A、AH-64A、米-24 和卡-52 直升机上。第四代航空涡轮轴发动机是 20 世纪 80 年代末 90 年代初开始研制的新一代发动机，功重比已从 2kW/daN 提高到 6.8～7.1 kW/daN。代表机型有英、法联合研制的 RTM322、美国的 T800-LHT-800、德法英联合研制的 MTR390 和俄罗斯的 TVD1500，分别用到 NH-90、EH-101、WAH-64、RAH-66“科曼奇”、PAH-2/HAP/HAC“虎”和卡-52 直升机上。

世界上最大的涡轮轴发动机是乌克兰的 D-136，起飞功率为 7500kW，装两台 D-136 发动机的米-26 直升机可运载 20 吨的货物。美国贝尔公司和波音公司共同研制的倾转旋翼机 V-22 以 T406 涡轮轴发动机为动力，突破常规旋翼飞行器的飞行速度上限，一下子将飞行速度提高到 638km/h。

**3. 现代高性能航空发动机研发的特点**

目前，中国致力于开发国产高性能航空发动机，用于装备国产军用飞机的战略方向已经明晰，这一战略选择包含着重大的航空技术挑战，世界上仅有少数几家大公司真正掌握着这项技术。这本身并不奇怪，因为发动机对于飞机的重要程度，不亚于心脏对于人体。现代高性能航空发动机的设计研发面临着温度、压力、过载等一系列严峻问题，只有最为先进的材料、最为合适的加工方法、科学的设计、合理的使用维护，才能解决这些难题。虽然近些年中国在材料和制造方面取得了一些进步，但在部件和系统设计、集成以及根据可靠性特征制定勤务和使用管理方案等方面仍然存在不少问题，而这些方面是优化发动机使用效能的关键。

现代高性能航空发动机研发工作的特点如下。

1) 系统复杂

现代高性能航空发动机的研发是当今世界上最复杂的、多学科集成的工程机械系统之一，涉及气动热力学、燃烧学、传热学、结构力学、控制理论等众多领域。现代高性能航空发动机需要在高温、高压、高转速和高载荷的严酷条件下工作，并满足推力/功率大、重量轻、可靠性高、安全性好、寿命长、油耗低、噪声小、排污少等众多十分苛刻而又互相矛盾的要求。

举个例子，发动机燃烧室及涡轮处的工作温度能达到 1600～1700℃，加力燃烧室内温度更是高达 1800～1900℃，而目前高温合金材料耐受的最高温度仅为 1100℃。这就必须在发动机中采用复杂的冷却系统，设置迷宫一样的冷却通道、成千上万个引入冷气的细微小孔等。

2) 研发周期长

据统计，全新研制一个型号的跨代航空发动机，通常需要二十多年时间，比全新研制同一代飞机时间长一倍。例如国外第四代战斗机的发动机部件技术研究始于 20 世纪 70 年代初，到 2005 年 12 月投入使用，具备初始作战能力，研发周期长达 30 年。

现代高性能航空发动机之所以研制周期长，资金投入大，是因为航空发动机不仅是设计和制造出来的，也是试验和试飞出来的。即使是世界上技术最先进的国家，其当前技术水平也不足以完全通过设计分析预测结果。现代高性能航空发动机只有经过设计—制造—试验—修改设计—再制造—再试验的反复摸索和迭代过程，才有可能完全达到技术指标的要求。

3）产业链长

航空发动机产业链长，覆盖面广，涉及机械、材料、电子、信息等诸多行业，对基础工业和科学技术的发展有巨大带动作用和产业辐射效应。据统计，按照产品单位重量创造的价值计算，如果以船舶为 1，则小汽车为 9，电视机为 50，大型喷气飞机为 800，航空发动机则高达 1400。

4）重要战略地位和巨大带动作用

现代高性能航空发动机研发工作对于中国具有重要战略地位和巨大技术经济带动作用。

航空发动机是保证国家安全、彰显强国地位的航空武器装备的“心脏”。近代飞行能力的每一次突破，都与推进技术的发展直接相关，而先进民用航空发动机正是民用航空业发展的重要推动力。正是随着民用航空发动机推力、耗油率、可靠性和寿命等指标的不断提高，人类现在才能够在 24h 内到达世界任何地方，使世界变成了真正意义上的“地球村”。

## 本章小结

航空燃油发动机即航空发动机，是将航空油料的热能转换成机械能的机器，也称为热机。活塞式发动机和涡轮轴发动机都是把燃气作为媒介来完成热能与机械能之间的相互转换的，这种媒介物质称为工质。在进行热力学分析时，既要考虑热力系统内部的变化，也要考虑热力系统通过边界和外界发生的能量交换和物质交换，但对外界的变化不必追究。热力系统平衡状态是指在没有外界作用的情况下宏观性质不随时间变化的状态，热力学主要研究的就是这种均匀的平衡状态。气体理想的热力过程有：等容过程、等压过程、等温过程和绝热过程。通常在发动机工作的主要状态下，都可以认为混合气流是稳定流动的，即气体在流动过程中，其热力学参数及运动参数都不随时间而变，随流动位置的变化而变化。

气体动力学能量方程是能量守恒与转换定律应用于开口系统中的方程表达式。伯努利方程实为以机械能形式表示的能量方程，因而只要把能量方程基本式中有关热量的项用机械能的形式代换，便可得出伯努利方程。音速是弱扰动波在介质中的传播速度，只与介质温度有关。马赫数是气流中任意一点处的流速与该点处气流音速的比值，气流的马赫数不仅可以描述一定音速下的气流速度，更重要的是可以反映气流的压缩性。按一定的过程将气流阻滞到速度为零时气流的参数叫做滞止参数，在发动机中得到广泛的应用。当气流在管道内做绝能、无摩擦流动时，要将亚音速气流加速到超音速，必须采用收敛-扩散型管道，称为拉瓦尔管。燃烧是物质产生发光、发热的化学反应，燃烧过程实际上就是将燃料所具有的热能释放出来。航空燃油发动机工作时，燃料首先与空气均匀混合，形成混合气，混合气被点火装置点燃以后，产生的火焰就在混合气中传播而使所有的混合气逐渐燃烧起来。火焰传播速度的大小与混合气达到着火温度所需的时间和火焰前锋内进行的化学反应速度密切相关，包括混合气的性质、混合气的余气系数、混合气的初温和初压、气流的紊流强度及点火能量。

热力学第一定律和第二定律是科学界公认的宇宙普遍规律。能量守恒定律应用到热力学上，就是热力学第一定律，它指出物质和能量既不能被消灭也不能被创造。热力学第二定律是描述热量的传递方向的：分子有规则运动的机械能可以完全转化为分子无规则运动的热能，热能却不能完全转化为机械能。历史上曾有不少人违背热力学第一定律或第二定律，企图创造一种永动机，结果都是失败的。航空发动机诞生一百多年来，其发展历程主要经过了两个阶段：前 40 多年以活塞式发动机为主的时代；后 70 多年以喷气式发动机为主的时代。现代高性能航空发动机研发工作的特点包括系统复杂，研发周期长和产业链长，以及具有重要战略地位和巨大带动作用等。

本章介绍和讨论的重点是：①气体运动的特点和工质的定义，理想气体和气体的属性，热力系统、状态和状态参数，热力系统平衡状态、气体状态方程和热力过程等有关热力学的基本概念。②气体稳定流动和连续方程、能量方程和伯努利方程、音速和马赫数、气流的滞止参数和管道中气流参数的变化、拉瓦尔管的形状和特点等。③燃烧的定义和实质，余气系数和油气比、燃料的热值、混合气的放热量，以及火焰传播的基本知识，包括混合气着火、混合气中火焰的传播、影响火焰传播速度的因素等。④热力学第一定律、奥托循环、布莱顿循环和热力学第二定律的知识等。⑤航空发动机的类型、基本要求，航空发动机的由来与发展，以及研发特点。

# 习题

1. 什么是工质？简述气体运动的特点。
2. 什么是热力系统？热力系统的类型有哪些？
3. 气体最常见的状态参数有哪些？其物理意义是什么？
4. 简述热力系统的平衡状态、气体的热力过程。写出气体的状态方程。
5. 写出连续方程、能量方程和伯努利方程，并作简单说明。
6. 什么是气体的绝热过程？举例说明在航空发动机工作中气体的哪些过程是绝热过程。
7. 音速、马赫数的物理意义是什么？
8. 什么是气流的滞止参数？管道截面形状的变化对气流有何影响？
9. 什么是拉瓦尔管？其用途是什么？
10. 余气系数的物理意义是什么？与油气比的关系如何？
11. 什么叫着火温度、火焰传播速度？影响火焰传播速度的因素有哪些？
12. 对比分析火焰在静止混合气中与流动混合气中传播的特点。
13. 简述热力学第一定律的内容。
14. 简述奥托循环和布莱顿循环的内容。
15. 克劳修斯如何表述热力学第二定律？
16. 开尔文-普朗克如何表述热力学第二定律？
17. 航空发动机分成几个大类？对航空发动机的基本要求有哪些？
18. 简述航空发动机发展历程及研发特点。

# 第6章

# 航空活塞式发动机

**主要内容**

(1) 航空活塞式发动机概述；

(2) 航空活塞发动机工作原理与旋转活塞发动机；

(3) 航空活塞式发动机混合气燃烧过程；

(4) 航空活塞式发动机功率、经济性和工作状态；

(5) 航空活塞式发动机的特性。

## 6.1 航空活塞式发动机概述

从1903年世界上第一架飞机升空到第二次世界大战末期，所有飞机都用活塞式航空发动机作为动力装置。20世纪40年代中期，在军用和大型民用飞机上，燃气涡轮发动机逐步取代了活塞式航空发动机，但与燃气涡轮发动机相比，小功率活塞式航空发动机比较经济，在轻型低速飞机上仍得到较普遍应用。

### 6.1.1 航空活塞式发动机的基本结构和分类

活塞式发动机是发展最早的航空发动机，其技术已经非常成熟。航空活塞式发动机分为往复活塞式和旋转活塞式两大类，它们都是依靠活塞在汽缸中的往复或旋转运动使气体工质完成热力循环，将燃料的化学能转化为机械能的热力机械。其中往复活塞式发动机是发展历史最长、技术最为成熟、使用最多、应用最广泛的航空活塞式发动机，因此，一般谈到航空活塞式发动机时，如果没有注明或特别申明，通常都是指的往复活塞式发动机。

#### 1. 航空活塞式发动机的基本结构

航空活塞式发动机是利用混合的汽油与空气在密闭的容器(汽缸)内燃烧并膨胀做功的

机械，主要由汽缸、活塞、连杆、曲轴、气门机构、旋翼减速器和机匣等组成，如图 6-1 所示。

汽缸是混合气(汽油和空气)进行燃烧的地方。汽缸内容纳活塞往复运动。汽缸头上装有点燃混合气的电火花塞(俗称电嘴)以及进、排气门。发动机工作时，汽缸温度很高，所以汽缸外壁上有许多散热片，用以扩大散热面积。汽缸在发动机壳体(机匣)上的排列形式多为星形或 V 形。常见的星形发动机有 5 个、7 个、9 个、14 个、18 或 24 个汽缸。在单缸容积相同的情况下，汽缸数目越多，发动机功率越大。活塞承受燃气压力在汽缸内往复运动，并通过连杆将这种运动转变成曲轴的旋转运动。连杆用来连接活塞和曲轴。曲轴是发动机输出功率的部件。曲轴转动时，通过减速器带动旋翼转动而产生拉力。除此而外，曲轴还要带动一些附件，如各种油泵、发电机等。气门机构用来控制进气门、排气门定时打开和关闭。

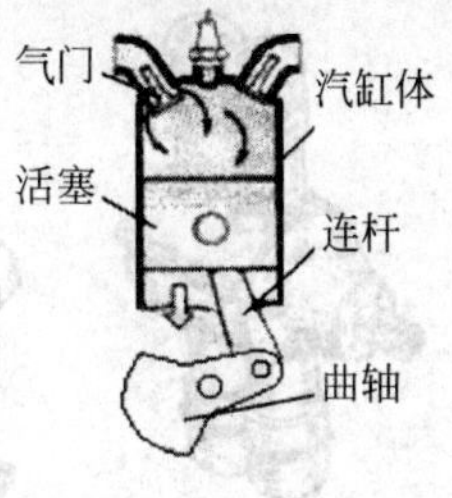

图 6-1　活塞式发动机的结构示意图

**2. 航空活塞式发动机的分类**

航空活塞式发动机在长期的发展过程中，种类繁多，形式千差万别。现仅对目前仍得到较广泛应用的类型做简单的阐述。一般航空活塞式发动机类型按照以下方式划分。

1）按混合气形成的方式划分

根据混合气形成的方式的不同，航空活塞式发动机可分为以下两种。

(1) 汽化器式发动机。发动机上装有汽化器，燃料和空气预先在汽化器内混合好，然后再进入发动机汽缸内燃烧。

(2) 直接喷射式发动机。发动机装上装有直接喷射装置，燃料由直接喷射装置直接喷入汽缸，然后同空气在汽缸内混合形成混合气。

通常功率较小的航空活塞式发动机多为汽化器式发动机，功率较大的航空活塞式发动机则既有汽化器式的，也有直接喷射式的。

2）按发动机的冷却方式划分

根据发动机冷却方式的不同，航空活塞式发动机可分为以下两种。

(1) 气冷式发动机。发动机直接利用迎面气流来冷却汽缸。

(2) 液冷式发动机。发动机利用循环流动的冷却液来冷却汽缸，由冷却液把吸收的热量耗散到周围的大气中。

通常功率较小的航空活塞式发动机多为气冷式发动机，功率较大的航空活塞式发动机则既有气冷式的，也有液冷式的。

3）按空气进入汽缸前是否增压划分

根据空气进入汽缸前是否增压，航空活塞式发动机可分为以下两种。

(1) 增压式发动机。发动机上装有增压器，外界空气先经过增压器提高压力后，然后再进入汽缸。

(2) 吸气式发动机。发动机上没装增压器，工作时外界空气被直接吸入汽缸。

通常增压式发动机用在飞行高度较高的旋翼飞行器上，吸气式发动机用在飞行高度较低的旋翼飞行器上。

4）按汽缸排列方式划分

航空活塞式发动机的汽缸通常排列在发动机的壳体(机匣)上，按照汽缸的排列方式可分为直列形和星形两种，如图 6-2 所示。

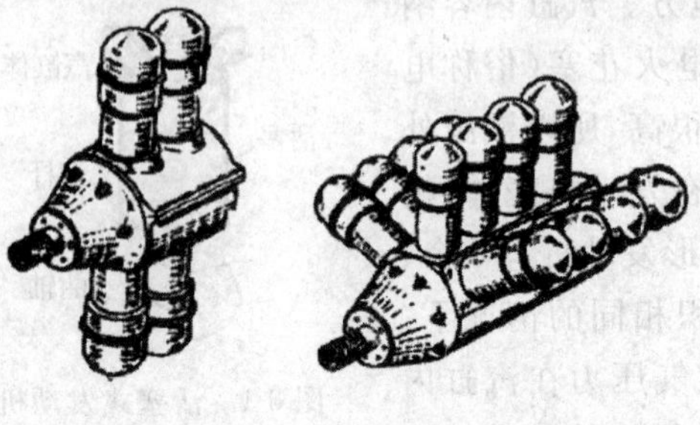
(a) 直列形活塞式航空发动机

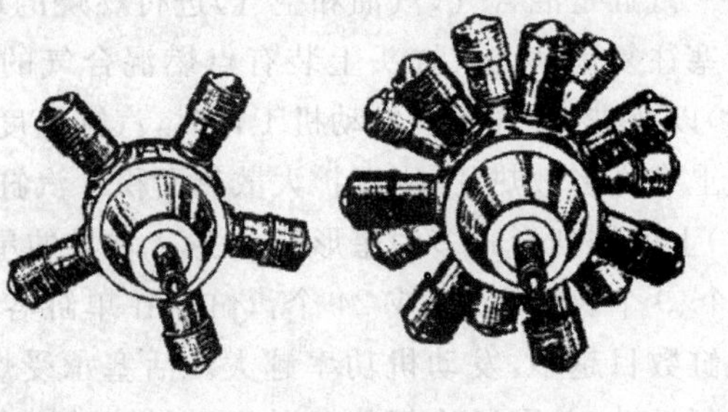
(b) 星形活塞式航空发动机

图 6-2　航空活塞式发动机汽缸排列方式示意图

(1) 直列形发动机。直列形发动机的汽缸沿机匣前后成行排列，分为对缸、V 形、W 形等排列方式。

(2) 星形发动机。星形发动机的汽缸以曲轴为中心沿机匣向外呈辐射状均匀排列。

通常直列形的航空活塞式发动机多用在小型旋翼飞行器上；直列形发动机既有气冷式的，也有液冷式的。而星形的航空活塞式发动机则广泛地用在各种旋翼飞行器上，一般都是气冷式的发动机。

5) 按发动机转子是否带有减速器划分

根据发动机曲轴与旋翼间是否带有减速器，航空活塞发动机可以分为以下两种。

(1) 直接驱动式发动机。其旋翼由发动机曲轴直接驱动。

(2) 非直接驱动式发动机。其旋翼由发动机曲轴通过减速器驱动。

通常直接驱动式发动机装在小型旋翼飞行器上，而非直接驱动式发动机常装在大型旋翼飞行器上。

## 6.1.2　航空活塞式发动机的基本组成

### 1. 航空活塞式发动机的主要机件

航空活塞式发动机是一种利用一个或多个活塞将压力转换成旋转动能的发动机，是一种四冲程、电点火的汽油发动机，如图 6-3 所示。

1) 汽缸

汽缸呈圆筒形固定在机匣上，是混合气进行燃烧并将燃烧释放出来的热能转变为机械能的地方。活塞式发动机工作时，汽缸承受燃气高温、高压作用，因此汽缸必须要有足够的强度及良好的散热性能，此外还要求汽缸的重量要轻，为了满足这些要求，汽缸一般都由汽缸头和汽缸筒两部分组成。汽缸筒由合金钢制成，以确保其强度。汽缸头则由导热性较好且重量较轻的铝合金制成。为加强散热，气冷式发动机的汽缸头和汽缸筒都装有许多散垫片。此外，为减轻活塞高速往复运动而产生的摩擦和磨损，汽缸筒内表面经过了仔细研磨抛光处理。航空活塞发动机都是多汽缸发动机，汽缸的数目随发动机的类型及功率大小不同而不同。

(1) 汽缸头。汽缸头提供了混合气燃烧的空间。在汽缸头上安装有进气门、排气门、两

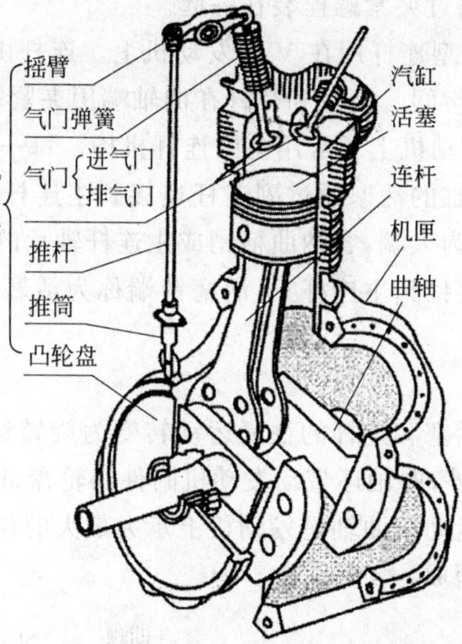


图 6-3　航空活塞式发动机主要结构示意图

个电嘴，以及进、排气操纵机构及散热片。

(2) 汽缸筒。汽缸筒由筒体和钢衬套组成。汽缸筒的外表面镶制有散热片，便于散热冷却。

2) 活塞

活塞装在汽缸里面，并在汽缸内作往复非匀速的直线运动，将燃气所做的功传递出去。活塞常用导热性较好且重量较轻的铝合金制成，其内部是空心的，装有与连杆连接的活塞销。活塞外部周围有几道圆周槽，槽内装有特种耐磨生铁制成的弹性涨圈。涨圈与汽缸抛光内表面紧密贴合，用来防止燃气漏入机匣和滑油漏进汽缸，起到密封和润滑的作用。活塞由活塞柱、活塞销和活塞涨圈三部分组成。

(1) 活塞柱。活塞柱的形状具有一定的椭圆度，所起的作用是在工作温度下能与汽缸配合得更好。活塞的顶面可以是平面、凸面或凹面。在活塞的头部可以加工出两个凹槽，以防止与气门相碰撞。

(2) 活塞销。活塞销的功能是连接活塞和连杆。用于现代航空活塞发动机的活塞销大多是全浮动式的，这样的活塞销可以在活塞和连杆活塞销轴承中间自由转动。

(3) 活塞涨圈。活塞涨圈安装在活塞涨圈槽内，借助本身的弹力和燃气从内面作用的侧压力而紧压在汽缸壁上，可防止燃气从燃烧室中泄漏出去并阻挡滑油流向燃烧室，使渗到燃烧室中的滑油量降到最小。

3) 连杆

连杆一端连接活塞，另一端与曲轴相连，起着传递力的作用，并与曲柄一起将活塞的直线运动转变为旋转运动，如图 6-4 所示。连杆必须具有足够的强度和刚度，以保证传力可靠。此外，重量还要小，以便在连杆和活塞停止运动、改变方向和从每个死点再次运动时能减小惯性力。连杆有以下三种类型。

(1) 普通型连杆。普通型连杆用在直立式和对立式发动机上。连杆装曲拐销的杆端用一个盖板和一个分体轴承通过夹紧螺栓装在一起。

(2) 叉片型连杆。叉片型连杆用在V型发动机上。连杆由叉杆和片杆组成,叉杆在曲轴端分叉,为片杆活动提供空间。叉杆和片杆在曲轴端用夹紧端盖和同一个分体轴承连接。

(3) 主副连杆。星形发动机上通常用主副连杆机构。每一排中有一个汽缸的活塞通过主连杆与曲轴连接,其他汽缸的活塞通过副连杆连接到主连杆上。主连杆是活塞销与曲柄销的连接杆件,曲柄销端称为大端,容纳曲柄销或主连杆轴承的端周围的凸缘供副连杆安装用。副连杆通过副连杆销连接到主连杆上,活塞销端称为活塞端,又叫小端,与1号汽缸中的活塞相连。

4) 曲轴

曲轴的主要功能是把活塞和连杆的往复运动转变为旋转运动,将发动机产生的功率传给旋翼,如图6-5所示。此外,曲轴还带动发动机附件凸轮盘、增压器等运转,并保证在非做功行程时连杆和活塞也能运动。曲轴是发动机上承力最大的构件,要求具有足够高的强度,通常由高强度合金钢锻造而成。

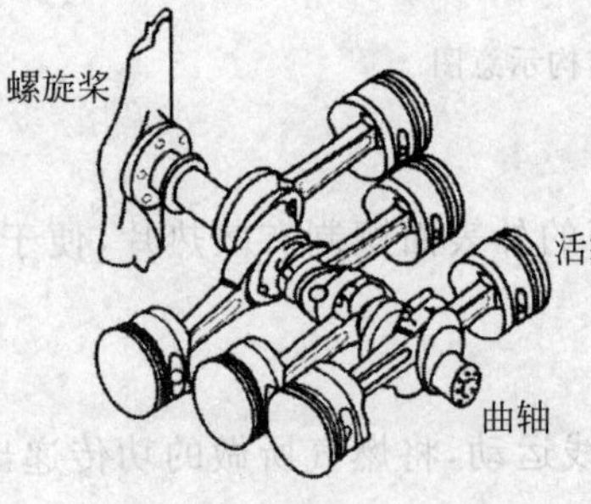

图6-4 连杆结构示意图

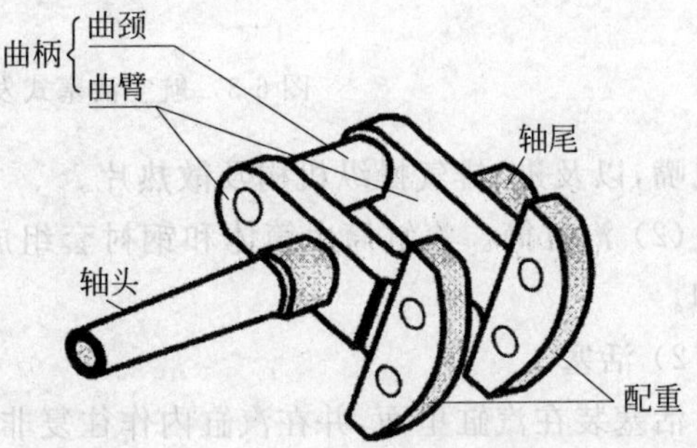

图6-5 曲轴结构示意图

在曲轴上安装有平衡块(配重)和阻尼器(减振器),平衡块用来保证曲轴的静平衡,阻尼器用来保证曲轴的动平衡,以减小发动机的振动。曲轴的类型有以下4种。

(1) 单曲拐曲轴。单曲拐曲轴是最简单的,由前后轴颈、两个曲拐颊、曲拐销和配重组成。此类曲轴应用于单排星形发动机。

(2) 双曲拐曲轴。双曲拐曲轴由前后轴颈、两个曲拐颊、两个曲拐销和中间部件组成。两个曲拐互成180°,曲拐颊一端带配重。此类曲轴应用于双排星型发动机和四缸V型发动机。

(3) 三曲拐曲轴。三曲拐曲轴有3个曲拐,互成120°。应用于三缸直立式发动机和六缸V型发动机。

(4) 四曲拐曲轴。四曲拐曲轴有4个曲拐,成180°排列。应用于四缸直立式发动机、四缸对立式发动机和四排星形发动机。

5) 平衡块和阻尼器

发动机的振动超过规定的数值,不但会导致机件的疲劳裂纹,而且还会引起运动部件的迅速磨损。在有些情况下,振动过大是由于曲轴不平衡造成的,故在曲轴上安装有平衡块(配重)和阻尼器(减振器)。一般来说,平衡块用来保证曲轴的静平衡,阻尼器用来保证曲轴的动平衡,以减轻发动机的振动,如图6-6所示。

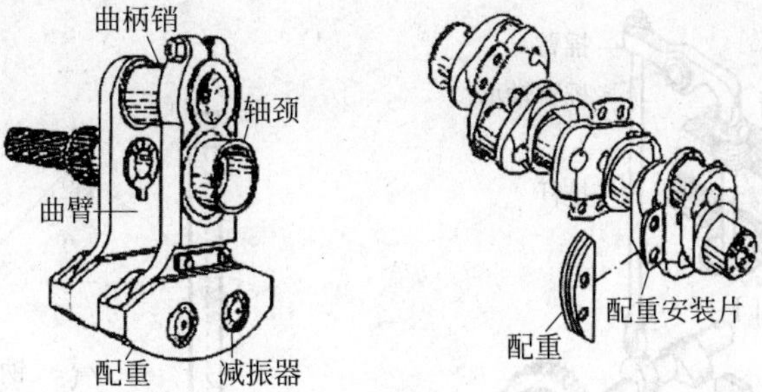


图 6-6 发动机曲轴配重

当曲柄销、曲臂和配重的整个组件围绕转子轴线平衡时，曲轴就达到了静平衡。检验曲轴是否达到静平衡的方法是：将曲轴架在两个刀刃上，看曲轴是否有向任何方向转动的趋势，如果有旋转的趋势，则说明曲轴没有达到静平衡。

当由曲轴转动所引起的全部力都达到平衡时，就说明曲轴达到了动平衡。为了使发动机工作时的振动降到最小值，在曲轴上安装了减振器。减振器只不过是一个重摆，它被安装在曲轴上，在一个小的弧度范围内可以自由摆动。减振器和配重组件结合在一起，有些曲轴装有两个或多个这样的配件，每个分别安装到不同的曲轴颈上。摆动配重运动的距离和振动的频率与发动机功率振动的频率有关，当曲轴出现振动时，摆动配重与曲轴振动的不同步来回摆动就会将振动降低到最小。

6）气门机构

活塞式发动机工作时汽缸内不断地进行着气体的新陈代谢，气门机构的作用是控制气门开启和关闭，保证新鲜混合气在适当的时机进入汽缸，以及保证燃烧做功后的废气适时地从汽缸中排出。气门机构由凸轮盘、滚轮、挺杆、推杆、调整螺丝、摇臂、转轮、气门弹簧等组成。气门机构工作流程是：凸轮盘上有许多凸起的部分，凸起部分顶着一个凸轮滚轮或随动轮工作，凸轮滚轮依次推动挺杆和推杆，推杆又作用于摇臂而打开气门。当凸轮滚轮和挺杆沿着凸轮盘较低的部分滚动时，气门弹簧在气门杆上滑动，通过气门弹簧座锁扣和气门杆环形槽将气门压在气门座上，这时气门就关闭，并将气门机构推向相反的方向，如图 6-7 所示。

发动机的每一个汽缸上都有一个进气门和排气门，它们的开启和关闭都由气门机构来控制。由于气门处在汽缸头高温区，故由特种耐热钢制成。为了便于形成进气涡流，进气门头部常特制成凹形；为了加强排气门的散热，排气门制成空心的，内充填金属钠，所以排气门杆较粗，头部常呈凸形。

7）机匣

机匣作为发动机的壳体，外部装有汽缸、附件和辅助零件，内部装有发动机主要机构的轴承和支座。依靠装在机匣上的结合支座，将发动机固定在旋翼飞行器的发动机安装架上。由机匣壁组成的内腔可使飞溅的滑油去润滑发动机的一系列零件，并汇集工作过的滑油。机匣常用高强度的铝合金或铝镁合金制成，其类型主要有以下两种。

（1）直列形发动机机匣。直列形发动机机匣通常包括主机匣、增压机匣和后盖。

（2）星形发动机机匣。星形发动机机匣通常包括前机匣、中机匣、增压机匣和附件机匣（后盖）。各部分机匣是用螺栓连接起来的，为避免连接处漏油，通常使用胶圈、橡胶条等

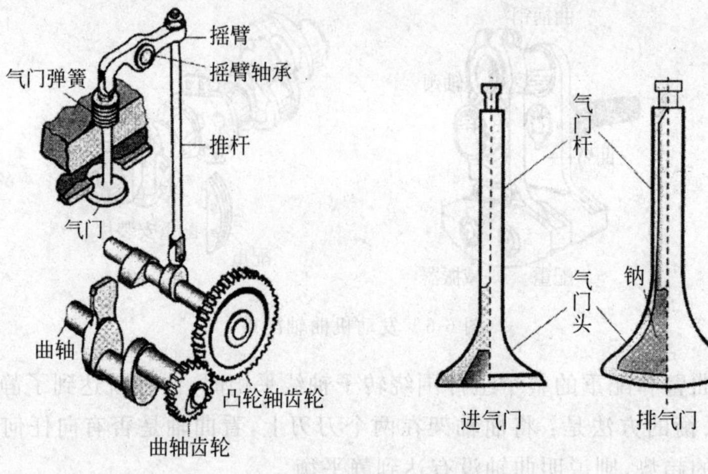


图 6-7　气门机构结构及进、排气门示意图

封严。

8）减速器

对于大功率的航空活塞发动机，通常当曲轴带动旋翼时，中间要经过一个称为减速器的机构。它的作用是用来使旋翼的转速低于曲轴转速。因为要使发动机发出较大的功率，曲轴应有较大的转速（目前曲轴转速在 2200～3500r/min 之间）。但旋翼的转速又不能太大（目前一般限制在 2000r/min 以内），否则桨尖的运动速度将超过音速，并出现激波阻力，使旋翼效率大大降低，拉力减小。为了解决这一矛盾，在旋翼与曲轴间加装了减速器。

由于减速器的齿轮需要传递很大的功率，自身应力就非常大，因此，减速器齿轮都是用锻钢制造的。减速器的类型比较多，航空发动机使用的有定轴齿轮系和行星齿轮系两大类。

（1）定轴齿轮系。定轴齿轮系减速器常用于直立式和 V 形发动机中，其结构由主动齿轮和被动齿轮构成，安装在曲轴上的齿轮叫主动齿轮，安装在旋翼轴上的齿轮叫被动齿轮。

（2）行星齿轮系。行星齿轮系减速器的组成及工作原理如图 6-8 所示。安装在曲轴上的主动齿轮叫太阳轮，它与曲轴一起转动，一组小的行星齿轮均匀安装在行星架上，这个齿

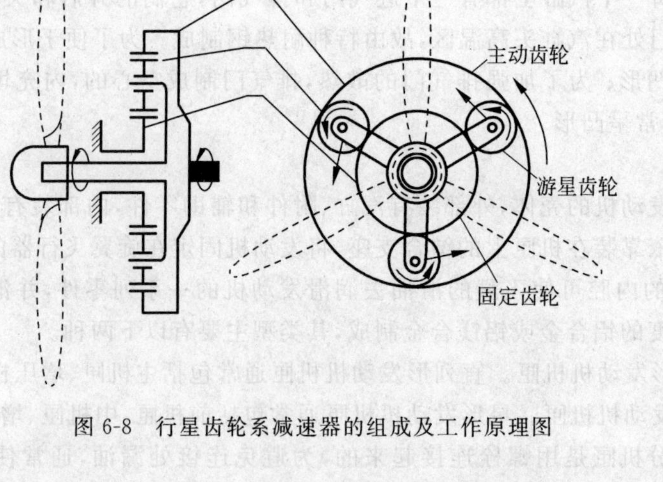


图 6-8　行星齿轮系减速器的组成及工作原理图

轮架被连到旋翼轴上。行星齿轮同时和太阳齿轮与固定齿轮相啮合。固定齿轮用螺栓安装在前机匣内。

当发动机工作时，太阳齿轮转动，因为行星齿轮与太阳齿轮啮合，所以行星齿轮必然转动，而它们又同时与固定齿轮啮合，当它们转动时，它们一边自转，一边公转，所以行星齿轮架就带动旋翼以较低的转速与曲轴同向转动。旋翼转速就是游星齿轮公转转速，所以旋翼的转速比曲轴转速小得多，然而扭矩则相应增加。旋翼的转速与曲轴的转速比称为减速比，一般在 0.5～0.7 之间。

减速器虽然可以较好地确保旋翼的效率，但同时也使发动机重量增加，机械损失加大。所以当发动机功率不大时，可以不设置减速器而由曲轴直接驱动旋翼，最终使发动机的总体性能得到优化。

**2. 航空活塞式发动机的工作系统**

要保证发动机正常工作，除了以上的主要机件外，还必须依赖发动机的工作系统。

(1) 燃油系统。燃油系统是为了不断地给发动机提供适当数量的燃油，并将燃油很好地雾化，与空气均匀混合成浓度合适的可燃混合气。有汽化器式和直接喷射式两种型式。

(2) 点火系统。点火系统是为了在适当的时刻产生电火花，以点燃汽缸里的混合气。电火花由装在汽缸上的电嘴在高压电的作用下产生，而高压电由磁电机产生。

(3) 润滑系统。润滑系统主要用来将润滑油不断地送到各机件的摩擦面，以降低摩擦阻力，减轻机件的磨损，同时把摩擦产生的热量带走。

(4) 冷却系统。冷却系统是为了把汽缸内的一部分热量散发到大气中去，保证汽缸头的温度正常。冷却系统有气冷式和液冷式两种。

(5) 起动系统。起起动系统是为了带动发动机从静止状态开始转动起来，并使发动机进入慢车转速。转动曲轴的方式通常有气动和电动两种。

## 6.2 航空活塞发动机工作原理与旋转活塞发动机

往复活塞式发动机与旋转活塞式发动机都是将热能转变成机械能的动力机器，两者的主要区别是活塞在汽缸中运动的方式。前者活塞在汽缸中做往复运动，带动曲轴旋转，动力由曲轴输出；后者活塞在汽缸中做旋转运动，不需要通过曲轴进行传递，动力由主轴直接输出。由于实际运用中绝大多数情况都是采用往复活塞式发动机，而旋转活塞式发动机一般功率都比较小，不论是应用范围，还是数量规模都比往复活塞式发动机小很多(小到可忽略不计的程度)，所以通常情况下(未注明或特别说明时)，航空活塞式发动机指的都是往复活塞发动机，这在航空业界已经形成了一种共识或惯例。

### 6.2.1 航空活塞式发动机工作原理

航空活塞式发动机的主要作用是将热能转变成机械能，是由活塞运动的几个行程完成一个工作循环来实现的。活塞运动四个行程而完成一个循环的发动机，叫四行程发动机。现代航空活塞发动机都属于四行程发动机。

**1. 发动机工作时活塞的关键位置**

航空活塞式发动机工作时燃料与空气组成的混合气经进气门进入汽缸，在汽缸内被活塞压缩后，由电火花点火进行燃烧，放出热能。高温高压的燃气膨胀，推动活塞做功，将热能转换为机械能。最后将做功后的废气经排气门排到大气中。

航空活塞式发动机工作过程中，活塞在汽缸中的往复运动使气体工质完成热力循环，其涉及的几个关键位置和概念如下(图 6-9)。

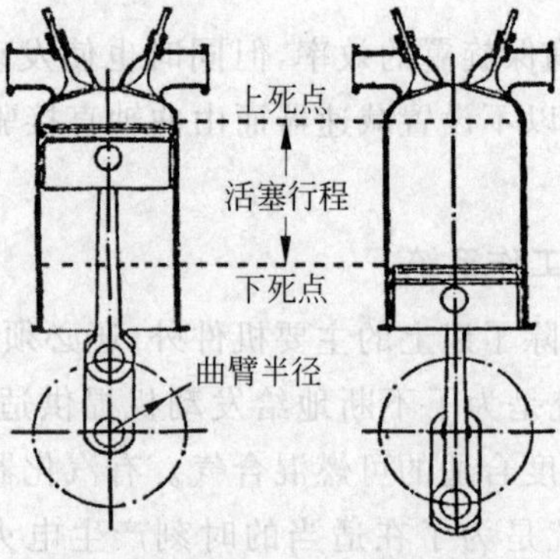


图 6-9 发动机工作过程中活塞关键位置示意图

(1) 上死点。是活塞距曲轴旋转中心最远的位置。

(2) 下死点。是活塞距曲轴旋转中心最近的位置。

(3) 活塞行程。活塞上、下死点之间的距离称为活塞的行程。

(4) 燃烧室容积。活塞在上死点时，气体在汽缸内所占有的容积，用 $V_R$ 表示。

(5) 汽缸全容积。活塞在下死点时，气体在汽缸内所占有的容积，用 $V_Q$ 表示。

(6) 汽缸工作容积。活塞在上死点与下死点之间的汽缸容积，用 $V_W$ 表示。汽缸工作容积等于汽缸横截面积与活塞行程的乘积，也等于全容积与燃烧室容积之差，即 $V_W = V_Q - V_R$。

**2. 活塞式发动机工作的四行程**

航空活塞式发动机工作时，混合气从进入汽缸起，分别经过压缩、燃烧、膨胀，直到废气排出。在这整个过程中，活塞从上死点到下死点之间往返了两次，也就是连续地移动了四个行程。

由于在这四个行程中分别完成了进气、压缩、膨胀和排气的工作，所以这四个行程相应地叫做进气行程、压缩行程、膨胀行程和排气行程。从进气行程开始，到排气行程结束，四个行程组成一个工作循环(图 6-10)。

(1) 进气行程。在进气行程中，排气门始终关闭。活塞在上死点时进气门打开。因此，当活塞从上死点向下死点移动时，汽缸内容积扩大，压力减小，在汽缸内外压力差的作用下，混合气经过进气门进入汽缸。活塞到达下死点时，进气门关闭，不再进气，于是进气行程结束，如图 6-10(a)所示。

(2) 压缩行程。在进气行程之后，活塞从下死点往上死点移动，此时由于进气门和排气门都关闭着，使汽缸内的容积不断缩小，混合气受到压缩后压力和温度升高，成为压缩行程。活塞到达上死点时，压缩行程也就结束，如图 6-10(b)所示。

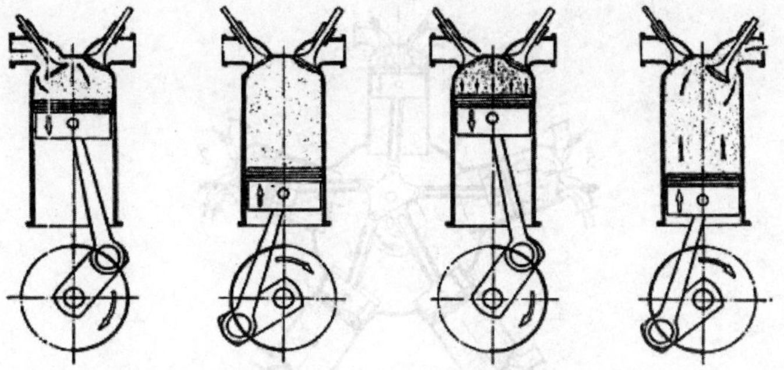


图 6-10 航空活塞式发动机工作四行程示意图

(3) 膨胀行程。在压缩行程结束时，电嘴产生电火花，将压缩后的混合气点燃。膨胀行程就是混合气燃烧膨胀做功的一个行程，也就是发动机赖以产生动力的一个行程，即工作行程。在膨胀行程中进气门和排气门仍然关闭着，混合气在电嘴点火后的瞬间全部烧完，放出大量热能，燃气的温度和压力急剧升高。在燃气膨胀的同时，以很大的压力推动活塞，使活塞从上死点向下死点移动，这样燃气便做了功。燃气在膨胀做功的过程中所占的容积逐渐扩大，压力和温度不断下降，直到活塞到达下死点时膨胀行程就结束，如图 6-10(c)所示。

(4) 排气行程。燃气膨胀做功以后就变为废气。为了再次把新鲜混合气送入汽缸以便连续工作，必须把废气排出汽缸。排出废气的工作便是靠排气行程来完成的。在排气行程中，进气门仍然关闭着。当膨胀行程结束，活塞到达下死点时排气门打开，废气便在汽缸内外气体的压力差及活塞从下死点向上死点移动的推压作用下排出汽缸。活塞到达上死点时排气门关闭，排气行程结束，如图 6-10(d)所示。

排气行程结束后，活塞又重复进行进气行程、压缩行程……从进气行程开始到排气行程结束，活塞运动了四个行程，完成了一个工作循环。一个循环结束后又接着下一个循环，航空活塞式发动机连续不断地工作，热能就不断地转变为机械能。在一次工作循环中，曲轴共转了两圈，进、排气门各开、关一次，点火一次，气体膨胀做功一次。活塞在四个行程中，只有膨胀行程获得机械功，其余三个行程都要消耗一部分功，消耗的这部分功比膨胀得到的功小得多。因此从获得的功中扣出消耗的那部分功，所剩下的功仍然很大，用于驱动附件和旋翼旋转。

**3. 活塞式发动机汽缸的点火次序**

航空活塞式发动机工作时，活塞在汽缸的上死点和下死点之间往返了两次，连续移动了四个行程。在四个行程中曲轴旋转两周，每个汽缸有一次点火。在一个循环中完成了五个过程，五个过程的顺序是：进气—压缩—燃烧—膨胀—排气。

一般航空活塞式发动机都不是只有一个汽缸，而是由多个汽缸组成的。无论有多少汽缸，每个汽缸内的活塞总是按四个行程的方式进行工作的，各汽缸相同行程的工作情形也都一样。但是各汽缸的相同行程并非同时进行，而是按一定的次序均匀错开的，因此，每个汽缸的点火也是按相同的次序均匀错开，以保证活塞推动曲轴的力量尽可能均匀，使发动机运转平稳(图 6-11)。

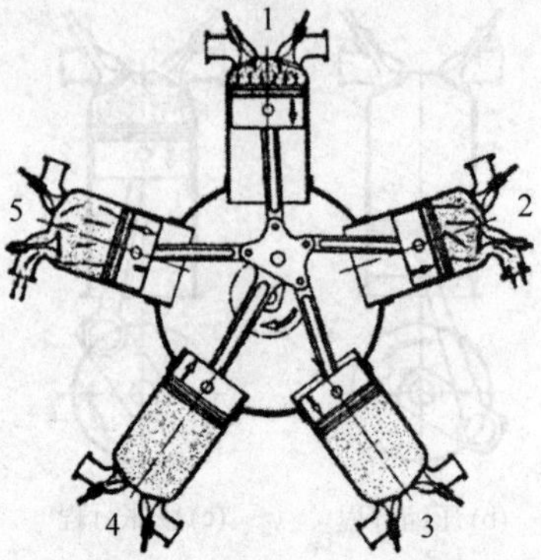

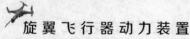


图 6-11　单排星形五缸航空发动机点火顺序示意图

汽缸的点火次序与汽缸的排列形式有关，排列形式不同，汽缸的点火次序就不同。点火次序的确定一般都应遵循以下三条原则：

（1）各汽缸的点火间隔角应相等。

（2）曲柄的排列应两两相对称，以达到惯性离心力的自身平衡。

（3）应尽可能使连续点火汽缸的曲柄不是相邻的，从而使机匣受力均匀。

1）单排星形发动机

设汽缸数为 $i$，则汽缸点火间隔角为：$\alpha=720°/i$，汽缸间隔角为 $\varphi=360°/i$，所以点火间隔角等于汽缸间隔角的两倍。例如，单排星形五缸航空发动机点火顺序是：1→3→5→2→4→1；单排星形九缸航空发动机的点火次序是：1→3→5→7→9→2→4→6→8→1。

2）双排星形发动机

汽缸点火间隔角等于汽缸间隔角的两倍，前后排交错点火。例如，双排十四缸星形发动机点火次序的规律是：加九减五。即双排十四缸星形发动机点火顺序是：1→10→5→14→9→4→13→8→3→12→7→2→11→6→1，如图 6-12 所示。

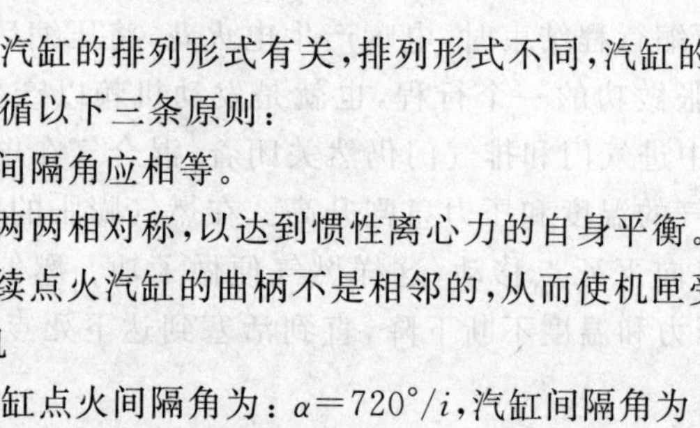

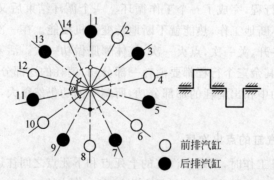


图 6-12　双排星形十四缸航空发动机点火顺序示意图

## 6.2.2　旋转活塞式发动机

与普通常规的往复活塞式发动机不同，旋转活塞式发动机是由燃烧室内产生的高温高压燃气推动活塞旋转以产生动力的内燃机，动力由主轴输出。

**1. 旋转活塞式发动机的基本结构**

旋转活塞式发动机又称汪克尔发动机（德国人 Wankel 在 20 世纪 50 年代发明，1958 年 7 月研制成功的 KKI 旋转活塞式发动机功率达到 161kW），它由缸体、转子、中心齿轮、电嘴和主轴组成。缸体内腔是一种特殊型面，按三角形转子的中心内齿轮在一个不同心的固定的外齿轮上啮合滚动时，三角形顶点的运动轨迹形成的。在其短轴方向分别设置进/排气口和电嘴，如图 6-13 所示。

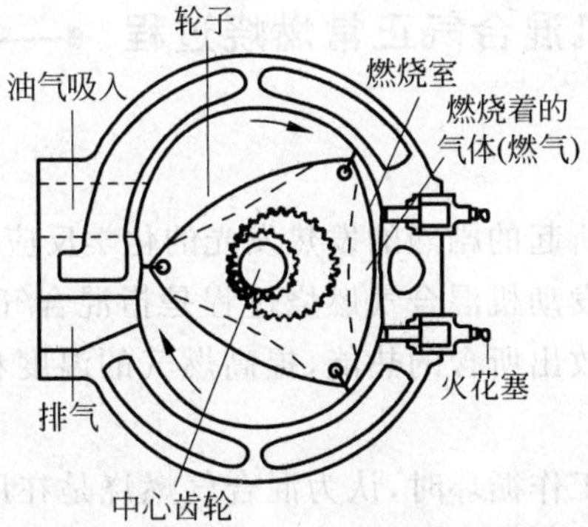


图 6-13 旋转活塞式发动机结构示意图

转子外形呈曲面三角形，中间有一个内齿轮，与固定在缸体盖上的中心齿轮啮合。转子外表面与缸体内表面形成三个独立的工作室。转子在自转的同时还绕中心齿轮做行星运动。转子的三个顶点在缸体内滑动时，每个工作室的容积周期性地变化。

**2. 旋转活塞式发动机的工作过程**

旋转活塞式发动机从 20 世纪 80 年代起开始用于某些轻型飞机，特别是在近年来掀起的无人机热潮中，旋转活塞式发动机开始应用到无人机上，并取得了较好的效果。目前使用中的旋转活塞式发动机的功率一般小于 100kW，尚在研制中的分层进气旋转活塞式发动机的功率可达到 200kW。其工作过程如下：

(1) 当转子的某个表面朝向进/排气口方向开始转动时，该工作室的容积先逐渐变大，在吸入混合气后逐渐变小，压缩混合气。

(2) 当该工作面转动至朝向电嘴时，容积最小而压力最大，混合气被点火燃烧。

(3) 接着工作室的容积又逐渐变大，燃气膨胀，燃气压向转子，依靠偏心轴径的偏心距产生主轴的扭矩，输出功率。

(4) 三角形活塞再继续转动，工作室容积又逐渐变小，将废气压出排气口，直到工作表面回到正对进/排气口，废气被完全排出后，又开始进气。到此完成一个进气、压缩、膨胀和排气的热力循环。转子自转一周，主轴转动三周。

与常规的往复活塞式发动机相比，旋转活塞式发动机的优点是没有往复运动构件和复杂的分气机构，因而结构轻巧，工作平稳，震动小。缺点是缸体局部高温，冷却困难，各工作室之间难以密封，难以达到大的扭矩，排气污染重。

# 6.3 航空活塞发动机混合气燃烧过程

航空活塞式发动机利用燃料燃烧放出的热做功，其原理是使燃料释放出热能，提高气体的温度和压力，以便气体膨胀，推动活塞往复运动，带动曲轴旋转输出功率。所以，混合气在汽缸中燃烧过程工作的好坏将直接影响发动机的工作。

## 6.3.1 航空活塞发动机混合气正常燃烧过程

### 1. 燃烧过程的阶段划分

燃烧是指燃料和氧化剂所起的剧烈的发热发光的化学反应，其反应以火焰的形式出现，过程极其复杂。航空活塞式发动机混合气燃烧过程是指混合气在汽缸内燃烧放热的过程。混合气燃烧的作用是使燃料放出所含的热能，提高燃气的温度和压力，以便气体膨胀，推动活塞做功。

在讨论四行程发动机的工作循环时，认为混合气燃烧是在压缩行程末期活塞在上死点时瞬间等容情形下完成的。实际上，燃烧时间虽然很短，但仍有一个过程，即正常燃烧过程是在压缩行程末期和膨胀过程的初期进行的；若混合气过贫油或过富油，其燃烧持续时间会延长。根据燃烧过程中气体压力的变化，可将燃烧过程分为三个阶段，如图 6-14 所示。

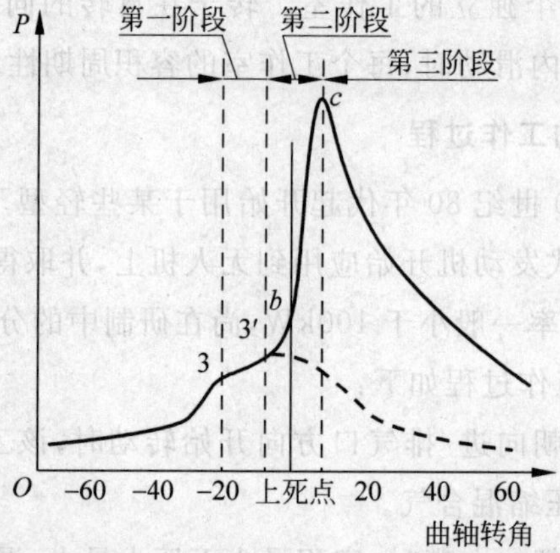


图 6-14 燃烧过程中气体压力随曲轴转角变化的情形

1）第一阶段：隐燃期

第一阶段从电嘴产生火花使混合气着火到火焰形成，令气体压力开始显著增大为止(图 6-14 中3-3′段)。由于此阶段汽缸内气体的压力尚不够高，燃烧后气体的压力变化与气体受到压缩后的压力变化大致相同。隐燃期所占的时间，约为从点火时刻起到汽缸内达到最大压力所需时间的 15%～20%。此阶段延续时间的长短取决于点燃混合气的电火花的能量、混合气着火前的温度和压力，以及混合气的余气系数。混合气的余气系数是指发动机工作时实际空气流量与供入的燃料完全燃烧时所需要的理论空气量的比值，用符号 $\alpha$ 表示。图 6-14 中的虚线表示混合气不燃烧，只受压缩时压力变化的情况。

电火花能量的大小决定起始火焰的强度。当电火花能量不足时，混合气不易点燃，即使点燃了，火焰也不稳定，从而延长了第一阶段的时间。在电火花能量能足够保证混合气可靠点燃时，再增大电火花能量，对此阶段的延续时间就无显著的影响。当混合气的温度和压力升高时，混合气就容易点着，火源向四周散失的热量也少，火源容易稳定，同时，火焰传播速度也快，所以第一阶段延续时间就短。压缩比增大时，混合气的温度和压力升高，从而使此阶段延续时间缩短。

对定型的发动机而言，点火系统在正常工作的条件下，电火花能量足以使混合气点着火，压缩比也是既定的，所以隐燃期的延续时间主要取决于混合气的余气系数(图 6-15)。

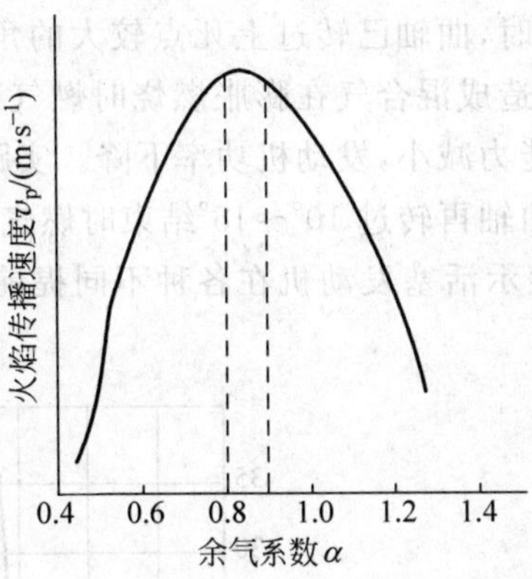


图 6-15　火焰传播速度与余气系数之间关系

2）第二阶段：显燃期

第二阶段从气体压力开始显著增大时起，到气体压力达到最大值时止(图 6-14 中 3′-$c$ 段)。这一阶段称为燃烧的显燃期，火焰前锋迅速向前推进，火焰在整个汽缸中传播，燃料热能迅速释放，气体的压力和温度都急剧地升高。活塞通过上死点后，曲轴转角为 10°～15°时，燃气压力和温度达到最大值。

显燃期燃烧延续时间的长短主要取决于混合气的余气系数和紊流强度。当混合气的余气系数在 0.8～0.9 之间时，火焰传播速度最大(图 6-15)；紊流强度对火焰传播速度的影响是：紊流强度越大，火焰传播速度越快；紊流强度越小，火焰传播速度越慢。发动机转速增大，新鲜气体进入汽缸的流速增加，涡流运动加剧，紊流强度也增大。因此，转速增加，火焰传播速度提高，从而使显燃期缩短，增大了发动机的功率。

3）第三阶段：后燃期

第三阶段从气体压力为最大值时起，到全部混合气烧完为止，如图 6-13 中 $c$ 点以后的一段曲线所示。

后燃期主要是剩余的新鲜混合气及燃料离解产物的残余燃烧。由于是在膨胀过程中进行，气体体积变大，所以气体压力逐渐降低。

后燃期时间的长短取决于混合气的余气系数和提前点火角。后燃期的燃料应控制在混合气中燃料的 6%～8%。后燃期的时间过长或残余燃料过多，都会使燃气最大压力值降低，膨胀功减小，发动机性能变差；同时使废气温度升高，引起发动机过热，严重时还会损坏发动机。因此，为了缩短后燃期的时间和燃油量，应确保发动机的混合气余气系数适当及点火时刻准确。

2. 燃烧过程的提前点火

活塞式发动机工作时在压缩行程的末期，活塞到达上死点以前，电嘴就会产生电火花点燃混合气，这叫做提前点火，如图 6-16 所示。从电嘴跳火起到活塞运动到上死点时为止，曲轴所转动的角度叫做提前点火角，用 $\theta$ 表示。

1）提前点火的必要性

混合气在燃烧过程中虽然燃烧进行得很快，但是从电嘴跳火到最大压力出现仍需要 2‰～5‰s。如果待活塞到达上死点才点火燃烧，那么在大转速的情况下，混合气经过千分之几秒的燃烧到最大压力出现时，曲轴已转过上死点较大的角度，使活塞离开上死点较远，汽缸容积会变得较大。这样会造成混合气在膨胀燃烧时燃气最大压力出现较晚，压力值也减小，从而使燃气膨胀做功的能力减小，发动机功率下降。实践经验表明：如果燃烧过程第二阶段在活塞到达上死点后，曲轴再转过 10°～15°结束时燃气压力达到最大值，则发动机功率可以达到最大值。图 6-17 表示活塞发动机在各种不同提前点火角工作时混合气体的压力随曲轴转角变化的情形。

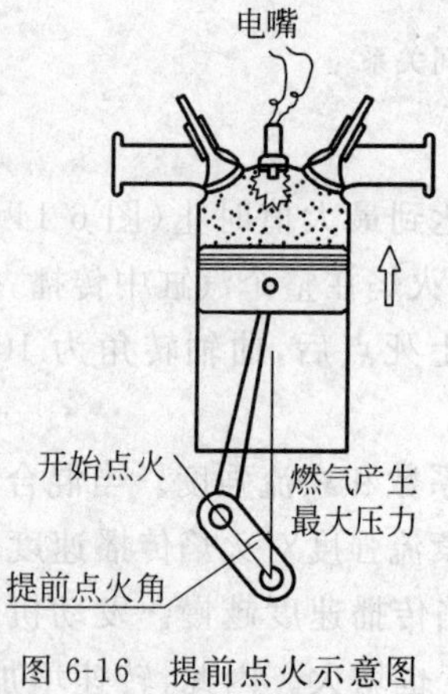


图 6-16　提前点火示意图

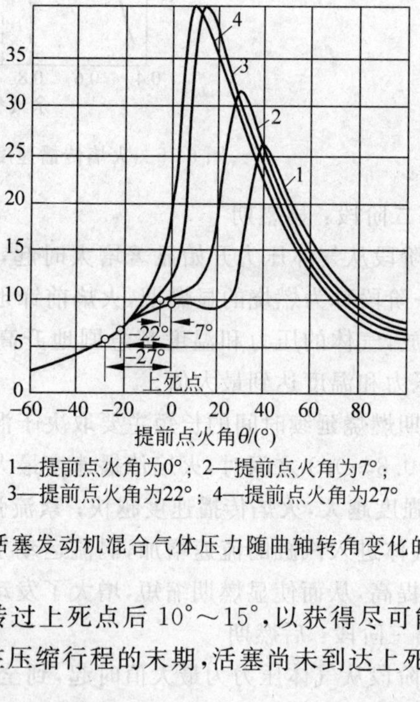


1—提前点火角为0°；2—提前点火角为7°；
3—提前点火角为22°；4—提前点火角为27°

图 6-17　活塞发动机混合气体压力随曲轴转角变化的情形

为了保证混合气最大压力值出现在曲轴转过上死点后 10°～15°，以获得尽可能大的发动机功率，就必须使发动机点火提前。所以，在压缩行程的末期，活塞尚未到达上死点时，电嘴就应跳火点燃混合气。

2）提前点火角的选择

提前点火角适当，发动机功率才能达到最大值；提前点火角过大或过小，发动机功率都要下降。根据发动机实际的工作情况，使燃气压力最大值正好出现在曲轴转过上死点 10°～15°时，此时的提前点火角叫做有利提前点火角。

若提前点火角选择太小，点火过晚，最大压力值出现时燃气体积已较大，此时最大压力值将减小，燃气的膨胀能力也被削弱；同时，由于燃气未充分膨胀，将使排气温度升高，最终将引起发动机功率降低，经济性变差及发动机过热，如图 6-17 所示。

若提前点火角选择过大，点火过早，此时混合气在燃烧的同时还受到活塞的压缩；燃气压力急剧升高，会消耗过大的活塞压缩功；同时，因高温、高压，燃气不能及时膨胀做功，散热损失增加，膨胀功减小，从而引起发动机功率减小，经济性变差。因燃气压力、温度上升过早、过快，容易引起爆震等不正常燃烧现象，甚至使发动机倒转或停车，如图 6-17 所示。

3）影响有利提前点火角的因素

有利提前点火角等于曲轴在燃烧过程第一、二阶段内的旋转角减去 10°～15°。由于燃烧过程第一、二阶段内曲轴旋转角取决于发动机转速和燃烧过程第一、二阶段所需的时间，而此时间又取决于火焰传播速度，因此有利提前点火角取决于发动机转速和火焰传播速度。

在发动机转速保持不变的情况下，火焰传播速度增大，燃烧时间就会缩短，在这段较短的时间内，曲轴转过的角度也减小。为了使燃气在上死点后 10°～15°时产生最大的压力，有利提前点火角应该减小。反之，火焰传播速度减小，有利提前点火角就应该增大。因此，所有增大火焰传播速度的因素都使有利提前点火角减小。例如，活塞发动机的压缩比增大时，压缩后混合气的温度和压力提高，火焰传播速度增大，有利提前点火角应该减小。

在火焰传播速度不变的情况下，发动机转速增加，则在燃烧过程第一、二阶段时间内，曲轴的转角增大，为了使燃气能在上死点后 10°～15°产生最大压力，有利提前点火角就应增大。虽然当转速增加时，由于混合气紊流强度增加，火焰传播速度也会增大，这将使有利提前点火角减小。但是，实践证明，在这种情况下，火焰传播速度增大对有利提前点火角的影响较小。所以有利提前点火角仍将随转速的增加而增大。现代发动机一般都安装有自动提前点火装置，可以根据发动机的不同转速自动调整提前点火角到有利值。

## 6.3.2 航空活塞发动机混合气的不正常燃烧

航空活塞发动机混合气的不正常燃烧是指可能造成破坏发动机正常工作的某些燃烧现象。这些不正常燃烧现象的发生，不但降低了发动机的功率和经济性，严重时还会损坏机件，甚至造成事故。因此，研究燃烧过程，还必须了解混合气不正常燃烧的现象，分析其产生的原因，从而找出预防的方法。

**1. 混合气过贫油燃烧**

当混合气的余气系数 $\alpha>1.1$ 时，则为过贫油燃烧。过贫油燃烧时，由于混合气中燃料过少，空气过多，所以火焰传播速度减小，每公斤混合气燃烧后的发热量减少，从而产生下列不正常燃烧现象及危害。

(1) 发动机功率减少，经济性变差。由于混合气过贫，每千克混合气燃烧后发出的热量少，燃气最大压力减小；而且火焰传播速度慢，燃烧时间延长，燃气最大压力出现得晚，热量散失多，燃气膨胀做功减少，发动机功率下降，经济性变差。

(2) 排气管发出短促尖锐的声音。由于火焰传播速度小，燃烧过程延续时间长，部分混合气在排气过程中仍在燃烧，流过排气管时便会发出短促而尖锐的声音。在夜间还可看到在排气管口有脉动的淡红色或淡黄色的火舌，这表明混合气流出排气管时还在燃烧。

(3) 汽缸头温度降低。当混合气余气系数略小于 1 时($\alpha=0.97$)，汽缸头温度最高。因为这时每千克混合气燃烧后发热量大，燃烧过程中，燃烧温度高的缘故。混合气过贫油燃烧时，由于每千克混合气燃烧后热量小，使燃气温度降低，从而导致汽缸头温度降低。

(4) 汽化器回火。当混合气过分贫油时,火焰传播速度很慢,在排气过程快要结束时,进气门已经打开,汽缸内一小部分混合气还在燃烧,下一个工作循环进入的新鲜混合气就会被残余的火焰点燃。如果火焰传播速度大于进气管内气体的流速,火焰就会窜入进气管内。由于汽化器式发动机的进气管内充满新鲜可燃混合气,窜入进气管内的火焰此时就会点燃可燃混合气,从而引起沿进气管一直回烧到汽化器,这种现象称为汽化器回火。

当发动机在低温条件下起动时,由于发动机温度低,汽油不易蒸发,混合气容易形成过贫油,而且起动时进气速度很小,故易产生汽化器回火。

(5) 发动机振动。混合气过贫油时,由于混合不均,不同汽缸、不同工作循环、同一汽缸的不同区域,其贫油程度都不相同,从而引起燃气压力大小不等,作用在曲轴上的力不均匀,引起发动机振动。

**2. 混合气过富油燃烧**

当混合气的余气系数 $\alpha<0.6$ 时,则为过富油燃烧。混合气过富油时,会出现燃料不能完全燃烧,燃料汽化吸收的热量增多,每千克混合气燃烧后的发热量减小,以及燃气最大压力出现得晚等现象。因此,发动机过富油燃烧时也会出现与过贫油燃烧时相似的现象,如发动机功率减小,经济性变差,汽缸头温度低,发动机振动等。不过,混合气过富油燃烧还会有另外一些不同的不正常燃烧现象及危害。

(1) 汽缸内部积炭。混合气过富油燃烧后,燃料中的炭不能燃尽,一部分残余的炭就会积聚在活塞顶、汽缸壁、电嘴和气门等处,这种现象称为积炭。

活塞顶和汽缸壁积炭的地方,导热性变差,散热不良,会造成这些机件过热;电嘴上积炭,会使其产生的电火花能量减弱,甚至使电嘴不能跳火;气门上积炭可使气门关闭不严而漏气,使压缩比降低,或因散热不良而烧坏气门。所有这些都会使发动机功率下降,经济性变差,严重时将使机件损坏,发动机出现故障。

(2) 排气管口冒黑烟和"放炮"。混合气过富油燃烧时,由于燃烧不完全,在废气中含有大量未燃或正在燃烧的炭,使排出的废气带有浓密的黑烟。当废气中剩余的可燃物质在排气管口与外界空气相遇而复燃时,就会产生一种类似放火炮的声音,称为排气管"放炮",在夜间还可以看到排气管口喷出长而红的火舌,如图 6-18 所示。

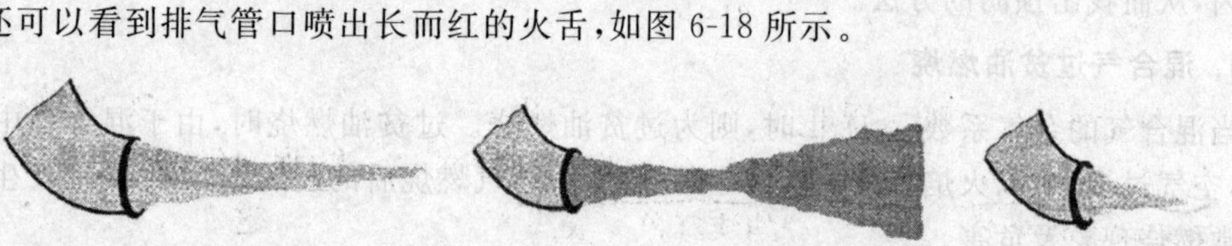


图 6-18 余气系数不同时发动机排气总管火苗的形状

**3. 早燃**

混合气在压缩过程中,如果在电嘴跳火花之前温度已达到着火温度,混合气就要自燃,这种发生在电嘴点火之前的自燃现象叫早燃。

早燃的现象和危害类似于有利提前点火角过大时的情况。早燃发生后,气体压力升高过早,压缩行程消耗的功增大,同时燃气散热量增大,膨胀所做的功减小。于是发动机功率减小,经济性变差。对于多缸发动机,如果某些汽缸出现早燃,则曲拐机构受力不均匀,使发动机产生振动。若发动机在小转速工作时发生早燃，则压缩过程后期燃气作用在活塞上的力过大，而曲轴旋转惯性又较小，便会引起曲轴倒转，从而损坏机件。

引起早燃的原因主要是汽缸头温度过高或压缩比过大。汽缸头温度过高时，电嘴、排气门等高温机件以及炽热的积炭，都能使混合气早燃。因此，必须防止汽缸头温度过高，防止汽缸内部积炭，以免炽热的炭粒引燃混合气。压缩比过大时，混合气受压缩后温度过高，容易达到着火温度而发生早燃。

在对发动机进行维护时，对于刚停车的发动机，决不允许随意扳动旋翼。因为此时汽缸头温度仍然很高，如果扳动旋翼，混合气受压缩可能发生自燃，使旋翼转动起来出现伤人事故。

**4. 爆震**

在一定的条件下，汽缸内混合气的正常燃烧遭到破坏而在未燃混合气的局部区域出现爆炸性燃烧的现象叫做爆震燃烧，简称爆震。发生爆震时，瞬间的火焰传播速度、局部燃气压力和温度都远远超过正常燃烧时的数值。瞬间的火焰传播速度可达 2000m/s，局部燃气压力可达 98～118bar（1bar＝0.105MPa），局部燃气温度可达 3000℃以上。

1）爆震发生时的现象和后果

（1）发动机内发出不规则的金属敲击声。这是由于爆震燃烧产生的爆震波猛烈碰击汽缸壁和活塞顶发出的声音，但往往被发动机的工作噪声所掩盖。

（2）汽缸局部温度急剧升高，活塞、气门及电嘴等机件过热或烧损。

（3）排气总管周期性冒黑烟。这是由于汽缸爆震产生的局部高温使燃烧产物离解，游离出的碳随废气排出形成的。

（4）发动机振动，机件易损坏。这是由于爆震产生的局部高压作用在活塞上，曲拐机构受到强烈冲击而引起的，如图 6-19 所示。

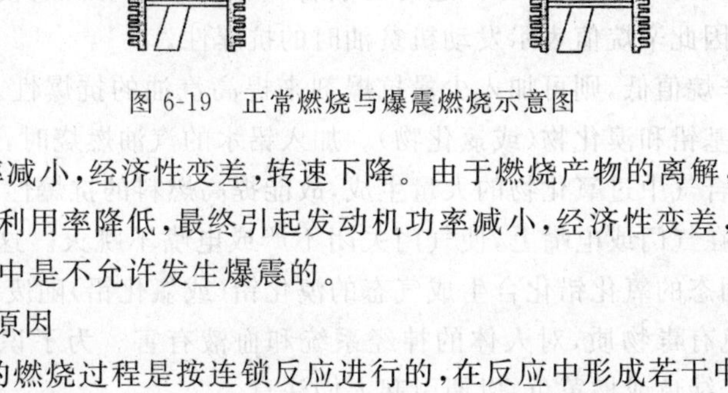

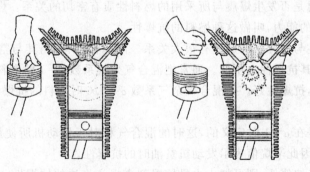

图 6-19 正常燃烧与爆震燃烧示意图

（5）发动机功率减小，经济性变差，转速下降。由于燃烧产物的离解，燃料不完全燃烧；同时热损失增加，热利用率降低，最终引起发动机功率减小，经济性变差，发动机转速下降。因此，在发动机使用中是不允许发生爆震的。

2）爆震产生的原因

发动机中燃料的燃烧过程是按连锁反应进行的，在反应中形成若干中间产物，例如氢过氧化物和有机过氧化物，这些过氧化物成为连锁反应的衍活性中心，过氧化物越多，化学反应速度越快，燃烧开始后，已燃区内燃气热量增多，压力和温度升高。由于燃气压力升高，产生一系列的压缩波，并以音速前进，超过火焰前锋移动的速度而压缩未燃区的混合气；由于燃气温度的升高，热量向未燃区混合气传递。这样，未燃混合气由于压缩和传热的作用，压力和温度升高很多，过氧化物浓度大为增加。

当过氧化物生成速度不很大，浓度还在一定值之内时，汽缸内的燃烧仍能正常进行，火焰前锋正常移动，汽缸内压力、温度比较均匀。但是，当未燃区混合气中的过氧化物生成速度很快，浓度积累到一定值时，在火焰前锋未到达之前，未燃区中受挤压特别厉害的那部分混合气，发生剧烈的化学反应而自行着火（图 6-20）。这时，火焰传播速度极快，局部燃气的压力和温度急剧上升到很大的值，形成爆炸性燃烧，也就是爆震。

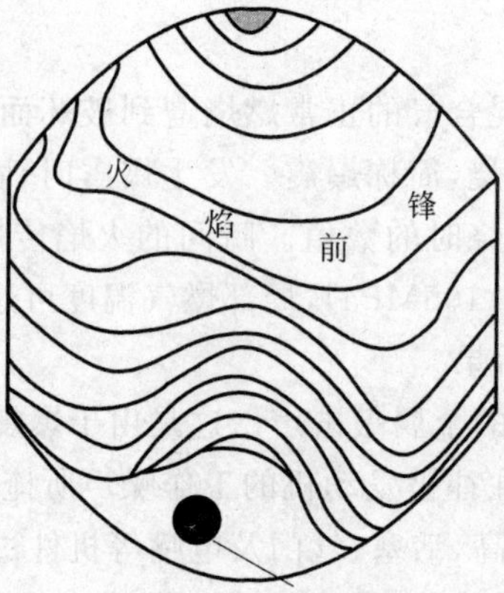


图 6-20　爆震示意图

3）燃料的抗爆性

发动机工作时是否发生爆震与所采用的燃料性质有密切的关系。燃料本身所具有的抵抗、防止爆震发生的能力，叫做这种燃料的抗爆性。

燃料的抗爆性与混合气的成分有很大关系。同一种燃料，当其与空气形成的混合气的余气系数不同时，其抗爆性也不同。通常把混合气余气系数 $\alpha=1$ 时燃料的抗爆性用辛烷值来表示，辛烷值大，抗爆性好。把混合气余气系数 $\alpha=0.6$ 时燃料的抗爆性用级数表示，级数大，抗爆性好。

由于辛烷值是在 $\alpha=1$ 时定义的，这时的混合气相对于发动机所使用的混合气来说，是在较贫油的范围，因此辛烷值表示发动机贫油时的抗爆性。

如果汽油的辛烷值低，则可加入少量抗爆剂来提高汽油的抗爆性。通常用铅水作为抗爆剂，它含有四乙基铅和溴化物（或氯化物）。加入铅水的汽油燃烧时，四乙基铅与氧化合为氧化铅，能阻止混合气中过氧化物的大量生成，故能提高燃料的抗爆性。但生成的氧化铅呈固体状态，会沉积在气门或电嘴上，使气门关闭不严或电嘴不跳火。这时，铅水中的溴化物（或氯化物）能与固态的氧化铅化合生成气态的溴化铅（或氯化铅）随废气一同排出机外。四乙基铅是一种无色有毒物质，对人体的神经系统和血液有害。为了识别，在铅水中加入颜料，使铅水带黄色、绿色或橘黄色，以便引起人们注意。

由于级数是在 $\alpha=0.6$ 时定义的，这时的混合气相对于发动机使用的混合气来说，是在富油的范围，因此级数便表示了富油时燃料的抗爆性。通常，汽油的抗爆性同时用辛烷值和级数来表示，此时用分子表示辛烷值，分母表示级数。例如辛烷值 95、级数 130 的航空汽油表示为：RH-95/130（或 H-95/130）。

平时，辛烷值在 95 以上时才标出级数，而辛烷值大于 70 时才加入抗爆铅水，所以 RH-70 即表示没有加入铅水的辛烷值为 70 的纯汽油。

4）发动机工作状态对爆震的影响

发动机工作状况方面诸因素的变化将改变混合气中过氧化物活性中心浓度的大小，因而与爆震有直接关系。

（1）进气压力和进气温度。进气压力和进气温度高，混合气被压缩后的压力和温度也就高，燃烧较晚的那部分混合气产生的过氧化物也随之增多，因此容易产生爆震。所以进气压力和温度不能过高。

（2）汽缸头温度。汽缸头温度过高时，混合气受热的程度增大，温度升高，产生的过氧化物也就增多，容易产生爆震。因此，必须保持汽缸的良好散热性，以防止发动机温度过高。

（3）发动机转速的影响。在一定的进气压力下，发动机转速增大，汽缸内紊流强度增强，火焰传播速度增大，燃烧时间缩短，燃烧较晚的那部分混合气的过氧化物还来不及增加到一定的值便被烧完，发动机不容易发生爆震。相反，在同一条件下，减小发动机转速，则比较容易发生爆震。

（4）提前点火角。提前点火角过大，混合气边压缩边燃烧，混合气压力和温度升高得快，过氧化物生成积累的多，发动机容易发生爆震。

5）防止爆震的方法

人们了解爆震的危害、原因及影响因素，目的是为了防止爆震的发生。防止爆震的方法主要有：

（1）按规定使用燃料，切忌使用辛烷值和级数低于规定值的燃料。向油箱加油时必须检查所加油料是否符合规定要求。

（2）操纵使用发动机时不可使进气温度过高；同时应按规定使用进气压力，使用最大进气压力的时间不得超过规定时间。

（3）发动机在小转速工作时，不应使用大的进气压力，以免燃气压力温度过高发生爆震。

（4）发动机温度不能过高，不能超过规定值。发动机在大功率状态工作时间不能太长，以免过热。

（5）避免发动机机件积炭。由于机件积炭，造成散热不良，容易使混合气局部过热；同时积炭过多，使燃烧室容积变小，压缩比变大，压力温度增高，都易引起爆震。防止积炭，应使混合气不要过富油。

切实按照上述要求使用发动机，发动机爆震是可以防止的。

## 6.4 航空活塞发动机功率、经济性和工作状态

航空活塞式发动机功率和经济性是衡量其性能优劣的重要指标，其中发动机功率是指发动机单位时间内所做的功，它表示发动机做功的快慢。发动机经济性指标一般用燃油消耗率表示，燃油消耗率是指发动机以 1kW 的功率工作 1h 的燃油消耗量。

### 6.4.1 航空活塞发动机的功率

航空活塞发动机工作时，各汽缸内燃料燃烧释放出的能量，经燃气膨胀并由曲拐机构转换成机械功，在克服摩擦等损失后，最后由曲轴输出机械功。曲轴除带动旋翼外还需要驱动发动机的一些附件，如减速器、增压器、燃油泵、滑油泵、发电机、磁电机等，也要消耗部分功率。

**1. 航空活塞发动机功率的基本概念**

与航空活塞发动机功率相关的基本概念有：

1）指示功与指示功率

(1) 指示功。航空活塞发动机工作时，在一次实际循环中，一个汽缸中的气体对活塞所做的功称为指示功。它是汽缸发出的功。

(2) 指示功率。单位时间做的指示功称为指示功率。影响指示功率的因素包括指示功和转速。

2）阻力功率

发动机所得到的指示功率有一部分要消耗于发动机本身的机械损失。这部分因机械损失所消耗的功率转换为阻力功率，它包括 3 部分。

(1) 摩擦消耗的功率。

(2) 驱动发动机的一些附件，如减速器、增压器、燃油泵、滑油泵、磁电机等所消耗的功率。

(3) 进、排气损失的功率。

3）增压器功率

由于内传动式增压器是由发动机本身曲轴带动的，因此它也要消耗一部分功率。

4）有效功率

航空活塞发动机用来带动旋翼的功率叫做有效功率，用符号 Ne 表示，单位为瓦特(千瓦)或马力(1hp=75kgf·m/s=735W)。在没有特别说明时，通常所说的发动机功率，指的都是有效功率。

**2. 有效功率的影响因素**

1）进气温度

进气温度降低，充填量增加，使指示功率增大；混合气燃烧后压力高，活塞与汽缸壁之间的摩擦损失大，使阻力功率增加；同样，因空气流量增加而使增压器功率增加。但由于后两项功率的增加较指示功率的增加小，所以进气温度降低，最后使有效功率增加。相反，进气温度增加，有效功率减小。

2）发动机转速

发动机转速增加后，一方面，单位时间内各汽缸完成的热循环次数增加，传递给曲轴更多的机械功；另一方面，转速增大，进气速度增大，摩擦损失的功率增加，带动附件所消耗的功率也增加。实验表明，在发动机使用的转速范围内，发动机转速增大，有效功率也增加，如图 6-21 所示。

3）提前点火角

提前点火角的变化主要影响指示功率，对阻力功率和增压器功率影响较小。由于提前点火角过大或过小，均使指示功率减小，从而使有效功率减小。所以，只有在有利提前点火角下工作时，发动机的指示功率才最大，有效功率也最大。

4）进气压力

发动机进气压力增加，使充填量增加，发动机的指示功率增大。这时阻力功率基本不变，增压器功率虽因空气流量增加而有所增加，但没有指示功率增加得多。最后的结果如图 6-22 所示，仍使发动机的有效功率随进气压力的升高而增大。相反，进气压力降低，有效功率减小。

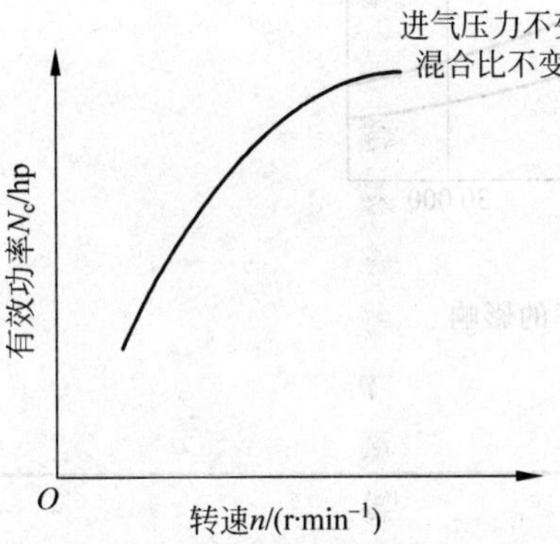


图 6-21 发动机转速对有效功率的影响

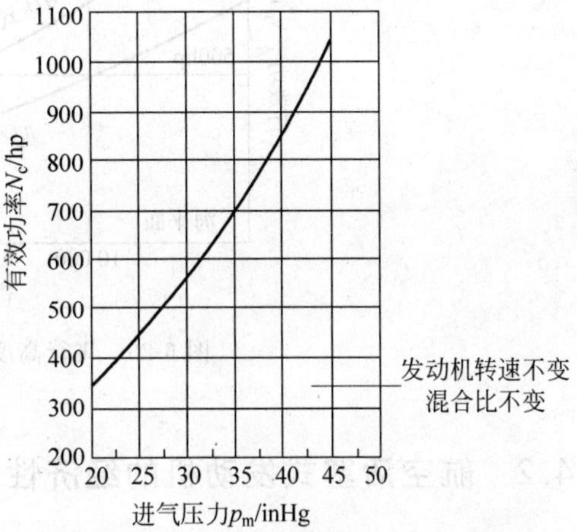


图 6-22 进气压力对有效功率的影响

5）曲轴转速

曲轴转速的变化不仅影响指示功率，同时也影响阻力功率和增压器功率，使有效功率按一定规律变化。

6）滑油温度

滑油温度的变化主要影响阻力功率。当滑油温度适当时，摩擦损失功率最小，有效功率最大。过大或过小的滑油温度，都会使有效功率减小。

7）混合气余气系数

混合气余气系数主要影响指示功率，对阻力功率和增压器功率影响很小。混合气余气系数在 0.85 左右时，因获得最大指示功率而使有效功率大大增加。余气系数大于或小于 0.85 时，有效功率都会减小。

8）大气条件

当发动机转速、节气门开度和混合比不变时，大气压力增加或大气温度降低，都会使发动机充填量增加，发动机功率增加。吸气式发动机的有效功率与大气压力成正比，与大气温度的平方根成反比。

大气湿度也对有效功率有影响。当气体湿度较大时，气体中水的成分增加，氧的密度减小，相当于充填量减小，同时燃烧速度减慢。所以大气湿度增加，发动机有效功率降低，发动机爆震的倾向却减小。因此，当旋翼飞行器飞行高度变化时，由于大气压力和温度的变化，必然会引起发动机功率的变化。如飞行高度升高时，大气压力和大气温度都将降低，大气密度也降低，当发动机转速、节气门开度和混合比一定时，功率随飞行高度的上升而降低。增压式发动机由于叶轮对气体做功使进气压力提高，发动机有效功率增加，改善了旋翼飞行器的起飞性能和高空性能，但同时也使发动机重量和机械损失增加。飞行高度对发动机有效功率的影响如图 6-23 所示。

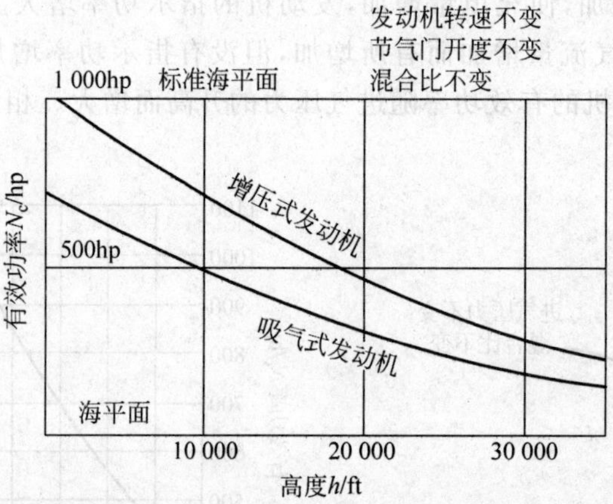


图 6-23　飞行高度对有效功率的影响

## 6.4.2　航空活塞式发动机的经济性

### 1. 发动机燃油消耗率的定义

航空活塞式发动机的燃油消耗率定义为：发动机产生 1hp 的有效功率，在 1h 内所消耗的燃油重量。用 SFC 表示，单位为 kg/(hp·h)，即

$$\mathrm{SFC}=\frac{m_t}{N_e} \tag{6-1}$$

式中：$m_t$ 为发动机小时燃油消耗量；$N_e$ 为发动机有效功率。

燃油消耗率是描述航空活塞发动机经济性的主要参数之一。目前航空活塞发动机的燃油消耗率已经很低，吸气式发动机 SFC 一般为 0.21～0.23kg/(hp·h)，增压式发动机 SFC 一般为 0.26～0.32kg/(hp·h)。

### 2. 影响发动机燃油消耗率的因素

1）混合气的余气系数

当混合气的余气系数等于最佳经济余气系数值 $\alpha$=1.05～1.10 时，发动机燃油消耗率最低。当余气系数偏离此范围时，燃油消耗率将增加。

2）机械损失

发动机的机械损失主要指：摩擦损失和带动附件所消耗的功率。机械损失越小，发动机工作效率越高，燃料热利用率也越高，燃油消耗率越低。

发动机摩擦损失主要取决于润滑质量，将滑油温度调整到适当的范围，可以有效降低摩擦损失；带动附件所消耗的功率主要取决于附件的类型和数量，除满足发动机工作性能所必需的附件外，应尽量减少附件的数量。这样既可以减小机械损失，也可以减轻发动机重量。如装在小型、轻型旋翼飞行器上的发动机，根据飞行器的实际使用性能，取消了减速器或增压器。虽然旋翼效率和旋翼飞行器的飞行高度、起飞性能有一定程度降低，但发动机的总体性能却得到优化。

### 3. 发动机有效效率

航空活塞发动机在工作中，燃料燃烧释放出的热能只有一部分转换成有效的机械功用来驱动旋翼转动以产生升力功率，其余大部分能量随废气排入大气和用于克服机械损失。

发动机的有效效率为：在发动机的一次热力循环中，有效功的热当量与燃料的理论放热量的比值，即

$$\eta_e = \frac{L_e}{Q_0} \tag{6-2}$$

式中：$L_e$ 为一次热力循环中驱动旋翼的有效功；$Q_0$ 为一次热力循环中燃料的理论热量。

发动机的有效效率描述了燃料热能的有效利用程度，评定了由热能转换成驱动旋翼旋转的有效功能量转换过程中能量损失的大小，是衡量发动机经济性的重要参数之一。目前，吸气式发动机 $\eta_e$ 一般在 0.20～0.32 之间；增压式发动机 $\eta_e$ 一般在 0.16～0.28 之间。

如果不考虑发动机实际工作中存在的燃料不完全燃烧损失的情况，即假定是在完全燃烧的情况下，燃料燃烧释放出的热能一部分随高温废气排出发动机，一部分被冷却剂（空气或冷却液）和滑油带走，剩下的部分转换为有效功。若将燃料的理论放热量定义为 100%，则各部分的能量分配比例如图 6-24 所示。

由图 6-24 可见，废气带走的热量比例最高，所以有的大功率增压式发动机可以通过高温废气驱动废气涡轮带动增压器（图 6-25），从而充分利用废气的能量，提高发动机效率。但这一装置结构相对比较复杂，同时也增加了动力装置的重量。

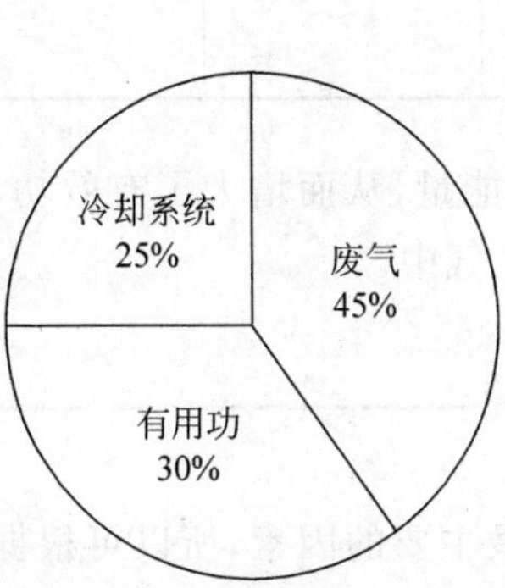


图 6-24　发动机在完全燃烧情况下的能量分配图

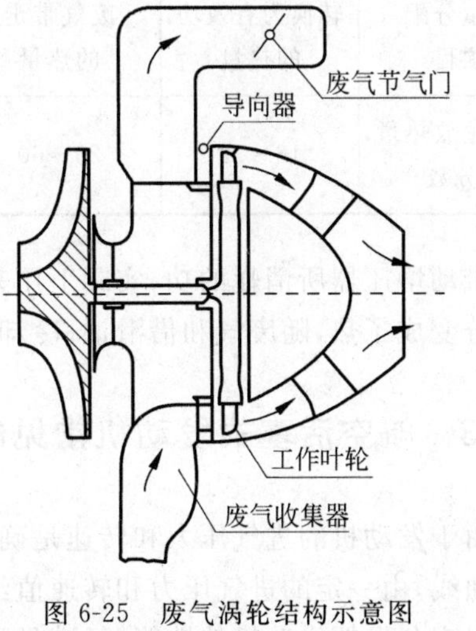


图 6-25　废气涡轮结构示意图

由于发动机燃油消耗率和发动机有效效率从不同侧面描述了发动机的经济性，所以两者间必然存在一定的联系。下面以发动机工作 1h 来计算：

假设发动机的有效功率为$N_e$(hp)，发动机的小时耗油量为$m_t$(kg/h)，燃料的低热值为$H_e$(kJ/kg)；发动机工作1h所输出的有效功为$N_e \times 3600 \times 75 \times 9.8$(J)；发动机工作1h燃料的理论放热量为$m_t \times H_e \times 1000$(J)。故：

$$\eta_e = \frac{N_e \times 3600 \times 75 \times 9.8}{m_t \times H_e \times 1000} = \frac{2646}{\mathrm{SFC} \cdot H_e} \tag{6-3}$$

由此可见，发动机燃油消耗率与发动机有效效率成反比。发动机燃油消耗率是从消耗燃料的角度来衡量发动机经济性的；发动机有效效率是从能量损失的角度来衡量发动机经济性的。两者是统一的，当输出一定的有效功率时，有效效率越高，说明能量损失越小，燃油的消耗必然少。

**4. 航空活塞发动机的热平衡**

在发动机的实际工作中，燃料的理论放热量只有一小部分转换成有效功，而大部分则通过各种途径损失掉了。燃料的理论放热量在做功和各项损失上的分配情况，叫做发动机的热平衡。

燃料燃烧时放出的热量，大部分随废气排出发动机外，一部分被冷却剂和滑油带走，余下的部分才转换为有效功，并以机械能的形式传给旋翼。此外，燃料在汽缸内往往不能完全燃烧，因而有一部分热能没有释放出来，并以化学能的形式随废气排出缸外。而且，随着混合气富油程度的增大，这部分热损失的比例也增大。

表6-1列出的数据是考虑了不完全燃烧时燃料的理论放热量在做功和各项损失上的分配情况。至于与机械损失相应的那部分热量，已在滑油和冷却剂带走的那部分热量中考虑到了，因为克服机械摩擦所消耗的功，在发动机内也变成了热，由滑油和冷却剂带走。

**表6-1 考虑不完全燃烧时燃料的热量分配**

| 热量分配项目 | 转换为有效功的热量 | 废气带走的热量 | 冷却剂带走的热量 | 滑油带走的热量 | 以化学能形式随废气排出的能量 |
|---|---|---|---|---|---|
| 占理论放热量的百分数/% | 16～32 | 26～60 | 6～14 | 1～3 | 0～45 |

带动增压器所消耗的功，实际上用来增加了气体的能量，从而增大了有效功，其中也有一部分变成了热，随废气和借滑油、冷却剂散失到外界大气中。

## 6.4.3 航空活塞式发动机常见的工作状态

由于发动机的进气压力和转速是确定发动机功率最主要的因素，所以可根据发动机的实验曲线，由一定的进气压力和转速值给出一定的发动机状态，用于不同的飞行阶段，从而既可以充分发挥发动机的性能，又满足飞机飞行性能的需要。航空活塞发动机常见的有以下五种工作状态。

**1. 起飞工作状态**

旋翼飞行器起飞工作状态是发动机使用全油门和最大转速工作的状态，此时发动机可发出最大使用功率。旋翼飞行器在紧急起飞、高温、高原机场起飞或快速爬升时，为了获得最大上升率，可使用起飞工作状态。当发动机在起飞工作状态下工作时，单位时间燃料放热量最多，发动机温度很高，同时发动机各机件承受的负荷也最大，因此，起飞工作状态连续工作时间一般不超过 5min。

对于增压式发动机，由于此时进气压力较大，飞行使用中应严格遵守最大进气压力和最大转速限制，严禁超出，在冬季高气压机场飞行时尤其应注意。

**2. 额定工作状态**

额定工作状态是发动机的基准工作状态。相应的发动机参数分别称为额定进气压力、额定转速、额定功率。额定状态功率通常比起飞状态低 10%～15%，额定转速比最大转速小 100～200r/min。额定状态常用于旋翼飞行器正常起飞、大功率爬升和大速度平飞。连续使用时间通常不超过 1h。

**3. 最大连续工作状态**

最大连续工作状态是发动机可长时间连续发出最大功率的工作状态。此时，发动机功率为额定功率的 90%，发动机转速为额定转速的 96.6%。最大连续工作状态常用于旋翼飞行器爬升和大速度平飞，连续使用时间不受限制。

**4. 巡航工作状态**

巡航工作是状态旋翼飞行器进行巡航飞行时所使用的发动机状态。此时，为了保证巡航飞行的航程和续航时间，发动机功率通常选择较小，一般为额定功率的 30%～75%。具体根据旋翼飞行器实际的飞行性能需要按性能图表设置。

根据发动机的综合性能曲线，在空中巡航时，每一发动机状态可对应多组进气压力和转速值。当进气压力较低时，转速就较高，此时旋翼和发动机工作效率都不高；当进气压力较高时，转速就较低，但此时发动机有爆震倾向。所以对具体发动机而言，每一发动机状态、发动机制造商都有其推荐的进气压力和转速值。飞行中应尽量采用这些推荐值，以确保发动机的工作性能和飞行安全。

巡航工作状态用于旋翼飞行器的续航飞行，连续使用时间不受限制。

**5. 慢车工作状态**

慢车工作状态是发动机稳定、连续工作的最小转速工作状态。此时，发动机油门位于最低位置，发动机的功率为额定状态的 7%左右，发动机转速为最小转速。慢车状态用于旋翼飞行器着陆、快速下降、地面滑行等。发动机在慢车状态工作时，混合气较为富油，发动机温度较低，电嘴容易积炭，同时发动机工作的稳定性较差，所以应尽量缩短慢车状态使用时间。

## 6.5 航空活塞发动机的特性

发动机的有效功率和燃油消耗率随发动机的转速、进气压力和飞行高度的变化规律叫做发动机的特性。航空活塞式发动机的特性主要是指负荷特性、螺旋桨特性、高度特性和增压特性。

## 6.5.1 航空活塞式发动机负荷特性

**1. 吸气式发动机的负荷特性**

1）定义

对于吸气式发动机，当节气门全开时，发动机的有效功率和燃油消耗率随发动机转速变化的规律叫做吸气式发动机的负荷特性。

2）实验方法

吸气式发动机的负荷特性实验在地面进行。在实验中，节气门全开，混合气的余气系数保持不变，提前点火角在每个转速都调到最有利的数值。用改变桨叶角的办法来改变发动机的转速。

（1）桨叶角增大，负荷增大，转速减小。

（2）桨叶角减小，负荷变小，转速增大。

3）负荷特性

吸气式发动机的负荷特性如图 6-26 所示。

（1）当转速由较小转速增大时，有效功率增大，到达峰值后随着转速的增大而减小。

（2）燃油消耗率随转速的增大一直是增大的。

**2. 增压式发动机的负荷特性**

1）定义

对于增压式发动机，当进气压力保持为最大时，发动机的有效功率和有效燃油消耗率随发动机转速的变化规律叫做增压式发动机的负荷特性。

2）实验方法

增压式发动机的负荷特性实验在地面或按空中的条件进行。在实验中，余气系数保持不变；提前点火角在每个转速都调到最有利的数值；用改变桨叶角的办法改变负荷以改变发动机的转速，并利用改变节气门开度的方法来保持进气压力不变。

（1）桨叶角增大，负荷增大，转速减小。

（2）桨叶角减小，负荷变小，转速增大。

（3）当转速减小时，增压器的增压能力变小，必须逐渐开大节气门，转速减小到某一数值以后，节气门全开，转速继续减小，进气压力也随之减小。

3）负荷特性

增压式发动机的负荷特性如图 6-27 所示。

（1）当转速由较小转速增大时，有效功率增大，到达峰值后随着转速的增大而减小。

（2）燃油消耗率随转速的增大一直是增大的。

增压式发动机的负荷特性与吸气式发动机的负荷特性相似。其区别在于：增压式发动机的有效功率随转速的增大而增大的程度比吸气式发动机的平缓，而有效燃油消耗率随转速增大而增大的程度比吸气式发动机的急剧。

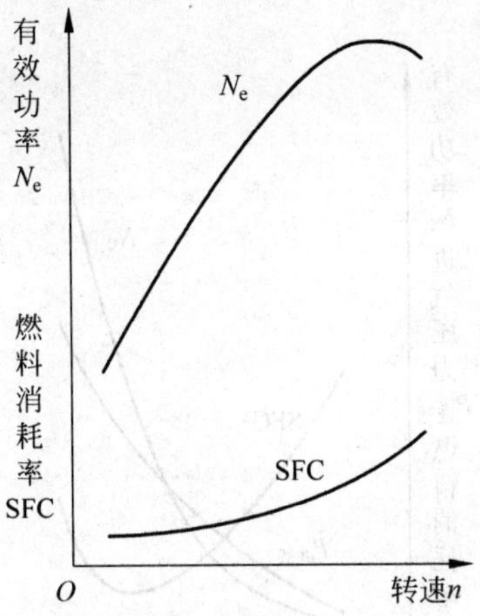


图 6-26　吸气式发动机的负荷特性

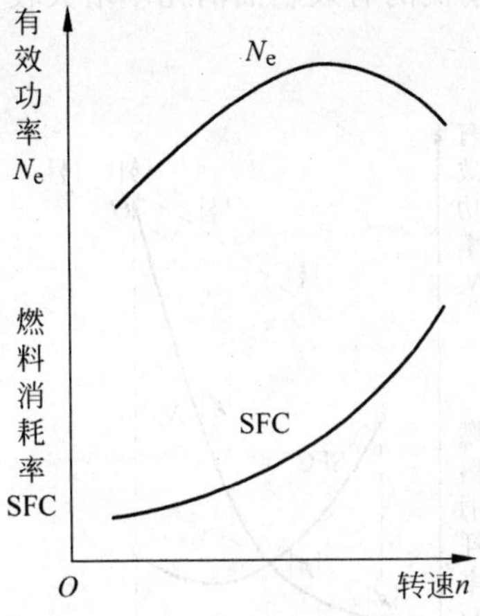


图 6-27　增压式发动机的负荷特性

## 6.5.2　航空活塞式发动机螺旋桨特性

在螺旋桨的桨叶角保持不变的条件下，发动机的有效功率和燃油消耗率随发动机转速变化的规律叫做发动机的螺旋桨特性。

**1. 吸气式发动机的螺旋桨特性**

1）实验方法

吸气式发动机的螺旋桨特性实验在地面标准大气状态下进行。在进行吸气式发动机的螺旋桨特性实验时，利用改变节气门开度的方法来改变转速。这时，把每个转速下的提前点火角都调到有利值，混合气的余气系数则根据发动机的各种工作状态的需要加以调整。

2）螺旋桨特性

吸气式发动机的螺旋桨特性如图 6-28 所示。

(1) 有效功率随转速的增大而迅速增大。

(2) 燃油消耗率随转速的增大，先是减小，然后增大。

**2. 增压式发动机的螺旋桨特性**

1）实验方法

增压式发动机的螺旋桨特性实验与吸气式发动机的基本相同，在地面标准大气状态下进行。在进行增压式发动机的螺旋桨特性实验时，利用改变节气门开度的方法来改变转速。这时，把每个转速下的提前点火角都调到有利值，混合气的余气系数则根据发动机各种工作状态的需要加以调整。

2）螺旋桨特性

增压式发动机的螺旋桨特性如图 6-29 所示。

(1) 转速增大时，有效功率与转速的立方成正比地增大。

(2) 燃油消耗率随转速的增大，先是减小，然后增大。

增压式发动机的螺旋桨特性与吸气式发动机的基本相同，但是，由中转速到大转速增加时，增压发动机的有效燃油消耗率增大较快。

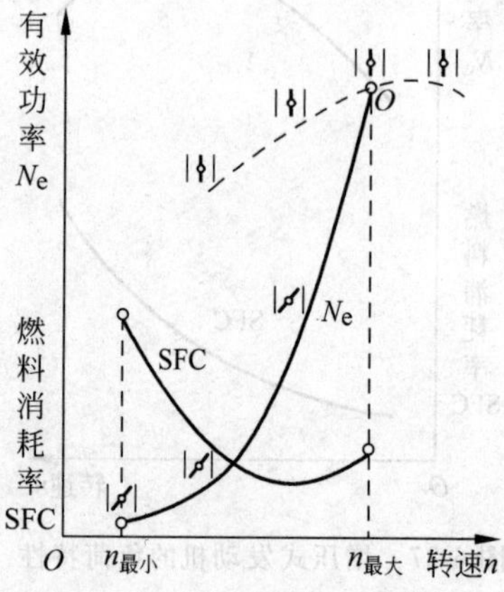


图 6-28　吸气式发动机的螺旋桨特性

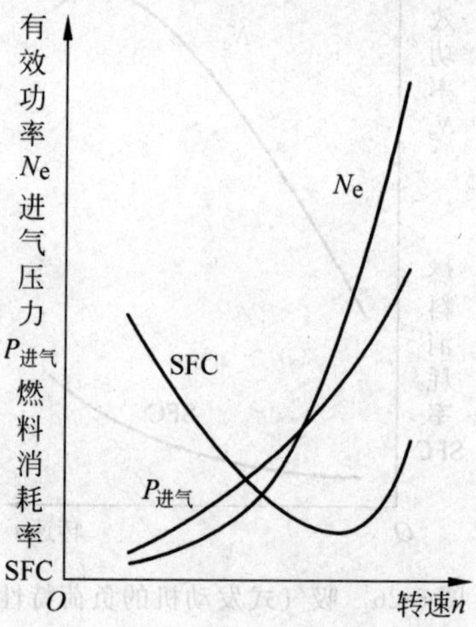


图 6-29　增压式发动机的螺旋桨特性

## 6.5.3　航空活塞式发动机高度特性

在保持转速不变的条件下，发动机的有效功率和燃油消耗率随飞行高度变化的规律叫做发动机的高度特性。

### 1. 吸气式发动机的高度特性

1）实验方法

吸气式发动机的高度特性实验是在飞行条件下，保持节气门全开，混合气的余气系数保持不变，提前点火角保持在最有利数值的条件下进行的，对于变距螺旋桨发动机，采用变距方法保持发动机转速不变。

2）高度特性

吸气式发动机的高度特性如图 6-30 所示。

(1) 随着飞行高度的升高，有效功率减小。

(2) 随着飞行高度的升高，燃油消耗率增大。

### 2. 单速内传动增压式发动机的高度特性

1）实验方法

单速内传动增压式发动机的高度特性实验是在飞行条件下，保持节气门全开，混合气的余气系数保持不变，提前点火角保持在最有利数值，进气压力保持为额定值不变，超过额定高度的条件下进行的，对于变距螺旋桨发动机，采用变距方法保持发动机转速为额定值(不变)。

2）高度特性

(1) 在额定高度以下，随着高度的增加，有效功率一直增大，有效燃油消耗率不断减小。

(2) 在额定高度以上，随着高度的增加，有效功率一直减小，有效燃油消耗率不断增大。

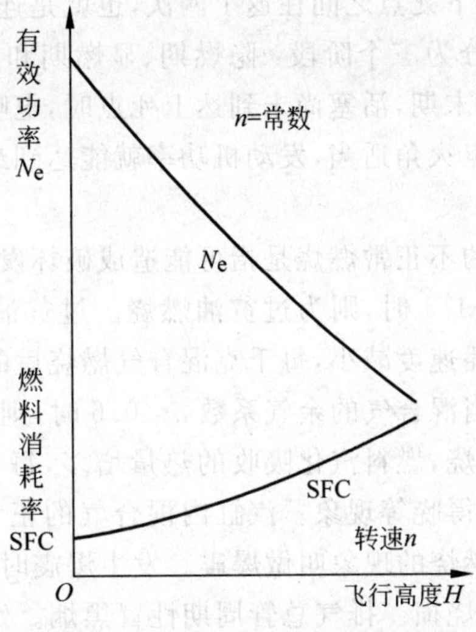


图 6-30　吸气式发动机的高度特性

3）飞行速度对高度特性的影响

实际上，旋翼飞行器飞行时，相对气流以与飞行速度相等的速度流过飞行器，相对气流具有很大的动能，这部分动能可以用来提高空气的压力，以增加发动机的功率，从而提高高空性能。

### 6.5.4　航空活塞式发动机增压特性

**1. 定义**

增压发动机在保持转速不变的条件下，发动机的有效功率和燃油消耗率随进气压力变化的规律叫做发动机的增压特性。

**2. 实验方法**

发动机的增压特性实验是在飞行条件下，混合气的余气系数保持不变，提前点火角保持在最有利数值，对于变距螺旋桨发动机，采用变距方法保持发动机转速不变，利用改变节气门开度的方法来改变进气压力。

**3. 增压特性**

(1) 发动机的有效功率随进气压力的增大而增大。

(2) 有效燃油消耗率随着进气压力的增大，先是减小，然后才增大。

## 本章小结

活塞式发动机是发展最早的航空发动机，是一种利用混合的汽油与空气在密闭的容器（汽缸）内燃烧并膨胀做功的机械，主要功用是将热能转变成机械能，其技术已经非常成熟。航空活塞式发动机的结构主要由汽缸、活塞、连杆、曲轴、气门机构、减速器和机匣等组成。它在工作时，混合气从进入汽缸起，分别经过压缩、燃烧、膨胀，直到废气排出等步骤。在这整个过程中，活塞从上死点到下死点之间往返了两次，也就是连续地移动了四个行程。活塞式发动机混合气燃烧过程可分为三个阶段：隐燃期、显燃期和后燃期。为了获得尽可能大的发动机功率，在压缩行程的末期，活塞尚未到达上死点时，电嘴就应跳火点燃混合气，即让发动机点火提前。如果提前点火角适当，发动机功率就能达到最大值，此时的提前点火角叫做有利提前点火角。

航空活塞发动机混合气的不正常燃烧是指可能造成破坏发动机正常工作的某些燃烧现象。当混合气的余气系数 $\alpha>1.1$ 时，则为过贫油燃烧。过贫油燃烧时，由于混合气中燃料过少，空气过多，所以火焰传播速度减小，每千克混合气燃烧后的发热量减少，从而产生一系列不正常燃烧现象及危害。当混合气的余气系数 $\alpha<0.6$ 时，则为过富油燃烧。混合气过富油时，会出现燃料不能完全燃烧，燃料汽化吸收的热量增多，每千克混合气燃烧后的发热量减小，以及燃气最大压力出现得晚等现象。汽缸内混合气的正常燃烧遭到破坏而在未燃混合气的局部区域出现爆炸性燃烧的现象叫做爆震。发生爆震时，汽缸局部温度急剧升高，活塞、气门及电嘴等机件过热或烧损。排气总管周期性冒黑烟。发动机震动，机件易损坏。发动机功率减小，经济性变差，转速下降。

航空活塞式发动机功率和经济性是衡量其性能优劣的重要指标，其中发动机功率是指发动机单位时间内所做的功，它表示发动机做功的快慢。在发动机的实际工作中，燃料的理论放热量只有一小部分转换成有效功，而大部分则通过各种途径损失掉了。燃料的理论放热量在做功和各项损失上的分配情况叫做发动机的热平衡。航空活塞发动机常见的有以下五种工作状态：起飞工作状态、额定工作状态、最大连续工作状态、巡航工作状态、慢车工作状态。发动机的有效功率和燃油消耗率随发动机的转速、进气压力和飞行高度的变化规律叫做发动机的特性。航空活塞式发动机的特性主要是指负荷特性、螺旋桨特性、高度特性和增压特性。

本章介绍和讨论的重点是：①航空活塞式发动机的基本结构、分类、主要机件、工作系统及其工作原理，包括活塞的关键位置、四行程、汽缸的点火次序等内容，以及旋转活塞式发动机的基本结构和工作过程等。②航空活塞发动机混合气正常燃烧过程，包括燃烧过程的阶段划分和燃烧过程的提前点火等；混合气的不正常燃烧包括混合气过贫油燃烧和过富油燃烧、早燃、爆震等基本概念，以及爆震发生时的现象和后果、爆震产生的原因及防止爆震的方法等。③与航空活塞发动机功率相关的基本概念、有效功率的影响因素、发动机燃油消耗率及其影响因素、发动机效率、航空活塞发动机的热平衡和常见的五种工作状态，以及航空活塞式发动机的特性，包括负荷特性、螺旋桨特性、高度特性和增压特性等。

# 习题

1. 画出航空活塞式发动机的基本结构的示意图，并加以简单说明。
2. 航空活塞式发动机有哪些类型？
3. 航空活塞式发动机的主要机件有哪些？工作系统有哪些？
4. 画出发动机工作时活塞的关键位置，并进行简单说明。
5. 简述活塞式发动机工作的四行程和汽缸点火次序的内容。
6. 什么是旋转活塞式发动机？简述其基本结构和工作过程。

7. 航空活塞发动机混合气正常燃烧过程划分为几个阶段？什么是提前点火？

8. 什么是航空活塞发动机混合气过贫油燃烧、过富油燃烧和早燃？

9. 什么是爆震？说明爆震发生时的现象、后果、产生的原因和预防方法。

10. 什么是指示功与指示功率、阻力功率、增压器功率和有效功率？

11. 有效功率的影响因素有哪些？

12. 什么是发动机燃油消耗率？影响发动机燃油消耗率的因素有哪些？

13. 什么是发动机有效效率？请画出发动机在完全燃烧情况下的能量分配图。

14. 什么是航空活塞发动机的热平衡？请画出考虑不完全燃烧时燃料的热量分配表。

15. 简述航空活塞发动机常见的五种工作状态的内容。

16. 简述航空活塞式发动机的负荷特性、螺旋桨特性、高度特性和增压特性的内容。

# 第7章

# 航空活塞发动机工作系统

**主要内容**

(1) 航空活塞发动机燃油系统；
(2) 航空活塞发动机滑油系统；
(3) 航空活塞发动机点火系统；
(4) 航空活塞发动机起动系统；
(5) 航空活塞发动机散热系统。

## 7.1 航空活塞发动机燃油系统

航空活塞式发动机动力装置除发动机外，还包括各种附件工作系统，用以保证发动机安全、可靠地工作。常见的主要工作系统有燃油系统、滑油系统、点火系统、起动系统和散热系统等。这些系统能否正常地工作，决定了发动机的性能能否充分地发挥出来。

### 7.1.1 燃油系统的定义、功用和类型

#### 1. 燃油系统的定义、供油方式和功用

1) 燃油系统的定义

燃油是油动旋翼飞行器的能源，燃油系统则是油动旋翼飞行器能源的供应系统。燃油系统有内外之分，内燃油系统是指发动机内部有一套燃油系统，用来将外燃油系统提供的燃油输送到汽缸或燃烧室内去，它属于发动机总体结构的一部分；外燃油系统是指发动机外部的一套燃油系统，安装在旋翼飞行器的机体上，燃油箱中储存一定量的燃油，并根据需要

可靠地将燃油供应到发动机内燃油系统和辅助动力装置。这里所讲的燃油系统指的是外燃油系统，包括燃油箱、输油管路、油泵、燃油增压泵、防火开关、放油开关和燃油控制系统等。

2）燃油系统供油方式

航空活塞式动力装置燃油系统有两种供油方式：

(1) 重力供油。重力供油是利用燃油自身的重力从油箱流向发动机，这种供油方式一般用于小功率的油动旋翼飞行器动力装置。

(2) 油泵供油。对于大功率的油动旋翼飞行器动力装置，多采用油泵供油方式，即通过燃油泵将燃油从油箱抽出并加压后送往发动机。

3）燃油系统功用

航空活塞式动力装置燃油系统的功能是储存燃油并在所有的飞行状态下向发动机提供适量的、连续的、清洁无污染的航空燃油，能够保证发动机正常工作。归结起来，燃油系统主要功能有：

(1) 储存燃油。

(2) 按照发动机各个工作状态的不同要求，安全可靠地把燃油定时定量输送到发动机和辅助装置。

(3) 可调整重心位置，保持旋翼飞行器平衡和机体结构受力。

(4) 为发动机滑油、液压油提供冷却。

(5) 显示储油、供油和系统工作情况。

**2. 燃油系统的类型**

航空活塞式动力装置燃油系统有两种类型，即汽化器式燃油系统和直接喷射式燃油系统。它们的组成基本相似，主要组成部件有油箱、燃油滤、燃油选择开关、油泵、燃油计量装置、系统显示仪等，对于直接喷射式燃油系统，还包括燃油流量分配器和喷油嘴，如图 7-1 和图 7-2 所示。

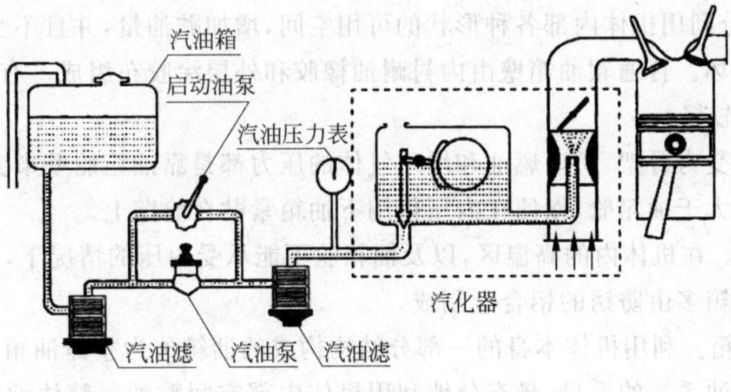


图 7-1　汽化器式燃油系统示意图

当燃油选择开关选择好供油油箱后，主燃油泵将燃油从油箱中抽出并加压，经过主油滤的过滤送到燃油调节器，燃油调节器再根据外界条件（如飞行状态和外界大气温度、压力等）和发动机的工作状态（如发动机的转速、油门杆和混合比杆的位置）计量出合适的燃油量：若是汽化器式燃油系统，计量后燃油和空气在汽化器内混合，然后进入汽缸；若是直接喷射式燃油系统，计量后燃油由燃油流量分配器平均分配后送到喷油嘴并喷到汽缸进气门处，进气门打开后随新鲜空气一起进入汽缸(有的发动机燃油直接喷入汽缸)。

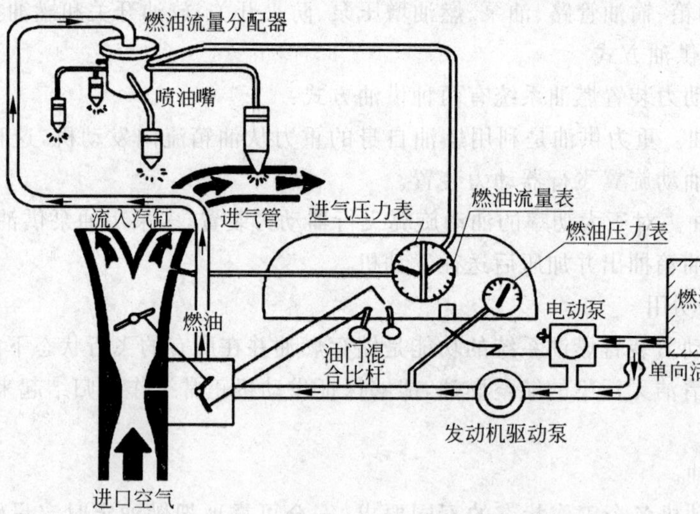


图 7-2　直接喷射式燃油系统示意图

## 7.1.2　燃油系统的组成部分

### 1. 燃油箱

燃油箱是安装在旋翼飞行器机体内用于储存燃油的容器。燃油箱的体积大小须保证其内部具有足够的容量,以保证发动机正常工作时的燃油消耗。

1) 燃油箱的类型

(1) 软油箱。油动旋翼飞行器上采用的软油箱主要特点是能从不大的舱口放进机体上的油箱舱内,充分利用机体内部各种形状的可用空间,增加贮油量,并且不受振动的影响,不易产生裂缝或损坏。普通软油箱壁由内衬耐油橡胶和外层涂胶布组成。有的油箱厚度甚至不到 1mm,重量较轻。

软油箱没有受力骨架,所以燃油和增压气体的压力都是靠油箱舱壁来支承的,因此油箱的外廓尺寸都稍大于油箱舱,以便在内压作用下油箱紧贴在舱壁上。

(2) 硬油箱。在机体内的高温区,以及油箱舱不能承受内压的情况下,一般可以安装金属硬油箱。硬油箱多由防锈的铝合金制成。

(3) 整体油箱。利用机体本身的一部分结构构成的油箱称为整体油箱。采用整体油箱可以显著降低燃油系统的重量,最充分地利用机体内部空间贮油。整体油箱除了应满足结构的各项要求外,还应保证可靠密封,为此常采用整体壁板以减少结构的连接缝,同时还要有可靠的密封措施。

在同一架油动旋翼飞行器上可以兼用两种以上的油箱,因为它们各有优缺点,所以有各自适用的范围。

2) 燃油箱的结构

通常将油箱布置在机体重心附近,或者对称于机体重心放置。油箱中设有通气孔,通气孔连接通气管，以便使油箱与外界大气相通，如图 7-3 所示。油箱通气可以防止飞行中油箱内正压、负压过大引起供油中断和油箱变形，飞行前检查时必须检查通气孔有没有堵塞或损坏。油箱的剩余油量由油量表显示，随着油箱内的油面下降，油量表传感器连续发出信号，驾驶员通过油量表显示数据就可以知道油箱内剩多少油。同时，通气管将外界大气或者增压空气引入油箱，填补油面下降空出的空间。

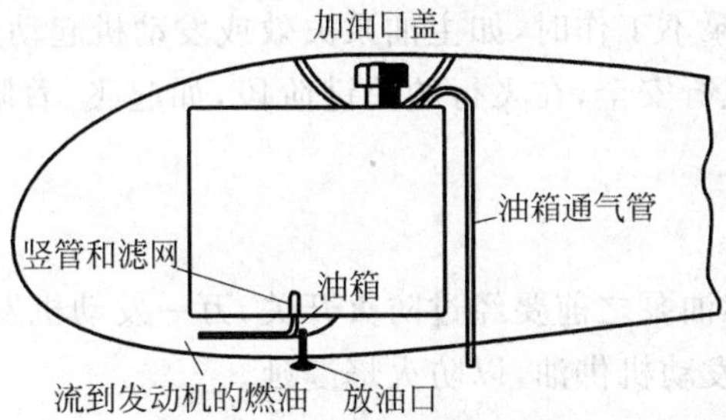


图 7-3　燃油油箱示意图

油箱中最低处有放油口，每次加油后和飞行前必须进行放油，以检查燃油的牌号（颜色）和油中是否含有水、沉淀等杂物。低于规定牌号的燃油进入发动机后极易造成发动机爆震。燃油中的水和杂质进入发动机后可能导致发动机供油中断，温度较低时还有可能使水凝结，这两种情况都会造成发动机停车。为了防止油箱中水或沉淀进入发动机供油系统，油箱出口处有一竖管，这将导致油箱中部分燃油不能进入发动机使用，这部分燃油被称为不可用燃油或死油。因此必须明确油箱中的燃油不可全部进入发动机使用，只有可用燃油才能进入发动机使用。一般在油箱的加油口盖旁边或座舱中的燃油选择开关处标有油箱的可用燃油量。

**2. 输油管路**

燃油箱与发动机之间，以及多个燃油箱之间连接的管道称为输油管路。为了确保燃油在管道中只向一个方向流动，输油管路中安装有单向活门，目的是防止各油箱内的燃油串流。通常大、中型油动旋翼飞行器输油管路纵横交错，连接形式也比较多，但通常都可以概括为串联和并联两种形式。

(1) 串联。各个油箱与一个主油箱串联起来，主油箱又称消耗油箱。所有的燃油都通过消耗油箱的增压油泵输送到发动机的燃油泵去。

(2) 并联。对于有多个发动机的油动旋翼飞行器来说，可安排各个发动机由最靠近自己的油箱供油，所有发动机的输油管路之间有导管连通，平时由交（叉）输（油）开关将输油管路隔断。也可以采用燃油选择开关选择供油油箱。如果一个增压油泵发生故障，自动打开交输开关即可使另一个增压油泵同时向两个或多个发动机供油。

**3. 燃油选择开关**

燃油选择开关用于选择供油油箱，在燃油选择开关上标有“双组油箱供油”“左油箱供油”“右油箱供油”和“油箱关断位”的标识，在选择油箱供油时，不能将一边油箱的燃油全部用完后才转换到另一油箱。这样做一方面会造成左、右油箱燃油不平衡，易使油泵吸入油箱中的空气引起气塞，导致发动机供油中断，而且气塞形成后，会造成重新起动发动机很困难的后果。转换油箱时，需要接通燃油系统的辅助油泵以保证供油稳定。

#### 4. 油泵

旋翼飞行器燃油系统的油泵通常有两个：一个是主油泵，一个是辅助油泵。主油泵将燃油从油箱中抽出加压后输送到发动机，这种油泵一般是由发动机直接驱动的增压油泵，即发动机工作时才工作，发动机停车后就停止工作，驾驶员不能直接控制，功能是用于加大发动机燃油泵的入口压力。辅助油泵通常是指电动油泵，由电门控制，辅助油泵不是在任何时候都工作，当发动机主油泵不工作时，如主油泵失效或发动机起动前注油时才接通，此外，有些旋翼飞行器为了保证飞行安全，在飞行的关键阶段，如起飞、着陆或特技飞行时要接通辅助油泵。

#### 5. 防火开关

燃油注入发动机的燃油泵之前要经过防火开关，万一发动机发生故障着火，可以自动关闭防火开关，立即停止向发动机供油，以防火焰蔓延。

#### 6. 放油开关

放油开关的功能是在更换油箱或者油泵时通过放油开关放出油泵没抽尽的剩余燃油。飞行中发生紧急情况时，放油开关可迅速排放多余的燃油。对放油开关的基本要求有：

(1) 放油系统工作时不能有起火的危险。

(2) 排放的燃油不能接触飞机。

(3) 放油阀必须能在放油的任何阶段都可以关闭。

(4) 必须有两个相互独立的系统保持放油过程的横向稳定。

(5) 必须有保持最少油量的自动关断阀保证旋翼飞行器有足够燃料着陆。

#### 7. 电动增压泵

为了保持燃油箱内油面压力大于燃油的饱和蒸汽压，特别是对于采用直接喷射式燃油调节器的航空活塞发动机，热发动机起动比较困难，需要采用增压油泵来加大发动机燃油泵的入口压力。燃油增压泵大多采用电动离心泵，通过离心力的作用，将机械能转换为液压能。其特点是流量大、压力低、重量轻，如果泵失效停转能允许燃油流过。

#### 8. 其他重要组成部件

航空活塞发动机动力装置燃油系统除了上述的组成部件以外，还有其他一些重要组成部件，包括：

(1) 油滤。用来清除杂质，保证燃油清洁。

(2) 燃油计量显示装置。用来计量显示每台发动机的耗油量及油箱中储存(剩余)的燃油量。

(3) 燃油调节器。主要包括直接喷射式燃油调节器和汽化器式燃油调节器两种类型。

### 7.1.3 汽化器

#### 1. 汽化器的定义、功用、结构和特点

1) 汽化器的定义

汽化器也称为化油器，是在活塞发动机工作产生的真空作用下，将一定比例的燃油与空

气混合的机械装置，它是活塞发动机汽化器式燃油系统的主要部件。汽化器作为一种精密的机械装置，利用吸入空气流的动能实现燃油的雾化，依据汽化器对活塞发动机的重要性可以将它称为发动机上的“皇冠”，即可以将它视为活塞式多旋翼飞行器“心脏”中最重要的核心部分。

2）汽化器的功用

汽化器的功能是：把液态的燃油转化为气态的气体，它将燃油喷入进气通道中，并促使燃油在气流中雾化和汽化，以便与空气组成余气系数适当的均匀的混合气。汽化器会根据活塞发动机的不同工作状态需求，自动配比出相应的浓度，输出相应量的燃油混合气，为了使配出的燃油混合气混合得比较均匀，汽化器还具备使燃油雾化的效果，以供发动机正常运行。虽然航空活塞式发动机的性能是由它自身所具备的特性决定的，汽化器改善不了活塞发动机本身的能力，但是它可以起到让发动机 100% 发挥其自身能力的作用。

3）汽化器的结构

航空活塞式发动机的汽化器包括浮子式、薄膜式和喷射式三种类型，其中最常用的类型是浮子式汽化器，例如国产活塞五型发动机就是采用这种类型的汽化器。其结构由手操纵机构、杠杆、慢车油井、主定油孔、经济装置、加速装置、高空调节针和停车活门等部分组成，如图 7-4 所示。

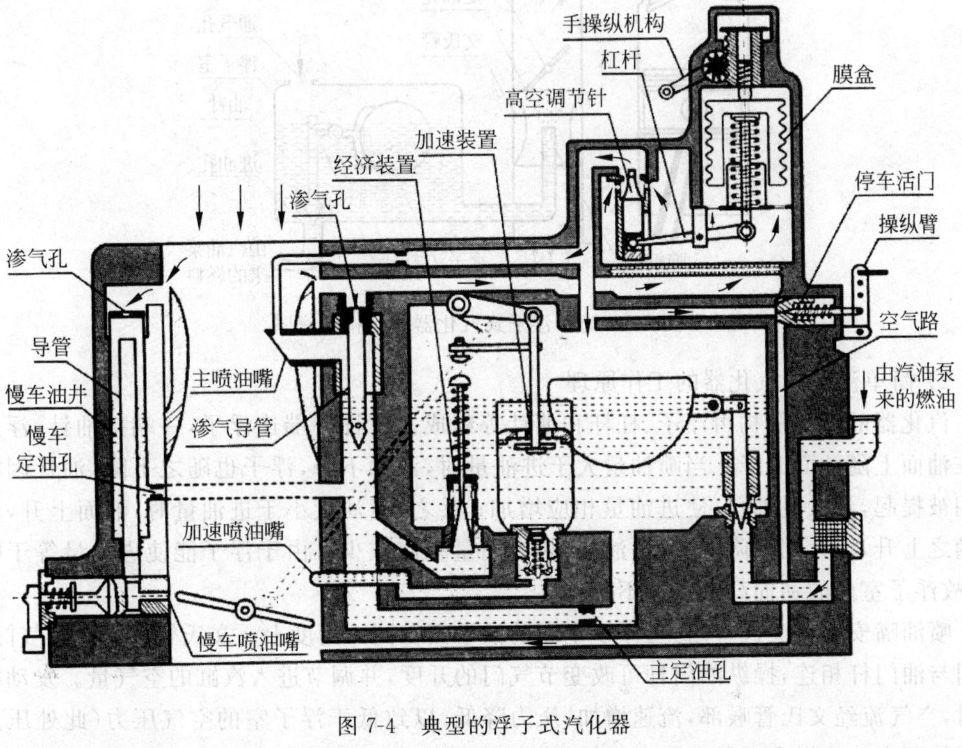


图 7-4　典型的浮子式汽化器

空活塞式发动机的汽化器按照其结构形式的不同，还可划分为以下几种类型：

(1) 按照结构复杂程度分类，汽化器分为简单汽化器和复杂汽化器。

(2) 按照吸气方式分类，汽化器分为下吸式与平吸式。

(3) 按照节气门的结构分类，汽化器分为转动式和升降式。其中转动式节气门在汽化器喉管与进气管之间设置一绕轴旋转的圆盘形的节气门，改变进气道的流通面积。升降式节气门的构造为一桶形式板形节气门，在喉管处作上下运动，改变喉管处的通道面积。

4）汽化器的特点

汽化器式燃油调节器是目前航空活塞式发动机使用比较广泛的一种燃油调节装置。其主要特点有：

(1) 优点。汽化器结构比较简单，价格便宜，使用中不易出现气塞，热发动机起动性能较好。

(2) 缺点。汽化器对燃油的分配不太好控制，即不能精确控制燃油与空气的混合比。另外汽化器工作时容易出现结冰现象。

## 2. 简单浮子式汽化器的结构和工作原理

1）简单浮子式汽化器的结构

简单浮子式汽化器由浮子室、浮子、喷油嘴、文氏管和节气门等组成，如图 7-5 所示。浮子室内安装有浮子，并有通气孔与外界大气相通。浮子用来调节汽化器的进油量，使进油量随时等于喷油量，以保持浮子室内的油面高度一定。

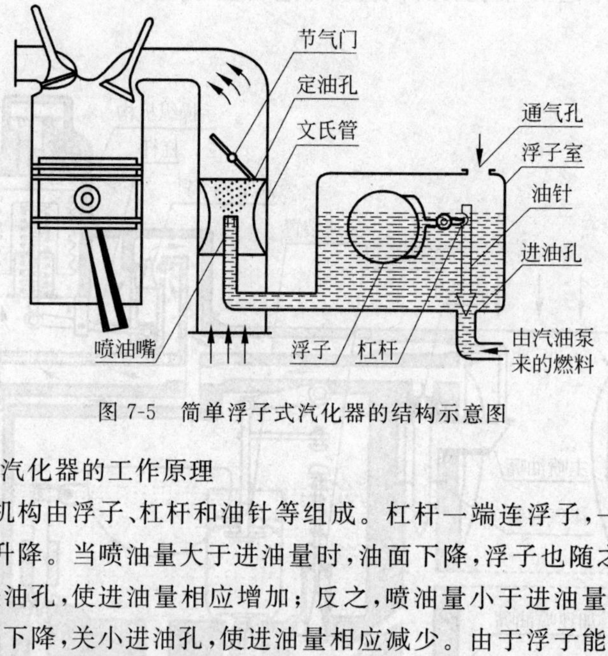


图 7-5　简单浮子式汽化器的结构示意图

2）简单浮子式汽化器的工作原理

汽化器的浮子机构由浮子、杠杆和油针等组成。杠杆一端连浮子，一端接油针，浮子则浮在油面上随油面升降。当喷油量大于进油量时，油面下降，浮子也随之下降，油针因杠杆作用被提起，开大进油孔，使进油量相应增加；反之，喷油量小于进油量时，油面上升，浮子也随之上升，油针则下降，关小进油孔，使进油量相应减少。由于浮子能使进油量等于喷油量，故浮子室内的油面高度保持不变。

喷油嘴安装在文氏管内，与浮子室内的油平面在同一高度上。文氏管后装有节气门，节气门与油门杆相连，操纵油门杆可改变节气门的开度，并调节进入汽缸的空气量。发动机工作时，空气流经文氏管喉部，流速增加，压力降低，以致低于浮子室的空气压力(此处压力等于大气压力)，这样在浮子室与文氏管喉部之间便产生了压力差，浮子室内的燃油在这个压力差的作用下从喷油嘴中喷出。燃油喷出后，在气动力的作用下雾化变成细小的油珠，并与空气均匀地混合组成混合气。

喷油嘴喷出燃油的多少取决于浮子室与文氏管喉部的压力差和定油孔直径的大小。浮子室与文氏管喉部的压力差和定油孔的直径越大，喷油嘴喷出的燃油越多；反之，喷出的燃油越少。对于已制成的汽化器，定油孔的直径是固定不变的，而浮子室与文氏管喉部的压力差则是随节气门开度的变化而变化的。开大节气门，文氏管喉部的空气流速增大，压力减小，因而浮子室与文氏管喉部的压力差增大，定油孔前后的压力差随之增大，喷油量随之增多。反之，关小节气门，浮子室与文氏管喉部的压力差减小，定油孔前后的压力差随之减小，喷油量也随之减小。由此可见，操纵节气门的开度，不仅可以改变空气量，而且还能借助于压力差的变化改变喷油量。也就是说，操纵节气门可以改变进入汽缸的混合气量，从而改变发动机的转速和功率。

发动机不工作时，进气通道内的空气不流动，文氏管喉部空气的压力和浮子室内空气的压力都等于大气压力，两者之间没有压力差，燃油也就停止喷出。

还需要指出的是，如果汽化器安装在增压器之后，则进入汽化器的空气是增压空气，浮子室就不应与外界大气相通。否则，文氏管喉部的空气压力就会因流速很大而小于增压空气的压力，但仍比大气压力大。文氏管喉部空气的压力反而大于浮子室内空气的压力，燃料就不可能从喷油嘴喷出。因此，对于汽化器安装在增压器之后的发动机，浮子室内应通入增压空气，以保证燃油顺利进入汽缸。

### 3. 简单浮子式汽化器的辅助装置

当活塞式发动机转速增加或飞行高度增加时，简单浮子式汽化器形成的混合气将变得越来越富油，不能适应发动机工作的需要。图 7-6 表示简单浮子式汽化器所形成的混合气的余气系数与发动机实际工作所需余气系数随转速变化的情况，从图上可以看出，只是在一个转速上(两条曲线相交点)，简单浮子式汽化器所形成的混合气的余气系数恰好与发动机需要的混合气的余气系数相等。小转速时，简单浮子式汽化器所形成的混合气比实际需要的混合气偏于贫油，不能保证发动机稳定工作；中转速以上时，所形成的混合气又比实际需要的偏于富油，不能保证发动机具有良好的经济性。

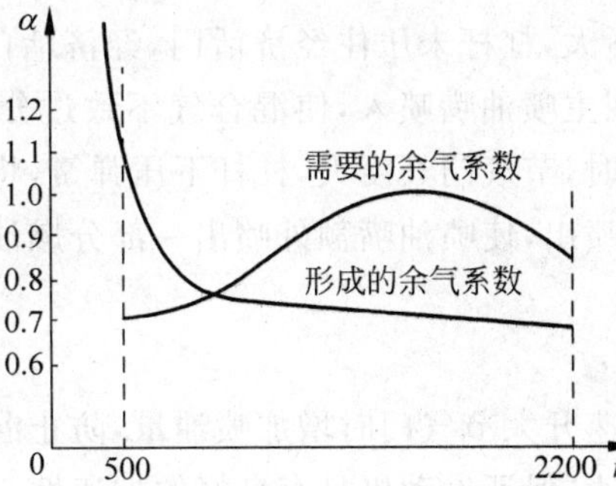


图 7-6　简单浮子式汽化器形成的混合气余气系数

为了消除简单浮子式汽化器形成的混合气余气系数不合要求的现象，可在汽化器上增设一些校正设备和辅助装置。

1）慢车装置

慢车装置的功能是在起动和慢车转速工作时，保证供给发动机所需要的富油混合气。浮子式汽化器的慢车装置由慢车喷油嘴、慢车油道(通往节气门附近)和慢车调节螺钉等组成，如图 7-7 所示。它是利用增设辅助喷油嘴的方法来调节余气系数的。

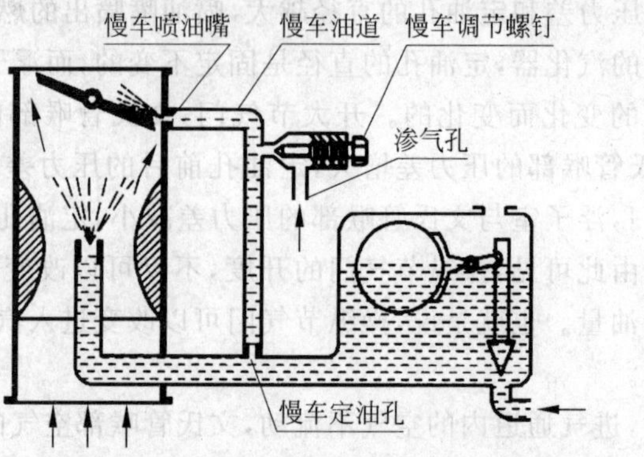


图 7-7　浮子式汽化器的慢车装置示意图

当发动机起动或以慢车转速工作时，汽化器的节气门关得很小，节气门与管壁之间形成了很小的缝隙。空气流经缝隙时，因通道突然变窄，速度增大，压力降低，因而在浮子室与节气门缝隙处空气之间产生很大的压力差，部分燃油在这个压力差的作用下，便经慢车喷油嘴喷入气流中，使混合气变为比较富油的混合气。当节气门开大后，缝隙即不再存在，慢车喷油嘴喷孔处的空气流速减小，压力增大，慢车喷油嘴就停止喷油。慢车调节螺钉用来调整慢车喷油嘴的喷油量。当螺钉往里拧时，渗气孔减小，渗气量减少，慢车定油孔前后的压力差增大，喷油量增多；往外拧时，则渗气孔开大，渗气量增多，慢车定油孔前后的压力差减小，喷油量减少。

2）经济装置

经济装置的功能是在大转速时额外增加喷油量，保证向发动机供给所需的富油混合气，而又不影响发动机在中转速工作时的经济性。浮子式汽化器的经济装置由经济活门、主定油孔、弹簧和杠杆等组成，如图 7-8 所示。当发动机在大转速工作时，需要富油混合气，经济装置是利用增加定油孔的方法来额外增加喷油量，以形成比较富油的混合气。当发动机在中转速工作时，节气门开度不大，杠杆未压住经济活门，经济活门由于弹簧的作用处在关闭位置，燃料仅从主定油孔流到主喷油嘴喷入，使混合气不致过分富油，保证发动机工作的经济性。当发动机使用大转速时，节气门开度大，杠杆下压弹簧，将经济活门打开，一部分燃油经过经济定油孔从主喷油嘴喷出，使喷油嘴额外喷出一部分燃油，与空气组成比较富油的混合气。

3）加速装置

加速装置的功能是在迅速开大节气门时增加喷油量，防止混合气贫油，使发动机从小转速迅速而平稳地过渡到大转速，保证发动机具有良好的加速性。

浮子式汽化器的加速装置常用的形式为活塞式加速装置。它由加速油井、活塞、活门和加速喷油嘴等组成，如图 7-9 所示。活塞上有小孔，活门套在活塞杆上可自由上下活动，活塞由杠杆使之与节气门连接。它是利用增加辅助喷油嘴的方法来调节余气系数的。当节气门缓慢地开大时，活塞也缓慢运动，活门因本身重量停在活塞杆的末端，燃油可经活塞上的小孔自由流动，此时活塞运动对加速油井中的燃油没有压力的作用，并不增加喷油量；当节气门迅速开大时，活塞也随之迅速下压，此时活门在惯性和燃油反压力的作用下紧贴于活塞，把小孔关闭，燃油即在活塞的推挤下顶开单向活门，从加速喷油嘴喷出。当节气门不再

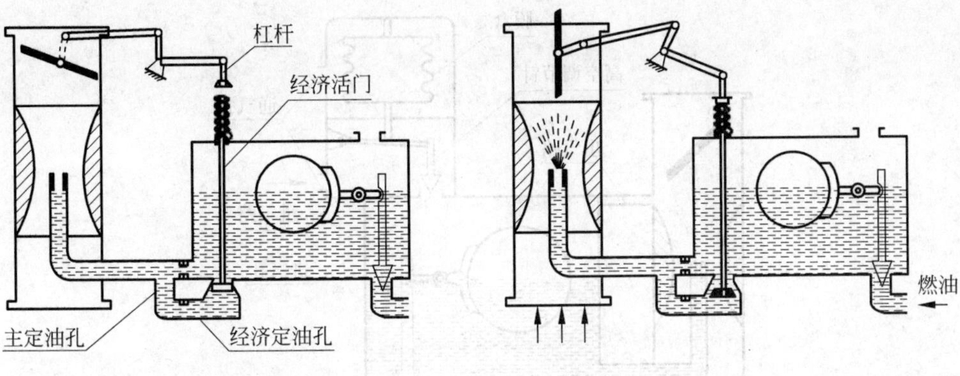


图 7-8　浮子式汽化器的经济装置示意图

开大时，活塞的运动随之停止。活门便在自身重量的作用下而下落，离开活塞，燃油又可通过小孔自由流动，加速装置也就停止工作。

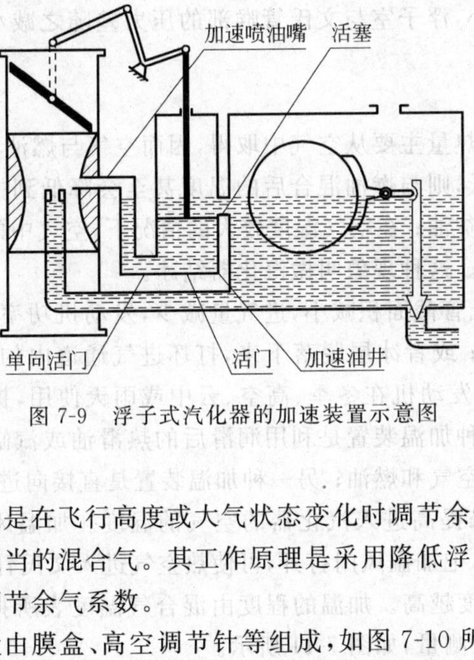


图 7-9　浮子式汽化器的加速装置示意图

4）高空调节装置

高空调节装置的功能是在飞行高度或大气状态变化时调节余气系数，以保证汽化器能向发动机供应余气系数适当的混合气。其工作原理是采用降低浮子室的空气压力，以改变定油孔前后的压力差来调节余气系数。

自动式高空调节装置由膜盒、高空调节针等组成，如图 7-10 所示。浮子室有进气路和出气路，高空调节针用来调节浮子室进气孔的开度。它是由膜盒和杠杆自动操纵，膜盒是密封的，膜盒内充有气体，膜盒周围则通外界大气。当发动机在地面或低空工作时，大气压力较大，膜盒被压缩，杠杆将高空调节针提起，使浮子室的进气孔开度较大，此时空气流过进气孔时的流动损失较小，浮子室内的空气压力较大，浮子室与文氏管喉部的压力差也较大，喷油量较多。当飞行高度升高时，大气压力减小，膜盒膨胀，杠杆使高空调节针下移，进气孔关小，空气流过进气孔时的流动损失增大，浮子室内的空气压力减小，浮子室与文氏管喉部的压力差降低，喷油量随之减少。因此，高空调节装置能随着飞行高度变化自动调节喷油量，保证混合气的余气系数适当。

这种调节装置还能在高度不变时根据大气状态的变化自动地调节喷油量。如大气温度

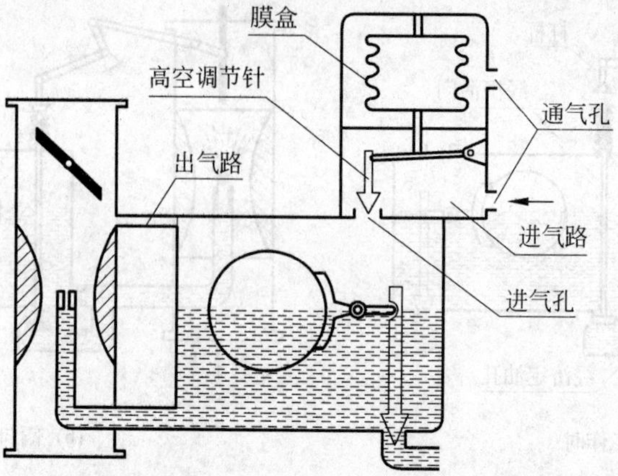


图 7-10　浮子式汽化器的自动式高空调节装置示意图

不变、大气压力增大时，膜盒被压缩，进气孔开大，浮子室内的空气压力增大，浮子室与文氏管喉部压力差随之增大，喷油量增加，从而防止混合气贫油，如大气压力不变，大气温度升高时，膜盒膨胀，进气孔关小，浮子室与文氏管喉部的压力差随之减小，喷油量减少，从而防止混合气富油。

5）加温装置

燃油汽化时，需要的热量主要从空气中取得，因而空气与燃油混合之后，温度显著降低。如果进入汽化器的温度低，则与燃油混合后的温度甚至会降低到摄氏零度以下。这不仅会使燃油汽化不良，混合气贫油；在空气湿度较大的情况下，空气中的水分还会聚积在文氏管壁和节气门上，凝结成冰。这种现象叫做汽化器结冰。

汽化器结冰会使文氏管截面积减小，进气量减少，发动机功率降低，严重时冰层会把节气门卡住，以致无法操纵；或者冰层脱落下来，打坏进气通道内的机件等。因此，一般汽化器都设有加温装置，以便发动机在冬季、高空、云中或雨天使用，提高进入汽化器的空气温度，防止汽化器结冰。一种加温装置是利用润滑后的热滑油或汽缸冷却液流过汽化器文氏管的外壁，将热量传递给空气和燃油；另一种加温装置是直接向进气通道引入热空气（流过汽缸散热片后的空气），来提高进入汽化器的空气的温度。加温风门由飞行器的加温杆操纵。加温时，操纵加温杆，把加温风门打开，可使热空气进入文氏管。加温风门的开度越大，热空气进入越多，室气温度越高。加温的程度由混合气温度表所指示的数值来判定。混合气温度可在汽化器出口处测量，如图 7-11 所示。

如果汽化器装在增压式发动机的增压器后面，则进入汽化器的空气是增压空气。增压空气的温度远比大气温度高，汽化器就不用再设置加温装置了。

6）停车装置

停车装置的作用是使汽化器迅速停止喷油，使发动机停止工作。它由停车活门、弹簧和操纵臂等组成，如图 7-12 所示。发动机停车时（由于节气门开度很小，主喷油嘴已接近不喷油，主要靠慢车喷油嘴维持工作），将停车手柄后拉到底，通过操纵臂克服弹簧的弹力将停车活门打开，这时浮子室至节气门处的空气路沟通，使浮子室与慢车喷油嘴处的压力差迅速消失，慢车喷油嘴立即停止喷油，发动机停车。当停车手柄放回最前位置后，由于弹簧的作用，停车活门又回到原来的位置，将气路堵死。

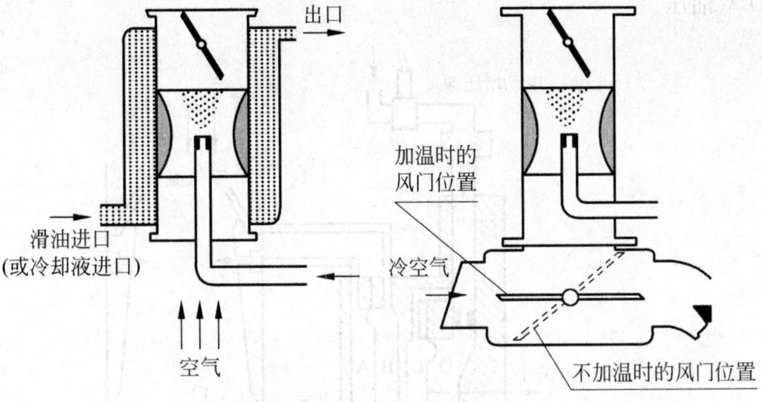


图 7-11　浮子式汽化器的加温装置示意图

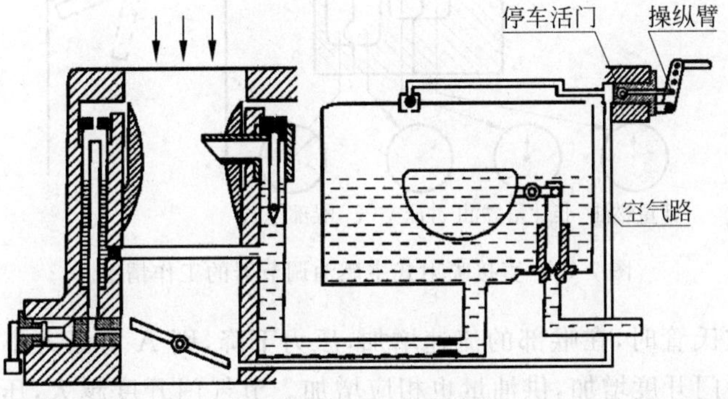


图 7-12　浮子式汽化器的停车装置示意图

## 7.1.4　直接喷射式燃油调节器

### 1. 直接喷射式燃油调节器的功能和工作原理

1）直接喷射式燃油调节器的功能

直接喷射式燃油调节器的功用是根据外界条件和发动机的工作状态，自动或人工调节燃油量以适应发动机工作的需要。航空活塞发动机采用直接喷射式燃油调节器可实现进气口连续喷射，在气门关闭期间，燃油积储在进气口处，这样的喷射系统比较简单，并且为燃油混合和蒸发提供了足够的时间。在气门同开角不是很大的情况下，其性能几乎与定时喷射一样。直接喷射式燃油调节器主要包括主燃油调节器（也叫燃油计量部件）和混合比调节装置。

2）主燃油调节器的工作原理

主燃油调节器根据进气量的多少调节计量燃油。主燃油调节器包括文氏管、两个空气室及空气薄膜、两个燃油室及燃油薄膜和与空气薄膜和燃油薄膜相连的球形活门，如图 7-13 所示。A、B 室为空气室，中间由空气薄膜隔开，其中 A 室通文氏管喉部，与文氏管喉部压力相等；B 室通冲压空气，与外界压力相等。C、D 室为燃油室，中间由燃油薄膜隔开，其中 C 室直接通油泵来的燃油；D 室通经过混合比调节器调节后的燃油。两相比较，C

室油压大于D室油压。

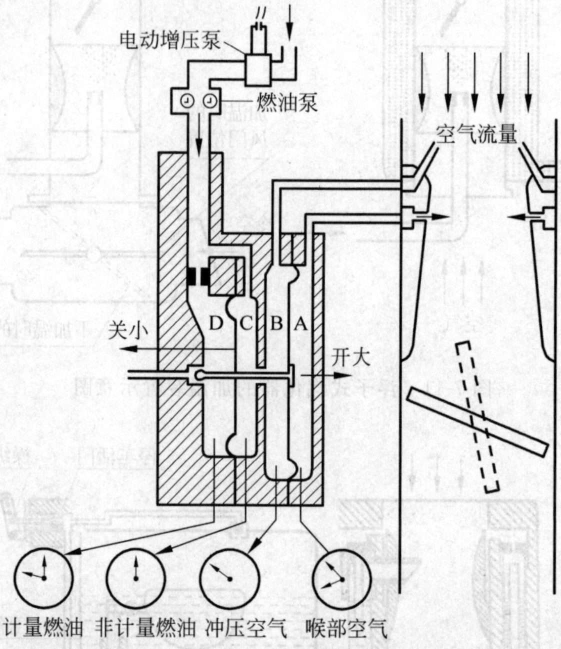


图 7-13　直接喷射式主燃油调节器的工作情况

当空气流经文氏管时，在喉部的流速增加，压力下降，则A室压力小于B室压力，这个压力差使得球形活门开度增加，供油量也相应增加。节气门开度越大，压力差也就越大，球形活门开度也就随之越大，供油量也相应越大；反之，节气门开度减小，供油量也随之减小。由于节气门与油门杆相连，当前推或后收油门时，进气量发生变化，供油量也随之发生变化。

3）混合比调节装置的工作原理

虽然主燃油调节器根据进气量的多少调节燃油流量，但是当发动机转速或飞行高度发生变化时，则需要更精确的燃油计量。混合比调节装置可以自动或人工对混合比进行精确的修正。

混合比调节器由混合比调节活门、慢车定油孔、连接油门的慢车活门操纵杆和连接混合比杆的混合比活门操纵杆等组成。操纵混合比杆时，经混合比活门操纵杆改变了混合比调节活门的开度。前推混合比杆时，活门开度增加，流到主燃油调节器D室的燃油流量增加，混合气变富油；后收混合比杆时，活门开度减小，流到主燃油调节器D室的燃油流量下降，混合气变贫油，如图7-14所示。当混合比杆收到最后慢车关断位时，燃油流量很小，致使油压降低，不能打开燃油流量分配器上的分油活门，从而发动停车。

**2. 直接喷射式燃油调节器的特点**

与汽化器式燃油系统相比较，直接喷射式燃油的特点主要如下。

1）优点

(1) 进气系统中结冰的可能性较小。

(2) 各汽缸的燃油分配比较均匀。

(3) 有较精确的油气比控制，因而发动机的燃油经济性较好。

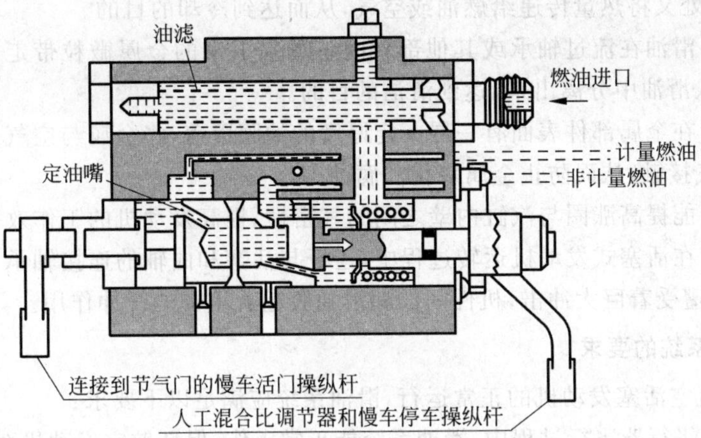


图 7-14　混合比调节装置的工作情况

(4) 便于寒冷天气的起动。

(5) 油门响应快，特别是改善了加速性能。

2) 缺点

(1) 热发动机起动比较困难。

(2) 在炎热天气地面运转时容易形成气塞，因此有的燃油系统中采用电动增压泵来解决这一问题。

## 7.2　航空活塞发动机滑油系统

航空活塞发动机工作时，各活动部件或旋转部件与其他部件的接触面之间都以很高速度做相对运动。各零部件的接触表面虽然看上去很光滑，但在显微镜下观察仍然有一定的粗糙度，这样当两个零件间做相对运动时，表面上的粗糙凸起就会相互碰撞，阻碍运动，出现干摩擦。这种干摩擦不仅会产生很大的摩擦阻力，白白消耗很多能量，而且会对机件造成极大损伤。解决这个问题的办法是将润滑油涂敷在相互接触的金属表面上，形成一层滑油油膜，让滑油填平零件表面的凹凸不平，靠油膜把相互接触的部件隔开，使相对运动的部件表面之间的干摩擦变为液体摩擦，从而大大降低摩擦阻力。

### 7.2.1　滑油系统的功能和要求

#### 1. 滑油系统的功能

滑油系统的主要任务是把一定压力、一定温度而又洁净的滑油送到需要润滑的地方，以保证航空发动机能正常工作。滑油系统的主要功能如下：

(1) 润滑。减小摩擦力，减小摩擦损失。其原理是：在相互运动部件的表面有一层一定厚度的油膜覆盖，金属与金属不直接接触，而是油膜与油膜相接触，这就在相互运动中减小了摩擦。

(2) 冷却。降低温度，带走热量。其原理是：滑油从轴承和其他温度高的部件吸收了热量，在散热器处又将热量传递给燃油或空气，从而达到冷却的目的。

（3）清洁。滑油在流过轴承或其他部件时将磨损下来的金属微粒带走，在滑油滤中将这些金属微粒从滑油中分离出来，达到清洁的目的。

（4）防腐。在金属部件表面有一层一定厚度的油膜覆盖，将金属与空气隔离开来，使金属不直接与空气接触，从而防止金属氧化和腐蚀。

（5）气密。能提高涨圈与汽缸内壁之间的气密性，提高发动机的工作效率。

（6）缓冲。在活塞式发动机运转过程中，连杆与活塞和曲轴的连接轴承，尤其是曲轴和曲轴轴承，反复遭受着巨大冲击，机件间的润滑油膜起着重要的缓冲作用。

**2. 对滑油系统的要求**

为了保证航空活塞发动机的正常运行，滑油系统应满足以下要求：

（1）在旋翼飞行器飞行过程中，滑油系统能正常工作，保证航空发动机对润滑的需求。

（2）在低温条件下发动机能正常起动。航空发动机所用的滑油能在－40℃温度下正常起动发动机。

（3）有必要的指示系统，以监控滑油的状态（如压力、温度和油量）和洁净状况（如油滤有无堵塞），以便及早给出故障预示。

（4）滑油系统中的部件，尤其是油滤、磁堵等的可达性要好，以方便维护人员检查、拆装。

（5）在发动机工作的温度范围内，滑油应具有一定的黏性，黏度太大则流动不畅，黏度太小则不利于润滑。发动机在不同的温度条件下工作时，要选用黏度合适的滑油，且不可将不同黏性的滑油混合使用。

## 7.2.2 滑油系统的润滑方式

发动机机件的润滑方式有三种，即泼溅润滑、压力润滑和喷射润滑。

**1. 泼溅润滑**

借转速较大的旋转机件（如曲轴等）将滑油泼溅到摩擦面上的润滑方法叫做泼溅润滑，如图 7-15 所示。在活塞发动机机匣内部装有一定数量的滑油，当发动机工作时，借助于曲轴的转动不断地将滑油向四周甩出，使滑油在机匣内部泼溅成细小的油滴，从而润滑汽缸、活塞、连杆、曲轴等部件。润滑后的滑油直接落入机匣的滑油池中。

这种润滑方法的特点是系统比较简单，但对机匣外部的机件和附件无法润滑；也很难使滑油进入较远、间隙较小的地方；泼溅润滑后的滑油无法过滤；滑油消耗量多；飞行姿态突然改变时难以保证有效润滑等。

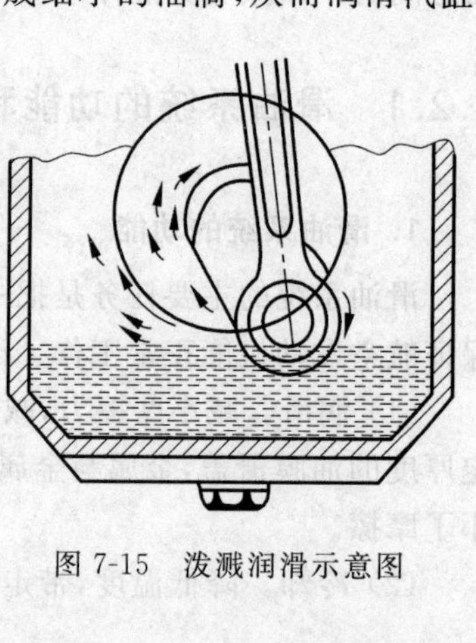

图 7-15 泼溅润滑示意图

**2. 压力润滑**

滑油经过油泵迫使滑油流至各摩擦面的方法叫压力润滑。滑油泵是使滑油在发动机内循环运行的动力，它将滑油压送到各处摩擦表面，同时将润滑后的滑油抽回，经过过滤和冷却后，重新送到各处摩擦表面，所以压力润滑的润滑和冷却等效果要比泼溅方式好；但是，有些机件（诸如汽缸壁）难以使用压力润滑，而且压力润滑系统也很复杂。

**3. 喷射润滑**

滑油经过油泵加压后，由专门的油嘴喷射到摩擦表面进行润滑的方法叫做喷射润滑。汽缸活塞之间的润滑、减速器齿轮的润滑等多用这种润滑方式。

活塞式发动机的润滑系统是上述三种润滑方式结合使用的系统。

### 7.2.3 滑油系统的组成和工作原理

由于滑油的储存方式不同，滑油系统有湿机匣滑油系统和干机匣滑油系统两种。湿机匣润滑系统多用于水平对置式活塞发动机。星形活塞发动机一般不用湿机匣润滑系统，多采用干机匣滑油系统。

**1. 湿机匣滑油系统**

湿机匣滑油系统的滑油储存在机匣下部的滑油收油池中。典型的湿机匣滑油系统如图 7-16 所示。

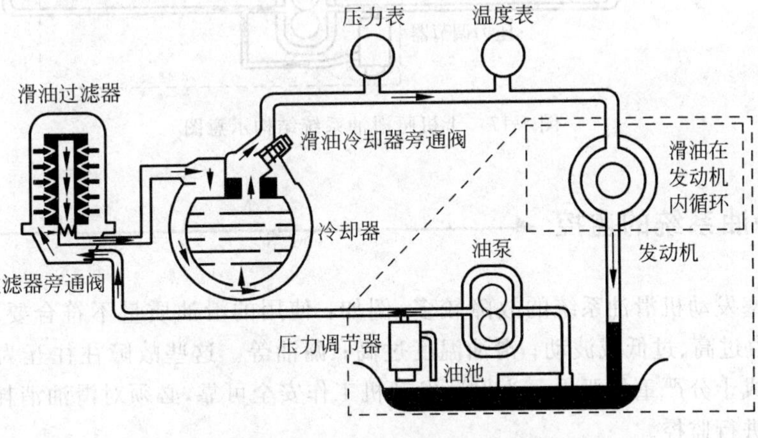


图 7-16　湿机匣滑油系统结构示意图

滑油储存在发动机机匣中，机匣是密封的，机匣上有加油口和盖，盖上装一量油杆。由发动机轴驱动的滑油泵将滑油抽出，通过油路将滑油送到各处进行压力润滑和喷射润滑。在滑油泵出口管路上装有压力调节器（泄压阀），如果油压过高，则可将部分滑油分流回到调节器进口，以保持适当的出口油压。滑油过滤器随时将循环滑油中的杂质清除掉，在检修发动机时往往要更换过滤器。在过滤器处装有过滤器旁通阀，当过滤器被杂物堵塞时，滑油会自发顶开旁通阀，以维持滑油流通；这时虽然失去滑油过滤的功能，但总比油路堵塞断油好得多。

通过滑油循环不仅能完成润滑，还能同时完成发动机冷却、净化、密封、防腐等各项任务。然后热滑油回到收油槽中，在油槽中滑油受到冷却。但是单靠收油槽冷却往往是很不够的，所以绝大多数发动机在滑油系统中装有冷却器及温控开关，当滑油泵出口的滑油温度过高时，控温开关控制滑油流经冷却器继续冷却；当滑油泵出口的滑油温度无须继续冷却时，温控开关打开冷却器旁通阀使滑油流向下游。冷却器旁通阀的另一用途是当冷却器被杂物堵塞时仍能维持滑油循环，防止断油。

**2. 干机匣滑油系统**

干机匣滑油系统与湿机匣滑油系统的组成和工作原理基本相似，其主要区别是干机匣滑油系统的滑油不储存在机匣中，而是储存在活塞式发动机外专设的一个外部油箱中，如图 7-17 所示。相应地，在该系统中增加了一个回油泵，回油泵的作用是随时将润滑和冷却后的滑油从发动机机匣下部抽到外部滑油箱中存放。抽油泵将滑油从滑油箱吸出，经过滤器、冷却器供发动机使用。

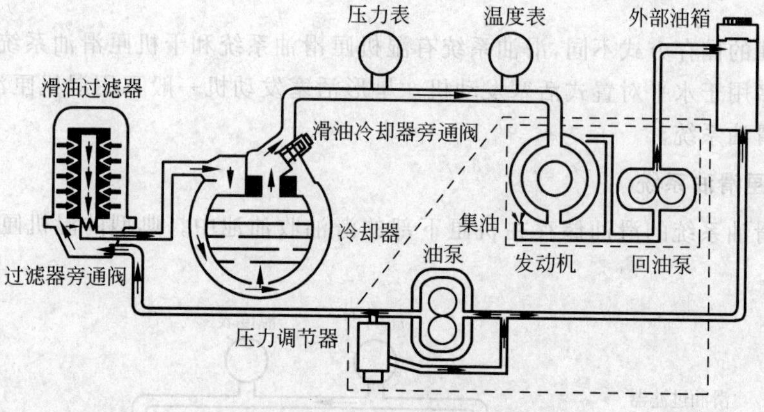


图 7-17　干机匣滑油系统结构示意图

## 7.2.4　滑油系统的监控

航空活塞发动机滑油系统的故障较多，例如：使用的滑油质量不符合要求；滑油量不足；滑油压力过高、过低或波动；滑油温度过高；漏油等。这些故障往往互为因果关系，会给发动机造成十分严重的恶果。为保证发动机工作安全可靠，必须对滑油消耗量、滑油温度和滑油压力进行监控。

**1. 滑油消耗**

滑油在正常的循环工作过程中会不断地消耗。滑油消耗的原因有三条：

(1) 活塞在做往复运动时，有部分滑油进入汽缸被烧掉，这是主要的一个原因，转速越大，进入汽缸烧掉的滑油就越多。

(2) 有部分滑油呈雾状和蒸汽状态从通气管逸出。

(3) 滑油受高温的作用，有一部分被氧化和分解，变成了胶状物质和沉淀物，附着在机件上或沉淀在滑油系统中。

滑油消耗的多少一般用滑油消耗率表示。滑油消耗率是指发动机工作单位时间产生单位功率所消耗的滑油量。在正常稳定工作的条件下，发动机的单位滑油消耗率基本不变。如果发现滑油消耗突然变快，应仔细检查发动机和滑油系统是否有损坏和泄漏的情况。每次起飞前要打开注油盖，通过油标尺检查滑油量；需要加油时，应根据飞行时间的长短估计加油量。检查和加油后，必须把油盖拧紧以防止泄油。

### 2. 滑油温度

滑油温度影响滑油黏度，故影响润滑效果。温度高，滑油的黏性小，机件之间的摩擦面内不易保持滑油层，摩擦消耗的功率增加；温度低，滑油的黏性大，滑油不易进入机件之间的摩擦面，摩擦消耗的功率也要增加。因此保持适当的滑油温度是十分重要的。不同型号的滑油，工作温度范围也不同，一般发动机使用的滑油工作温度为 40～120℃。发动机在正常使用过程中引起滑油温度异常升高原因如下：

(1) 滑油量太少，原因可能是滑油加得太少或滑油系统泄漏引起滑油量过少。

(2) 发动机温度长时间较高，特别是当外界大气温度较高时。

(3) 滑油散热器工作不正常或受损。

当滑油温度升高并超过高温红线后系统会发出告警信号。这时，可采取开大冷却器风门加强冷却、降低发动机功率、加强发动机外部冷却或富油等方法使滑油温度下降。

### 3. 滑油压力

滑油压力是发动机滑油系统中需要进行重点监控的三大指标之一，其大小反映循环滑油量的多少。一般航空活塞发动机正常运行的滑油压力应在 172～758kPa(25～110psi，1psi＝6.895kPa)之间。

滑油压力表指示的压力值是发动机起动正常与否的重要依据。在一般环境温度条件下，活塞发动机起动后 30s 内，滑油压力表应指示到要求的压力值；在严寒气候条件下，允许起动后 60s 内指示到要求压力值。活塞发动机在运行中，滑油压力可能发生异常下降的现象。其原因可能是：

(1) 滑油量过少。

(2) 滑油泵失效。

(3) 滑油输油管路堵塞。

(4) 压力调节器发生故障而失灵。

(5) 滑油压力表出现故障等。

当出现滑油压力异常时，首先通过仪表互校的方法判断滑油系统工作正常与否。如果滑油温度表指示正常，说明滑油压力表失效，滑油系统仍在正常工作，飞机可以继续飞行。如果滑油压力和滑油温度均异常，说明滑油系统出了问题，飞机应当立即就近着陆；在地面运行的飞机应当立即停车，否则会给发动机带来严重损伤。

## 7.3　航空活塞发动机点火系统

航空活塞发动机属于点燃式发动机，进入汽缸的油气混合气体需要点火燃烧才能放热做功。由于在活塞发动机的任一汽缸中，活塞每完成一个工作循环，电嘴都需要点火一次，这工作需要有一套点火系统来承担。点火系统工作正常与否，直接影响发动机的性能和工作的可靠性。

## 7.3.1 点火系统的功能和组成

### 1. 点火系统的功能

要使活塞发动机汽缸内的混合气燃烧，首先要点燃混合气，使混合气着火，然后才能燃烧起来。点火系统的功能是在活塞发动机所有的工作状态下，按规定的汽缸点火顺序，在活塞位于汽缸上死点前预先确定的角度上产生强烈的电火花，点燃汽缸中的混合气。

活塞发动机点火系统一般分为两类：电瓶点火系统和磁电机点火系统。电瓶点火系统与大多数汽车上所使用的点火系统类似，以电瓶或发电机作为电源，目前只在极少数旋翼飞行器动力装置上使用。现代航空活塞式发动机大多数采用的是磁电机点火系统。

### 2. 点火系统的组成

航空活塞式发动机的点火系统主要由磁电机、点火导线、电嘴（火花塞）和磁电机开关等部件组成。将这些部件用导线（电缆）连接起来，就构成了发动机的点火系统，如图 7-18 所示。

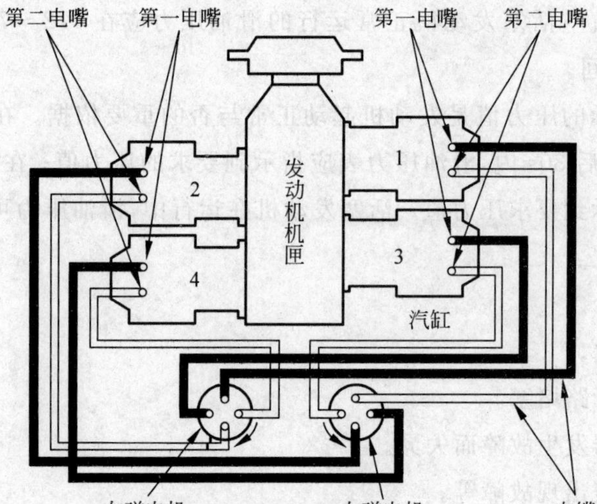

图 7-18 点火系统的主要组成部分

(1) 磁电机。磁电机是点火系统的电源，通常安装在发动机的附件机匣上，由附件齿轮驱动，利用电磁感应原理，将机械能转化为电能，适时地产生高压电，并按照发动机的点火顺序将高压电分配到各个汽缸，供电嘴产生电火花之用。

(2) 点火导线。点火导线被用来连接磁电机和电嘴，将磁电机产生的高压电按规定的点火顺序传到电嘴，供电嘴跳火。

(3) 电嘴。电嘴也称为火花塞，安装在汽缸头上，一端伸入汽缸，另一端与点火导线相连。磁电机产生的高压电在电嘴的两极间产生火花，点燃混合气。

(4) 磁电机开关。磁电机开关用来控制磁电机开与关，即控制磁电机工作或不工作。点火开关通常与起动机开关合在一起，称为点火起动开关。

为了缩短混合气燃烧时间以提高发动机的功率和经济性，保证发动机工作可靠，航空活

1
2
3
4
5
6
7
8
9

塞式发动机上一般都安装有两个磁电机，每个汽缸安装两个电嘴，即采用双点火装置。每一个磁电机所产生的高压电只供给每个汽缸中的一个电嘴点火，两个磁电机各自独立地工作，互不影响。发动机工作时，同一个汽缸上的两个电嘴同时产生电火花点燃混合气。这样的目的，一是提高每个汽缸的点火能量，提高火焰传播速度，改善发动机的功率和经济性；二是保证发动机工作可靠，因为一旦某个磁电机发生故障不能产生高压电，另一个磁电机仍能保证一个电嘴产生电火花，使发动机继续工作。但在这种情况下，发动机功率会有一定程度的减小。

## 7.3.2 磁电机的组成和工作原理

### 1. 磁电机的组成

磁电机是活塞发动机点火系统的高压电源，它利用电磁感应原理将机械能转化为电能。磁电机一般由下列三个部分组成，如图 7-19 所示。

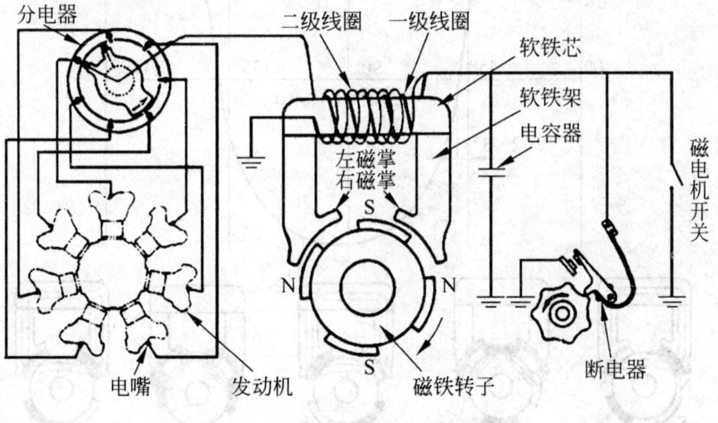


图 7-19 磁电机的组成部分示意图

(1) 磁路。磁电机的磁路包括磁铁转子、极靴和软铁芯。其功能是产生变化的基本磁场，形成线圈中变化的基本磁通。

(2) 低压电路。低压电路包括一级线圈、断电器和电容器，用来产生低压感应电流（低压电），并在适当时机将低压电路断开，使低压电流的电磁场迅速消失。

(3) 高压电路。高压电路包括二级线圈和分电器，用来在低压电路断开时，产生高压感应电流（高压电），并将高压电按发动机的点火顺序输送至各汽缸的电嘴。

### 2. 磁电机产生高电压的工作原理

磁电机产生高压电如同普通发电机发电一样，是运用电磁感应原理来实现的，即用增减穿过线圈的磁通（磁力线的数目）使线圈产生感应电动势的办法来实现。但由于磁电机需要产生的是高压电，如果像普通发电机那样只靠线圈和磁铁的相对运动使穿过线圈的磁通发生变化，则磁通的变化率很小，产生的感应电动势不够高，不能满足电嘴点火的需要，因此磁电机只利用上述方法产生低压电流，然后再用断开低压电路的方法使线圈的低压电流和伴随低压电流而产生的电磁场迅速消失，从而使穿过线圈的磁通发生剧烈的变化，产生足够高的感应电动势和高压感应电流，即高压电，并按照点火顺序将高压电分配到各个汽缸，供电嘴打火。

1）基本磁场的变化和低压电流的产生

磁铁转子是旋转的永久磁铁，软铁架和铁芯是由多片良导磁性而相互绝缘的矽钢片铆合而成，用以引导磁铁转子的磁力线在铁芯中形成磁场，此磁场称为基本磁场；其磁通，即通过铁芯的磁力线数，叫做基本磁通。当磁铁转子转动时，磁极和铁架的相对位置不断变化，基本磁场、基本磁通也就不断变化，如图 7-20(a)所示。当转子的 N 极正对软铁架的左磁掌、S 极正对右磁掌时，由于磁极和磁掌相对的面积最大，磁路的磁阻最小，因而通过铁芯的磁力线最多，即基本磁通最大，基本磁场最强。这时，磁力线从转子的 N 极出发，经过铁架和铁芯回到转子的 S 极，铁芯中磁力线的方向由左向右，如把此时磁铁转子的转角 $\alpha$ 定为 0°，由左向右方向的磁通定为正值，则此时的基本磁通为最大值。

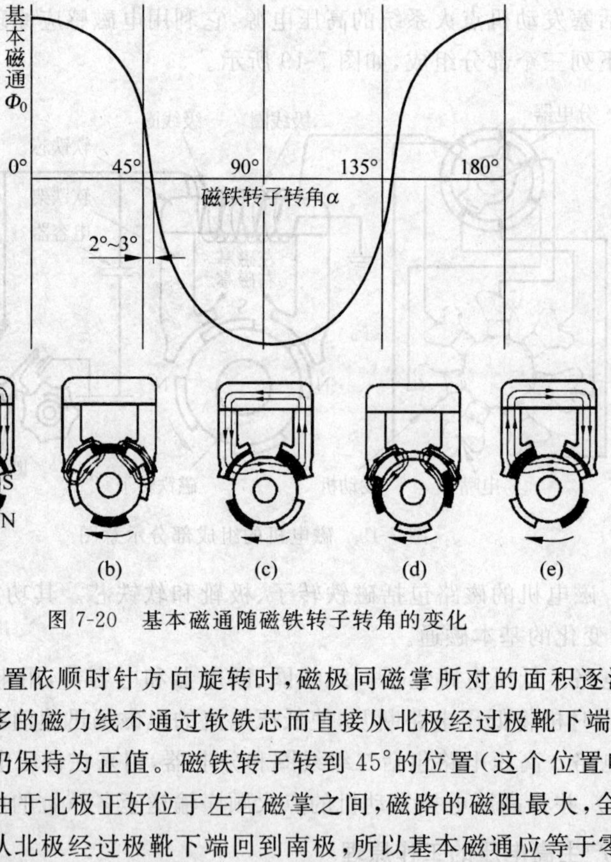


图 7-20　基本磁通随磁铁转子转角的变化

磁铁转子由 0°的位置依顺时针方向旋转时，磁极同磁掌所对的面积逐渐减小，磁路的磁阻逐渐增大，越来越多的磁力线不通过软铁芯而直接从北极经过极靴下端回到南极，因此基本磁通逐渐减小，但仍保持为正值。磁铁转子转到 45°的位置（这个位置叫做中立位置）时，如图 7-20(b)所示，由于北极正好位于左右磁掌之间，磁路的磁阻最大，全部磁力线便都不通过软铁芯，而直接从北极经过极靴下端回到南极，所以基本磁通应等于零。但是由于软铁芯具有一定的(虽然是很小的)保磁力，所以不能立即退磁，以致软铁芯中仍有少数的磁力线，即残磁存在。只有当磁铁转子转到中立位置以后 2°～3°，北极开始接近极靴的右磁掌时，磁铁转子的磁力线从相反的方向（自右向左）通过软铁芯，抵消残磁后，软铁芯的磁力线才完全消失，基本磁通才变为零。

磁铁转子继续旋转，磁极与磁掌的相对面积又逐渐增大，磁路的磁阻逐渐减小，基本磁通逐渐增大。当磁铁转子转到 90°时，磁极和磁掌相对面积最大，磁路的磁阻变为最小，基本磁通最大，在 45°～90°转角中，铁芯内磁力线的方向与 0°～45°转角中磁力线的方向相反，即由右向左，所以基本磁通应为负值，如图 7-20(c)所示。

磁铁转子继续旋转，基本磁通的大小和方向随转角的变化可按上述同样的道理得出。图 7-20(a)～图 7-20(e)绘出转子旋转 180°的过程中基本磁通随转角变化的情况。

基本磁通的变化使缠绕在铁芯上的一级线圈产生感应电动势，同时二级线圈亦产生感应电动势。由于两个线圈同处于一个基本磁场作用下，二者感应电动势的变化规律相同。但是，二级线圈的匝数比一级的多，其感应电动势要比一级的大。一般来说，一级线圈的感应电动势最大为 30～35V，二级线圈的感应电动势为 2400～2800V，这比电嘴产生火花所需的击穿电压值(8000～10 000V)小得多，还不能满足电嘴点火的要求。

2）高压电的产生

为提高二级线圈的感应电动势，在低压电路上增设了断电器，用低压电路突然断电、低压电流和电磁场瞬时消失的方法加大磁通的变化率，从而在二级线圈上感应出高压电。

断电器由凸轮、接触器、杠杆与弹簧片等组成。接触器有两个触点：一个接地(搭铁)，一个经杠杆和弹簧片与一级线圈相连。当两个接触点借弹簧片的弹力密切接触时，低压电路连成通路，一级线圈产生感应电流，此交变的感应电流又使铁芯中生成一个新的电磁场。这样，在铁芯中的磁场就是基本磁场和电磁场的叠加磁场。当电磁场最大时，由凸轮控制的断电器接触点断开，低压电路中断，电磁场立即消失，铁芯中的叠加磁场立即变为基本磁场，从而使铁芯中的磁场变化率突然增加，使二级线圈产生高压电，其电压值可高达 15 000～20 000V。

低压电路断开时，由于电磁场的突然变化，不仅使二级线圈中产生很高的感应电动势，同时一级线圈也产生 300～400V 的自感应电动势。在如此高的自感应电动势的作用下，当接触点刚断开、间隙很小时，接触点电压可升高到很大数值，足以使接触点间的空气发生强烈电离而产生电火花。这时一方面可以烧坏接触点，另一方面，由于接触点间空气电离，在自感应电动势作用下，低压电流在接触点断开的最初一段时间内仍将按原来的方向从接触点间隙中流过，不能立即中断，致使磁通变化的速度减小，二级线圈感应电动势不可能足够高。

为解决上述矛盾，在低压电路中并联一个电容器(图 7-19)，有了这个电容器，在断路时，将自感应电动势产生的电流分为两路：一路流向断路器的接触点，另一路流向电容器使其充电。由于电容器具有较大的电容，远远大于接触器刚断开时所具有的电容值，所以能够吸收大部分自感应电流，使接触点处免于产生火花。同时，该电容器放电时的方向与充电时相反，加速了铁芯中电磁场的消失，从而也提高了二级线圈的感应电动势。

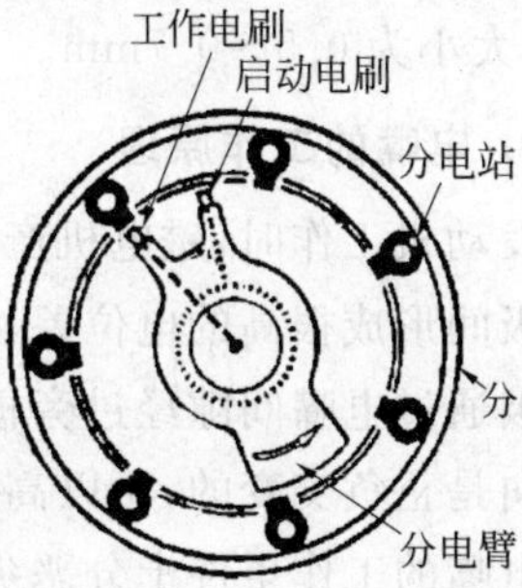


图 7-21　分电器结构示意图

3）高压电的分配

磁电机产生的高压电要按发动机要求的点火顺序分配至各个汽缸，此任务由分电器完成。分电器由分电盘和分电臂组成，如图 7-21 所示。在分电盘的周缘分布着和汽缸数目相同的分电站，每一个分电站引出一根电缆，依点火顺序分别连接到各个汽缸的电嘴上。分电臂由磁铁转子的转轴经传动齿轮带动旋转，分电臂上装有工作电刷和起动电刷，从图 7-21 所示箭头表示的旋转方向看，工作电刷在前，起动电刷在后。

当活塞发动机正常运转时，磁电机二级线圈产生的高压电通到分电臂的工作电刷。在断电器接触点断开之际，工作电刷正好与一个分电站接触，高压电通过工作电刷和此分电站由高压导线输送到电嘴并产生火花。因此，分电臂每旋转一周，所有的汽缸(图 7-21 表示的发动机为七缸活塞式发动机)按点火顺序各点火一次。

## 7.3.3 电嘴的结构和工作原理

电嘴(火花塞)安装在活塞发动机汽缸头上，利用磁电机输送的高压电击穿两极间的空气产生电火花，点燃进入汽缸的油气混合气。

### 1. 电嘴的结构

活塞发动机的电嘴由绝缘钢心、隔波套管和外壳等组成，如图 7-22 所示。

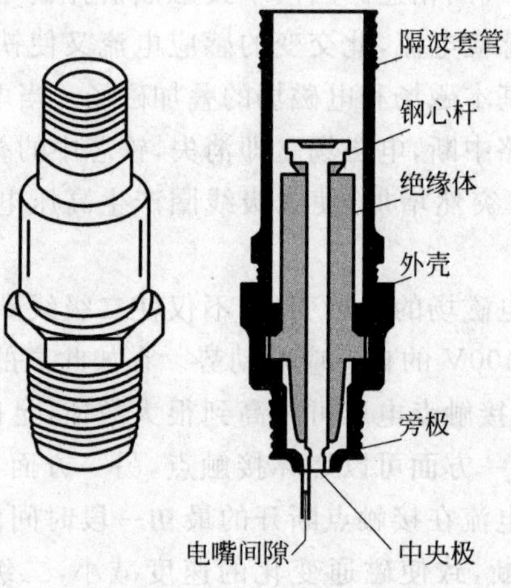


图 7-22　电嘴的结构示意图

绝缘钢心装在外壳中，钢心的中间是钢心杆，钢心杆外包有云母或陶瓷的绝缘体与外壳绝缘。在钢心杆的下端焊有用不锈钢制的中央极，钢心杆的上端与高压电缆连接。外壳为钢制，内外均有螺纹，外螺纹用于把电嘴固定在汽缸头上，内螺纹用于安装电嘴的隔波套管。外壳下部焊有耐热合金钢制成的旁极，旁极与中央极相隔有一个间隙，此间隙叫做电嘴间隙，其大小为 0.5～0.7mm。

### 2. 电嘴的工作原理

发动机工作时，磁电机产生的高压电由高压电缆输送到绝缘钢心的钢心杆上，在中央极和旁极间形成很高的电位差，于是电极间的气体发生强烈电离而产生电火花。这时，电流由中央极通过电嘴间隙经过旁极搭铁，回到磁电机的二级线圈。由于二级线圈的感应电动势的方向是正负交变的，所以高压电路中的电流方向也是正负交变的。

电嘴的工作条件十分恶劣，它要经受 10 000～20 000V 高压电的作用；要经受每秒 20 多次高、低气压和高、低气温的剧烈冲击；要经受燃气中的碳、硫和抗爆剂(铅水)等的化学腐蚀和放电过程的侵蚀等。

### 3. 影响电嘴工作的因素

影响电嘴工作的因素很多，其中电嘴使用的绝缘材料、电极材料和电嘴结构等自身条件是影响电嘴工作的基本因素。对于在用的定型发动机，就其使用和维护角度来说，要注意如下三种影响因素。

1）电嘴间隙

正常工作的电嘴，其电嘴间隙是有一定要求的。由于电嘴长期遭受各种侵蚀、机械冲撞或间隙校正不当，可能造成间隙过大或过小。间隙过大会使击穿电压显著升高，从而造成点火困难、击穿绝缘体以及磁电机不能正常工作；间隙过小会使电火花强度减小，难以点燃混合气，还可能使间隙积炭而短路，形不成电火花。

2）电嘴挂油、积炭和受潮

如果发动机润滑系统的滑油压力过大，或活塞环的密封性变坏，漏进汽缸的滑油增多并使电嘴表面挂油，由于燃料燃烧不完全以及电嘴挂油不可能全部烧掉，往往会在电嘴上形成积炭；同时，湿空气会使电嘴受潮。积炭和水分都可以导电，从而在电嘴间隙处会形成一个导电电路，相当于在电嘴上并联了一个分路电阻。分路电阻的存在，使磁电机二级线圈的感应电动势降低，电火花的强度减弱，甚至不能产生电火花。

3）电嘴温度

发动机在最大转速工作时，电嘴绝缘体下部和电极的温度不得超过 800℃；在最小转速工作时，电嘴绝缘体下部和电极的温度不得低于 500℃。如果电嘴的温度过高，不仅使电嘴的击穿电压降低，还会引发早燃；如果电嘴温度过低，不仅使电嘴的击穿电压升高，而且还会发生电嘴挂油、积炭，使电火花强度减弱，甚至不能产生火花。所以，电嘴温度不得低于电嘴自动烧掉油污所需的温度，即电嘴的自洁温度。

## 7.4 航空活塞发动机起动系统

活塞发动机起动系统的作用是将发动机由静止状态转入运转状态，目前广泛使用的是直接起动式电起动系统。电起动系统的电源可使用机载蓄电池，也可使用地面电源。通常情况下，使用机载蓄电池提供电源来起动发动机，当数次未能成功起动发动机，或机载蓄电池电压偏低，或旋翼飞行器上未装蓄电池时，则使用地面电源来起动发动机。

### 7.4.1 起动系统的组成和工作原理

#### 1. 起动系统的组成

航空活塞式发动机起动系统的类型有两种：直接起动式电起动系统和间接式电动惯性起动系统，现代航空活塞式发动机大多数都是由电起动系统直接带动发动机曲轴旋转而起动。电起动系统由蓄电池、起动电动机（简称起动机）、起动继电器和电磁开关（即继电器）等组成，如图 7-23 所示。蓄电池是起动机的电源，用以向起动机供电驱动电动机，使其带动发动机曲轴旋转。由于电源供电电流很大，所以蓄电池和电动机之间由大负荷电缆连接。电磁开关是用来接通或断开电缆的器件，它由电磁感应线圈和离合器组成。

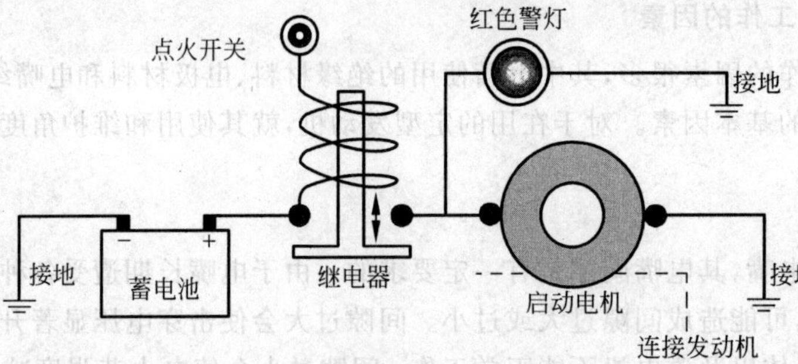


图 7-23　电起动系统结构示意图

**2. 起动系统的工作原理**

电起动系统采用的起动机是一个串激电动机，它的激磁绕组是与电枢绕组串联的，串激电动机的转矩随转运变化规律是：开始起动时，转速低而转矩大，以后转矩就随转速的增大而减小，这一特性很适合发动机起动的要求。

当把点火开关旋钮旋到起动时，按下旋钮，则使电磁感应线圈成为通路，并以很小的电流由蓄电池流过线圈，使线圈产生磁场，磁场的吸力将离合器闭合，从而使蓄电池和起动电动机接通，电动机带着发动机曲轴旋转起来。与此同时，高压点火线路亦接通，发动机将自主运转起来。发动机自主运转后，应将点火旋钮松脱，电磁开关的电磁感应线圈断路，离合器脱开，起动电动机和高压点火线路均停止工作。起动机上还装有一个红色警示灯。在正常起动后，警示灯闪亮之后继而灭掉；如果警示灯在起动后仍然不灭，说明继电器一直在吸合，为防止发动机或起动电动机损坏，应立即停止并进行检查，排除故障。这种起动机构造比较简单，啮合和分离都是自动的。缺点是齿轮啮合时有冲击，传动比小，冬季冷发起动时较困难，所以它只适合于小功率活塞发动机。

## 7.4.2　活塞发动机起动时高压电的产生

活塞发动机起动时，由于转速很小，磁电机中二级线圈的高压电动势不够高。另一方面，由于混合气和电嘴的温度都较低，电嘴需要较高的击穿电压。因此，在发动机起动时，需要特殊的装置来帮助产生高压电。通常采用的装置有三种，即起动线圈、起动振动器和冲击联轴器。

**1. 起动线圈**

起动线圈产生高压的基本原理和磁电机相似。其不同之处是：起动线圈不是借助旋转磁铁转子使一级线圈产生低压电流，而是采用专用蓄电池连接到一级线圈，由蓄电池获得低压电流。所以，低压电流的大小与发动机转速无关，如图 7-24 所示。尽管发动机起动时转速较低，但一级线圈可由蓄电池获得足够大的电流，当一级线圈电流突然中断时，保证二级线圈产生 18 000～20 000V 的感应电动势，使电嘴有足够高的电压顺利点火。

由于发动机在起动时转速较慢，为防止发动机倒转，要使点火提前角比正常运转时减小，高压电必须通过分电器上的起动电刷输送到电嘴，起动电刷要比工作电刷晚一个角度，该角度根据设计要求确定。起动线圈一级线圈上的低压电流较大，使用 24V 蓄电池时，电

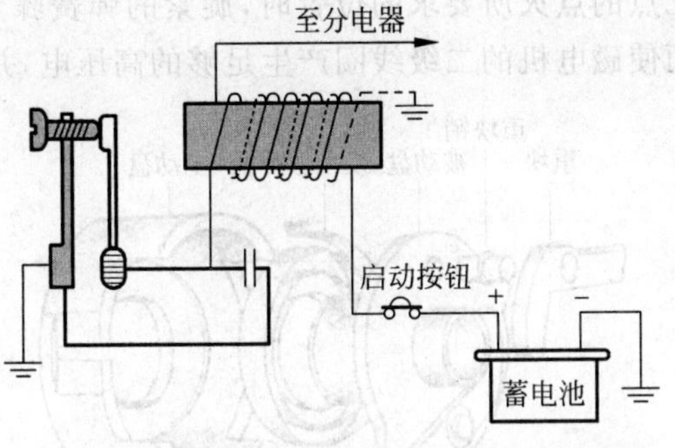


图 7-24　起动线圈的工作原理

流平均值可达 1.5～2A，故起动线圈每次连接工作时间不宜过长，一般不准超过 60s，否则容易烧坏线圈。

**2. 起动振荡器**

起动活塞发动机除使用起动线圈起动外，还可使用起动振荡器。将起动振荡器与磁电机一级线圈串联，利用起动振荡器向磁电机一级线圈供电的方法，使磁电机产生高压电供起动点火使用。

利用起动振荡器产生高压电时，产生的高压电是经过工作电刷而不是由起动电刷分配给电嘴的，故在分电臂上无须起动电刷，这可避免在高空工作时工作电刷和起动电刷之间发生跳火的现象，从而提高了点火系统的高空性能，如图 7-25 所示。

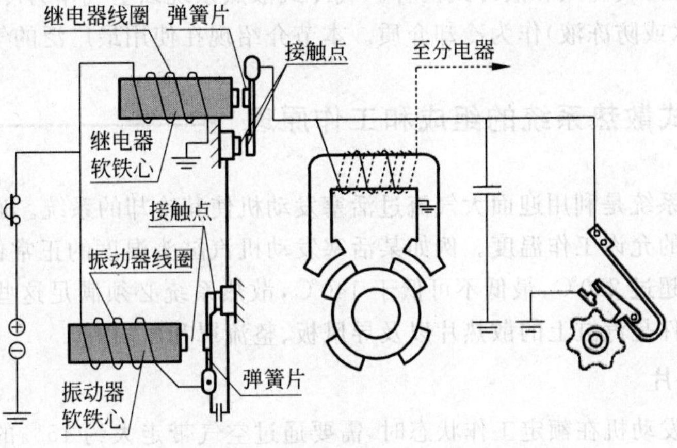


图 7-25　起动振荡器的工作原理

**3. 冲击联轴器**

冲击联轴器使活塞发动机起动时既能保证产生足够的点火高压电，又不会发生倒转的机构。它既不同于起动线圈，又不同于起动振荡器，而是一种纯机械系统。冲击联轴器由主动盘、发条式弹簧和被动盘三个主要组件构成。主动盘通过齿轮系由发动机曲轴带动；被动盘固定在磁电机轴上，盘上装有一对离心块(飞重)；发条式弹簧内、外两端分别与主动盘和被动盘连接，如图 7-26 所示。

活塞发动机起动时，当起动电动机带着曲轴旋转时，发条式弹簧则被旋紧并储存大量能量，等活塞到达接近上死点的点火所要求的位置时，旋紧的弹簧骤然松脱，并带动被动盘和磁电机轴迅速旋转，从而使磁电机的二级线圈产生足够的高压电，并适时输送到电嘴点火。

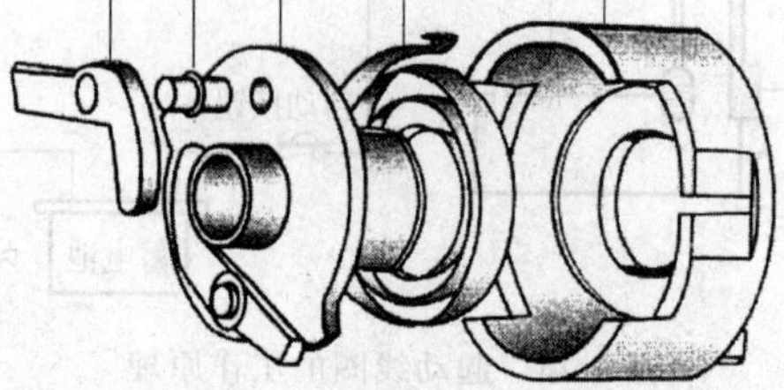


图 7-26　冲击联轴器的结构

## 7.5　航空活塞发动机散热系统

旋翼飞行器在飞行过程中，航空燃料在发动机汽缸中燃烧释放出的热量大约只有 30％转换为有效功，另外 70％随排气和冷却剂消失到大气中。汽缸中燃气的温度高达 2500℃～3000℃，如果不对发动机进行有效的散热冷却，会对其产生严重的危害。一般活塞发动机采用内部和外部两套散热系统，以保证发动机在允许的温度范围内稳定工作。其中发动机的内部散热冷却由滑油系统完成，发动机的外部散热冷却由散热系统完成。根据冷却介质的不同，散热系统分为气冷式和液冷式两种。气冷式散热系统以空气作为冷却介质，液冷式散热系统以液体（水或防冻液）作为冷却介质。本节介绍现在使用最广泛的气冷式散热系统。

### 7.5.1　气冷式散热系统的组成和工作原理

气冷式散热系统是利用迎面大气流过活塞发动机使其冷却的系统。通常以汽缸头温度表示活塞发动机的允许工作温度。例如某活塞发动机汽缸头温度的正常值规定为 180℃～215℃，最高不得超过 250℃，最低不可低于 140℃，散热系统必须满足这些要求。气冷式散热系统的主要构件是汽缸上的散热片以及导风板、整流罩和风门等。

**1. 汽缸散热片**

航空活塞式发动机在额定工作状态时，需要通过空气带走大约 15％的燃料发热量才能保证机件处于正常工作温度，但是只靠汽缸壁是不可能散走这些热量的。为了增强散热，在汽缸头和汽缸身安装了散热片，以增大外界冷却空气和汽缸的换热面积，如图 7-27 所示。

由于汽缸各部分受热情况不同，故需要散走的热量不同。为了尽量减小汽缸的热应力，使汽缸各部分温度大致相同，汽缸各部分的散热片面积是不相同的。汽缸头的温度最高，60％～70％的散热量由汽缸头消散掉，所以，汽缸头部的散热片面积要比汽缸身上的散热片面积大得多。就汽缸头而言，排气门附近的温度比进气门附近高，所以排气门处的散热片面积比进气门处的散热片面积大。

**2. 导风板**

当散热空气流过发动机时，处于不同位置的汽缸其冷却效果是不同的，汽缸迎风面的散

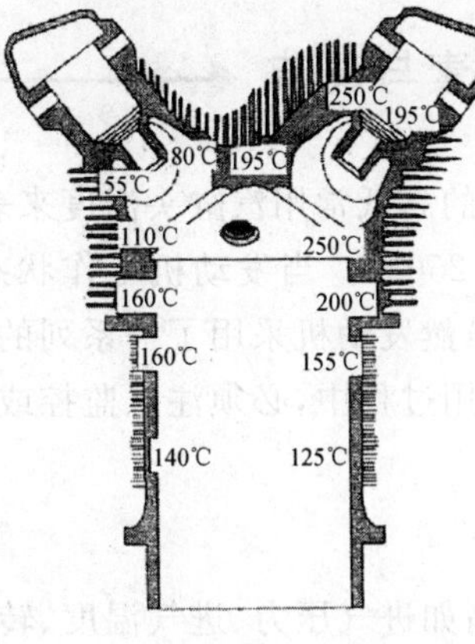


图 7-27　汽缸各部分的温度和散热片面积分布示意图

热较好，而背风面的散热较差。对于直列式发动机，前部汽缸的散热较好，而后部汽缸的散热较差，为了保证各汽缸及各汽缸前后面有良好的散热，在汽缸的周围装有导风板，用来调整散热空气的流向。图 7-28 所示是水平对置式发动机冷却通道中设置导风板后散热空气的流向。

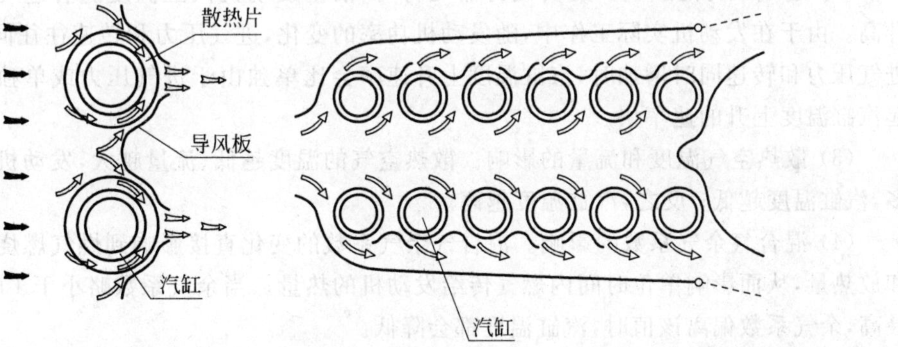


图 7-28　冷却通道中设置导风板后散热空气的流向

### 3. 整流罩和风门

发动机的外形十分复杂，将其直接暴露在大气中必然产生较大的飞行阻力，因而在发动机外装有流线型整流罩。整流罩和导风板共同配合构成完善的冷却空气的通路。空气对发动机冷却后要通过排风门排出。

排风门有两种，一种是固定式风门；另一种是可调节风门，又叫鱼鳞板，如图 7-29 所示。固定式风门结构简单，但不能随意调节冷却效果，而且固定式风门总是破坏局部流线型整流罩，带来一定的飞行阻力。可调节风门可根据不同飞行姿态的需要调节风门的开度，以调节冷却空气流量，既可满足冷却的需要，又能尽量减小飞行阻力，但是其结构与控制较为复杂。

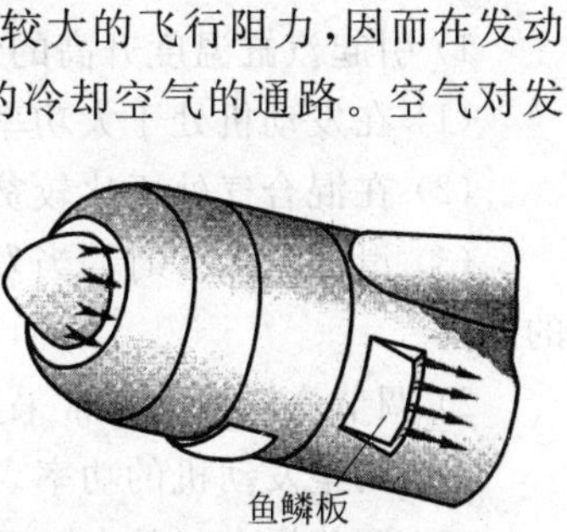


图 7-29　鱼鳞板打开时冷却空气流向示意图

### 7.5.2 汽缸温度的影响因素与调节

航空活塞式发动机工作温度的高低常用汽缸头温度来表示。目前活塞式发动机正常工作时的汽缸头温度一般为90℃～250℃。当发动机工作状态或飞行状态发生变化时,汽缸的受热或冷却情况要发生变化,虽然发动机采用了一系列的散热措施,但仍有可能使汽缸头温度超出规定的范围。因此在使用过程中,必须注意监控或调节汽缸头温度,使之保持在规定的范围内。

**1. 影响汽缸温度的主要因素**

影响汽缸温度的因素很多,诸如进气压力、进气温度、转速、余气系数、提前点火角、压缩比、冷却空气的温度和流量等。对于定型发动机,其压缩比是一定的,在常用转速范围内,提前点火角和余气系数变化很小,进气温度的变化对汽缸温度的影响也不大。因此,影响汽缸温度的主要因素是发动机转速、进气压力和冷却空气的温度与流量。

(1) 发动机转速的影响。随发动机转速的增加,起初汽缸温度上升较快;当转速达到某数值后,汽缸温度上升速率缓慢下来。

(2) 进气压力的影响。旋翼飞行器飞行时,活塞发动机汽缸温度随着进气压力增高而升高。由于在发动机实际工作中,随发动机功率的变化,进气压力和转速往往同时变化;当进气压力和转速同时增加时,汽缸温度上升速率会比单独由于进气压力或单独由于转速引起汽缸温度上升的速率快。

(3) 散热空气温度和流量的影响。散热空气的温度越低、流量越大,发动机的散热量越多,汽缸温度越低;反之,汽缸温度越高。

(4) 混合气余气系数的影响。混合气余气系数的变化直接影响到燃气燃烧的快慢程度和放热量,从而影响单位时间内燃气传给发动机的热量。当余气系数略小于1时,汽缸温度最高,余气系数偏离该值时,汽缸温度都会降低。

**2. 汽缸温度的调节**

活塞发动机散热系统的作用就是保持汽缸头温度在规定的范围内。当汽缸温度超过规定范围后,可根据当时的具体情况进行调节。

1) 引起汽缸温度升高的情况

(1) 在发动机处于大功率状态时,汽缸头温度较高且容易超出规定范围。

(2) 在混合气处于比较贫油状态时。

(3) 滑油量太少时。当发动机处于小功率状态时,汽缸温度较低,而且也容易低于规定的范围。

2) 调节汽缸温度通常采用的措施

(1) 调整发动机的功率。

(2) 调节混合气的余气系数。

(3) 调整散热空气量。

上述三项措施可视具体情况分别运用或配合使用。

# 本章小结

航空活塞式动力装置除发动机外，还包括各种附件工作系统，用以保证发动机安全、可靠地工作。常见的主要工作系统有燃油系统、滑油系统、点火系统、起动系统和散热系统等。其中燃油系统是发动机能源的供应系统，包括燃油箱、输油管路、油泵、燃油增压泵、防火开关、放油开关和燃油控制系统等。航空活塞式动力装置燃油系统有两种类型，即汽化器式燃油系统和直接喷射式燃油系统。汽化器是在活塞发动机工作产生的真空作用下，将一定比例的燃油与空气混合的机械装置，它是活塞发动机汽化器式燃油系统的主要部件。汽化器作为一种精密的机械装置，利用吸入空气流的动能实现燃油的雾化，以便与空气组成余气系数适当的均匀的混合气。直接喷射式燃油调节器的功能则是根据外界条件和发动机的工作状态，自动或人工调节燃油量以适应发动机工作的需要。滑油系统的主要任务是把一定压力、一定温度而又洁净的滑油送到需要润滑的地方，以保证航空发动机能正常工作。发动机机件的润滑方式有三种，即泼溅润滑、压力润滑和喷射润滑。

航空活塞发动机属于点燃式发动机，进入汽缸的油气混合气体需要点火燃烧才能放热做功。由于在活塞发动机的任一汽缸中，活塞每完成一个工作循环，电嘴都需要点火一次，这个工作需要有一套点火系统来承担。航空活塞式发动机的点火系统主要由磁电机、点火导线、电嘴（火花塞）和磁电机开关等部件组成。将这些部件用导线（电缆）连接起来，就构成了发动机的点火系统。活塞发动机起动系统的作用是将发动机由静止状态转入运转状态，目前广泛使用的是直接起动式电起动系统。电起动系统采用的起动机是一个串激电动机，它的激磁绕组是与电枢绕组串联的，串激电动机的转矩随转运变化规律是：开始起动时，转速低而转矩大，以后转矩就随转速的增大而减小，这一特性很适合发动机起动的要求。

旋翼飞行器在飞行过程中，航空燃料在发动机汽缸中燃烧释放出的热量大约只有 30% 转换为有效功，另外 70% 随排气和冷却剂消失到大气中。汽缸中燃气的温度高达 2500℃～3000℃，如果不对发动机进行有效的散热冷却，会对其产生严重的危害。一般活塞发动机采用内部和外部两套散热系统，以保证发动机在允许的温度范围内稳定工作。其中发动机的内部散热冷却由滑油系统完成，发动机的外部散热冷却由散热系统完成。根据冷却介质的不同，散热系统分为气冷式和液冷式两种。气冷式散热系统以空气作为冷却介质，液冷式散热系统以液体（水或防冻液）作为冷却介质，其中气冷式是最常用的散热系统。

本章介绍和讨论的重点是：①燃油系统的定义、供油方式、功能、类型和组成部分，燃油箱的类型、结构、输油管路、燃油选择开关、油泵、防火开关、放油开关、电动增压泵及其他重要组成部件，如油滤、燃油计量显示装置和燃油调节器等。②汽化器的定义、功能、结构和特点，简单浮子式汽化器的结构、工作原理及辅助装置；直接喷射式燃油调节器的功能、工作原理和燃油调节器的特点等。③滑油系统的功能、要求、润滑方式、系统的组成和工作原理，以及滑油系统的监控等。④点火系统的功能和组成，磁电机的组成和工作原理，电嘴的结构和工作原理；起动系统的组成、工作原理和起动时高压电的产生方法等。⑤气冷式散热系统的组成和工作原理，以及汽缸温度的影响因素与调节等。

# 习题

1. 什么是航空发动机的燃油系统？说明燃油系统的供油方式、功能和类型。
2. 燃油系统的组成部分包括哪些主要部件？
3. 燃油箱有哪些类型？说明燃油箱的组成结构。
4. 什么是汽化器？说明它的功能、结构和特点。
5. 简述简单浮子式汽化器的结构和工作原理。
6. 简单浮子式汽化器上可增设哪些校正设备和辅助装置？
7. 简述直接喷射式燃油调节器的功能、工作原理和特点。
8. 滑油系统的润滑方式有哪些？说明滑油系统的功能和要求。
9. 简述滑油系统的组成、工作原理和监控的内容。
10. 简述点火系统的功用和组成，以及磁电机的组成和工作原理。
11. 影响电嘴工作的因素有哪些？说明电嘴的结构和工作原理。
12. 活塞发动机起动时高压电的产生方法有哪些？说明起动系统的组成和工作原理。
13. 简述气冷式散热系统的组成和工作原理。
14. 影响汽缸温度的因素有哪些？如何调节汽缸温度？

# 第8章

# 航空涡轮轴发动机

**主要内容**

(1) 喷气发动机概述;

(2) 涡轮轴发动机的基本概念;

(3) 涡轮轴发动机冷端部件结构和原理;

(4) 涡轮轴发动机热端部件结构和原理;

(5) 涡轮轴发动机特性和比较。

## 8.1 喷气发动机概述

人类航空史上的一切重大成就几乎都与航空发动机参数及性能的改善或新型动力装置的研制成功有关。自1939年装有涡轮喷气发动机的飞机在德国首次成功飞行以来,飞行器动力装置获得了飞速发展,使飞行器的性能和任务能力都取得了重大突破。

### 8.1.1 喷气发动机的分类和工作原理

#### 1. 喷气发动机的分类

根据飞行器动力装置类型的不同,其使用的发动机也不相同,常用的燃油发动机包括活塞式发动机和喷气发动机两类。与活塞式发动机通过活塞的往复运动或旋转运动产生动力的方式不一样,喷气发动机是通过高速喷射燃烧气体而产生的反冲作用获得动力使飞行器前进的发动机,包括空气喷气式发动机和火箭发动机。空气喷气发动机燃料燃烧时需要从空气中获得氧气,因而只能在大气中飞行。根据是否有压气机,空气喷气发动机分为有压气机的喷气发动机和无压气机的喷气发动机,有压气机的喷气发动机主要有涡轮喷气发动机、涡轮风扇发动机、涡轮螺旋桨发动机和涡轮轴发动机,无压气机的喷气发动机主要有冲压喷气发动机和脉冲喷气发动机，如图 8-1 所示。

- 喷气发动机
  - 空气喷气发动机
    - 燃气涡轮发动机（有压缩机）
      - 涡轮喷气发动机
      - 涡轮螺旋桨发动机
      - 涡轮风扇发动机
      - 涡轮轴发动机
    - 无压缩机的喷气发动机
      - 冲压喷气发动机
        - 亚燃冲压发动机
        - 超燃冲压发动机
      - 脉冲喷气发动机
  - 火箭发动机
    - 固体火箭发动机
    - 液体火箭发动机
    - 固液混合火箭发动机

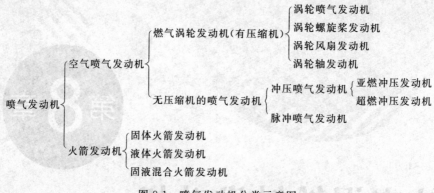

图 8-1　喷气发动机分类示意图

火箭发动机也是依靠高速喷射燃烧流体产生动力的发动机，但它不是用空气形成燃烧，而是用火箭本身自带的氧化剂和燃烧剂产生燃气射流。超燃冲压发动机、脉冲爆震发动机等新型发动机也属于喷气发动机，但它们的工作原理与其他空气喷气发动机不同。

**2. 空气喷气发动机的工作原理**

空气喷气发动机是以空气和燃油作为混合气体燃烧喷射的喷气发动机，这类发动机在工作时从前端吸入大量空气，燃烧后高速喷出，相当于发动机给气体施加力使之加速向后喷射，按照作用力与反作用力原理，向后高速喷出的气体也会给发动机一个反作用力，这就是使飞机前进的推力。

从产生输出能量的原理上讲，喷气发动机和活塞式发动机是相同的，都需要有进气、加压、燃烧和排出的四个过程。不同的是，活塞式发动机的四个阶段是分时依次进行的，而在喷气发动机中则是连续进行的。根据增压技术的不同，可将空气喷气发动机分为有压气机的空气喷气发动机和无压气机的空气喷气发动机两类。

## 8.1.2 无压气机的空气喷气发动机

无压气机的空气喷气发动机其空气的压力提高是通过降低气流自身速度（即冲压作用）来完成的，没有专门的压气机。根据燃料燃烧的特性，它又可分为冲压式和脉动式两种。

**1. 冲压喷气发动机**

冲压喷气发动机由进气道、燃烧室和喷管组成，没有任何主要的旋转部件，如图 8-2 所示。飞行器飞行时，迎面气流在进气道内速度降低，压力、温度升高，然后在燃烧室与燃料混合并燃烧，高温、高压燃气在喷管内膨胀加速，最后向外喷出，产生推力。

飞行速度越快，冲压作用越强，推力也就越大，因而它适合作超音速和高超音速飞行。在低速飞行时，冲压作用弱，产生的推力小，经济性很差。飞行速度为零时（如起飞），根本不能产生推力，所以不能单独使用，必须和其他类型的喷气发动机组合起来使用。

**2. 脉动喷气发动机**

脉动喷气发动机由进气道、进气活门、燃烧室和喷管组成，如图 8-3 所示。

脉动喷气发动机工作时，进气活门受自身弹簧力和空气冲压作用而处于打开位置，空气

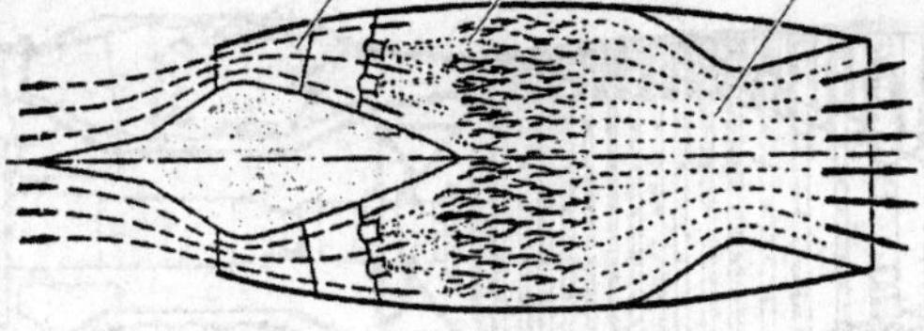

图 8-2 冲压式喷气发动机

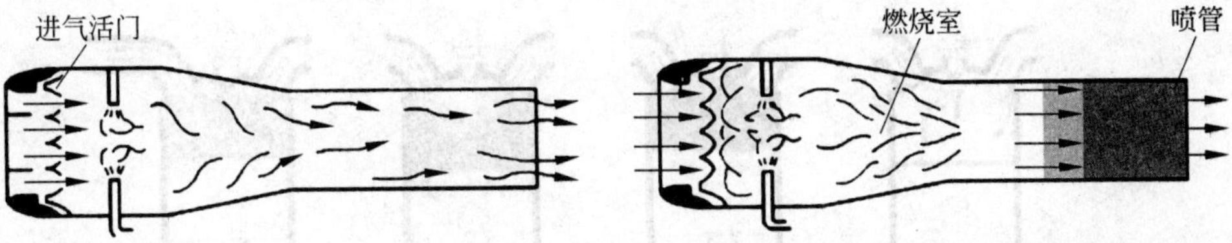

图 8-3 脉动喷气发动机

经进气活门而进入燃烧室，燃烧后气体压力升高又将活门关闭。高温、高压的燃气从喷管高速喷出产生推力。燃气向外喷出过程中，燃烧室内的压力降低，活门重新打开，又重复以上过程。脉动喷气发动机的工作是断续进行的，振动很厉害，进气活门极易损坏，寿命短，因此很少采用。只是在第二次世界大战时，德国曾在 V-1 导弹上使用过。

### 8.1.3 有压气机的空气喷气发动机

有压气机的空气喷气发动机的核心部件由压气机、燃烧室、涡轮等部件组成燃气发生器，故统称为燃气涡轮发动机。其主要特点是气流需要通过压气机进行增压，因此压气机是它不可缺少的一个关键部件。这类发动机的基础是涡轮喷气发动机，简称涡喷发动机。

**1. 涡轮喷气发动机**

涡轮喷气发动机也称涡喷发动机，其结构由进气道、压气机、燃烧室、涡轮和尾喷管组成，其中由进气道、压气机、燃烧室这三个部件构成燃气发生器，如图 8-4 所示。在飞行过程中，空气首先进入发动机的进气道，其进入速度即可看作是飞行速度。进气道的功能是通过可调管道将来流速度调整为适合于压气机的速度，因为压气机能够适应的来流速度是有一定范围的，而飞机飞行速度的变化范围较大，因此需要通过进气道进行调整。进气道出来的气流就被送入压气机增压。空气流过压气机时，压气机的工作叶片对气流做功，使气流的压力、温度升高。

经过压缩的空气被送入燃烧室与燃油混合燃烧，从燃烧室流出的高温高压燃气流过与压气机装在同一轴线上的涡轮推动涡轮和压气机高速旋转。经过燃烧后，涡轮前的燃气能量大大增加，燃气急剧膨胀，使得气体在涡轮中的膨胀比远大于在压气机中的膨胀比，所以涡轮出口处的燃气压力和温度会比压气机进口处的压力、温度高很多。从涡轮中流出的高温高压燃气直接进入尾喷管，并在尾喷管中继续膨胀，最后以高温高速沿发动机轴向从喷口喷出，使发动机获得反作用力提供的推力。

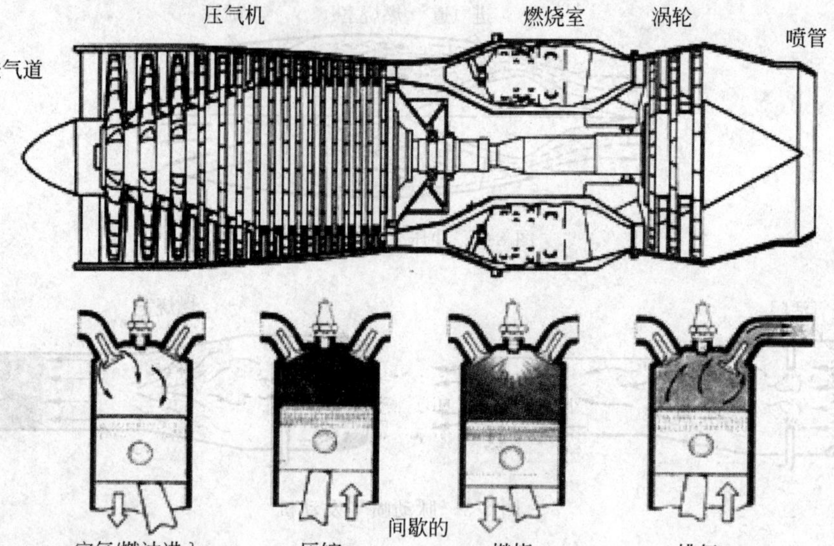


图 8-4　涡轮喷气发动机与活塞式发动机工作过程的对比

从图 8-4 可以看出：喷气发动机和活塞式发动机的工作原理是相同的，都有进气、加压、燃烧和排出的四个过程。不同的是，活塞式发动机的四个阶段是分时依次间歇进行的，而在喷气式发动机中则是连续进行的。

涡喷发动机有着优异的高速性能，因此主要应用于高空、高速飞行的战斗机。根据能量输出方式的不同，在涡轮喷气发动机的基础上又派生出了涡轮风扇发动机、涡轮螺旋桨发动机和涡轮轴发动机等多种形式的有压气机的空气喷气发动机。

**2. 涡轮风扇发动机**

涡轮风扇发动机也称涡扇发动机，主要由风扇、低压压气机（高涵比涡扇特有）、高压压气机、燃烧室、驱动压气机的高压涡轮、驱动风扇的低压涡轮和排气系统组成，其中高压压气机、燃烧室和高压涡轮统称为发动机的核心机，如图 8-5 所示。

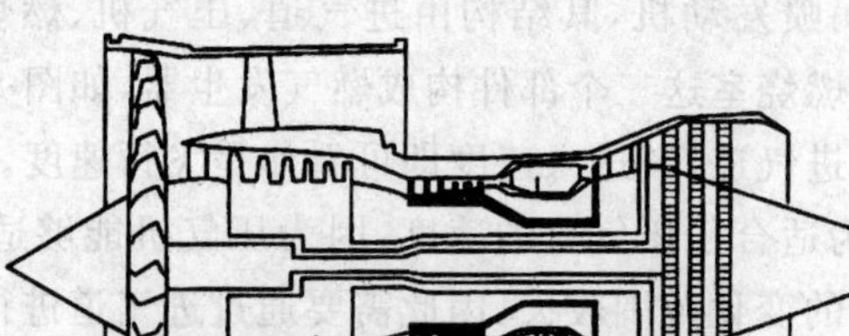

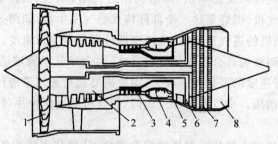


1—风扇；2—中压压气机；3—高压压气机；4—燃烧室；
5—高压涡轮；6—中压涡轮；7—低压涡轮；8—喷管

图 8-5　三转子涡轮风扇发动机

在 20 世纪 50 年代末，作为航空动力的涡喷发动机技术已趋于成熟。在此基础上，为了得到更大的推力，英美等国开始率先研究给涡喷发动机加装风扇以提高迎风面积，增大空气流量，进而提高发动机推力的技术，这就是涡扇发动机。计算分析表明，给涡喷发动机加装风扇后，当风扇空气流量与核心机的空气流量大致相当时，涡扇发动机的地面起飞推力能增大 40%左右，而高空巡航的耗油率却可以下降 15%，所以采用涡扇发动机技术能够极大地提高发动机的效率。

涡轮风扇发动机的空气通路分为内、外两路，所以又叫做双路涡轮喷气发动机，或内外涵涡轮喷气发动机，其中外涵与内涵空气质量流量比为涵道比，用 $B$ 表示，涵道比是涡扇发动机的一个重要性能参数。发动机的内涵与涡轮喷气发动机完全相同；外涵中有风扇，由涡轮驱动，它使外涵空气受压缩后经过外涵道直接加速向后喷出而产生部分推力。所以涡扇发动机的总推力是发动机的核心机和风扇分别产生的内涵推力和外涵推力的总和。

1）涡扇发动机的类型

按照内、外涵道两路气流排入大气的方式划分，涡扇发动机有两种类型：

（1）分排式涡扇发动机。内、外涵道两路气流分别排入大气的称为分排式涡扇发动机。

（2）混排式涡扇发动机。内、外涵道两路气流在内涵涡轮后的混合器中相互混合后共同从喷管排入大气的，称为混排式涡扇发动机。

2）涡扇发动机的特点

（1）优点。推力大，推进效率高，噪声低，燃油消耗率低，与涡喷发动机比更省油，尤其是在超声速不大时，经济性和综合性能好，有利于提高飞行航程，所以大型喷气式运输机都是采用涡轮风扇发动机。

（2）缺点。发动机结构复杂，设计难度大，而且由于风扇的迎风面积大，故增加了阻力。

涡扇发动机的性能随涵道比的不同差异很大。涵道比大，发动机的耗油率低，有利于增加航程，但发动机的迎风面积也大，增加了阻力；涵道比小，发动机迎风面积减小，但耗油率又会增大。对于高涵道比的涡扇发动机，其外涵推力可以达到 78%以上。高涵道比涡扇（$B=4\sim10$）适宜用作高亚音速大、中型民航机、运输机的动力装置；低涵道比涡扇（$B=0.2\sim0.6$）适宜用作超音速战斗机的动力装置。

### 3. 螺旋桨风扇发动机

为了进一步降低高亚音速民航机的运行成本，提高涡扇发动机涵道比，提高发动机经济性，世界上各大发动机制造商竞相研制、开发超高涵道比的涡扇发动机，即螺旋桨风扇发动机，简称桨扇发动机，如图 8-6 所示。这种发动机采用后置超临界后掠桨扇，其涵道比可高达$B=20\sim60$，燃油消耗率可进一步降低 30%～40%，起飞和爬升性能进一步改善。但桨扇发动机目前存在单发推进功率不高、噪声较大，安全保护方面有缺陷等问题，还没有投入实际使用，但是却是今后高亚音速民航机动力装置发展方向之一。

### 4. 涡轮螺旋桨发动机

涡轮螺旋桨发动机也称涡桨发动机。为了进一步提高发动机的效率，人们去掉了涡扇发动机的风扇外壳，用螺旋桨代替了原来的风扇，便形成了涡轮螺旋桨发动机。涡桨发动机主要由螺旋桨轴、减速器、燃气室和涡轮等组成，螺旋桨由涡轮带动，如图 8-7 所示。

涡桨发动机主要是以螺旋桨旋转产生的力量作为飞机前进的推进力，这一点与传统“螺旋桨＋活塞发动机”的动力模式相似。但在涡桨发动机中，螺旋桨由涡轮带动，以恒定的速度旋转，而活塞发动机的螺旋桨的转速是随着发动机的转速变化的。结构上，由于螺旋桨直

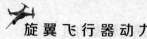

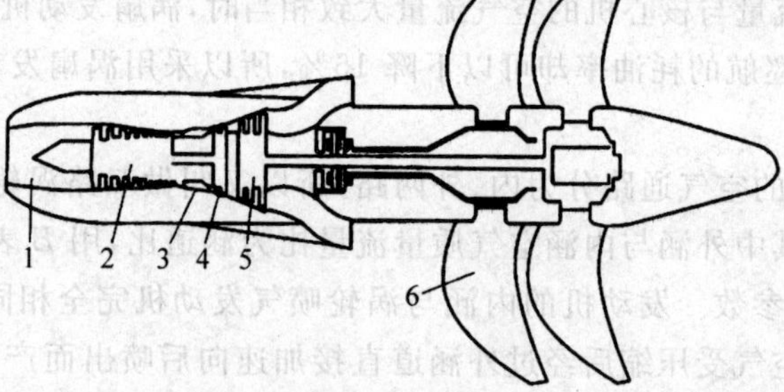


1—进气道；2—压气机；3—燃烧室；4—涡轮；
5—自由涡轮；6—桨扇

图 8-6　桨扇发动机

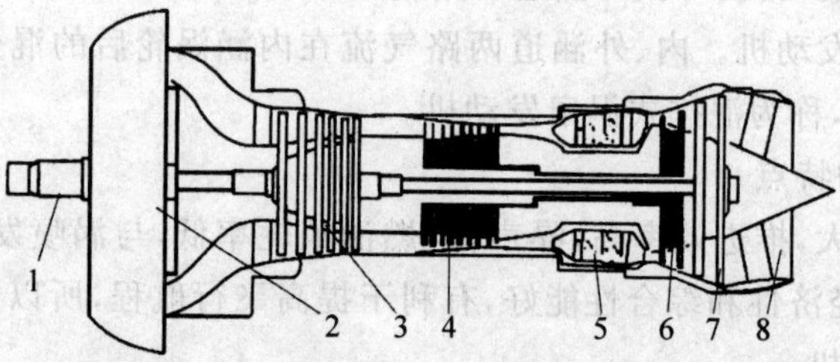


1—螺旋桨轴；2—减速器；3—低压压气机；4—高压压气机；
5—燃烧室；6—高压涡轮；7—低压涡轮；8—排气装置

图 8-7　双转子涡轮螺旋桨发动机

径大，转速远低于发动机的涡轮，为了使涡轮能够带动螺旋桨，在它们之间需要安装减速器，用于将涡轮转速降至 1/10 左右。减速器的设计较为复杂，重量大，在涡桨发动机中非常重要。

涡桨发动机的螺旋桨后面的气流就相当于涡扇发动机的外涵道。由于螺旋桨的直径比发动机大很多，所以螺旋桨产生的气流量也远大于内涵道的气流量，因此，这种发动机也可看作是具有超大涵道比的涡扇发动机。尽管涡桨发动机和涡扇发动机的工作原理近似，但两者在动力输出方面却有很大的差别，涡扇发动机主要的动力输出来自于尾喷管喷出的燃气产生的反作用力，而涡桨发动机的主要输出功率为螺旋桨的轴功率，相比之下，它的尾喷管喷出的燃气的推力是极小的，只占总推力的 5%左右。为了能够驱动大功率的螺旋桨，涡桨发动机的涡轮级数要比涡扇发动机多，通常为 2～6 级。由于涵道比大，涡桨发动机的低速效率高于涡扇发动机，但受螺旋桨效率的影响，它的适用速度不能太高，一般要小于 900km/h。

与“螺旋桨＋活塞发动机”的动力方式相比，涡桨发动机有更多的优点：一是功率大，最大功率可达到 10 000hp，功重比（功率/重量）可达到 4 以上，而活塞式发动机的最大功率只能到三四千马力，功重比为 2 左右；二是涡桨发动机的转速恒定，稳定性好，噪声小，工作寿命长，维修费用也低；三是两者的耗油率相近，但涡桨发动机的适用高度和速度范围都比活塞式发动机大得多。

涡桨发动机起飞拉力大，在中、低速飞行时具有较好的经济性，适宜用作中、低速支线民

1
2
3
4
5
6
7
8
9

航机、运输机和轰炸机的动力装置。

5. 涡轮轴发动机

涡轮轴发动机也称涡轴发动机，主要由进气道、压气机、燃烧室、自由涡轮和排气装置等组成，如图 8-8 所示。涡轴发动机与涡桨发动机几乎没有多大区别，涡轮分为压气机涡轮和自由涡轮；压气机涡轮带动压气机，自由涡轮通过减速器带动外界负载，如旋翼飞行器的旋翼、尾桨、发电机转子等。

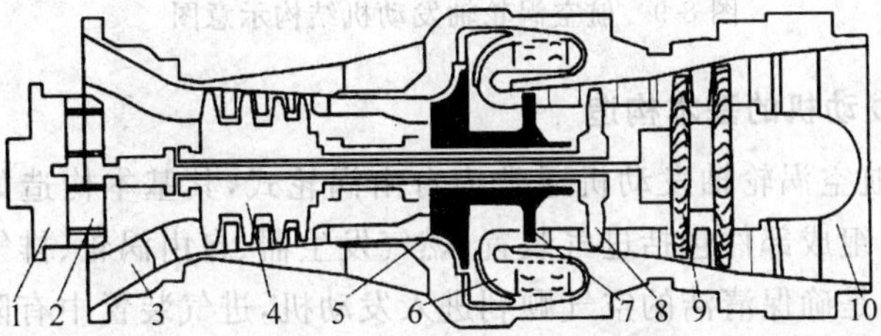


1—输出功率轴；2—减速器；3—进气道；4—低压压气机；5—高压压气机；
6—燃烧室；7—高压涡轮；8—低压涡轮；9—自由涡轮；10—排气装置

图 8-8　涡轮轴发动机

## 8.2　航空涡轮轴发动机的基本概念

20 世纪 50 年代初期出现了航空涡轮轴发动机之后，在旋翼飞行器动力装置领域，涡轮轴发动机便逐渐代替活塞式发动机，成为主要的动力装置。目前，在 2000 kW 以上的旋翼飞行器动力装置中，涡轮轴发动机已占统治地位。只有在小功率的动力装置中还有少数旋翼飞行器在使用活塞式发动机。

### 8.2.1　航空涡轮轴发动机的类型和基本构造

1. 航空涡轮轴发动机的类型

航空涡轮轴发动机属于空气喷气发动机家族，它是一种输出轴功率的涡轮喷气发动机，主要用作旋翼飞行器的动力装置。涡轮轴发动机与涡轮喷气发动机的最大区别在于涡轮的功能，涡轮喷气发动机的涡轮只带动压气机，推力由喷气的反作用实现；涡轮轴发动机的涡轮除带动压气机外，更主要的是带动外界负载（旋翼），喷气几乎没有推力，因此尾喷管退化成了排气管。涡轮轴发动机根据其功率输出轴的结构形式分为定轴涡轮和自由涡轮两种。

（1）定轴涡轮轴发动机。定轴涡轮轴发动机是单轴式的，动力涡轮和压气机之间机械相连，如图 8-9(a)所示，即两者共用一根轴。

（2）自由涡轮轴发动机。自由涡轮轴发动机将涡轮分为彼此无机械连接的前、后两段，是双轴式的。动力涡轮和压气机之间没有机械联系，分开使用两根不同的轴，前轴安装压气机，构成发动机的燃气发生器转子；后轴安装自由涡轮，是功率输出轴带动旋翼旋转。这就使压气机在固定的工作状态下有可能改变动力涡轮或旋翼的转速，如图 8-9(b)所示。

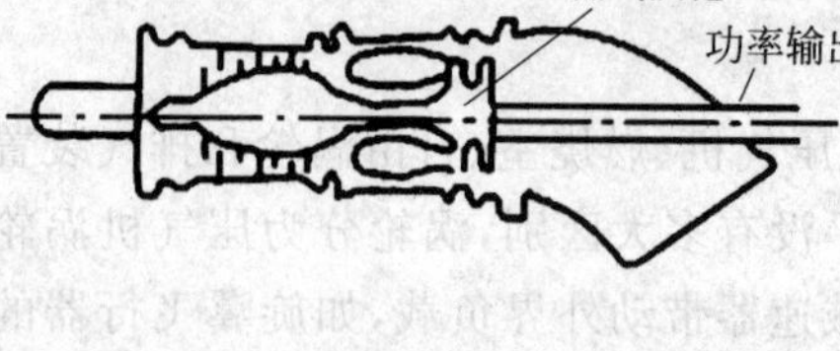


(a) 定轴涡轮轴发动机

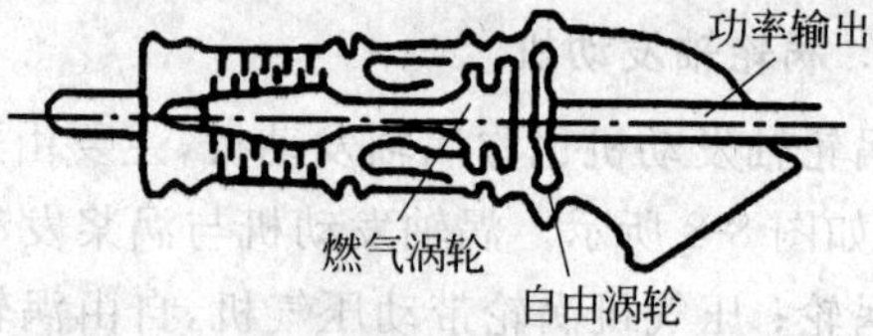


(b) 自由涡轮轴发动机

图 8-9　航空涡轮轴发动机结构示意图

### 2. 航空涡轮轴发动机的基本构造

目前,使用中的航空涡轮轴发动机通常为自由涡轮式,其基本构造如图 8-10 所示。航空涡轮轴发动机基本组成部件包括进气装置、燃气发生器、自由涡轮、排气装置和转动轴等。进气装置的主要作用是确保清洁的空气顺利进入发动机,进气装置中有防尘、防冰装置;排气装置使燃气顺利排出发动机,几乎不产生推力,有的发动机排气装置中还装有热交换器和消音器。

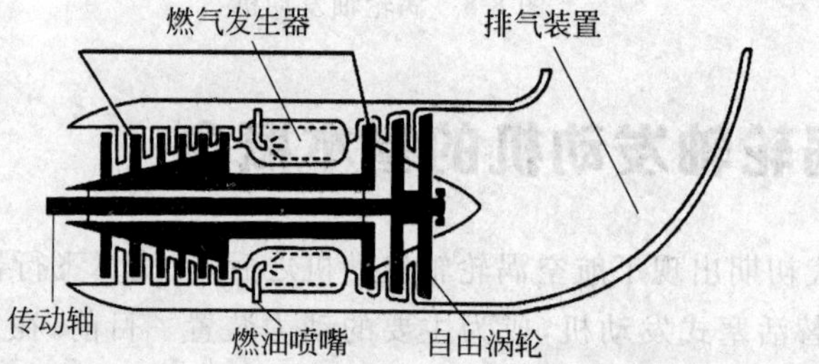


图 8-10　自由涡轮轴发动机的基本构造示意图

燃气发生器是航空涡轮轴发动机的核心部件,包括压气机、燃烧室和涡轮等重要组成部件,其作用是产生高温、高压燃气,便于在动力涡轮中膨胀。为了将燃气的全部可用能量转换成涡轮机械功,航空涡轮轴发动机的涡轮级数较多,分为压气机(或燃气发生器)涡轮和动力(或自由)涡轮,以确保燃气在涡轮中充分膨胀,其中压气机涡轮用来带动压气机,动力涡轮(自由涡轮)经减速器用来带动外界负荷;减速器的作用是使涡轮功率输出轴转速降低,便于带动旋翼飞行器的旋翼。

## 8.2.2　航空涡轮轴发动机的工作原理、性能参数和特点

### 1. 航空涡轮轴发动机的工作原理

从图 8-10 可知,自由涡轮轴发动机前面有两级普通涡轮,用于带动压气机转动,维持发动机工作;后面的两级是自由涡轮,燃气在其中做功,通过动力输出传动轴专门用来带动旋翼飞行器的旋翼旋转。

航空涡轮轴发动机工作时,外界空气从进气装置进入发动机,在压气机中受到压缩;压力、温度提高,然后在燃烧室中与燃油燃烧,形成高温、高压燃气;燃气在压气机涡轮和动力涡轮中膨胀,几乎将全部的燃气可用能量转换成动力涡轮机械功输出给外界负载。燃气在

涡轮中过度膨胀，涡轮出口燃气静压已低于大气压力，所以航空涡轮轴发动机排气装置的管道通常为扩散型，便于燃气减速扩压，减小排气阻力，在排气装置出口燃气静压等于外界大气压力，燃气以相当低的速度排出发动机。

航空涡轮轴发动机与旋翼配合，就构成了旋翼飞行器的动力装置。从涡轮出来的燃气经过尾喷管喷出，虽然也能产生一定的推力，但由于喷速小，推力也很小，故可以忽略不计。所以在旋翼飞行器上，航空涡轮轴发动机的喷口通常是根据旋翼飞行器结构的总体安排，可以向上、向下或者向两侧，不必像涡喷发动机那样必须向后。

从整体结构上看，尽管航空涡轮轴发动机内带动压气机的燃气发生器涡轮与自由涡轮之间不存在机械互连，但气动上有着密切联系，在气体热能分配上，需要随飞行条件的改变而适当调整，从而取得发动机性能与旋翼飞行器旋翼性能的最优组合。为减少由发动机传至旋翼飞行器主减速器的传动扭矩，使输出轴的直径与重量较小，因而航空涡轮轴发动机的动力输出轴转速较高，可高达 6000～8000r/min。

与航空活塞发动机相比，航空涡轮轴发动机的功率大，功重比也大得多，通常在 2.5 以上。涡轮轴发动机的耗油率可能会略高于较好的活塞发动机，但涡轮轴发动机使用航空煤油，比活塞式发动机使用汽油的成本要低。实际上，涡轮轴发动机基本上已经演变成一个热机，具有质量小、功率大、经济性好的特点，特别适宜用作旋翼飞行器的动力装置。

**2. 航空涡轮轴发动机的性能参数**

发动机性能的优劣对旋翼飞行器的飞行有很大影响，在旋翼飞行器的设计研制中，首先会碰到选用哪种发动机能最有效地满足旋翼飞行器设计技术要求的问题。因此，必须对旋翼飞行器发动机的性能和特点有所了解，才能正确选择发动机，并达到与旋翼飞行器飞行性能的最佳匹配。航空涡轮轴发动机的性能指标主要包括发动机轴功率、单位功率、功重比和耗油率等。

1）轴功率（可用功率）

航空涡轮轴发动机的可用功率取自动力输出轴，因而称为轴功率，用符号 $P_e$ 表示，单位为 kW。

$$P_e = \eta P_t \tag{8-1}$$

式中：$\eta$ 为航空涡轮轴发动机的工作效率系数；$P_t$ 为航空涡轮轴发动机总功率。对于某些大型的航空涡轮轴发动机，有时体内减速器不作为发动机的一个部件，因此它所指的功率就是动力涡轮轴输出的功率。

2）单位功率

单位功率是指每秒钟流过航空涡轮轴发动机 1kg 空气质量在功率输出轴上所产生的轴功率，即轴功率与空气流量之比，用符号 $P_s$ 表示，单位为 kW/(s·kg)。

$$P_s = P_e / q_{me} \tag{8-2}$$

式中：$q_{me}$ 为流过发动机的空气质量。

单位功率是航空涡轮轴发动机最重要的性能参数之一，因为较大的单位功率可以用较小的空气流量获得同样的轴功率，这意味着可以有较小的发动机尺寸和发动机重量。目前，航空涡轮轴发动机的单位功率约在 200kW/(s·kg)左右。

3）功重比

功重比是指航空涡轮轴发动机轴功率与发动机总重量之比，用符号 $R_{pm}$ 表示，单位为 kW/kg。

$$R_{pm} = P_e / m \tag{8-3}$$

式中：$m$ 为航空涡轮轴发动机的总重量。

功重比是表征发动机重量完善程度的参数。在选择或评价旋翼飞行器发动机时，为了保证旋翼飞行器具有较高的重量效率，在保证发动机可靠性的前提下，应使发动机功重比越大越好。一般大功率航空涡轮轴发动机的功重比较大。大型航空涡轮轴发动机，如功率为 7000kW 的航空涡轮轴发动机，功重比可达 7kW/kg 以上；而小型的航空涡轮轴发动机，如功率为 200kW 的，则功重比仅为 3kW/kg 左右。但必须补充指出，前者不包括体内减速器，而后者包括体内减速器。

4）耗油率

耗油率是指涡轴发动机每小时消耗的燃油量与轴功率之比，用符号 SFC 表示，单位为 kg/(kW·h)。

$$\text{SFC} = \frac{3600 q_{mf}}{P_e} \tag{8-4}$$

式中：$q_{mf}$ 为航空涡轮轴发动机每小时燃油消耗量，单位为 kg/h。

发动机的耗油率是决定发动机及旋翼飞行器使用经济性的主要因素，是评价发动机的重要指标。为了提高旋翼飞行器有效载荷所占的比例，一方面要设法提高重量效率，另一方面还要在保证一定航程或续航时间要求的前提下，尽量降低相对燃油重量。为此，要求旋翼飞行器发动机的耗油率越小越好。旋翼飞行器在起飞功率状态（最大工作状态），大型航空涡轮轴发动机的耗油率可达 0.270kg/(kW·h)左右，小型航空涡轮轴发动机的耗油率约为 0.400kg/(kW·h)。

5）单位迎面轴功率

单位迎面轴功率是指涡轮轴发动机的轴功率与发动机的迎风面积之比。迎风面积是指发动机的最大截面面积。当发动机安装在单独的发动机短舱里时，迎风面积的大小决定了发动机短舱外部阻力的大小。

在全面比较发动机的性能时，判断航空涡轮轴发动机的性能是否先进，要比较在一定轴功率下的单位功率和功重比，单位功率和功重比越大，且耗油率越小，其性能越好；反之则差。单位迎面轴功率越大，航空涡轮轴发动机安装于旋翼飞行器的配置越好。

### 3. 航空涡轮轴发动机的工作特点

(1) 动力损耗小。航空涡轮轴发动机几乎将所有燃气可用能量通过动力涡轮输出功率，为了使发动机输出更大的功率，燃气在航空涡轮轴发动机涡轮中膨胀，将几乎全部的可用能量通过动力涡轮输出，经减速器带动旋翼和尾桨，喷气基本上不产生推力。所以，航空涡轮轴发动机实际上已演变成热机。

(2) 经济性好。由于旋翼飞行器飞行速度一般都在低速范围内，同时因发动机排气速度较低，气体离速损失很小，所以航空涡轮轴发动机推进效率高，经济性好。目前，大功率的航空涡轮轴发动机的经济性已与航空活塞发动机相当。

(3) 工作环境恶劣。旋翼飞行器一般执行短程飞行任务，一方面，当旋翼飞行器在起

1 2 3 4 5 6 7 8 9

飞、爬高和悬停时，发动机经常处在大功率状态，且状态多变，使发动机热循环次数增加，机件容易疲劳损伤；另一方面，旋翼飞行器经常在野外频繁起降，而且飞行高度较低，发动机容易受到外来物（如鸟类、海水和沙石等）的侵袭。所以，航空涡轮轴发动机对机件的耐疲劳性能和压气机的抗侵蚀能力有更高要求，进气装置也有较为完善的防尘、防冰机构，从而确保航空涡轮轴发动机工作的可靠性。

(4) 应用广泛。由于航空涡轮轴发动机基本上演变成了热机，通过动力涡轮轴输出的功率可以用来带动许多地面装置。较其他热机（如汽油机、柴油机等），航空涡轮轴发动机（尤其是大功率的发动机）在功率质量比、转子振动、起动性和加速性、发动机噪声、使用寿命及维护性能等诸方面都有明显的优势。所以除应用于旋翼飞行器外，航空涡轮轴发动机在非航空领域也得到了广泛应用，如可作为舰船、坦克、机车的动力装置；也可用于发电设备、石油及天然气输送设备等。

(5) 通用性好。由于自由涡轮式涡轮轴发动机与双轴自由涡轮式涡桨发动机工作相似，部件除减速器外可以是通用的。同一型号的发动机，稍加改装后，既可作为一般飞机的动力装置，也可作为旋翼飞行器的动力装置。

# 8.3 航空涡轮轴发动机冷端部件结构和原理

航空涡轮轴发动机作为典型的热机，根据气体在发动机中不同部位工作温度的差异，将发动机分为冷端和热端。冷端的主要部件包括发动机的进气道、压气机、排气装置和减速器等。

## 8.3.1 进气道

航空涡轮轴发动机进气道的作用是引导外界空气进入压气机。对进气道的要求是在各种工作状态下，以最小的流动损失，将足够量的空气引入压气机，并使气流在进气道出口处（即压气机进口处）具有尽可能均匀的气体流场。进气道的工作是否正常，直接影响压气机及其他部件的工作，从而影响发动机的推力和经济性。

### 1. 进气道的结构形状和工作原理

航空涡轮轴发动机进气道是指发动机前方未受扰动的气流截面与压气机进口截面间的管道。航空涡轮轴发动机工作时，为了确保压气机工作效率，一定的发动机状态对应了一定的压气机进口流速。进气道的作用就是将外部空气整流，并以尽可能小的流动损失将气流引入压气机，满足发动机的工作要求。

涡轮喷气发动机的进气道可分为亚声速进气道和超声速进气道两类，由于旋翼飞行器的前飞速度比较低，所以航空涡轮轴发动机的进气道大多采用亚声速进气道，其结构由壳体和前整流锥组成，目前大多数民用旋翼飞行器的发动机使用的是典型的空速管形短进气道，如图 8-11 所示。

进气道的进口，或称为“唇口”，设计为翼型，使气流能以最小的损失进入进气道。当侧风进气时，进气道可避免气流在进口的分离。即使气流分离了，进气道所造成的损失也最小。“唇口”逐渐收缩而形成进气道的最小截面，即“喉部”。“喉部”的尺寸决定了发动机的进气量。从“喉部”开始至压气机进口，截面逐渐扩张。空气以大气压力进入进气道后，边流动边扩压。经过扩张后，使得压气机进口流场均匀，以利于压气机工作。

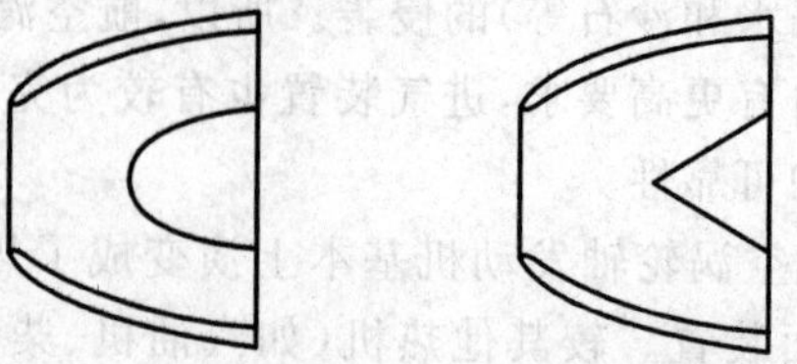

(a) 球形整流锥式进气道　(b) 锥形整流锥式进气道

图 8-11　空速管形短进气道形状示意图

**2. 进气道性能参数**

航空涡轮轴发动机工作时，进气道前方气流的速度是由旋翼飞行器的飞行速度决定的，而进气道出口的气流速度是由发动机的工作状态决定的，一般情况下两者是不相等的。进气道要在任何情况下满足气流速度的转变。进气道进出口气流状态瞬息万变，而进气道的形状不可能随着变化。因此，空气流经进气道时产生的流动损失是不可避免的。衡量进气道品质的主要性能参数有总压恢复系数、冲压比和出口气流流场畸变指数等。

1）总压恢复系数

进气道的总压恢复系数是进气道出口处气流的总压 $p_1^*$ 与来流的总压 $p_0^*$ 之比，用符号 $\sigma_i$ 表示。即

$$\sigma_i = \frac{p_1^*}{p_0^*} \tag{8-5}$$

总压恢复系数 $\sigma_i$ 是一个小于 1 的数字，$\sigma_i$ 越大，说明流动损失越小；$\sigma_i$ 越小，说明流动损失越大。旋翼飞行器飞行中航空涡轮轴发动机亚声速进气道的总压恢复系数通常为 0.94～0.98。

空气流过进气道时，存在着唇口损失和内部流动损失。唇口损失是由于气流在唇口突然改变流动方向和撞击壳体而引起的，有时气流还会离体。通常采用圆头较厚的唇口，使之适应不同的气流流动方向，使气流不易离体。内部流动损失包括黏性摩擦损失和气流分离损失，气流流过进气道外壁面时，也有黏性摩擦损失和分离损失。

为了减小流动损失，在维修过程中特别注意不要损坏进气道的壁面，保持壁面的光滑。同时必须强调指出：发动机维修后进气道内不准有任何多余物。

2）冲压比

冲压比是进气道出口处的总压与远前方气流静压 $p_0$ 的比值，用符号 $\pi_i^*$ 表示。

$$\pi_i^* = \frac{p_1^*}{p_0} \tag{8-6}$$

影响进气道冲压比的因素有流动损失、飞行速度和大气温度。当大气温度和飞行速度一定时，流动损失大，总压恢复系数小，则冲压比减小；当大气温度和流动损失一定时，飞行速度越大，则冲压比越高；当飞行速度和流动损失一定时，大气温度越高，则冲压比越低。

3）出口流流场的畸变指数

进气道出口气流流场不均匀对发动机的稳定工作有很大的影响，会造成压气机喘振和

燃烧室熄火，因此航空涡轮轴发动机工作时要求进气道出口气流流场应均匀。描述流场均匀度的参数是畸变指数 $\overline{D}$，有

$$\overline{D}=\frac{p_{1,\max}^{*}-p_{1,\min}^{*}}{\overline{P}_{1}^{*}} \tag{8-7}$$

式中，$p_{1,\max}^{*}$，$p_{1,\min}^{*}$ 和 $\overline{p}_{1}^{*}$ 分别为进气道出口气流总压的最大值、最小值和平均值。

**3. 进气道防护措施**

旋翼飞行器的飞行工作环境要比普通固定机翼飞机的工作环境恶劣得多。当旋翼飞行器在任意无准备的场地上起飞、着陆或悬停时，旋翼下洗气流和绕机体的环流会从地面刮起大量的尘土、砂粒和污物，形成浓密的尘雾。为了避免尘雾沙粒损坏发动机，需要采取一些进气道防护措施，包括以下三类：

1）外来物防护网

外来物防护网是一种较简单的进气防护措施，一般是一种坚硬的金属网状物。它对相当大的碎片提供了界限性的防护，例如鸟、树枝和大型块状物等，把它们阻止在机体之外，但对于尘沙、冰、雨与雪等却不能提供有效的防护。而这些东西又是严重威胁发动机工作与性能的，所以，在旋翼飞行器上，外来物防护网常常是与其他的防护方法同时使用的。

2）阻拦式进气过滤器

阻拦式进气过滤器的作用是拦截粒子和阻挡污物，多由泡沫塑料、各种纤维编织物作为过滤介质组成，用金属骨架支撑，它对尘沙的捕获比较有效，且能降低发动机的噪声，而不会是流动的噪声源。其特点是简单、小巧、价廉而容易装置的，但是会受到雨雪天气的影响，而且很容易被尘沙污物或冰雪堵塞。过滤器随着捕获物的加载会不断地增加气流进入发动机的阻力，因此为了清洁或更换过滤器，就需要进行频繁的人工维修。而且这种过滤器一般需要一个旁通门，起着安全防护的作用。当过滤器捕获物的加载严重到足以限制发动机的进气流量时，由压力传感器控制的自动装置将旁通门打开，发动机从旁通门直接进气。

3）惯性粒子分离器

惯性粒子分离器是利用气固两相流中气流通道拐弯或分叉时粒子的惯性离心力作用将污物和尘沙粒子与气流分开流动分离掉污物和尘沙粒子的，如图 8-12 所示。

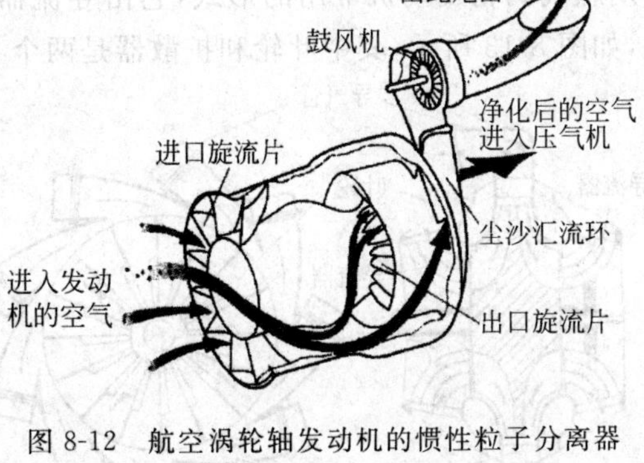


图 8-12　航空涡轮轴发动机的惯性粒子分离器

惯性粒子分离器最大的优点是有自动清扫的功能。在结构上，有单通道与多通道之分，有直通流动与轴对称流动之分，还有带动力风扇与不带动力风扇之分，更有把它作为发动机

的一个部分，兼顾多种功能的整体式惯性粒子分离器的设计方案，获得了很好的使用效果。

## 8.3.2 压气机

在常压下，燃油与空气混合燃烧后，释放出的热能转换成机械能的效率很低，只有提高压力，才能提高能量的转换效率。在航空涡轮轴发动机中，压气机的功能就是提高气体压力，将从进气道进入发动机的空气加以压缩，提高空气流的压强后送入燃烧室。

### 1. 压气机的类型

压气机是航空涡轮轴发动机中的核心部件，其作用是提高发动机工作时空气的压力，为燃气膨胀做功创造有利条件，也就是使燃料燃烧后放出的大量热能能够更好地被利用，从而改善发动机的经济性，增大发动机输出功率，其工作的好坏直接影响发动机的性能及稳定性。作为动力装置，对压气机的基本性能要求有：增压可靠、工作稳定性好，具有较完善的自动防喘性能，以及可为旋翼飞行器空调增压、发动机防冰及飞行器其他系统提供充足的气源。

根据气流在压气机中的流动方向，可将压气机分为离心式、轴流式和混合式三种类型。

(1) 离心式压气机。离心式压气机是指气流沿离开叶轮中心方向流动的压气机。离心压气机的优点是简单结实，工作比较稳定；缺点是效率低且流量受到限制。

(2) 轴流式压气机。轴流式压气机是指气流沿与叶轮轴平行方向流动的压气机。轴流式压气机的优点是面积小、流量大，虽然结构复杂，但效率高，因而所产生的推力也大。

(3) 混合式压气机。由轴流式与离心式压气机组合而成的压气机称为混合式压气机。混合式压气机通常用在中小功率的涡桨和航空涡轮轴发动机上。

在航空涡轮轴发动机技术发展史上，压气机结构形式几经演变，从纯轴流式、单级离心、双级离心到轴流与离心混装一起的混合式压气机。目前，使用最广泛的是轴流式压气机或若干级轴流加一级离心所构成的混合式压气机。

### 2. 压气机的结构组成和工作原理

1) 离心式压气机

离心式压气机是早期燃气涡轮发动机常用的形式，它由导流器(或称进气装置)、叶轮、扩散器和导气管等组成，如图 8-13 所示，其中叶轮和扩散器是两个主要部件。

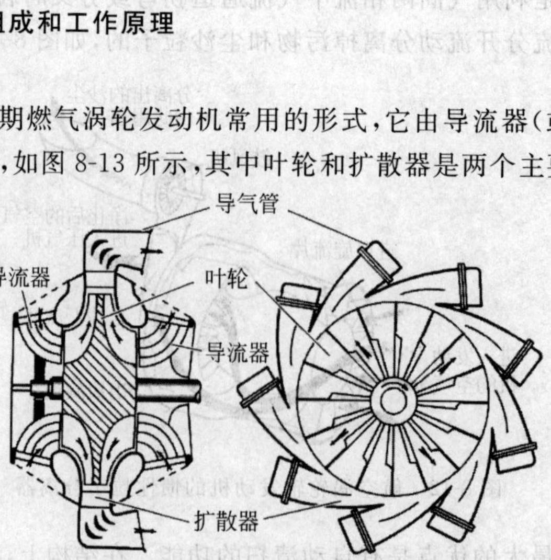


图 8-13　离心式压气机结构示意图

(1) 导流器。导流器位于叶轮的进口处,其通道是收敛型的,使气流以一定的方向均匀地进入工作叶轮,以减小流动损失,空气在流过它时速度增大,而压力和温度下降。为了将空气无冲击地引入离心叶轮,导流器的叶片进气边缘向转动的方向弯曲。为了满足气流进入转动部分的相对速度的方向,进气边缘在叶尖弯曲较多,而在叶根弯曲较少。

(2) 叶轮。叶轮是高速旋转的部件,叶轮上叶片间的通道是扩张型的,空气流过它时,它对空气做功,增大空气的流速,这为气体在扩压器中的增压创造了条件,同时提高了空气的压力,即扩散增压。除了利用扩散增压原理外,还利用离心增压原理来提高空气的压力。所谓离心增压,是说气体流过叶轮时,由于气体随叶轮一起做圆周运动,气体微团受惯性离心力的作用,气体微团所在位置的半径越大,圆周速度越大,气体微团所受的离心力也越大,因此叶轮外径处的压力远比内径处的压力高。

(3) 扩散器。扩散器位于叶轮的出口处,其通道是扩张型的,常见的有叶片式扩散器和管式扩散器。空气流过扩散器时,将动能转变为压力位能,使速度下降,压力和温度都上升。在离心式压气机中,通常压力的升高一半在叶轮中,另一半在扩散器中。扩压器组件可以和机匣是一整体件或是一单独连接的组件,这些叶片与叶轮相切,其内缘与叶轮出口处的气流方向一致。

(4) 导气管。导气管与燃烧室相连,其作用是进一步降低气流速度,提高压力,并把压缩空气送入燃烧室。为了减少流动损失,在导气管内装有一些弯曲的叶片,使气流沿着叶片引导的方向流动。

离心式压气机的主要优点是单级增压比高,一级的增压比可达 4∶1～5∶1,甚至更高,同时离心式压气机稳定工作范围宽、结构简单可靠、重量轻、所需要的起动功率小。主要缺点是流动损失大,尤其是级间损失更大,不适用于多级,最多两级。因此,离心式压气机的效率较低,一般离心式压气机的效率最高只有 83%～85%,甚至不到 80%,单位面积的流通能力低,故迎风面积大,阻力大。

2) 轴流式压气机

轴流式压气机分为单转子和多转子两种类型。单转子和多转子压气机的增压原理是一致的,因此可以用单转子为例阐述轴流式压气机的基本结构和增压原理。

(1) 基本结构。轴流压气机由高速旋转的转子(工作叶片)和与机匣固定在一起不动的静子组成。转子包括连接涡轮的轴和多排沿轴向均匀排列的转子叶片;静子包括压气机机匣和安装在机匣内的多排静子叶片。转子叶片和静子叶片相间排列,一排转子叶片加上一排静子叶片组成一个压气机的级,一级压气机是提高气体压力的基本单元。单级压气机提高气体压力的程度有限,一般可提高到 1.1～1.6 倍,为进一步提高气体压力,轴流压气机都采用多级。多级轴流压气机的叶片呈现出从前向后高度和宽度(弦长)不断减小、数目不断增加的特点,如图 8-14 所示。

(2) 增压原理。轴流式压气机提高气体压力的根本原因首先是转子叶片对气体做功,其次是通过扩张型的静子叶栅通道使空气扩压,继续提高空气的压力。

高速旋转的转子往气体中加入的机械能通过扩散增压的方式转变成气体的压力,即通过转子叶片对空气做功,压缩空气来提高空气的压力。每级压气机相邻两个转子叶片或静子叶片之间的气流通道是扩散型的,如图 8-15 所示。在转子叶片中,加入的机械能一部分使气体压力提高,另一部分提高气体的速度,增速后的气体进入静子叶片后将增加的动能转换成气体的压力，速度降低。

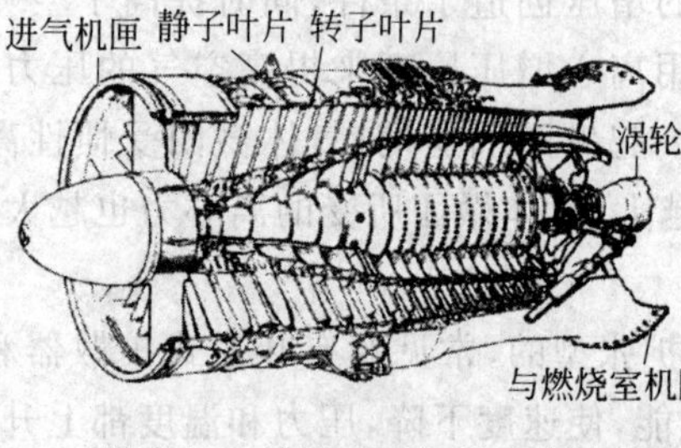

图 8-14 轴流式压气机基本结构图

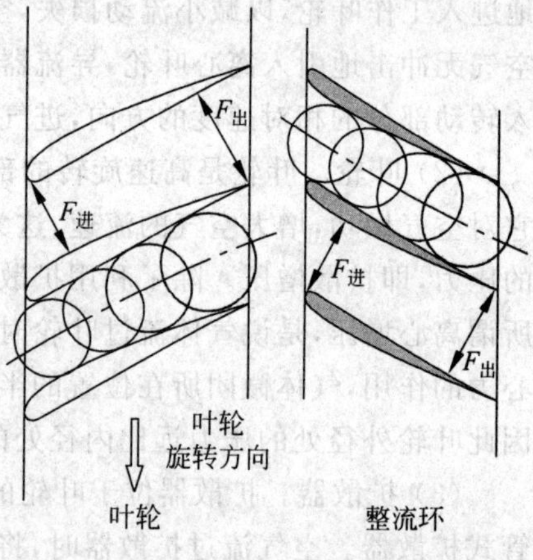

图 8-15 轴流式压气机叶栅通道示意图

压气机中速度与压力的变化可参照图 8-16，气体压力在压气机出口达到最高。压气机提高气体压力的程度可用压气机增压比表示。压气机增压比定义为压气机出口气流总压与压气机进口气流总压之比。增压比是评估压气机性能的重要指标，提高压气机的增压比可明显改善航空涡轮轴发动机的经济性，降低耗油率。现代航空涡轮轴发动机要求压气机的总增压比越来越高，有的已使增压比达到 20，以达到发动机获取尽可能高的热效率和轴功率的目的。

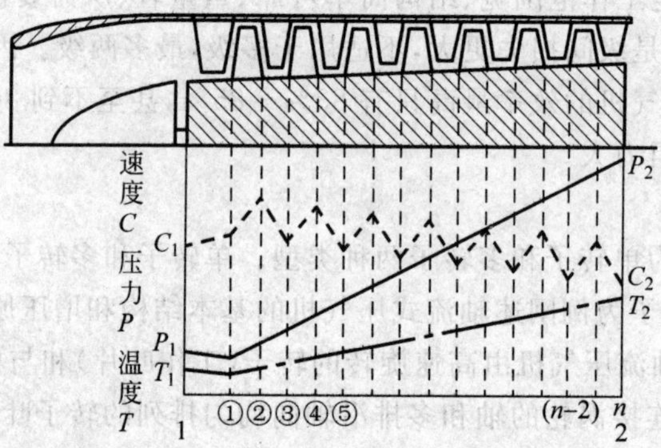

图 8-16 轴流式压气机中气体参数的变化

3）组合式压气机

组合式压气机是由轴流式与离心式压气机组合而成的压气机。前面几级采用轴流压气机，离心压气机作为最后一级，如图 8-17 所示。这种结构充分吸收了轴流式与离心式两种压气机的优点，压气机的性能有较大提高，得到广泛的应用。

### 3. 轴流式压气机的喘振

喘振是压气机的一种有害的不稳定状态。当压气机发生喘振时，空气流量、压力和速度会发生骤变，甚至可能出现突然倒流现象。喘振的形成通常由于进气方向不适，引起压气机叶片中的气流分离并失速。喘振的后果，轻者会降低发动机功率和经济性，重者则会引起发动机机械损伤或者使燃烧室熄火、停车。

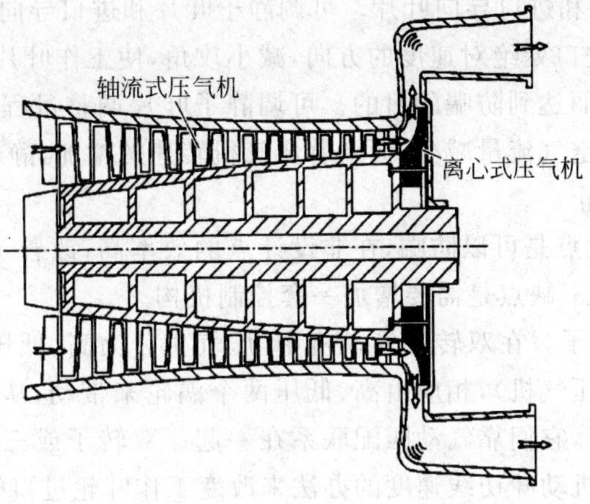


图 8-17 组合式压气机基本结构示意图

1）喘振发生的物理过程

发生喘振的根本原因是进入压气机的空气流量不能与压气机转速相适应。在设计状态下，气流能够很好地流过叶片通道，此时攻角合适，气流能平滑地流过工作叶片表面。但当偏离设计转速后，如低转速、起动过程及发动机加、减速时，空气的流动速度就不能很好地与转子转速配合，造成气流攻角加大。攻角大到一定程度，气体就开始在叶片后缘分离。若分离区扩散到整个叶栅通道，则压气机叶栅会完全失去扩压能力。这时，工作叶片就再也没有能力克服后面较高的反压，推着气流向后流动了，于是流量急剧下降。不仅如此，由于叶栅没有了扩压能力，后面的高压气体还可能通过分离的叶栅通道倒流至前方，这就是喘振时“吐气”的原因。气流返回后，使整个压气机的流路变得瞬间通畅，于是瞬间大量气体又被重新吸入压气机，开始向后流动。但由于转速与流量还是不匹配，所以气流又分离，再返回。从而出现流动、分离、返回这种脉动现象，严重时气流就会逆向冲出压气机。

喘振时，气流的压力和流量都会发生这种脉动，同时压气机的效率和增压比会大大降低。气流的这种不均匀的脉动，会使压气机叶片发生剧烈振动，在叶片上产生很大的应力，造成工作叶片和静子叶片的疲劳断裂。当喘振发生时，由于气流的倒流，使进入燃烧室的空气减少，从而造成排气温度升高或超温，控制不好还会烧坏发动机。

2）防喘措施

为了保证轴流式压气机在发动机的整个工作范围内都能工作正常，一般都要采取一些措施来防止喘振的发生。对于多级压气机来说，一般是压气机的级数越多，设计增压比越高，压气机各级之间的影响就越大，当偏离设计状态时，压气机就越容易发生喘振。常用的防喘措施如下：

(1) 压气机中间级放气。压气机中间级放气是通过改变气流流量来改变工作叶轮进口处绝对速度的大小，或者说通过绝对速度轴向分量的大小来改变其相对速度的大小和方向的，通过放气阀或放气带实现。当放气阀或放气带打开时，由于增加了排气通道，使前面级的进气量增加，轴向速度增加，改变了相对速度的方向，正攻角减小；对于后面的级，由于中间级放气，空气流量减少，轴向速度减小，也改变了相对速度的方向，负攻角增大，达到防喘目的。

(2) 可调静子叶片和进口导向叶片。可调静子叶片和进口导向叶片通过改变静子叶片安装角改变工作叶片进口处绝对速度的方向，减小攻角，使工作叶片进口处相对速度方向保持在要求的范围内，从而达到防喘的目的。可调静子叶片调整过程是当转速低时关闭静子叶片，使进入压气机的空气流量减少，而随着压气机转速的增加，静子叶片逐渐打开，增加进气量，直到最大开度为止。

可调静子叶片的优点是可以防喘，在非设计点的效率高，改善了发动机的加速性能，适用于高增压比的发动机；缺点是需要增加一套控制机构。

(3) 双转子或三转子。在双转子发动机中，压气机分为高、低压两个压气机(前面为低压压气机、后面为高压压气机)，相应由高、低压两个涡轮来带动，从而形成两个转子。两个转子之间没有机械连接，它们靠气动匹配联系在一起。双转子或三转子的防喘原理是通过改变转速，即改变压气机动叶切线速度的办法来改变工作叶轮进口处相对速度的方向的，以减小攻角，达到防喘的目的。

**4. 压气机引气**

压气机工作时，除气流压力提高外，还伴随气流温度升高。有的发动机的压气机出口处，空气温度可达 500～600℃。压气机引气与压气机防喘放气完全不同，压气机引气的功能主要用于旋翼飞行器座舱的空调和增压、进气道前沿的防冰，以及用于起动其他发动机，有时还可用于其他特殊用途。

压气机引气通常是从压气机中间级和压气机出口引出。压气机引气后将会造成发动机性能的变化，通常会引起航空涡轮轴发动机轴功率的损失和耗油率的增加，还会引起排气温度的升高。但引气也可以增加压气机稳定工作范围，使发动机不易进入喘振。

## 8.3.3 排气装置和减速器

**1. 排气装置**

根据航空涡轮轴发动机的特点，一般排气装置呈圆筒扩散形，以便燃气在自由涡轮内充分膨胀做功，使燃气热能尽可能多地转化为轴功率。航空涡轮轴发动机的排气装置能做到使 95%以上的燃气可用膨胀功通过自由祸轮转变为轴功率，余下不到 5%的可用膨胀功仍以动能形式向后经过排气管，气流静压提高，流速降低，到喷管出口，在静压等于外界大气压的条件下，以相当低的流速排出，可以采用扩张形通道的排气管，所以排气管起扩压的作用。

**2. 减速器**

由于航空涡轮轴发动机的动力涡轮转速很高，往往在 15 000～38 000r/min 左右。旋翼飞行器旋翼的转速较低，一般为 200～400r/min。这样大的减速比，又要传递很大的功率，因而必须安装减速器。而且减速比很大，要有多级减速，才能实现功率的传递，如艾利森 250-C20B 航空涡轮轴发动机总的减速比高达 1∶84.5。在结构上，减速器通常分体内减速器和主减速器。前者是航空涡轮轴发动机的一个组成部件，后者是位于航空涡轮轴发动机外面的一个独立部件。主减速器作为旋翼飞行器的重要部件，与旋翼相连，对多发飞机，则多台发动机共用同一个主减速器。旋翼飞行器的主减工作负荷很重，是旋翼飞行器的一个关键部件，其工作的可靠性和寿命直接影响到旋翼飞行器的飞行性能和使用寿命。

在实际应用中，航空涡轮轴发动机动力涡轮转速高，输出轴的直径较小，在每一级减速过程中，轴的直径逐渐加粗，传动齿轮的尺寸也加大，所以减速器的重量非常可观。对于带体内减速器的发动机，体内减速器约占航空涡轮轴发动机总重量的 20%，体外主减速器的重量略低于发动机的重量。如果把体内减速器和旋翼飞行器主减速器的重量加在一起，则与航空涡轮轴发动机的重量基本相当。

## 8.4 航空涡轮轴发动机热端部件结构和原理

航空涡轮轴发动机热端的主要部件包括燃烧室、涡轮装置等，其工作环境非常恶劣，由此造成高温部件的可靠性差、寿命短。据权威部门的统计数据表明：航空发动机中的故障有 60%以上出现在高温部件上，并有不断上升的趋势。

### 8.4.1 燃烧室

燃烧室用来将燃油中的化学能转变为热能，将压气机增压后的高压空气加热到涡轮前允许的温度，以便进入涡轮内膨胀做功。燃烧室是航空涡轮轴发动机的重要部件之一，它位于压气机与涡轮之间。在航空涡轮轴发动机的热力循环中，燃烧室完成加热过程。发动机的可靠性、经济性和寿命在很大程度上取决于燃烧室的可靠性和有效程度。燃烧室的技术水平对发动机性能、结构方案和结构重量有重要影响。

#### 1. 燃烧室的结构组成和工作原理

1）燃烧室的结构组成

燃烧室是燃油与空气在航空涡轮轴发动机内部混合、燃烧的地方。燃烧室一般由外壳、扩压器、火焰筒等部件组成，气流进口处还设有燃油喷嘴，起动时用的喷油点火器也装在这里。燃烧室壳体和扩压器是航空涡轮轴发动机燃烧室的主要承力件，即燃烧室的零部件主要是薄壁件，如图 8-18 所示。

一般情况下，燃气涡轮发动机的主燃烧室大多采用离心式喷油嘴，如图 8-19 所示。在高压作用下，燃油经喷油嘴高速旋转喷出，与喷嘴外空气相撞形成极细小的雾化油滴。雾化油滴很快蒸发并与空气混合，形成新鲜混合气。

燃气涡轮发动机燃烧室的点火装置如图 8-20 所示。该点火装置利用外电源使高压火花塞打火，将点火装置中由起动喷油嘴喷出的燃料和空气的混合气体加热到着火温度，使其首先燃烧，然后再依靠这个起动喷嘴火焰点燃整个燃烧室。燃烧室点燃以后，点火装置即停止工作。为保险起见，一台发动机的燃烧室一般都有两个点火装置。

由于火焰传播速度很低，为了保持火焰稳定燃烧，在火焰筒头部喷油嘴周围设置空气扰流器。扰流器的作用是使空气在火焰筒头部内形成旋涡，旋涡中心为低压区，使一部分已经燃烧的高温燃气倒流回来形成回流区，不断地点燃由燃油雾滴蒸发形成的新鲜混合气。

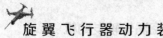

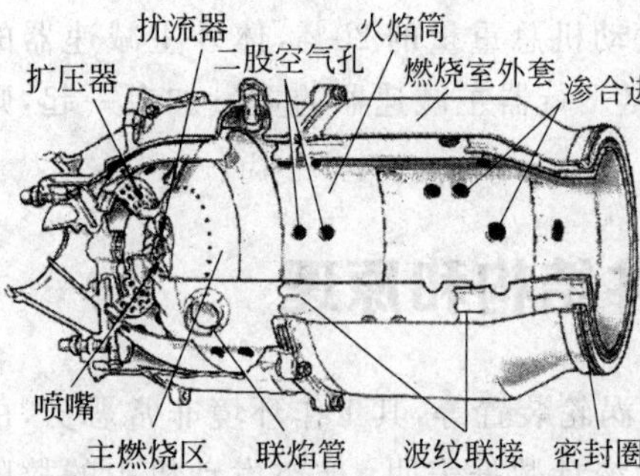


图 8-18 典型的单管燃烧室示意图

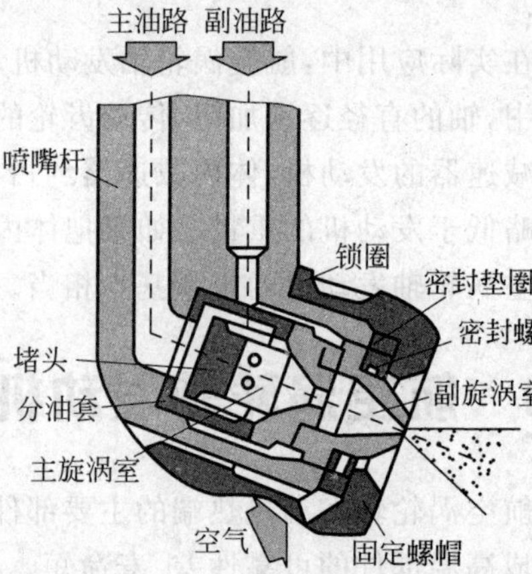


图 8-19 双路式离心喷嘴结构示意图

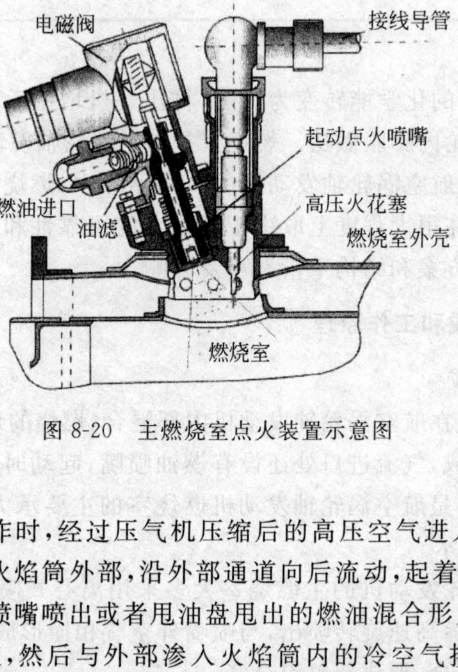


图 8-20 主燃烧室点火装置示意图

2）燃烧室的工作原理

航空涡轮轴发动机工作时，经过压气机压缩后的高压空气进入燃烧室，被火焰筒分成内、外两股，大部分空气在火焰筒外部，沿外部通道向后流动，起着散热、降温作用；小部分空气进入火焰筒内与燃油喷嘴喷出或者甩油盘甩出的燃油混合形成油气混合气，经点火燃烧成为燃气，向后膨胀加速，然后与外部渗入火焰筒内的冷空气掺和，燃气温度平均可达1500℃，流速可达230m/s，高温、高速的燃气从燃烧室后部喷出冲击涡轮装置。

航空涡轮轴发动机起动时先靠起动点火器点燃火焰筒内的混合气，正常工作时靠火焰筒内的燃气保持稳定燃烧。按照燃气在燃烧室的流动路线，燃烧室可分为直流式、回流式和折流式三种。直流式燃烧室形状细而长，燃气流动阻力小；回流式燃烧室燃气路线回转，燃气流动阻力大，但可使发动机结构紧凑，缩短转子轴的长度，使发动机获得较大的整体刚度；折流式燃烧室介于直流式和回流式两者之间，使燃气折流适应甩油盘甩出燃油的方向，以提高燃油雾化质量及燃烧室效率。

燃烧室的环境条件十分恶劣，燃烧过程是在高速气流和贫油混合气中进行的，燃烧室的零件是在高温、高负荷下工作，局部温度高达 3000K 以上，燃烧室的零部件承受着由气体力、惯性力产生的静载荷和振动负荷，还受到热应力和热腐蚀的作用。由于气体流速很高，一般流速在 50～100m/s 之间，要使混合气燃烧，就如同在大风中点火一样，因此保持燃烧稳定至关重要。为了保证稳定燃烧，应在燃烧室结构设计上采取气流分流和火焰稳定等措施。

**2. 燃烧室的结构类型**

常用的燃烧室结构有四种类型：分管燃烧室、联管燃烧室、环形燃烧室和回流式燃烧室。

1）分管燃烧室

分管燃烧室如图 8-21 所示。分管燃烧室由多个（一般是 8～16 个）单独燃烧室组成。它们之间有联焰管相连，起传播火焰和均压的作用。每个燃烧室各有自己单独的火焰筒和外套。这种燃烧室在设计过程中可以用空气流量较小的气源进行试验研究，以便于进行设计调试，因而早期的涡轮喷气发动机用得较多。该种燃烧室与离心式压气机配合使用，在结构上比较简单。此外，在使用中，该种燃烧室可以单独拆换，因而维护也比较方便。但是缺点是它的空间利用率低，自身质量较大，还要增加其他构件（如轴承机匣）才能传递涡轮和压气机壳体上的扭矩。

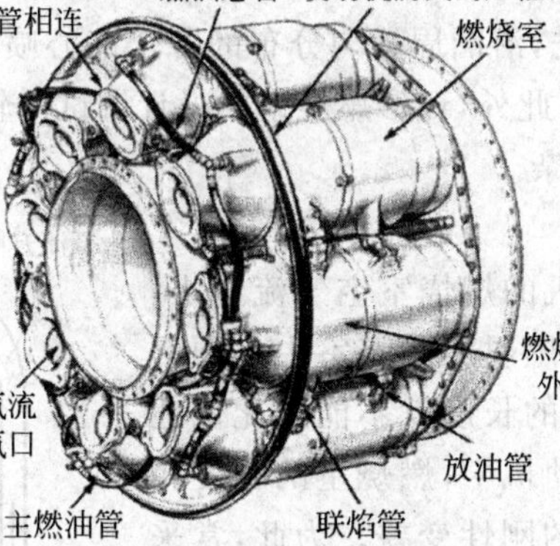


图 8-21　分管燃烧室结构示意图

2）联管燃烧室

联管燃烧室如图 8-22 所示。联管燃烧室与分管燃烧室相同的是，联管燃烧室也有单独的火焰筒。但是这些火焰筒被包容在一个共同的环形腔道里。联管燃烧室的优点是结构比较紧凑，外壳可传递扭矩，因而有利于减轻发动机的结构质量。此外，它的火焰筒与分管燃烧室相似，因而也有利于设计调试。

3）环形燃烧室

典型的环形燃烧室如图 8-23 所示，它是由四个同心的圆筒组成的。

在燃烧室的外机匣和内壳所形成的腔道中，安装着环形的火焰筒。在火焰筒的头部装有一圈燃油喷嘴和火焰稳定装置。环形燃烧室的气流通道与压气机出口和涡轮进口的环形气流通道可以有很好的气动配合，因而可以减少流动损失，并可以缩短燃烧室头部的扩压段，且可以得到较均匀的出口轴向温度场。此外，环形燃烧室的空间利用率最高，壳体结构有利于扭矩和力的传递。

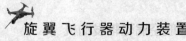

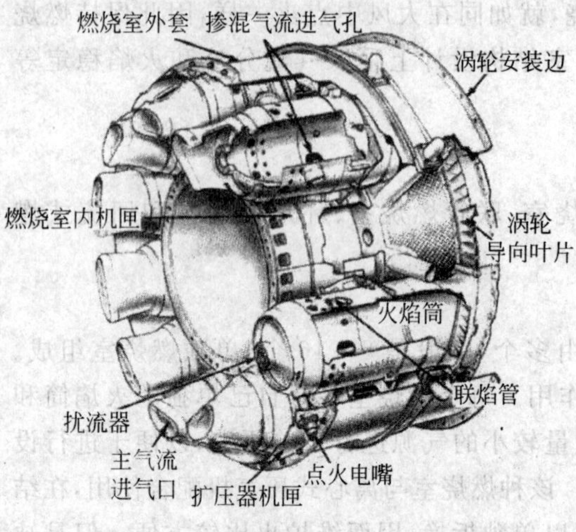

图 8-22 联管燃烧室结构示意图

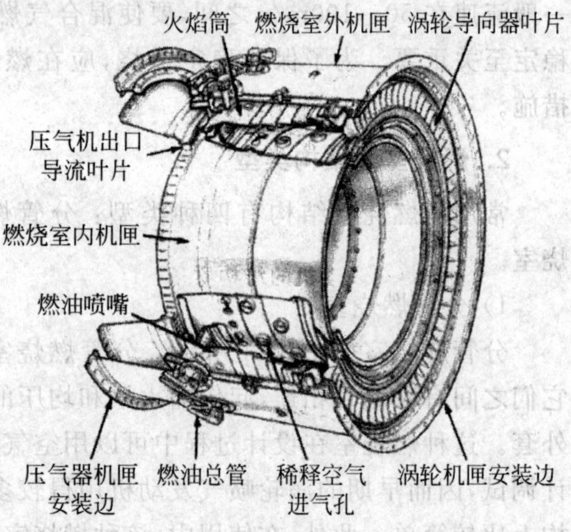

图 8-23 联管燃烧室结构示意图

与联管燃烧室相比，环形燃烧室更有利于减轻质量。现代大量民用发动机多采用环形燃烧室，主要是因为它重量轻，燃烧效率高，出口燃气温度分布较均匀。虽然有上述优点，但是它的缺点也比较明显。首先，沿圆周均匀分布的各个离心喷嘴喷油所形成的燃油分布和环形通道的进气不易配合好；此外，环形燃烧室的设计调试比较困难，需要有大型的气源设备，使用中拆装维护也比较复杂。

4）回流式燃烧室

小功率航空涡轮轴发动机的燃烧室空气流量小，但是考虑到燃料的完全燃烧，燃料在燃烧室中必须有一定的停留时间，所以燃烧室的长度就不能成比例地缩短。在小型航空涡轮轴发动机中，燃烧室的长度相对太长会使发动机整体结构的刚性变差。为此，常采用回流式的燃烧室，这种结构便于检查热部件的工作情况，也便于维护。回流式燃烧室如图 8-24 所示。

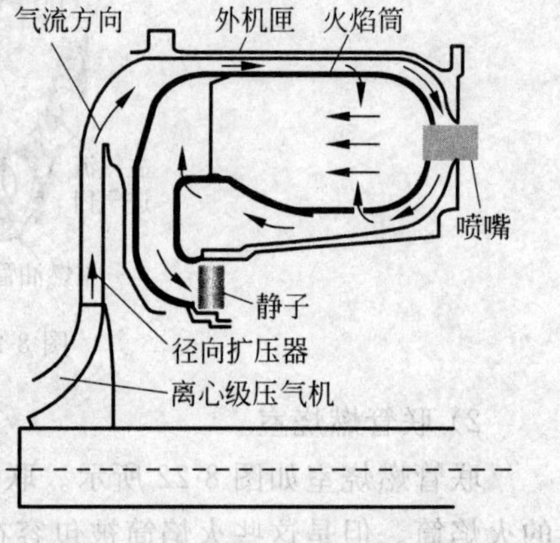

图 8-24 回流式燃烧室示意图

**3. 燃烧室特性**

由于气体在燃烧室内的流动和燃烧过程十分复杂，而且燃烧过程受许多物理化学因素的影响，因此无法用计算的方法来取得燃烧室的特性。燃烧室特性主要通过实验获得。

1）燃烧室效率特性

实验证明，在一个已经制成的燃烧室中，燃烧效率主要受以下四个参数的影响：燃烧室进口压力 $p_3$、燃烧室进口温度 $T_3$、燃烧室进口空气流速 $c_3$ 或通过燃烧室的空气容积流量 $q$、燃烧室的油气比 $f$ 或余气系数 $\alpha$。燃烧效率 $\eta$ 随油气比 $f$ 或余气系数 $\alpha$ 的变化关系是燃烧室的基本特性。图 8-25 给出了由实验得到的某燃烧室的效率特性，实验时保持燃烧室进口温度 $T_3$ 和燃烧室进口空气流速 $c_3$ 不变，图中三条曲线对应三个不同的燃烧室进口压力 $p_3$，三条曲线的燃烧效率极大值都对应同一个最佳余气系数。

2）燃烧室熄火特性

余气系数过大或过小，不仅使燃烧效率降低，甚至有可能引起燃烧室熄火。余气系数过大引起熄火称为贫油熄火，余气系数过小引起熄火称为富油熄火，只有余气系数在两者之间，燃烧室才能稳定燃烧。由实验得知，燃烧室的燃烧稳定工作范围随着燃烧室进口空气流速的增加而缩小，如图 8-26 所示称为燃烧室熄火特性图。

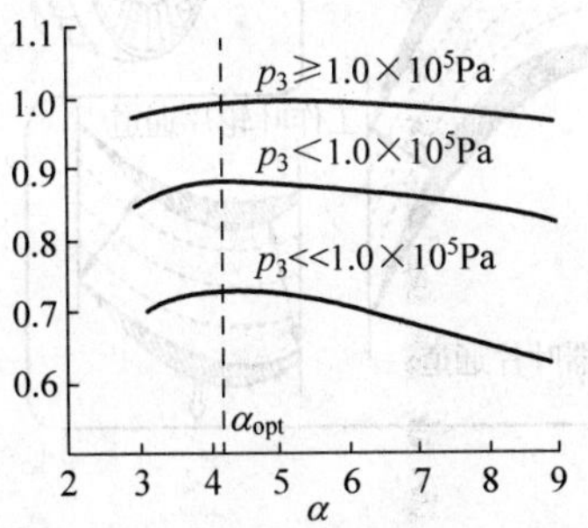


图 8-25　燃烧室效率特性

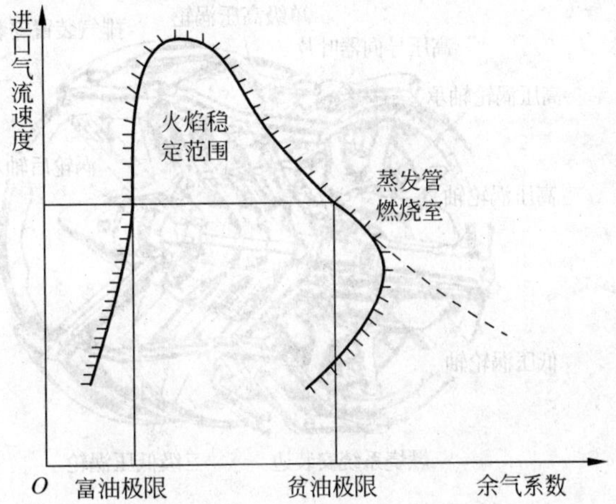


图 8-26　燃烧室熄火特性图

燃烧室进口空气流速越大，燃烧稳定工作的范围越小。这是因为流速越大，火焰前锋越不容易稳定，甚至被吹熄。所以进口空气流速越大，就要求余气系数越应接近最佳的余气系数值，该值因各燃烧室的设计要求而各不相同。进口空气流速过小，会使空气流量太小，喷油量太少，雾化质量差，也不能保持稳定燃烧。

## 8.4.2 涡轮

涡轮是航空涡轮轴发动机的重要部件之一，安装在燃烧室的后面，是在高温燃气作用下旋转做功的部件。涡轮的功能是将高温、高压燃气的部分可用热能转变成机械能，用于带动压气机和发动机附件，以及旋翼飞行器的旋翼。

### 1. 涡轮的结构组成和工作原理

涡轮和压气机同是和气流进行能量交换的叶片机，它们之间有许多相似之处，但是涡轮和压气机与气流间的能量交换在程序上正好相反。涡轮与压气机最大的不同则是涡轮叶片在高温条件下高速旋转，工作环境极其恶劣，所以需要在结构设计与材料选取方面有更多的考虑。

1）涡轮结构组成

航空涡轮轴发动机的涡轮又称为透平。涡轮分为轴流式和径向式两种。在航空涡轮轴发动机上，一般使用轴流式涡轮，在小功率的燃气轮机上，有时也使用径向式涡轮。轴流式涡轮由静子和转子两部分组成，涡轮静子又称涡轮导向器，涡轮转子又称涡轮工作叶轮。

轴流式涡轮的结构组成由一排静子叶片和一排转子叶片组成涡轮的一个级。轴流式涡轮通常是多级的，由若干个单级涡轮组成，每级涡轮由导向器（或喷嘴环）和工作叶轮组成，如图 8-27 所示。导向器由在外环和内环之间安装的若干个导向叶片（或静子）构成，静子其中的一端松动地安装，工作时由于高温膨胀而固定牢固，导向器安装在工作叶轮的前面，是固定不动的。由于气体通过涡轮膨胀做功，气体比容增大，密度减小，因而涡轮的气流通道截面是逐渐增大的，呈扩张形。

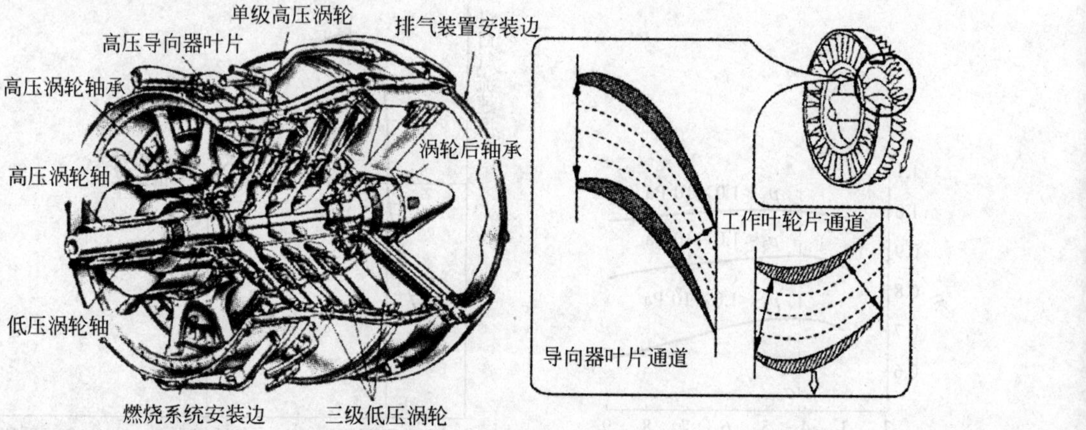


图 8-27　轴流式涡轮结构组成示意图

2）涡轮的工作原理

虽然涡轮的结构（图 8-28）与压气机十分相似，都是由转子和静子组成，但是有以下三个区别：

（1）安装位置相反。与轴流压气机转子在前、静子在后的安装顺序相反，涡轮的静子安装在前，转子安装在后，组成一级涡轮，通常涡轮静子也叫涡轮导向器。

（2）气流通道相反。与轴流压气机气流通道截面积逐级减小相反，涡轮气流通道截面是逐渐增大的。

（3）级数数量不同。涡轮的级数比压气机的级数少。

航空涡轮轴发动机工作时，高温、高压的燃气从燃烧室流出后进入涡轮导向器，在导向器收敛形的通道中流速增加，然后冲击涡轮转子叶片，并继续在转子叶片通道内膨胀，使转子叶片高速旋转。流过涡轮后，燃气的温度和压力大为降低，但流速提高。

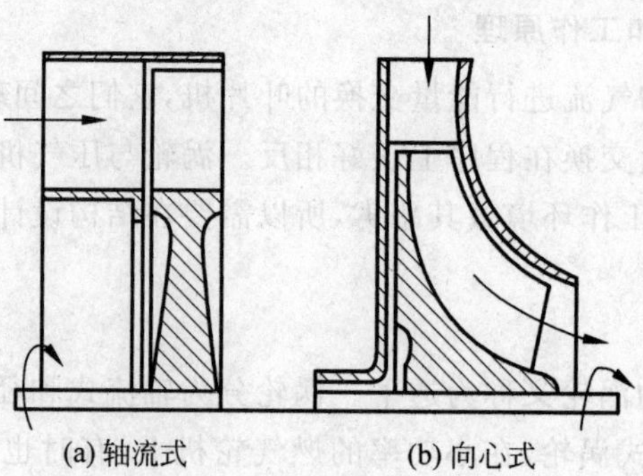


图 8-28　轴流式和向心式涡轮示意图

燃气流过涡轮转子叶片时，燃气的部分能量传递给涡轮。涡轮中转换出的能量用涡轮功率表示，涡轮功率越大，则发动机的轴功率就越大。影响涡轮功率的主要因素包括燃气的流量、涡轮进口燃气总温度、涡轮的效率和涡轮落压比。涡轮落压比是涡轮进出口燃气总压的比值，落压比反映了涡轮中燃气能量转化的程度，落压比越大燃气能量转化越多，则涡轮功率越大；燃气的流量反映了发动机进口空气的多少；燃气总温度反映了供给发动机燃油的多少，供油多，则燃气总温就高。因此，当燃气总温增加、燃气流量增加或涡轮效率增加时，涡轮的功率就会增加。

为提高发动机的推力，目前采用了高强度的耐热材料、先进的空心涡轮叶片冷却技术和定向结晶、单晶叶片铸造技术，使涡轮进口燃气温度最高可达1977K。另外，还可采用主动间隙控制技术降低涡轮中的流动损失，提高涡轮效率。

**2. 涡轮的类型**

1）按气流流动方向划分

和压气机一样，按气流流动方向是否和涡轮旋转轴轴线方向大体一致，涡轮可分为轴流式和向心式（径向式）两类，如图8-28所示。目前航空燃气涡轮发动机上多采用轴流式涡轮。

2）按气流在涡轮叶栅通道的落压原理划分

按照气流在涡轮叶栅通道的落压原理，轴流式涡轮可分为冲击式、反力式和冲击-反力式三种类型。

（1）冲击式涡轮。推动涡轮旋转的扭矩是由于气流方向改变而产生的，所以涡轮导向器内叶片间的流动通道是收敛型的，燃气在涡轮喷嘴环内气流速度增加，压力下降；而在工作叶轮叶片通道内，相对速度的大小不变，只改变气流的流动方向。冲击式涡轮的工作叶片特征是前缘和后缘较薄，而中间较厚，如图8-29(a)所示。

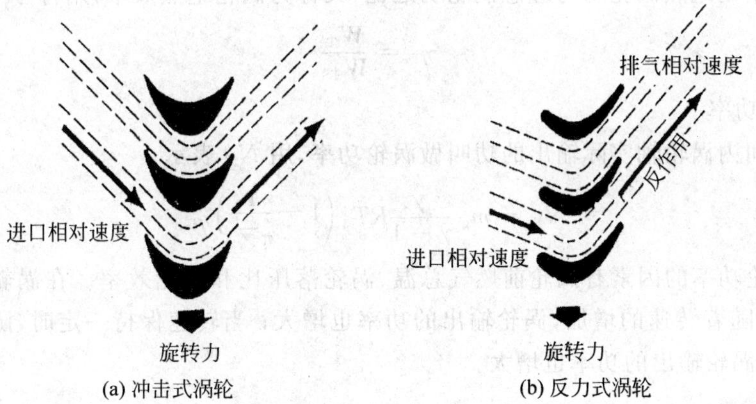


图8-29 冲击式和反力式涡轮

（2）反力式涡轮。推动涡轮旋转的扭矩是由于气流速度增大和方向改变而产生的，所以燃气在涡轮导向器内改变气流流动方向，工作叶片间的通道是收敛型的，故燃气的相对速度增加，流动方向改变，压力下降。反力式涡轮工作叶片特征是前缘较厚，而后缘较薄，如图8-29(b)所示。

（3）冲击-反力式涡轮。将冲击式涡轮和反力式涡轮组合在一起，就构成了冲击-反力式涡轮。导向器和涡轮叶片通道都是收敛型的,气体在导向器内和工作叶轮内都要膨胀,所以涡轮在气体的冲击和膨胀的反作用下旋转。导向器静子叶片形成收敛通道,燃气在其内加速流动。

### 3. 涡轮的性能参数

涡轮的主要参数有涡轮落压比、涡轮功、涡轮效率和涡轮功率。

1) 涡轮落压比

涡轮落压比 $\pi_T$ 是涡轮进口处的总压 $p_3$ 与涡轮出口处的总压 $p_4$ 之比,即

$$\pi_T = \frac{p_3}{p_4} \tag{8-8}$$

2) 涡轮功

涡轮功分为理想涡轮动和绝热涡轮功。理想涡轮功是单位质量燃气通过定熵膨胀过程从 $p_3$ 到 $p_4$ 所输出的功,用符号 $W_{TS}$表示。绝热涡轮功是单位质量燃气绝热膨胀过程从 $p_3$ 到 $p_4$ 所输出的功,用 $W_T$ 表示。

由能量方程和涡轮落压比可以得到

$$W_{TS} = \frac{\gamma R}{\gamma - 1} T_3 \left(1 - \frac{1}{\pi_T^{\frac{\gamma-1}{\gamma}}}\right) \tag{8-9}$$

式中: $\gamma$ 为热容比(绝热指数); $R$ 为气体常数; $T_3$ 为涡轮进口处的温度; $T_4$ 为涡轮进出口处的温度。

由能量方程可以得到

$$W_T = \frac{\gamma}{\gamma - 1} R(T_3 - T_4) \tag{8-10}$$

3) 涡轮效率

涡轮效率是绝热涡轮功与理想涡轮功之比,又称为涡轮绝热效率,用符号 $\eta_T$ 表示。

$$\eta_T = \frac{W_T}{W_{TS}} \tag{8-11}$$

4) 涡轮功率

单位时间内涡轮轴实际输出的功叫做涡轮功率,用 $N_T$ 表示。

$$N_T = m_g \frac{\gamma}{\gamma - 1} R T_3 \left(1 - \frac{1}{\pi_T^{\frac{\gamma-1}{\gamma}}}\right) \eta_T \tag{8-12}$$

影响涡轮功率的因素有涡轮前燃气总温、涡轮落压比和涡轮效率。在涡轮前燃气总温保持不变时,随着转速的增加,涡轮输出的功率也增大; 当转速保持一定时,随着涡轮前燃气总温上升,涡轮输出的功率也增大。

## 8.5 航空涡轮轴发动机工作特性和比较

航空涡轮轴发动机是按需要的性能指标设计出来的,该性能指标是根据特定工作状态(即额定工作状态)而定的; 然而在使用过程中,发动机要在不同工作状态下运转,发动机的性能必然要随之变化。

表示航空涡轮轴发动机性能的主要参数为轴功率和燃油消耗率,其中功率表示发动机

的做功能力，油耗表示发动机的经济性。这两个参数随发动机转速、飞行速度和飞行高度的变化而变化，其变化的规律统称为发动机工作特性。

## 8.5.1 航空涡轮轴发动机工作特性

**1. 航空涡轮轴发动机的转速特性**

在保持飞行高度和飞行速度不变的条件下，发动机的功率和燃油消耗率随燃气发生器转速的变化规律叫做发动机的转速特性，又叫节流特性。

1）功率随转速变化的规则

航空涡轮轴发动机功率随转速的增大而增大，而且转速越大，功率随转速增大而增长得越快，如图 8-30 所示。影响航空涡轮轴发动机功率的因素是空气流量和单位流量功率。随着转速的增加，通过发动机的空气流量近似成正比增加；而单位流量功率取决于压气机的增压比、涡轮前燃气总温、压气机效率、涡轮效率和自由涡轮与排气管的组合效率等。

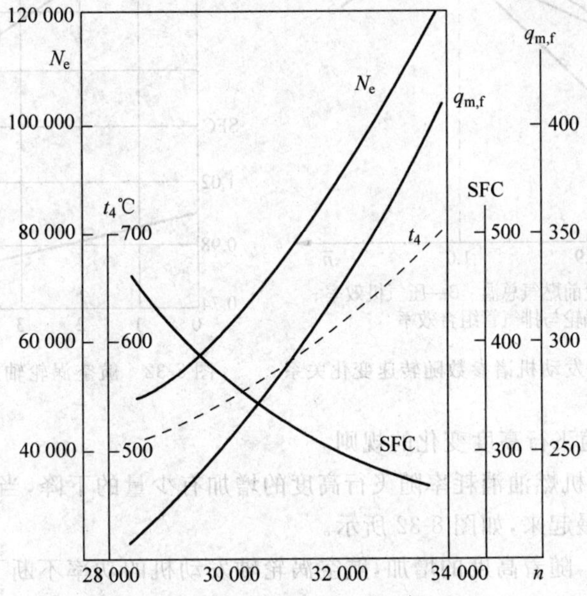


图 8-30　航空涡轮轴发动机转速特性

2）燃油消耗率随转速变化的规则

航空涡轮轴发动机燃油消耗率随转速的增大而减小。

图 8-31 表示了压气机的增压比、涡轮前燃气总温、压气机效率、涡轮效率和自由涡轮与排气管的组合效率随转速的变化规律。可以看出，在转速从慢车转速增大到最大转速的过程中，压气机增压比一直增大；涡轮前燃气总温先降低，后又升高；压气机效率和自由涡轮与排气管的组合效率提高，但接近最大转速时又降低；涡轮效率先增大，后保持不变。

航空涡轮轴发动机燃油消耗率的变化主要取决于增压比和涡轮前燃气总温的变化。由于目前航空涡轮轴发动机的增压比一般都低于最经济增压比，因此，当发动机转速由低变高时，增压比不断提高，向最经济增压比靠近，使发动机的经济性得到改善；同时，涡轮前燃气总温升高，各种效率增大，也使发动机的经济性得到改善。所有这些影响的结果，都使燃油消耗率随发动机转速的增大而下降，但是，当转速超过设计值时，由于压气机效率和自由涡轮与排气管的组合效率随转速的增大而降低，对经济性起不利的影响，使燃油消耗率降低变得缓慢。

**2. 航空涡轮轴发动机的高度特性**

在给定的发动机工作状态和选定的调节规律下，保持发动机的转速和飞行速度不变时，发动机的功率和燃油消耗率随飞行高度的变化规律为发动机的高度特性。

1）功率随飞行高度变化的规则

航空涡轮轴发动机功率随飞行高度的增加而下降，当飞行高度大于 4km 后，其下降量变得缓慢起来，如图 8-32 所示。

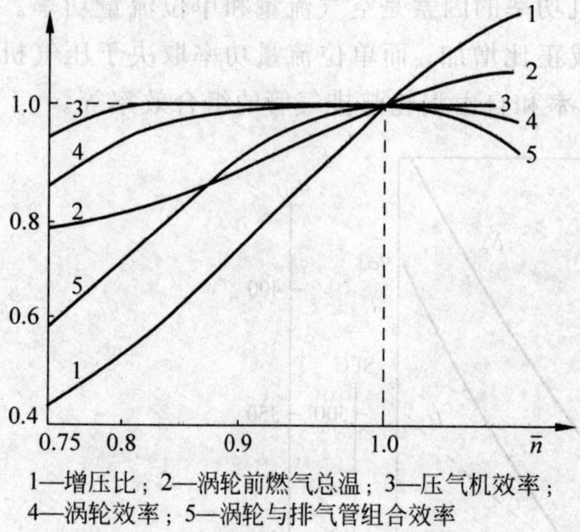


图 8-31　航空涡轮轴发动机诸参数随转速变化关系

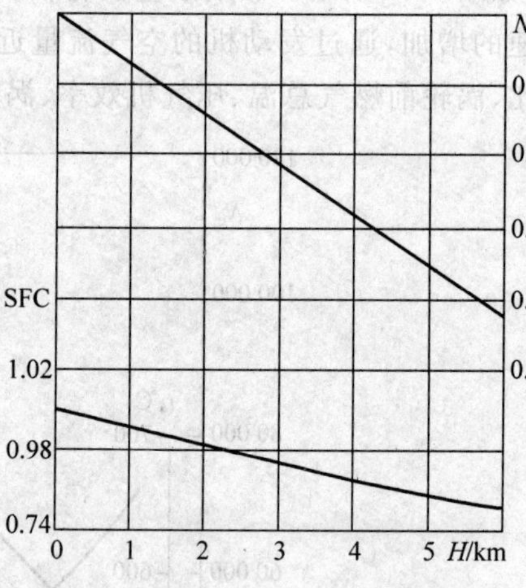


图 8-32　航空涡轮轴发动机高度特性

2）燃油消耗率随飞行高度变化的规则

航空涡轮轴发动机燃油消耗率随飞行高度的增加有少量的下降，当飞行高度大于 4km 后，其下降量变得缓慢起来，如图 8-32 所示。

从高度特性可知，随着高度的增加，航空涡轮轴发动机的功率不断下降，而从强度观点来看，若发动机的结构是以海平面标准大气状态的最大功率来设计的，则在一些非设计状态下工作时，多余的质量和较大的尺寸相反造成扭矩过大，超过允许值。为减轻发动机和减速器的质量，特提出限制功率的问题。所谓功率限制，就是从某一高度，或从某一状态开始保持功率不变，防止功率、转速等参数超过最大允许值。发动机开始限制功率的高度称为设计高度，用符号 $H_d$ 表示。

如图 8-33 所示绘出了自由涡轮式航空涡轮轴发动机理想的限制功率的高度特性曲线，从海平面到设计高度，发动机的输出功率保持不变，在设计高度以下，为了使发动机的扭矩不超过最大允许值，让发动机的输出功率保持不变，可通过改变涡轮前燃气总温，或改变发动机的转速来实现。按这样的设计高度来设计发动机可以使发动机的重量、减速器的重量比以海平面为设计点的有所减小。

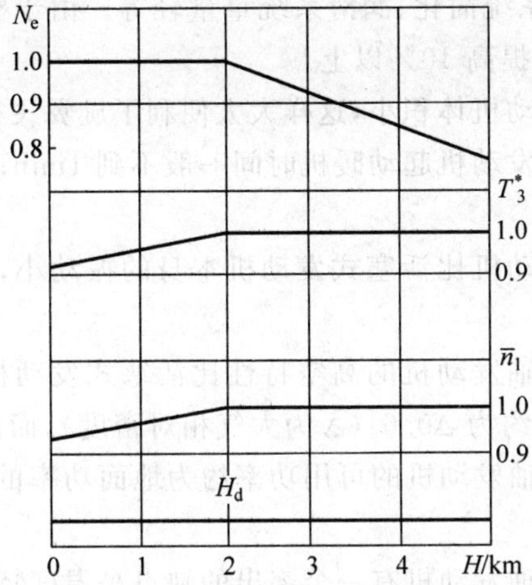


图 8-33　一定高度下限制功率的自由涡轮式航空涡轮轴发动机理想的限制功率的高度特性曲线

**3. 航空涡轮轴发动机的速度特性**

在给定的发动机工作状态和选定的调节规律下，保持发动机的转速和飞行高度不变时，发动机功率和燃油消耗率随飞行速度的变化规律为发动机的速度特性，如图 8-34 所示。

1）功率随飞行速度变化的规则

航空涡轮轴发动机功率随飞行速度的提高而增大。因为飞行速度增大，进入发动机的空气流量变大，使功率增加，同时，发动机的总增压比变大，使单位流量功率增加，也使功率增加。

2）燃油消耗率随飞行速度变化的规则

航空涡轮轴发动机燃油消耗率随飞行速度的提高而减小。因为飞行速度增大，发动机的总增压比变大，改善了发动机的经济性，从而使燃油消耗率减小。实际飞行时，当旋翼飞行器飞行速度从 0 增大到 300km/h 的时候，航空涡轮轴发动机的功率增大了 5%，而燃油消耗率减小了 3%。由于旋翼飞行器的飞行速度超过 300km/h 的时候是不多的，故旋翼飞行器上涡轴发动机的速度特性通常不考虑。

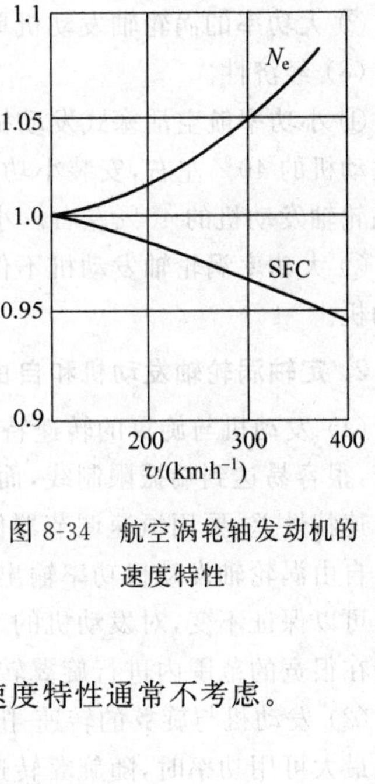


图 8-34　航空涡轮轴发动机的速度特性

## 8.5.2　旋翼飞行器航空发动机不同类型的比较

**1. 涡轮轴发动机与活塞式发动机的比较**

与航空活塞式发动机相比较，涡轮轴发动机的主要特点如下。

(1) 功率重量比大。航空活塞式发动机功率重量比一般为 0.6～1.4kg/kW 左右，而涡轮轴发动机仅为它的 1/3～1/5。由于发动机本身的功率重量比小，使得动力装置的某些其他系统的重量也随之大大减轻，如涡轮轴发动机不需外加外部冷却系统（风扇、风道等）、进排气系统简化、发动机支持系统简化、润滑系统重量轻等。由于整个动力装置重量减轻，使旋翼飞行器的重量效率可以提高10%以上。

(2) 体积小。涡轮轴发动机体积小，这样大大便利了旋翼飞行器的总体布置。

(3) 起动容易。涡轮轴发动机起动暖机时间一般不到1min；活塞式发动机需要10min左右。

(4) 振动小。涡轮轴发动机比活塞式发动机本身的振动小，噪声小，维护简便，使用寿命长。

(5) 高空特性好。涡轮轴发动机的高空特性比活塞式发动机好。在标准大气状态下，涡轮轴发动机高空特性系数约为Δ0.61(Δ为大气相对密度)，而活塞式的约为Δ1.187。这样，在2000m高空燃气涡轮轴发动机的可用功率约为地面功率的89%，而活塞式的为79%左右。

(6) 温度特性差。涡轮轴发动机有一个突出的缺点是温度特性差。它的可用功率随外界大气温度上升而下降，约为活塞式的3～5倍。当大气由15℃升高到35℃时，其可用功率要降低20%左右。

(7) 耗油特性。

① 小功率范围航空活塞式发动机的单位耗油率较低。

② 大功率的涡轮轴发动机单位耗油率比活塞式发动机的单位耗油率低。

(8) 经济性。

① 小功率航空活塞式发动机(如250kW)不仅单位耗油率较低，而且购置成本仅为涡轮轴发动机的40%左右，安装小功率活塞式发动机的旋翼飞行器单位机体重量的成本也仅为装涡轮轴发动机的40%左右。小功率航空活塞式发动机经济性优于小功率涡轮轴发动机。

② 大功率涡轮轴发动机不仅单位耗油率较低，而且购置和使用成本都优于航空活塞式发动机。

**2. 定轴涡轮轴发动机和自由涡轮轴发动机的比较**

(1) 发动机与旋翼的转速特性比较。定轴涡轮轴发动机在大功率区转速许可变化范围很窄，很容易达到喘振限制线，而可用功率随着转速下降而迅速减小，所以定轴涡轮轴发动机转速特性差，要用恒速调节器保持恒速工作。

自由涡轮轴发动机功率输出轴连同自由涡轮一起改变转速时，压气机连同燃气涡轮的转速可以保证不变，对发动机的工作影响很小，出轴转速允许的变化范围很宽，转速特性好，可以在很宽的范围内进行旋翼转速调节，从而改善旋翼飞行器的性能。

(2) 发动机与旋翼的转速-扭矩特性比较。转速-扭矩特性是指当旋翼需用功率超过发动机最大可用功率时，随旋翼转速下降旋翼上可用扭矩及升力的变化特性。如果安装定轴涡轮轴发动机的旋翼飞行器原本想加大旋翼总距以实现某种动作，但当总距增加过头时定轴涡轮轴发动机输出功率将随其转速减小而急剧下降，反而造成旋翼升力急剧下降，这可能会导致发生事故。

自由涡轮轴发动机由于输出功率的自由涡轮和压气机没有机械联系，其输出功率受转速影响较小。当旋翼飞行器旋翼总距增加过头时，自由涡轮轴发动机转速虽有下降，但扭矩和旋翼升力反而增大，这对飞行安全是有利的。

(3) 对传动系统影响比较。由于旋翼飞行器旋翼等部件起动时惯性很大，为减小起动机的功率，减小旋翼带转时间，发动机起动时应和旋翼脱开。因此，采用定轴涡轮轴发动机的旋翼飞行器，在发动机和主减速器之间必须安装起动离合器。

对于自由涡轮轴发动机，因输出功率的自由涡轮和压气机之间没有机械联系，所以不必安装起动离合器。另外，为保证发动机停车时旋翼自转，在采用定轴涡轮轴发动机的旋翼飞行器上还需有自转离合器。对于采用自由涡轮轴发动机的旋翼飞行器，虽然发动机停车时可以保证旋翼自由转动，但要带转自由涡轮也会消耗很大功率，一般可达额定功率的12%，所以也装有自转离合器。

(4) 发动机加速性比较。自由涡轮轴发动机加速性较差，原因是为了增加输出功率，必须通过增加供油量来提高压气机转速，由于压气机本身的惯性，这段过程需要一定的时间。对于定轴涡轮轴发动机，在出轴转速一定的条件下，只需要增加供油量以提高涡轮前的温度就可以增加输出功率，在一瞬间完成。

## 本章小结

20 世纪 50 年代初期出现了航空涡轮轴发动机之后，在旋翼飞行器动力装置领域便逐渐代替活塞式发动机，成为主要的动力装置。航空涡轮轴发动机根据其功率输出轴的结构形式分为定轴涡轮和自由涡轮两种，其中最常用的是自由涡轮式。航空涡轮轴发动机的基本组成部件包括进气道、燃气发生器、动力涡轮、排气装置和减速器等。进气装置的主要作用是确保清洁的空气顺利进入发动机，进气装置中有防尘、防冰装置；燃气发生器是航空涡轮轴发动机的核心部件，包括压气机、燃烧室和涡轮等重要组成部件，其作用是产生高温、高压燃气，便于在动力涡轮中膨胀。

航空涡轮轴发动机工作时，外界空气从进气装置进入发动机，在压气机中受到压缩；压力、温度提高，然后在燃烧室中与燃油燃烧，形成高温、高压燃气；燃气在压气机涡轮和动力涡轮中膨胀，几乎将全部的燃气可用能量转换成动力涡轮机械功输出给外界负载。航空涡轮轴发动机与旋翼配合，就构成了旋翼飞行器的动力装置。从涡轮出来的燃气经过尾喷管喷出，虽然也能产生一定的推力，但由于喷速小，推力也很小，故可以忽略不计。所以在旋翼飞行器上，航空涡轮轴发动机的喷口通常是根据旋翼飞行器结构的总体安排，可以向上、向下或者向两侧，不必像涡喷发动机那样必须向后。

从整体结构上看，尽管航空涡轮轴发动机内带动压气机的燃气发生器涡轮与自由涡轮之间不存在机械互连，但气动上有着密切联系，在气体热能分配上，需要随飞行条件的改变而适当调整，从而取得发动机性能与旋翼飞行器旋翼性能的最优组合。为减少由发动机传至旋翼飞行器主减速器的传动扭矩，使输出轴的直径与重量较小，因而航空涡轮轴发动机的动力输出轴转速较高，高达 6000～8000r/min。

与航空活塞式发动机相比，航空涡轮轴发动机的功率大，功重比也大得多。航空涡轮轴发动机的耗油率可能会略高于较好的活塞式发动机，但航空涡轮轴发动机使用航空煤油，比活塞式发动机使用汽油的成本要低。实际上，航空涡轮轴发动机基本上已经演变成一个热机，具有质量小、功率大、振动小、经济性好的特点，特别适宜用作为旋翼飞行器的动力装置。

本章介绍和讨论的重点是：①喷气发动机的分类、空气喷气发动机工作原理和类型，以及涡轮轴发动机的基本构造、工作原理、性能参数和特点等。②航空涡轮轴发动机冷端部件结构和原理，包括进气道的结构形状、工作原理、性能参数和防护措施，压气机的类型、结构组成和工作原理，轴流式压气机的喘振的定义、喘振发生的物理过程、防喘措施和压气机引气，以及排气装置和减速器的结构、工作原理等。③涡轮轴发动机热端部件结构和原理，包括燃烧室的结构组成、工作原理、结构类型和特性；涡轮的结构组成、工作原理、类型和性能参数等。④航空涡轮轴发动机工作特性、航空涡轮轴发动机与活塞式发动机的对比分析，以及定轴涡轮轴发动机和自由涡轮轴发动机的对比分析等。

## 习题

1. 画出喷气发动机分类示意图，并加以简单说明。
2. 空气喷气发动机有哪些类型？简单说明其工作原理及特点。
3. 航空涡轮轴发动机的主要类型有几种？简单说明其基本构造。
4. 简述航空涡轮轴发动机的工作原理、性能参数和特点的内容。
5. 简述进气道的结构形状和工作原理。
6. 进气道性能参数有哪些？进气道防护措施有哪些？
7. 简述压气机的类型、结构组成和工作原理。
8. 什么是轴流式压气机的喘振？说明喘振发生的物理过程和防喘措施的内容。
9. 简述压气机引气、排气装置和减速器的内容。
10. 简述燃烧室的结构组成、工作原理、结构类型和特性。
11. 涡轮的性能参数有哪些？简单说明涡轮的结构组成、工作原理和类型。
12. 什么是航空涡轮轴发动机的工作特性？
13. 简述航空涡轮轴发动机的转速特性、高度特性和速度特性的内容。
14. 分析对比航空涡轮轴发动机与活塞式发动机之间的特点。
15. 分析对比定轴涡轮轴发动机和自由涡轮轴发动机之间的特点。

# 第9章

# 航空涡轮轴发动机工作系统

**主要内容**

(1) 航空涡轮轴发动机控制系统；
(2) 航空涡轮轴发动机燃油系统；
(3) 航空涡轮轴发动机滑油系统；
(4) 航空涡轮轴发动机起动点火系统；
(5) 航空涡轮轴发动机附件传动装置与旋翼飞行器传动系统。

## 9.1 航空涡轮轴发动机控制系统

航空涡轮轴发动机动力装置与航空活塞式发动机动力装置一样，除发动机外，还要有许多重要的工作系统，才能保证发动机正常工作，如发动机控制系统、燃油系统、滑油系统、起动点火系统等。

### 9.1.1 航空涡轮轴发动机控制的内容

**1. 航空涡轮轴发动机安全工作的范围**

旋翼飞行器在实际飞行中，其飞行状态和性能，包括飞行高度、飞行速度和最大航程等都受到发动机性能的限制。涡轮轴发动机只能在一定的飞行范围内稳定、连续、安全地工作，如高度限制、温度限制和转速限制等。

发动机在地面条件下工作时受到最大转速、贫油熄火、涡轮前燃气总温的最高值及压气机喘振边界的限制，如图9-1所示。

发动机在空中飞行条件下工作时受到的限制有：高空低速时受燃烧室高空熄火的限制，这是因为高空空气稀薄，燃油雾化质量差，难以稳定燃烧；低空高速时受压气机超压限制。

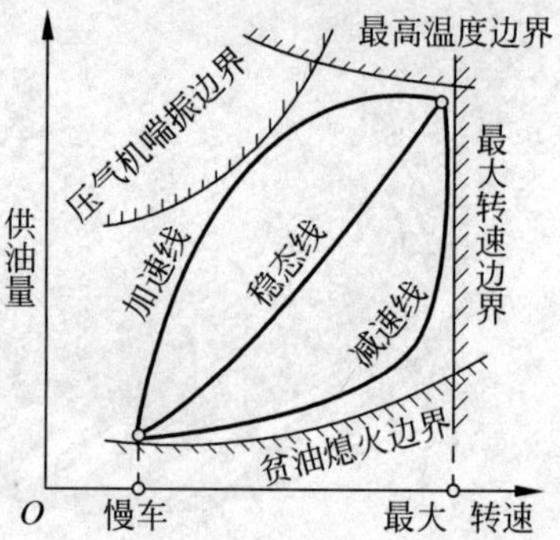


图 9-1　航空涡轮轴发动机安全工作范围

**2. 航空涡轮轴发动机控制的内容**

旋翼飞行器要在不同的高度以不同的速度飞行，要求发动机为旋翼飞行器提供相应的轴功率并适应不断变化着的环境，或在飞行中保持发动机的给定工作状态，或者按照所要求的规律改变工作状态，这就要求随时控制、调节发动机的供油量和各通道的几何参数，这些都要依靠发动机控制系统来完成。

1）燃油流量控制

（1）功率控制。根据发动机的工作状态和旋翼飞行器的飞行状态计量供给燃烧室的燃油，获得所需的轴功力，包括转速控制、压比控制、制动控制。

（2）过渡控制。过渡控制的目的是使发动机的状态转换过程能迅速、稳定和可靠地进行，包括起动、加速和减速过程的控制及压气机的防喘控制。

（3）安全限制。安全限制的目的是保证发动机安全正常地工作，防止超温、超转、超压和超功率。安全限制系统只有当出现有超温、超压、超转和超功率时才启用工作。

2）空气流量控制

对流经发动机的空气流量进行控制，包括可调静子叶片和放气活门等，以保证压气机工作稳定性。

3）间隙控制

控制高压涡轮、低压涡轮甚至包括高压压气机的转子叶片和机匣之间的间隙，以保证在各个工作状态下间隙为最佳，减少漏气损失，提高发动机性能。

4）冷却控制

（1）燃、滑油温度的管理保证滑油的充分散热及燃油既不结冰又不过热。根据燃油、滑油温度的情况决定各个热交换器的工作方式。

（2）以最少的引气量控制发动机部件的冷却，同时提高发动机性能。

### 9.1.2 航空涡轮轴发动机控制原理和方式

航空涡轮轴发动机控制系统是一个由敏感元件、放大元件、执行元件、供油元件等构成的多回路控制和管理系统。它对旋翼飞行器的意义十分重要，因为涡轮轴发动机控制系统对保证发动机性能发挥和安全可靠工作都起着关键性的作用。

**1. 航空涡轮轴发动机的控制原理**

涡轮轴发动机控制的基本类型分为闭环控制、开环控制和复合控制三类，其控制原理如下。

1）闭环控制

闭环控制系统被控对象的输出量——发动机转速 $n$ 就是控制器的输入量，而控制器的

输出量 $q_{mf}$ 是被控对象的输入量。在结构方框图上，信号传递的途径形成一个封闭的回路，如图 9-2 所示。

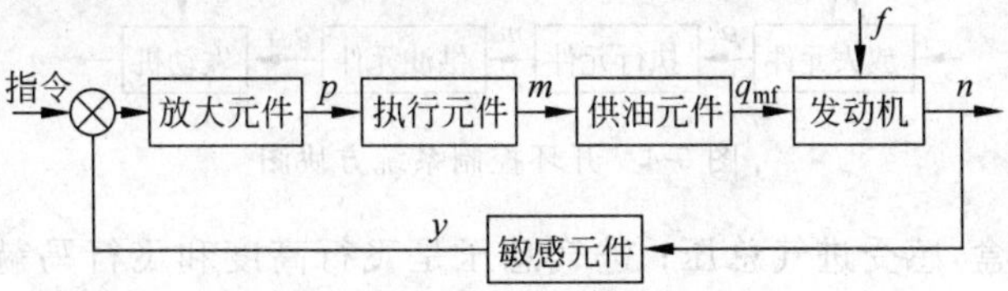


图 9-2　闭环控制系统的方框图

敏感元件是离心飞重，其功能是感受发动机的实际转速；指令机构是油门杆，它通过传动臂、齿轮、齿套等来改变调准弹簧力，确定转速的给定值；推力杆经钢索、连杆连到燃油控制器上的功率杆。放大元件是分油活门和随动活塞。分油活门的位置由离心飞重的轴向力与指令机构给定的调准弹簧力比较后的差值决定。执行元件是随动活塞，它控制柱塞泵斜盘的角度，从而改变供油量。供油元件是燃油泵。

发动机稳定工作时，发动机的转速和给定值相等，分油活门处于中立位置，如图 9-3 所示，控制器各部分都处于相对静止状态。

当外界条件变化引起进入发动机的空气流量减少时，由于供油量未变，使燃烧室进口燃气总温提高，涡轮功增大，发动机的转速增加，使敏感元件离心飞重的离心力变大，作用于分油活门上的轴向力大于调准弹簧力，分油活门向上移动，将分油活门两个凸肩堵住的上下两条油路打开，随动活塞的上腔与高压油路相通，下腔与回油路相通，随动活塞向下移动，柱塞泵的斜盘角变小，供油量减少，使转速恢复到给定值。

当外界条件变化引起进入发动机的空气流量增加时，则调节过程相反。

当推油门时，则通过传动臂、齿轮、齿套等来改变调准弹簧力，转速给定值改变，控制器相应地调节供油量，将转速调到新的给定值。

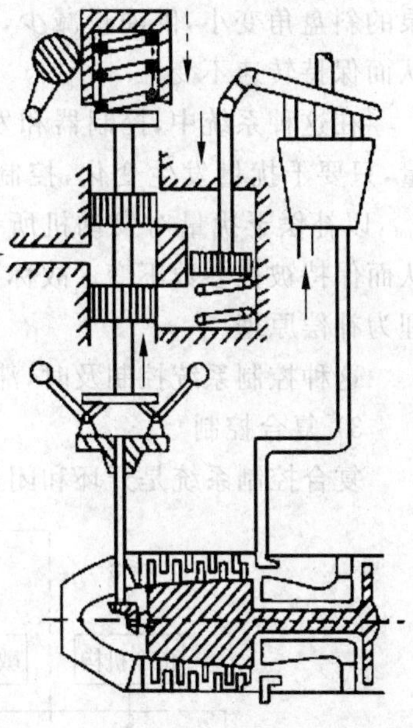

图 9-3　闭环控制系统结构示意图

控制器感受的不是外界干扰量，而是直接感受发动机（被控对象）的被控参数（转速）。当被控参数有了偏离后，才被控制器感受，进行控制，使被控参数重新恢复到给定值。由于它是按被控参数的偏离信号工作的，故称闭环控制的工作原理为偏离原理。

闭环控制系统的优点是控制比较准确，但控制不及时、滞后。

2）开环控制

开环控制被控对象的输出量是发动机的转速 $n$，控制器的输入量是干扰量 $f$；而控制器的输出量是燃油流量 $q_{mf}$。所以控制器与发动机的关系以及信号传递的关系形成一个开路，称为开环控制系统，如图 9-4 所示。

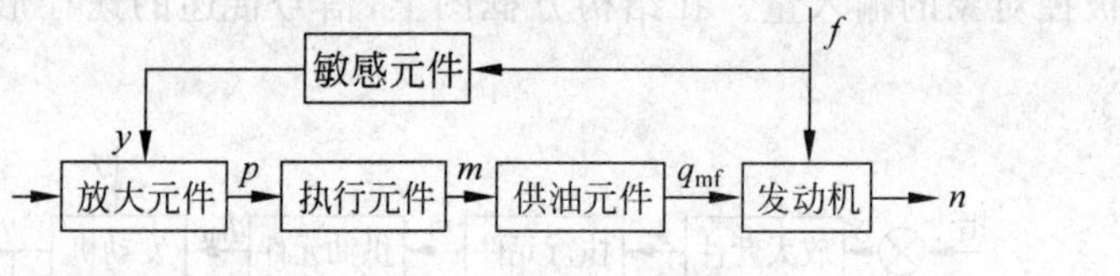


图 9-4　开环控制系统方块图

敏感元件为膜盒,感受进气总压;进气总压是飞行高度和飞行马赫数的函数;油门杆为指令机构,通过传动臂、齿轮、齿套等来改变调准弹簧力,确定转速的给定值;放大元件为挡板活门,挡板通过与膜盒相连的杠杆的作用来改变其开度;执行元件为随动活塞,它控制柱塞泵斜盘的角度,从而改变供油量;供油元件为柱塞泵。开环控制系统如图 9-5 所示。

当飞行高度增加时,进入发动机的空气流量减少,同时也使燃油总压减小,控制器和膜盒同时感受到这一干扰量的变化,于是膜盒膨胀,通过杠杆使挡板活门的开度增大,随动活塞上腔的放油量增大,使随动活塞上移,并带动柱塞泵的斜盘角变小,供油量减少,与空气流量的减少相适应,从而保持转速不变。

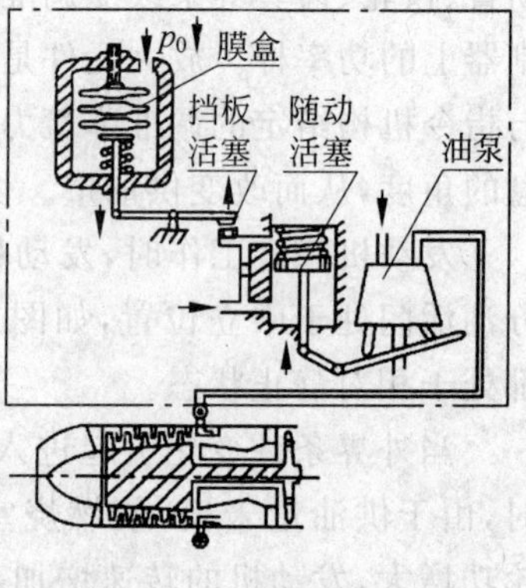


图 9-5　开环控制系统

在这种系统中,控制器和发动机同时感受外界的干扰量,只要干扰量发生变化,控制器就相应地改变可控变量 $q_{mf}$,以补偿干扰量对发动机所引起的被控参数 $n$ 的变化,从而保持被控参数不变。故称这种控制系统的控制工作原理为补偿原理。

这种控制系统控制及时,滞后较小;但由于不能感受所有的干扰量,故控制不太准确。

3) 复合控制

复合控制系统是开环和闭环控制的组合控制系统,其结构方框图如图 9-6 所示。

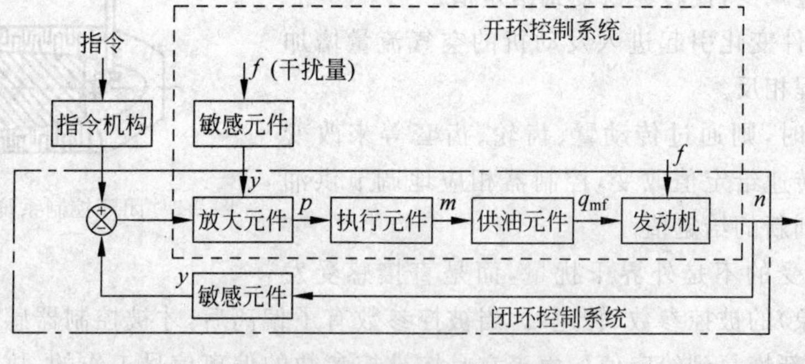


图 9-6　复合控制系统方框图

这种控制系统兼有开环和闭环控制系统的优点,既控制及时(响应快)又准确(精度高),工作稳定,但控制器的结构较复杂。

**2. 航空涡轮轴发动机的控制方式**

从发展历程来看,涡轮轴发动机控制系统的控制方式随着旋翼飞行器性能要求的提高,以及现代电子计算机技术的飞速进步,已有了长足发展。其控制方式从 20 世纪 50 年代的机械式,到后来较广泛采用的液压机械式、电子和液压机械式,再到现代先进涡轮轴发动机,为了更好地适应旋翼飞行器复杂任务剖面，适应各种复杂的气象条件工作，更准确地控制和减轻驾驶员的工作负担，均采用全权限数字式电子控制系统。

1）涡轮轴发动机燃油液压机械控制方式

以往燃油控制器大部分是液压机械控制，利用燃油作为工作介质。液压机械调节器的主要组成部分是燃油计量部分和计算部分。燃油计量部分的主要部件是燃油计量活门。燃油通过该活门来保持压差不变，燃油流量由计量活门开度决定。计量活门开度由计算部分和操纵杆位置决定。计算部分的功能是从发动机驾驶员那里接收一些信号，经传动使计量活门的开度改变，向燃油喷嘴输出一定燃油流量。例如，驾驶员上提总距油门杆，感受部分就使计量活门的开度增大，使燃油增加，提供燃烧需要的恰当的油气比。这就可使发动机在不致受损的条件下最快地加速。如果供油量接近引起喘振或过热时，感受部分就将限制燃油流量。

一般来说，液压机械式控制无论在设计、工艺上以及使用可靠性方面都比较成熟，目前仍有应用。但随着控制要求的不断提高和新控制技术的飞速发展，液压机械式控制的缺点和局限性已暴露出来，主要缺点是：控制的变量有限，控制范围窄；液压组件有封严问题，运动件有磨损变形，控制精度不高；可更改性差，维护、调整工作量大；零组件的加工要求高；结构复杂、笨重等。

2）全权限数字式控制方式

由于液压机械式控制器存在着各种问题，一些发动机公司和附件公司早在20世纪40年代就曾尝试过采用电子调节元件，50年代就发展出模拟式电子调节系统，60年代末开始研制数字式电子调节器。

精确地控制涡轮轴发动机的各种参数有很多好处，如延长发动机寿命、节约燃油、提高可靠性、减轻驾驶员的工作负担、降低发动机的维护费用等，因而不少型号的发动机采用电子调节器。

电子控制器分为两类：一类是模拟式电子控制器，另一类是数字式电子控制器。

数字式电子控制器系统以微处理器为控制中心，以数字量进行调节运算。它的逻辑功能强，综合能力大，精度高，各种复杂的调节规律都可以通过计算程序以数字运算的形式实现。在增加或改变调节规律时，不需要增加新的元件，只需改变计算程序。同时，由于更换计算程序比较容易，所以通用性很强。

根据控制功能，电子控制器可分为两种：一种是监控式控制，一种是全权限式控制。两者的区别在于：监控式控制的微处理机只接收有关发动机各种工作参数的信息，修正标准液压机械式燃油控制器的输出，以提高发动机的工作效率。全权限数字式电子控制器是一个系统，它接收操纵发动机必需的各种信息数据，进行运算和判断后，向各执行机构发出指令，以便使发动机能够在最有效和最安全的条件下工作。

全权限数字式控制(Full Authority Digital Electronic Control，FADEC)是指充分利用电子式控制系统的能力来完成控制系统所要求的任务。FADEC除控制发动机的燃油系统外，还控制发动机的其他系统，如起动系统、压气机气流控制系统、主动间隙控制系统，以及燃油和滑油工作温度控制系统等。发动机以往采用的传统液压控制系统实现控制规律算法主要依靠凸轮的空间曲面来完成，而这个空间曲面构型制造比较困难，因而液压控制系统控制精度不高。FADEC实现控制规律算法则简单得多，只需把公式变成代码进行处理即可，因而控制精度要高很多。

### 9.1.3 航空涡轮轴发动机全权限数字控制系统

**1. 全权限数字控制系统的组成结构**

FADEC系统是管理发动机控制的所有控制系统的总称，是指充分利用电子式控制系统的能力来完成控制系统所要求的任务。如图9-7所示为FADEC系统组成结构示意图。

发动机电子控制器(Engine Electronic Control, EEC)是FADEC控制系统中的控制核心。从图9-7所示的一个典型FADEC系统图可以看出，主要组成部件包括EEC、为EEC提供输入信号的传感器和线束、EEC的输出线束和EEC所驱动的马达、电磁阀等。EEC接收来自飞机和发动机的信号，除了向其所控制的系统发布控制命令外，还能向旋翼飞行器的其他系统提供数据。如FADEC的故障诊断功能给旋翼飞行器提供发动机故障信息等。

EEC由专用发电机供电，旋翼飞行器电源可作为EEC的备用电源及地面试验电源。在大型旋翼飞行器上，EEC一般通过减振安装座固定在涡轮轴发动机上，也有把EEC安装在旋翼飞行器内部的，要求安装环境通风冷却要好，能避免雷击以及电磁辐射对其造成的影响。EEC接口便于同旋翼飞行器上的其他计算机、电子部件相连接，不仅可以利用旋翼飞行器的许多飞行数据，还可以将发动机数据供给旋翼飞行器显示和计算。这使得发动机控制系统不仅在发动机控制方面，而且在状态监控、故障诊断和存储，参数、信息显示方面发挥作用。

为了保证发动机控制系统安全、可靠和及时，EEC设计成双通道(通道A和通道B)数字式电子控制器。两个通道可以封装在一个防火的壳体内，也可单独封装在自己的壳体内，之间用线束连接起来。若一个通道发生故障，另一个通道仍能继续工作。EEC的两个通道是相互独立的，每个通道都有自己的电源输入、微处理器、控制程序、输入和输出。每个通道都能单独工作，在工作过程中，两个通道之间既相互独立又相互联系，之间还进行数据交换。通常一个通道处于控制状态，另一个通道则处于备用状态。但处于备用状态的通道也在接收、处理信号，并根据控制逻辑进行计算，只是没有输出。一旦探测到控制通道不能实施控制功能了，则自动转换到备用通道。正常情况下，两个通道交替工作，即发动机起动、停车一次，EEC自动转换一次控制通道。若双通道发生故障，则EEC会使相应的系统进入失效安全模式。在工作过程中，EEC对整个FADEC系统不断地进行监控并自检，以便能及时发现问题。EEC有很强的故障诊断能力和容错能力，可根据故障的严重程度，决定是否在驾驶舱内给出告警信息，以通知驾驶员注意或采取措施。对于不至于引起驾驶员注意的故障，则储存起来，以便地面维护人员检查时使用，帮助维护人员排除故障。

**2. 全权限数字控制系统的功能**

涡轮轴发动机全权限数字控制系统具有以下主要功能：

(1) 自动起动发动机能在飞行中重新点火。

(2) 保证发动机良好加速，能防止使用中出现超转、超温、超扭及喘振等现象。

(3) 可实现复杂的调节规律并控制燃油量。

(4) 控制压气机可变几何参数(即进口导向叶片角度)系统。

(5) 显示动力涡轮速转，并使其转速在所有工作状态下始终自动保持恒定。

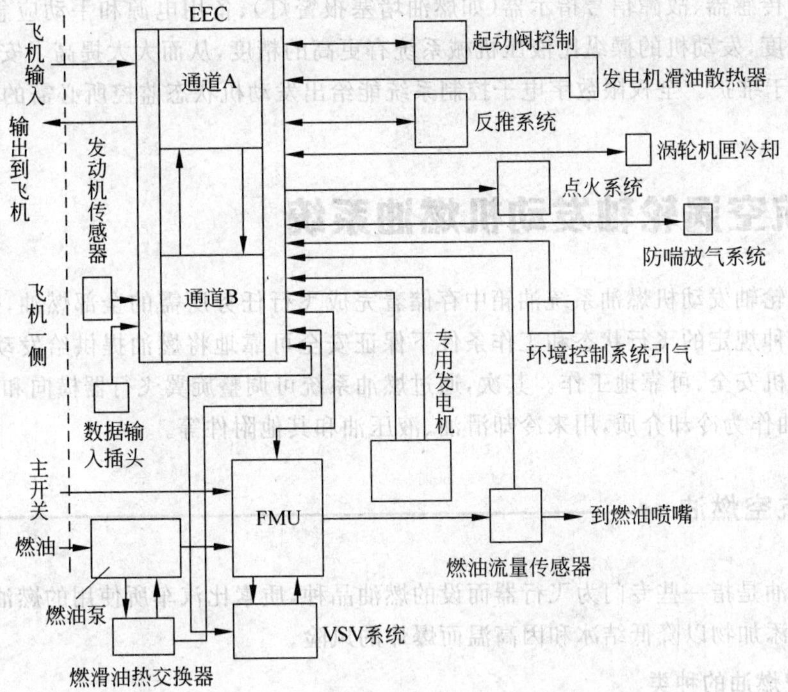


图 9-7　典型 FADEC 系统示意图

(6) 可中断动力涡轮工作。

(7) 保持燃气发生器涡轮最大转速不变，以便在任何时候都能获得最大可用功率。

(8) 当安装双台发动机时，能自动消除两台发动机之间的转速差。

(9) 当一台发动机出故障时，能自动加大另一台的功率。

(10) 在正常控制系统失灵时，可通过操纵应急停车把手应急关停发动机，提高安全性。

(11) 在飞行期间也能对"发动机/调节系统"组件执行运行监控。

(12) 在稳态和瞬态下控制发动机工作，使其不超出安全极限。

(13) 在地面还可用以确定故障，方便维修。

FADEC 系统有非常良好的操纵性和很高的灵敏度，它不仅能使发动机结构简化、重量轻、油耗降低，而且在整个飞行包线内能提高调节精度。这种系统的采用有利于推动涡轮轴发动机系列机的发展，尤其在环境温度相同时，该系统能使发动机提供不同的性能。FADEC 系统还能给出发动机状态监控所需要的各种参数和循环记数。

**3. 全权限数字控制系统的特点**

涡轮轴发动机全权限数字控制系统主要优点如下：

(1) 控制性能好。控制范围广、控制速度快、控制精度高，可实现在整个飞行范围内保证发动机性能最佳，从而提高发动机性能，降低燃油消耗。

(2) 结构重量轻。由于去掉了机械液压部分中的计算元件等机构，能有效减轻燃油控制组件的重量。

(3) 操纵简单。装有极限余量指示器，并能自动起动，因而减轻了驾驶员的操纵负担。

(4) 安全度高。由于数字调节编程的灵活性，故可选择随环境温度变化的控制规律，同时装有各种传感器、故障信号指示器(如燃油堵塞报警灯)、备用电源和手动应急停车开关,保证了总余度,发动机的操纵比液压机械系统有更高的精度,从而大大提高了安全性。

(5) 便于维护。全权限数字电子控制系统能给出发动机状态监控所必需的参数和循环记数。

# 9.2 航空涡轮轴发动机燃油系统

航空涡轮轴发动机燃油系统油箱中存储着完成飞行任务所需的全部燃油,燃油系统首先要能在各种规定的飞行状态和工作条件下保证安全可靠地将燃油提供给发动机使用,从而确保发动机安全、可靠地工作。其次,通过燃油系统可调整旋翼飞行器横向和纵向重心位置,并将燃油作为冷却介质,用来冷却滑油、液压油和其他附件等。

## 9.2.1 航空燃油

航空燃油是指一些专门为飞行器而设的燃油品种,质素比汽车所使用的燃油高,通常都含有不同的添加物以降低结冰和因高温而爆炸的风险。

### 1. 航空燃油的种类

航空燃油分为两大类:航空汽油和航空煤油,分别适用于不同类型的航空发动机。

(1) 航空汽油。航空汽油用作航空活塞式发动机的燃料。任何类型的航空汽油都是由原油经过分馏后得到的碳氢倾倒物,其特点是蒸发性能好、易燃、性质稳定、结晶点低和不腐蚀发动机零件。

(2) 航空煤油。航空煤油用作航空燃气涡轮发动机的燃料。其特点是比汽油具有更大的热值,价格低,使用安全,适用于航空燃气涡轮发动机和冲压发动机。用于超音速飞行的煤油还应有低的饱和蒸汽压和良好的热安定性。因煤油不易蒸发,燃点较高,故燃气涡轮发动机起动时多用汽油。

### 2. 航空汽油

航空汽油是由石油的直馏产品和二次加工产品与各种添加剂混合而成的,其主要性能指标是辛烷值和品度值。

1) 辛烷值

航空汽油的辛烷值是指与这种汽油的抗爆性相当的标准燃料中所含异辛烷的百分数。这种标准燃料由异辛烷和正庚烷混合液组成。它表示航空汽油的抗爆性能,即在发动机中正常燃烧(无爆震)的能力。对辛烷值的要求依发动机的特点而异,主要取决于压缩比,压缩比越大,辛烷值应当越高。为提高辛烷值,可往汽油中加入含有抗爆剂(如四乙基铅)的乙基液。

2) 品度值

航空汽油的品度值指的是以富油混合气工作时发出的最大功率(超过这一功率便出现爆震)与工业异辛烷所发出的最大功率之比,用百分数表示。

3. 航空煤油

航空煤油是航空燃气涡轮发动机广泛使用的石油烃燃料，航空煤油的组成一般有下列规定：芳香烃含量在20%以下(其中双环芳烃含量不超过3%)，烯烃含量在2%～3%以下，正构烷烃含量用燃油结晶点不高于－50～60℃的条件来限制。航空燃油中还加有多种添加剂，用以改善燃油的某些使用性能。

根据沸点范围不同航空煤油分为三类：

(1) 宽馏分型(沸点范围60～280℃)。

(2) 煤油型(沸点范围150～280℃)，高闪点航空煤油的初沸点可提高到165～175℃。

(3) 重馏分型(沸点范围195～315℃)。

通常使用的是第二类。

## 9.2.2　燃油系统基本组成和工作

1. 燃油系统基本组成

航空涡轮轴发动机燃油系统通常是从发动机燃油关断活门一直到燃油喷嘴为止。当发动机正常工作时，从油箱增压泵输送出的燃油，进入发动机燃油系统。经过的主要部件有发动机低压燃油泵，燃油-滑油热交换器，主油滤，高压燃油泵，燃油调节器，燃油喷嘴等。高压燃油泵出口燃油经燃油调节器计量后，多余的经回油油路到低压燃油泵出口。当发动机停车时，发动机燃油关断活门，切断到燃烧室燃油喷嘴的燃油。

2. 燃油系统主要部件工作

1) 油泵

油泵的作用是给燃油加压，确保供油的可靠和燃油的雾化质量。航空涡轮轴发动机燃油泵的类型可按不同的划分条件进行分类。

(1) 按油泵压力划分。有低压燃油泵和高压燃油泵两种。

① 低压燃油泵。低压燃油泵为辅助油泵，其作用是将燃油加压后，可保证发动机高压油泵的工作效率，防止发生“汽穴”；同时，当油箱内的燃油增压泵失效时，也可将油箱内的燃油抽出，确保供油的可靠。

② 高压燃油泵。高压燃油泵为发动机的主油泵，其作用是加压燃油，确保发动机供油的可靠性和燃油的雾化质量。高压油泵出口油压较高，油压升高一方面使燃油的雾化质量好转，但同时也使发动机高压燃油管路负荷增加，密封件容易变形、破裂，发生燃油泄漏，使发动机可靠性降低。所以，目前涡轮轴发动机一方面采用了高性能的燃油喷嘴，使得发动机油压得以大大降低，有效提高了燃油系统的可靠性；另一方面，高压燃油管路接头都设计为双层结构，也可提高燃油系统的可靠性。

(2) 按油泵结构形式划分。有齿轮燃油泵、柱塞燃油泵和离心燃油泵三种。

① 齿轮燃油泵。齿轮泵为定量泵，工作容积不可调，如图9-8所示。流量和转速有一一对应关系。当转速不变时，供油量通过旁通回油节流调节，即齿轮泵的供油量始终高于需油量，超出需要的油量返回油泵进口。

② 柱塞燃油泵。柱塞泵主要包括转子、柱塞、斜盘、分油盘、调节活塞和转轴，如图9-9

所示。柱塞泵的供油量取决于每个柱塞做一次往复运动时其柱塞腔工作容积的变化量，斜盘的角度可影响柱塞的行程，适当地增大斜盘角度，可在不增加泵的重量的情况下，增加泵的供油量。

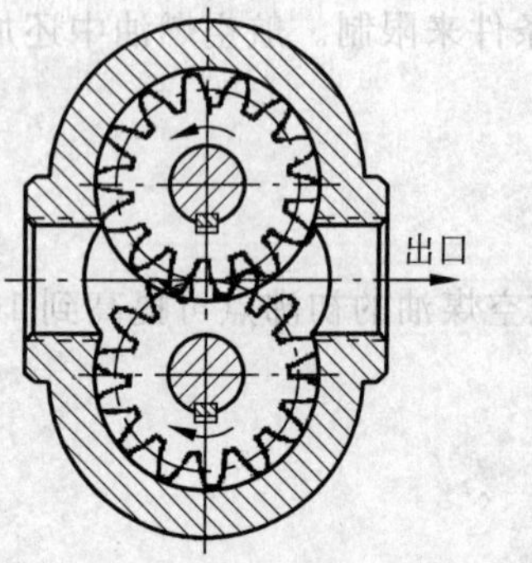

图 9-8　齿轮泵结构示意图

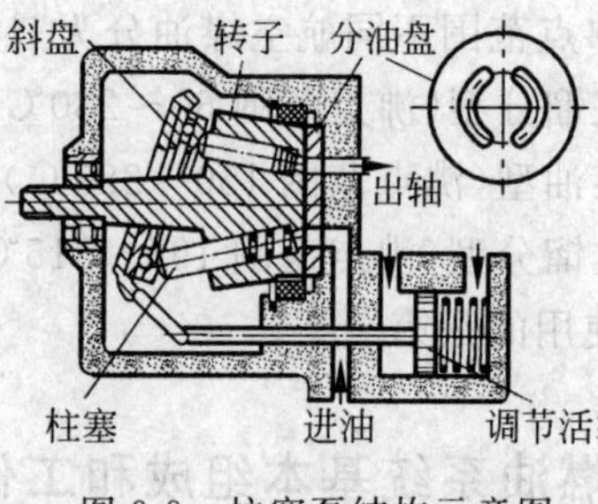

图 9-9　柱塞泵结构示意图

柱塞燃油泵的主要缺点是结构复杂，尺寸和重量相对较大，对制造和使用条件要求都较高，且容易出现故障。在航空涡轮轴发动机上，柱塞泵可被用作高压泵。

③ 离心燃油泵。离心泵在发动机燃油系统中常被用作低压油泵，主要包括进油装置、工作叶轮和出口装置，其工作原理如图 9-10 所示。与齿轮泵、柱塞泵不同，离心泵具备增压能力，不用依靠泵出口系统的流阻来建立压力。离心泵的主要优点是尺寸小、重量轻、结构简单。缺点是效率低，低转速时压力低，对汽蚀性能要求高。在发动机上一般把它用作低压泵，用来保证高压泵进口的压力。

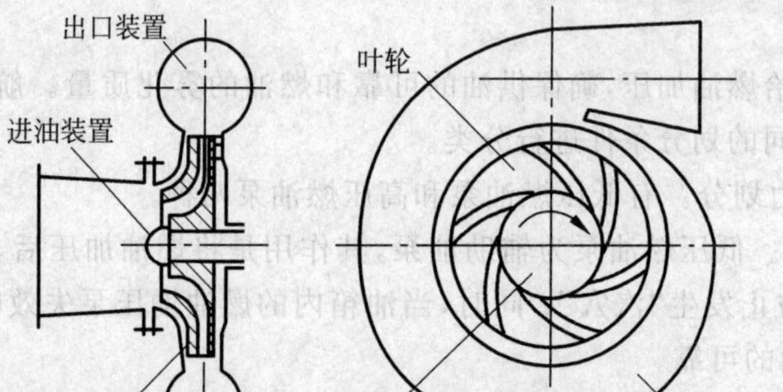

图 9-10　离心泵结构示意图

2）油滤

油滤的作用是过滤燃油中的杂质，阻止燃油中的杂质进入发动机燃油系统而造成油路堵塞和部件磨损。一般燃油系统中安装两个油滤：一个细油滤，一个粗油滤。

（1）细油滤。细油滤一般在发动机燃油系统的起始位置，以阻止杂质进入燃油系统，所以也叫低压油滤。细油滤一般是一次性油滤，定期更换或堵塞后进行更换，带有旁通阀和堵塞指示装置。

（2）粗油滤。粗油滤一般在燃油进入喷嘴之前，以防细油滤下游某些部件损坏后造成喷嘴堵塞，起保护作用，也称之为高压油滤。粗油滤大多都是金属滤网式结构，可进行超声波清洗，重复使用。

3）燃油加热装置

现代发动机上广泛采用的燃油加热装置是燃油/滑油热交换器，一般安装在低压燃油路上，部分发动机的燃油加热器采用从压气机引热空气来加热燃油。

4）燃油控制器

燃油控制器是燃油系统的核心部件，驾驶员通过驾驶舱内的油门杆来控制燃油控制器，调节发动机的供油量，控制发动机在加、减速和稳态时功率的大小。

## 9.3　航空涡轮轴发动机滑油系统

航空发动机滑油系统的功能是提供清洁的、压力和温度适宜的滑油循环不断地送到发动机各机件摩擦面，起到润滑、散热和防锈蚀作用，确保发动机的使用寿命及安全、稳定工作。对采用滑油-燃油热交换器的发动机，滑油的热量还能对燃油加温，以改善燃油系统的高空性能。

### 9.3.1　航空发动机滑油的类型和性能指标

航空发动机在工作过程中，滑油系统的工作状况及滑油的品质不仅影响发动机的工作性能，而且影响发动机的使用寿命，因此必须引起人们足够的重视。

**1. 航空发动机滑油的类型**

航空发动机使用的滑油有两大类：一类为矿物质滑油，另一类是人工合成滑油。不同厂家对其所生产的航空发动机都要规定使用滑油的牌号，要求进行加油时按维护手册中的规定选择滑油。

（1）矿物质滑油。矿物质滑油是从石油中提取出来的，一般用于航空活塞式发动机中。

（2）人工合成滑油。人工合成滑油是从石油、植物油以及动物油中提炼出来经人工合成的，主要用于涡轮轴发动机中。人工合成滑油的优点是不易沉淀而且高温下不易蒸发，抗氧化、抗泡沫。它的缺点是不管溅到什么地方，都可能产生气泡和掉漆。它不能同矿物基滑油混合，而且生产厂要求不同等级、不同型号的滑油不要混合。合成滑油有添加剂，易被皮肤吸收，有高毒性，应避免长时间暴露和接触皮肤。

**2. 航空发动机滑油的性能指标**

（1）黏度。黏度表征流体反抗切向力的能力。在滑油系统中用 $60\text{cm}^3$ 的滑油在一定的温度下流过一个已精确标定的小孔所需要的时间来表征黏度（以秒为单位）。黏度是滑油最重要的指标之一，表示滑油层与层之间相对运动时滑油分子间摩擦力的大小，反映了滑油的流动性，黏度大则流动性就差，而黏度越小滑油就越容易流动。滑油的黏度直接影响油膜的生成能力和油膜的承载能力，黏度大的滑油，其油膜的承载能力就大。选择滑油时，不但要考虑其承载能力，还要考虑其流动性。

航空涡轮轴发动机所选用的滑油要求在金属部件表面能形成一定厚度，又能保持适当油膜强度的黏性系数最低的滑油。因为这既可保证润滑，又可以保证冷却，而且流动性好。

(2) 黏度指数。滑油的黏度是随温度而变化的。当温度降低时，其黏度就会增加。一般用黏度指数来表示滑油黏度随温度变化的情况。在给定的温度变化下，滑油的黏度变化越大，其黏度指数就越小。我国用运动黏度比来表示滑油的黏度随温度变化的情况。一般用 50℃时的滑油运动黏度与 100℃时的滑油运动黏度的比值来表示。此比值小，则表示滑油黏度随温度的变化小。

(3) 凝点。在给定条件下滑油开始完全失去流动性时的温度称为凝点。凝点是在低温下保证滑油流动性和过滤性的指标。

(4) 燃点。会产生足够的可燃滑油蒸汽引起燃烧的最低温度称为燃点。要求滑油的燃点高于滑油工作的最高温度。

(5) 闪点。滑油被加热时，在其表面会生成油汽，当加热到某一温度时，散布在滑油液面上的油汽遇到外界明火时即开始产生瞬间火花，但不能维持燃烧的温度，这一温度就是滑油的闪点。闪点低的滑油容易挥发，其工作范围相应也低。

(6) 残炭量。滑油在规定的条件下加热蒸发后形成的焦炭状残留物质即为残炭，用质量百分数来表示，即残炭质量占取样滑油质量的百分数。滑油的残炭量越少越好。

(7) 抗氧化性和抗泡沫性。随着发动机涡轮前燃气温度的提高，滑油的工作温度也相应增高。在高温下，滑油易氧化成胶状物沉淀堵塞油路，影响系统的循环工作，同时积存在滑油中的氧化物又会使滑油变稠，黏度增大，酸值提高，引起机件的腐蚀。所以发动机中所使用的滑油必须具有良好的抗氧化性。

### 9.3.2 滑油系统的总体结构、类型和主要部件

滑油系统的主要任务就是把一定压力、一定温度而又洁净的滑油送到需要润滑的地方，以保证发动机能正常工作。滑油系统的主要功能是润滑、冷却、清洁、防腐。

**1. 滑油系统的总体结构**

航空发动机滑油系统主要包括存储系统、分配系统和指示系统三部分。

1) 存储系统

存储系统主要包括滑油箱组件，用于滑油的存储。

2) 分配系统

分配系统分为供油系统、回油系统和通风系统三个子系统。

(1) 供油系统。供油系统负责把一定压力、一定量的滑油送到需要润滑的区域，如轴承腔、附件齿轮箱等。这一任务主要靠油泵来完成。另外，在供油系统中还有保持滑油清洁的油滤和控制向不同区域供油量的限流装置和喷油嘴等。

(2) 回油系统。回油系统的作用是把润滑后的滑油尽可能快地送回滑油箱。这样既可充分利用油箱中的滑油，又可减少滑油在轴承腔等部位的停留时间，从而减少滑油接触高温的时间，有利于保持滑油的性能。在供油系统和回油系统的共同工作下，完成对轴承、齿轮等部件的冷却和润滑。

(3) 通风系统。通风系统把轴承腔、滑油箱和附件齿轮箱连在一起，然后经过油气分离装置与外界大气连通，多的空气从发动机内部排出来，使轴承腔、齿轮箱和滑油箱内部的压

力维持在一定范围之内，还可把空气中的滑油分离出来留在发动机内部，从而减少滑油消耗量。

3）指示系统

指示系统主要用于指示和监控滑油系统的工作情况，监控的参数主要包括滑油压力、滑油量和滑油温度。当压力或温度达到一定值后，告警系统还会给出告警信息，及时告知地面驾驶员，以便驾驶员可根据具体情况采取相应的措施。

**2. 滑油系统的类型**

1）湿槽系统和干槽系统

早期的燃气涡轮发动机没有专门的滑油箱，而是把滑油放在附件齿轮箱内，这样齿轮箱内部的部件一般就靠飞溅润滑，通常把这种滑油系统叫湿槽系统，这种设计现在已很少采用。现代燃气涡轮发动机一般都带有滑油箱，相应地把这种滑油系统叫干槽系统。

2）再循环式滑油系统和全耗式滑油系统

燃气涡轮发动机大多采用再循环式滑油系统，即滑油经过增压过滤后，分别送到各轴承腔和齿轮箱需要润滑的部分，再经过回油系统返回滑油箱。个别工作时间很短的发动机使用全耗式（可消耗式）滑油系统，滑油润滑后直接溢出发动机外。

3）调压式和全流式滑油系统

（1）调压式滑油系统。调压式滑油系统在供油路要设置调压阀控制供油压力，当油压大于设计值时，此阀门打开，把多余的滑油送回到滑油箱或油泵的进口，保证送到轴承腔、附件齿轮箱等这些需要润滑的区域的滑油量和供油压力限制在某一恒定的范围内。

调压式滑油系统也称之为恒压式滑油系统，其特点是系统保持相对低的滑油压力，功率减小后没有升高滑油温度，但系统复杂，维护期间需要调整，压力调节阀常常是故障源。

（2）全流式滑油系统。全流式滑油系统如图 9-11 所示，与调压式滑油系统不同，在油泵后设置释压阀，释压阀打开的压力要远大于系统正常工作时的最大滑油压力，正常情况下，此阀门不打开。一般在天气很冷时，发动机起动或油路发生堵塞时此阀门才可能打开，起到保护作用。供油泵打出的滑油全部被送到润滑区域。供油压力和供油量是随发动机转速而变化的，转速大，供油压力、供油量就大。供油泵的尺寸是由发动机在最大转速时所需的滑油量决定的。

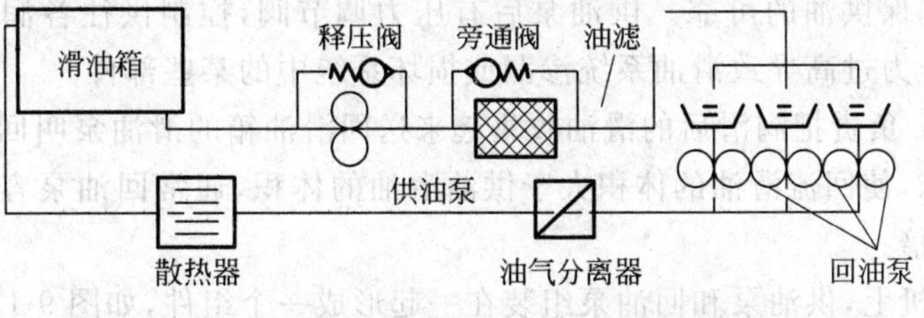


图 9-11　航空涡轮轴发动机全流式滑油系统

全流式滑油系统简单，发动机维护期间不需要调整，主要缺点是该系统需要一个大的供油泵或相对高的滑油压力，功率减小后该系统有相当的滑油温升。现代大型涡轮轴发动机一般都采用全流式滑油系统，而调压式滑油系统则更适用于推力较小、轴承腔压力较低的发动机。

### 3. 滑油系统的主要部件

航空发动机系统的主要部件有滑油箱、油泵、滑油滤、滑油散热器、油气分离器、磁堵等。

1）滑油箱

滑油箱是储存滑油的部件，滑油箱内的滑油量通过滑油油量表指示。滑油箱上还有加油和放油装置、油量测量装置、通气装置等。滑油箱一般固定在航空发动机机匣上某个容易接近的部位，以方便维护人员进行维护。滑油箱容量根据发动机对滑油量的需求来定，主要受三个因素影响：润滑所需的充足油量、润滑后油的热胀和混有空气、安全储存。滑油箱内留有一定的膨胀空间，约为滑油箱容积的10%，以满足润滑后滑油膨胀和混有气体的影响。滑油箱、附件齿轮箱和前、后轴承腔内的滑油蒸汽经油气分离后与大气相通，防止滑油蒸汽过多，影响润滑效率。

2）滑油泵

滑油泵的作用就是使滑油能够循环流动起来。常用的滑油泵有齿轮泵、转子泵和旋板泵。由于齿轮泵（图 9-12）结构简单，机械加工方便，工作可靠，使用寿命长，能产生较高的压力，因此在航空发动机的滑油系统中得到广泛应用。

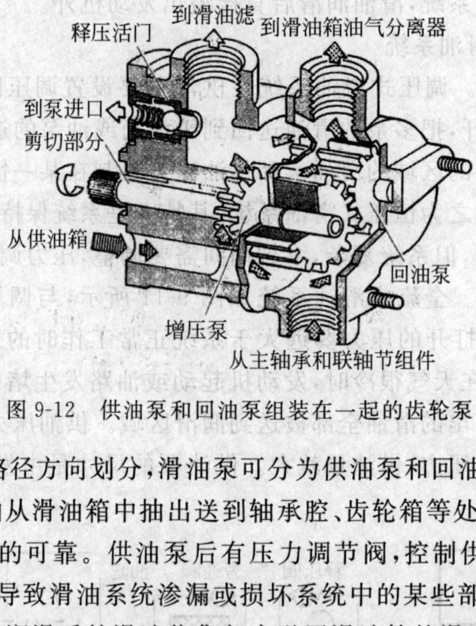

图 9-12　供油泵和回油泵组装在一起的齿轮泵

从驱使滑油流动的路径方向划分，滑油泵可分为供油泵和回油泵两种类型。

（1）供油泵。把滑油从滑油箱中抽出送到轴承腔、齿轮箱等处的泵叫供油泵，其作用是是将滑油加压，确保供油的可靠。供油泵后有压力调节阀，控制供往各润滑部位的滑油压力，防止因滑油压力过高导致滑油系统渗漏或损坏系统中的某些部件。

（2）回油泵。负责把润滑后的滑油收集起来送回滑油箱的滑油泵叫回油泵。由于回油温度高，且有泡沫，使回流滑油的体积大于供油滑油的体积，通常回油泵容积至少大于增压供油泵容积的两倍。

在有些发动机上，供油泵和回油泵组装在一起形成一个组件，如图 9-12 所示。

3）滑油滤

滑油滤用来清洁滑油，去掉滑油中的金属屑和其他杂质，防止进入零部件的摩擦表面而加剧零部件的磨损，同时防止油路堵塞。航空发动机滑油供油、回油系统一般都装有滑油滤，但它们的过滤能力有所不同，主滑油滤由壳体、滤芯、旁通阀、单向阀、压差开关和油滤堵塞弹出式指示器组成（图 9-13）。

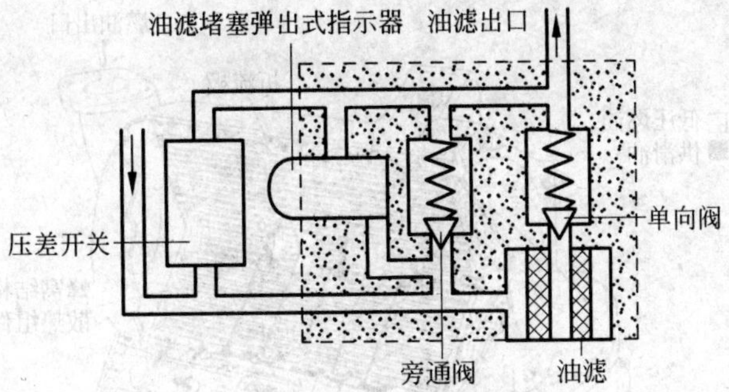


图 9-13　主滑油滤结构示意图

滤芯主要用于过滤滑油，旁通阀处在油滤的进、出口之间。油滤中聚集的杂质多了，就会造成油滤堵塞，影响滑油正常流动。当油滤进、出口压差达到预定值时，旁通阀打开，允许未经过滤的滑油通过，以防止滑油系统缺油。压差开关和油滤堵塞弹出式指示器安装在油滤的进、出口之间，用于监控油滤堵塞状态。油滤出现堵塞状态，使油滤进、出口的压力差开始变化，当压差达到一定值后，压差开关闭合，弹出式指示器（一般为红色）会自动跳出，以便地面维护人员检查时能及时发现。

4）磁屑探测器

磁屑探测器装在滑油回油路中，用来搜集滑油中的铁性颗粒，主要部件包括一根永磁磁铁和自封严壳体，如图 9-14 所示。壳体内有自封阀门，若拆下磁屑探测器，则此阀门会自动关闭，阻止滑油泄漏。磁屑探测器一般都安装在维护人员容易接近的地方，维护人员通过定期检查磁堵上杂质的多少及杂质颗粒的大小来判断发动机内部的磨损情况。在检查磁屑探测器时，最好把从磁屑探测器上发现的杂质保存起来作为发动机内部磨损情况的历史记录，以助于判断发动机的健康状况和维护情况。

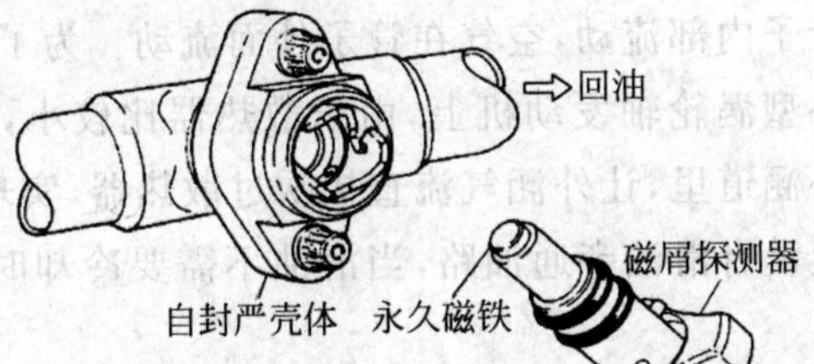


图 9-14　磁屑探测器

5）滑油散热器

滑油散热器的作用是冷却滑油，保证滑油温度在允许的工作范围之内。滑油散热器装在供油路上的滑油系统称为热油箱系统。散热器装在回油路上的滑油系统称为冷油箱系统。根据冷却介质不同，常用的滑油散热器可分为以下两类。

（1）燃油-滑油热交换器。燃油-滑油热交换器以燃油为冷却介质，如图 9-15 所示，在冷却滑油的同时还加热燃油，防止燃油结冰，所以这种散热器在现代大型涡轮轴发动机上被广泛采用。

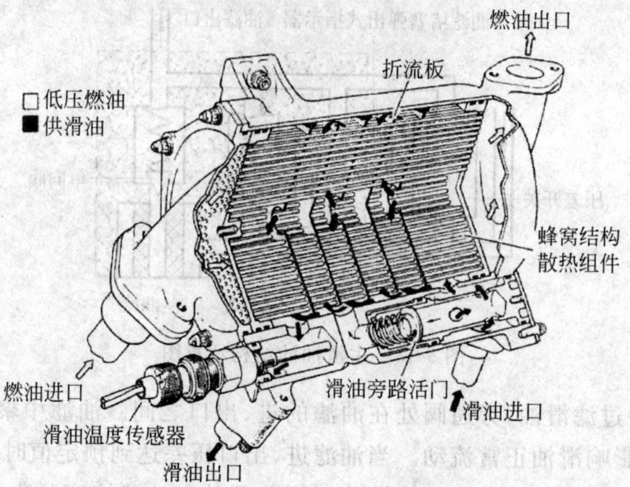


图 9-15　燃油-滑油热交换器

燃油-滑油热交换器可以位于供油路上，油箱为热油箱；也可以位于回油路上，油箱为冷油箱。燃油-滑油热交换器由壳体、蜂巢结构、旁路活门、滑油温度传感器等部件组成。

① 蜂巢结构。蜂巢结构内流动燃油，外部流动滑油，进行热交换。为了更好地进行热交换，设有隔板，迫使滑油迂回流动。

② 旁路活门(温度控制活门)。当温度较低、滑油黏度较大，或当散热器进、出口压差达到 50psi 时，此活门打开，滑油不流过散热器而直接供油，以保证低温起动。

③ 滑油温度传感器。测量增压泵出口处的滑油温度。

(2) 空气-滑油散热器。空气-滑油散热器以空气为冷却介质，它在结构上与燃油-滑油热交换器类似。滑油在管子内部流动，空气在管子外面流动。为了增加散热面积，管子上带有很多散热器。在一些小型涡轮轴发动机上，由于散热器比较小，所以可把空气-滑油散热器直接固定在发动机的外涵道里，让外涵气流直接吹过散热器，实现对滑油的冷却。采用这种布局时一般在散热器上设有滑油旁通油路，当滑油不需要冷却时，旁通油路打开，让滑油旁通散热器。

6) 油气分离器

由于通风管路中的气体为空气、滑油蒸汽和油滴的混合物，若直接排出发动机，会增加滑油消耗量。因此，需要把通风管路连通到油气分离装置上，靠油气分离装置把其中的滑油分离出来。分离出来的滑油留在发动机内部，只把空气排出发动机。航空涡轮轴发动机常采用离心式油气分离器，靠离心力来分离油和气，如图 9-16 所示。

离心式油气分离器通常装在附件齿轮箱上，高速旋转，靠离心力来分离油和气。其转轴是空心的，且轴上开有多个通气口，装在轴上的转子是由多孔的硬质疏松材料制成的。转子上开有多条轴向通道，油气混合物在这些通道中流动时，由于离心力的作用，油被甩出，通过壳体上的孔回到附件齿轮箱，而空气则通过空心轴排到发动机机体外。

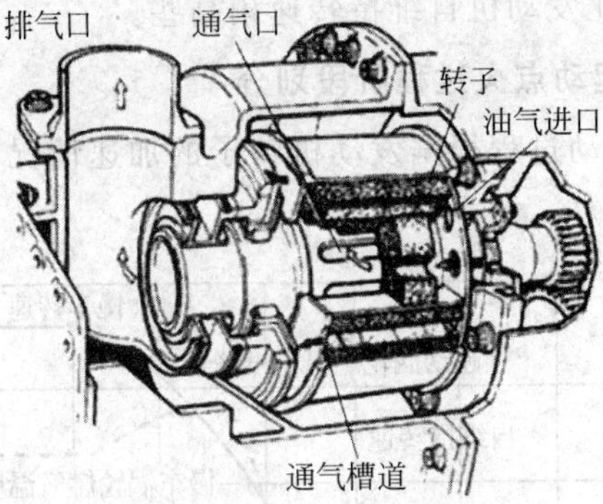


图 9-16 离心式油气分离器

# 9.4 航空涡轮轴发动机起动点火系统

发动机起动是指发动机从静止状态加速到慢车状态的过程。常见的起动方式有地面起动、冷转和空中起动。航空涡轮轴发动机起动是通过起动和点火两个系统共同工作、相互配合完成的，其协调配合工作的成功与否将直接影响到旋翼飞行器能否顺利起飞，以及在空中的飞行安全。

## 9.4.1 航空涡轮轴发动机起动点火过程和阶段划分

为确保旋翼飞行器的正常起飞，对航空发动机起动系统和点火系统的基本要求有：点火正常、起动迅速，航空发动机运行平稳、可靠，不喘振、不超温、不熄火；对地面设备的依赖小、对驾驶员和其他机上乘员的干扰小等。

### 1. 航空涡轮轴发动机起动点火过程

航空涡轮轴发动机的起动过程是由发动机控制系统自动控制的，其起动、点火按顺序紧密配合工作，一气呵成。发动机的起动系统用来使发动机从静止状态过渡到稳定的慢车工作状态，利用起动机通过附件齿轮箱来带转发动机转子。压气机转动，把空气吸入发动机。当转速达到一定值时，燃油系统开始供油，使进入燃烧室的空气与喷油嘴喷出的燃油混合，生成油气混合物。点火装置点燃此混合物，使其燃烧。燃烧产生的高温、高压燃气带动涡轮转动。这样，压气机就在起动机和涡轮的共同带动下不断加速。当转速达到一定值时，起动机退出工作，涡轮自己带动发动机转子加速到慢车转速，从而完成起动过程。

航空涡轮轴发动机起动加速过程时间的长短取决于起动功率与驱动燃气发生器工作所需功率之差(称为剩余功率)的大小。剩余功率越大，压气机转子的加速度越大，加速时间越短。同时，通过分析发动机压气机转子的加速过程，可以发现起动机退出工作的时机对发动机起动的成功与否具有决定性影响。当起动机退出工作过早时，由于发动机转速较低，涡轮发出的功率不高，发动机剩余功率不大，如果出现一些扰动(如阵风引起排气不畅)，使涡轮功率减小，发动机剩余功率可能为零或出现负的剩余功率，从而使发动机转子加速滞缓、悬挂或减速，引起发动机起动失败。所以存在使发动机自行加速的最小转速，即自维持转速。

起动机退出工作时，转速应比发动机自维持转速稍高些。

**2. 航空涡轮轴发动机起动点火过程阶段划分**

航空涡轮轴发动机的起动过程根据发动机转子的加速情况可分为三个阶段，如图 9-17 所示。

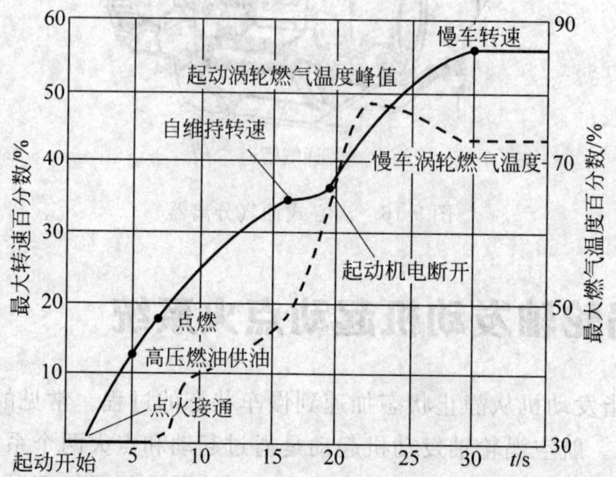


图 9-17　发动机起动点火的三个阶段示意图

1）第一阶段（点火阶段）

第一阶段是从起动机转动开始到燃油系统供油，点火装置点火，涡轮开始发出功率为止。在这一阶段中，发动机完全靠起动机带动，转子加速所需的功率完全由起动机提供。随着涡轮轴发动机转子的转动，发动机的转动部件得以润滑，同时随着电嘴跳火、发动机供油，燃烧室内开始形成点火源。

2）第二阶段（发功阶段）

第二阶段是从涡轮产生功率起到起动机脱开为止。在这一阶段中，转子加速的功率由起动机和涡轮共同提供。随着涡轮温度迅速增加，发动机功率逐渐增大，发动机转子加速较快，是发动机起动过程加速最迅速的阶段。

3）第三阶段（慢车阶段）

第三阶段是自起动机脱开到发动机稳定在慢车状态时为止。这一阶段发动机靠涡轮自行加速，功率加大，转子转速加速到慢车转速，并稳定在慢车转速。

图 9-17 中虚线代表起动过程中发动机排气温度的变化情况。点燃之后排气温度迅速上升，在达到慢车转速前发动机排气温度达到最大值，之后排气温度下降，并随发动机转速稳定在慢车状态而稳定下来。所以，在点燃之后，一定要严格监控发动机排气温度的变化情况，防止发动机起动过程超温。

第一阶段是点燃之前，第二、第三阶段是点燃之后。起动的第一阶段，也是发动机干冷转阶段。在这一阶段应主要观察滑油系统的参数（滑油压力、温度等）变化情况，以及转子的转速，重点关注转子有无卡死（即不转动）的现象。这一阶段除了使转子加速之外，还有一个作用就是排除上次起动不成功而残余的燃油和冷却发动机（降低排气温度）。在第二、第三阶段主要监控排气温度和转子转速的变化情况，防止发动机排气温度超温和起动悬挂。

### 9.4.2 航空涡轮轴发动机起动点火系统的组成和工作

航空涡轮轴发动机的起动点火系统主要由起动机、点火装置、起动供油装置、起动程序机构、起动电门和起动手柄等部件组成。下面介绍其主要部件。

**1. 起动机**

起动机的作用是通过外部动力带动航空涡轮轴发动机转子转动，以达到促使发动机起动的目的。起动机位于发动机附件齿轮箱上，当外部动力作用于起动机时，起动机转动，起动机的离合装置工作，使起动机与发动机转子相连，从而带动发动机转子转动；当发动机加速到一定值时，起动机的外部动力卸载，起动机的离合装置使起动机与发动机转子脱开，起动机退出工作。起动机功率大小对发动机的起动性能具有重要影响。起动机功率越大，起动剩余功率越大，起动加速时间越短。

目前常用的起动机类型有电动起动机、空气起动机、燃气涡轮起动机等。电动起动机一般用在涡轮轴发动机和小型燃气涡轮发动机上；大型涡扇发动机起动所需的扭矩很大，一般都采用重量轻的空气涡轮起动机；部分型号的发动机采用燃气涡轮起动机，起动功率大，且起动速度快。

1）电动起动机

电动起动机一般采用直流电动机作为电动起动机，如图 9-18 所示。

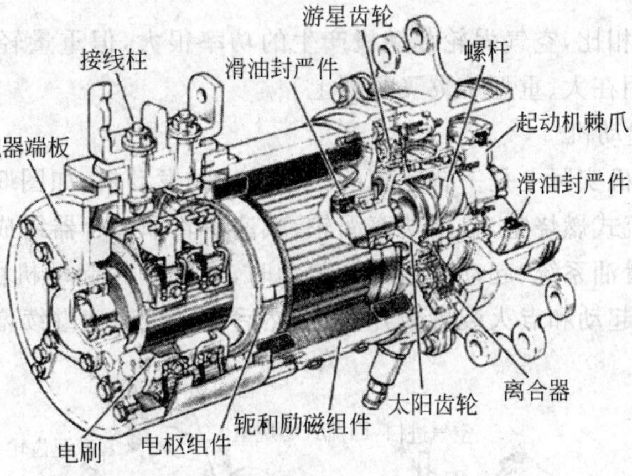


图 9-18 电动起动机

电动起动机通过减速器、棘爪离合器与发动机转子连接，所用直流电源可以是地面电源、机上电源或辅助动力装置。当发动机需要起动时，由机上电瓶或地面电源车向起动机供给 24V 直流电，驱使直流电动机转动，从而输出扭矩，带动发动机转子转动。当完成起动程序后，断开电源，起动机由棘爪离合器自动与发动机转子断开。

电动起动机的主要优点是使用、维护方便，尺寸小，起动过程自动化，有些电动起动机，当发动机稳定在慢车状态后，可作为直流发动机来使用。缺点是重量大，利用电瓶电源作为电源时，由于输出功率有限，电动起动机一般用于小功率的发动机上。

2）空气涡轮起动机

空气涡轮起动机结构主要包括单级涡轮（涡轮轴的一端带有齿轮）、减速齿轮系、离合器和输出轴，如图 9-19 所示。空气涡轮起动机的工作原理是利用气源提供的压缩空气冲击空气涡轮转动，从而输出扭矩。因此空气涡轮起动机需要一定压力（一般在 40psi 左右）和高流量的空气流，气源可以来自地面气源车或已起动的发动机压气机引气。起动时压缩空气进入起动机，经喷嘴环高速喷到涡轮工作叶片上，从而使涡轮高速转动，可达到 50 000～80 000r/min，经减速齿轮器降低转速，提高扭矩，再经输出轴传给发动机驱动机构。空气涡轮起动机只用于发动机的起动，发动机起动之后，起动机通过离合器与驱动装置脱离，以避免反过来发动机带转起动机。

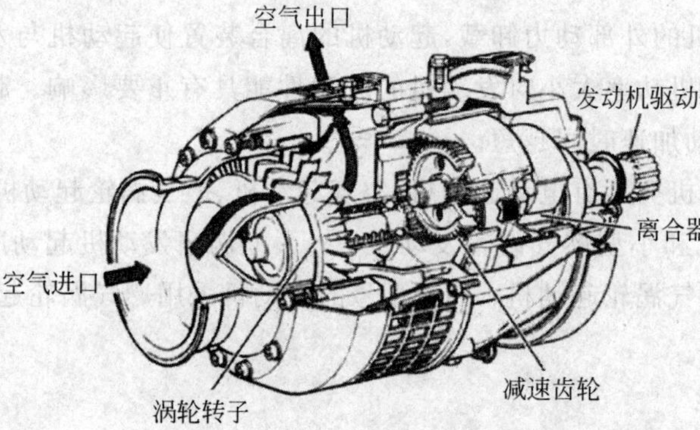

图 9-19　空气涡轮起动机

与电动起动机相比，空气涡轮起动机产生的功率很大，但重量轻、结构简单、使用经济、可靠性好，广泛应用在大、重型旋翼飞行器上。

3）燃气涡轮起动机

燃气涡轮起动机实际上是一台完整的小型涡轮轴发动机，如图 9-20 所示。由单面单级离心式压气机、回流式燃烧室、自由功率涡轮、减速齿轮和离合器组成。除此之外，它还应有自己的燃油系统、滑油系统、起动系统等。起动时，燃气涡轮起动机由自身的电动起动机带动，直到脱开转速、起动和点火装置断开为止，然后起动机转速继续增加到工作转速，通过传

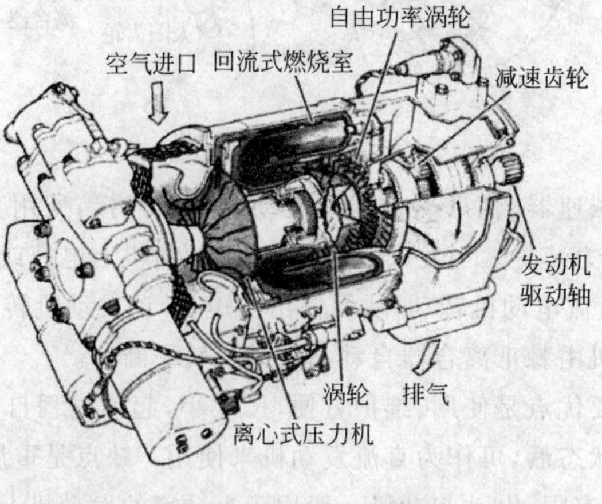

图 9-20　燃气涡轮起动机

动比很大的减速器经离合器衔接带动发动机转子旋转，当发动机转速达到自维持转速后的脱开转速时，燃气涡轮起动机停止工作，并由离合器断开，发动机依靠本身的涡轮功率加速到慢车转速。

燃气涡轮起动机的优点是起动功率大，不依赖地面电源，可以多次重复使用；缺点是结构复杂。

2. 点火装置

点火装置主要保证在发动机起动过程中点火，包括地面起动和空中起动；同时也可在飞机起飞、进场着陆、发动机防/除冰以及复杂气象条件下提供再点火或连续点火功能，防止发动机熄火。

一般航空涡轮轴发动机的点火装置都为双点火，即每台发动机有两套独立的点火装置，每套点火装置可单独工作，也可共同工作。两个点火器位于燃烧室内的不同位置，目的是确保发动机点火的可靠性。点火装置工作时，点火激励器把输入的低压电转换成高压电，通过点火导线送到点火电嘴。点火电嘴安装在燃烧室内，电嘴放电产生电火花，点燃燃烧室内的油气混合物。

涡轮发动机点火装置与活塞式发动机点火装置不同，具有如下的特点：

涡轮发动机点火装置只在起动点火的过程中工作，只要在燃烧室中形成稳定的点火火源之后，点火装置就停止工作，而不像活塞式发动机那样在发动机的整个工作过程中都工作；采用高能点火装置，这是因为燃气涡轮发动机的点火条件差，即点火时的气流速度高，特别是在空中点火时，不但气流速度高，而且温度低、压力低，点火条件更差；点火装置对发动航空发动机的性能没有影响。

1）点火激励器

根据点火激励器输入电源的不同，点火激励器分为两种：低压直流点火装置和高压交流点火装置，前者又可分为断续器式和晶体管式。

（1）低压直流断续器式点火激励器。低压直流断续器式点火激励器由断续器机构、感应线圈、储能电容器、扼流圈、放电间隙、放电电阻和安全电阻等组成，如图 9-21 所示。

低压直流电经过断续器和感应线圈的共同工作后变为脉动高压电，再经高压整流器给储能电容器充电。当电容器中的电压达到密封放电间隙的击穿值时，点火电嘴端面即发生放电，产生电火花。装置中的扼流圈能延长放电时间，放电电阻用于限制储能电容器的最大储能值，并保证电容器中储存的电能在系统断开 1s 内被完全释放。安全电阻则用来保证在高压导线断开或绝缘的情况下也能安全工作。

（2）低压直流晶体管式点火激励器。低压直流晶体管点火激励器的工作与低压直流断续器式点火激励器工作相似，区别只是用晶体管脉冲发生器取代直流断续器。在晶体管脉冲发生器的电路中，利用三极管的开关作用而产生自激振荡，再通过感应线圈产生脉冲高压电，如图 9-22 所示。

这样的点火激励器较断续器式点火激励器有很多优点，因为没有运动零件，因此寿命长得多。晶体管式点火激励器的尺寸和重量比断续器式点火激励器更有优势。

（3）高压交流点火激励器。如图 9-23 所示为高压交流点火激励器，它由变压器、整流器、储能电容器、放电间隙、扼流圈、放电电阻、安全电阻和电嘴等组成。

高压交流点火激励器输入的是 115V 400Hz 的交流电。低压交流电经过变压器变为高

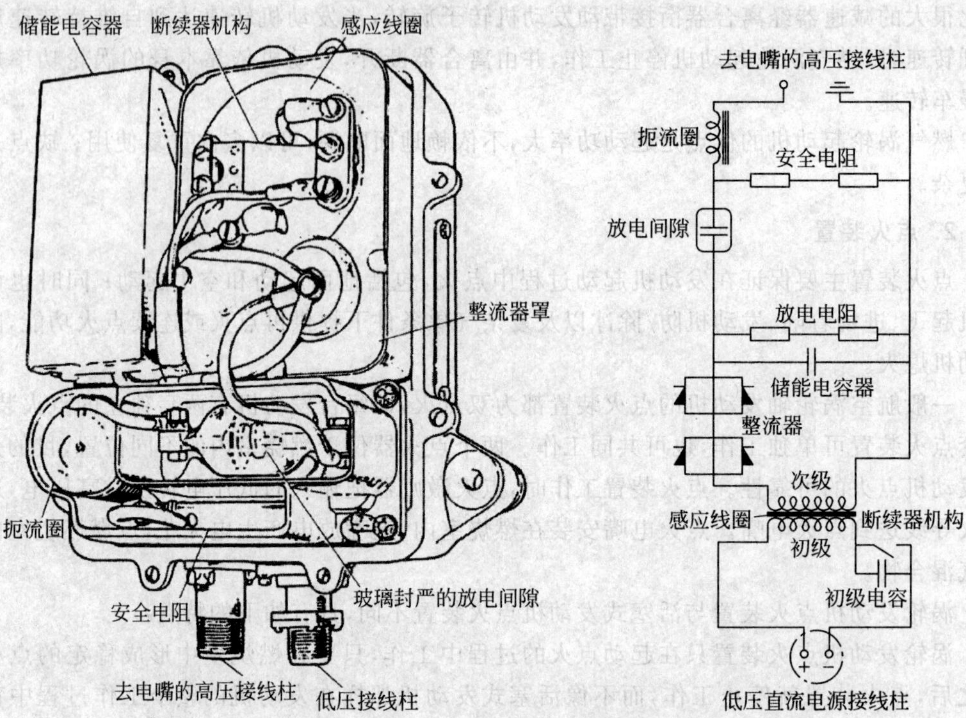


图 9-21　低压直流断续器式点火激励器

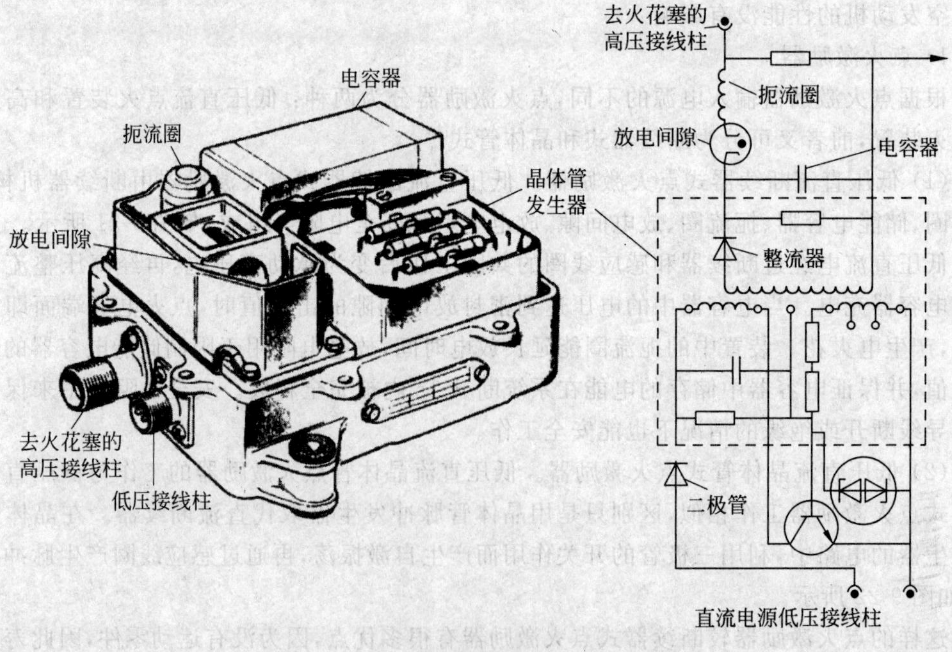


图 9-22　低压直流晶体管式点火激励器

压交流电，再经高压整流器给储能电容器充电。当电容器中的电压升高到密封放电间隙的击穿值时，点火电嘴端面即发生放电，产生电火花。同直流点火器一样，在交流点火器中也装有放电电阻和安全电阻。

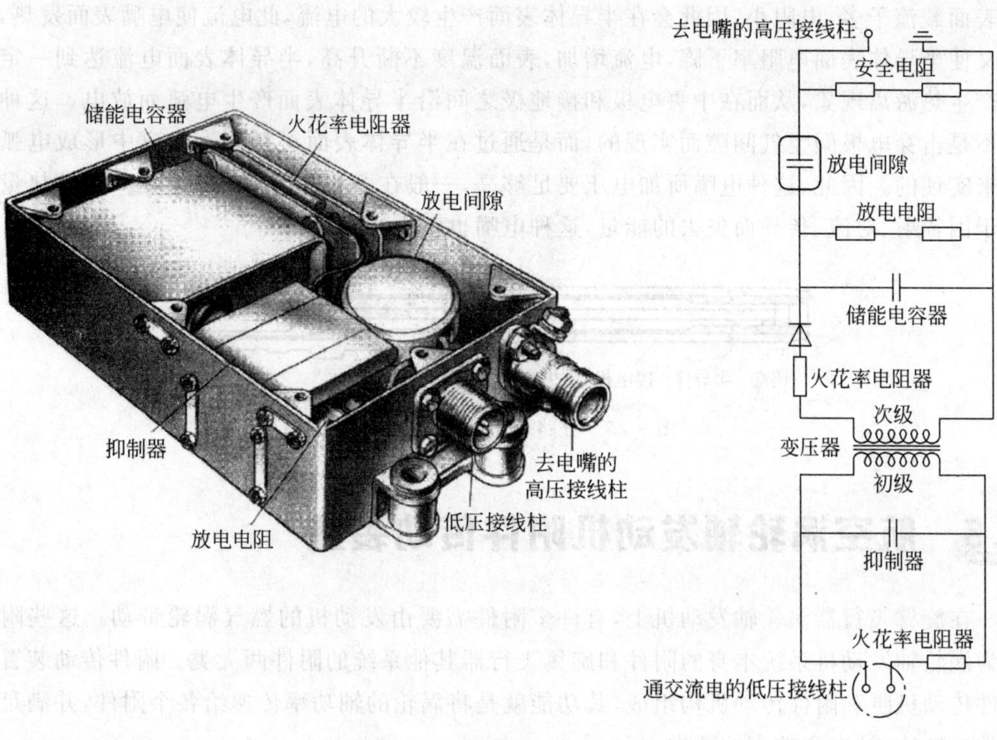


图 9-23　高压交流点火激励器

涡轮轴发动机常用的点火激励器为复合式点火激励器，该点火激励器具有双电源输入和双能量输出功能，既能输出高能量，又能输出低能量。一般地面起动、空中起动时用高能量；为防止熄火而连续点火时用低能量。通常输入电源有两个：28V(或 24V)直流和 115V 400Hz 交流，相应的输出对应为高能量和低能量，即一个点火激励器内有两套系统。

2) 点火电嘴

点火电嘴的功能是产生电火花点燃混合气。航空涡轮发动机上用的点火电嘴主要有收缩或约束空气间隙式和分路表面放电式等几种类型。

(1) 空气间隙式点火电嘴。图 9-24 所示为空气间隙式点火电嘴。在中央电极和接地极之间是绝缘材料，这样的电嘴要产生电火花，必须击穿中央电极与接地极(电嘴壳体)之间的间隙，即要借强电场使此间隙的空气电离而导通。要击穿这个间隙，需要的电压很高，一般在 25 000V 左右，这种电嘴也叫高压点火电嘴，它要求整个高压系统的绝缘性要好。

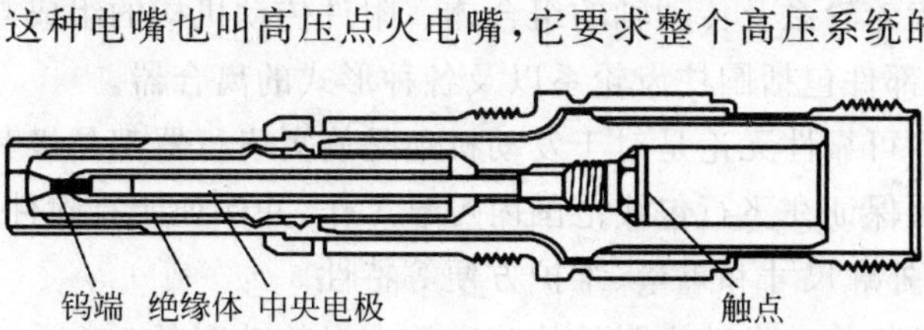


图 9-24　空气间隙式点火电嘴

(2) 分路表面放电式点火电嘴。分路表面放电式点火电嘴如图 9-25 所示，在电嘴端部中央电极和壳体(接地极)之间是一种半导体材料。点火激励器产生的高压电经中央电极、半导体到接地极进行放电，放电是沿半导体表面进行的。当给电嘴两极加电压后，因为半导体表面载流子多，电阻小，因此会在半导体表面产生较大的电流，此电流使电嘴表面发热，发热又使半导体表面电阻率下降，电流增加，表面温度不断升高，半导体表面电流达到一定值后产生热游离现象，从而在中央电极和接地极之间沿半导体表面产生电弧而放电。这种放电不是击穿电极间空气间隙而实现的，而是通过在半导体表面材料蒸汽电离中形成电弧放电来实现的。因此，这种电嘴所加电压要足够高，一般在 2000V 左右，以保证产生的热量要大于因辐射、对流、传导而失去的能量，这种电嘴也叫低压点火电嘴。

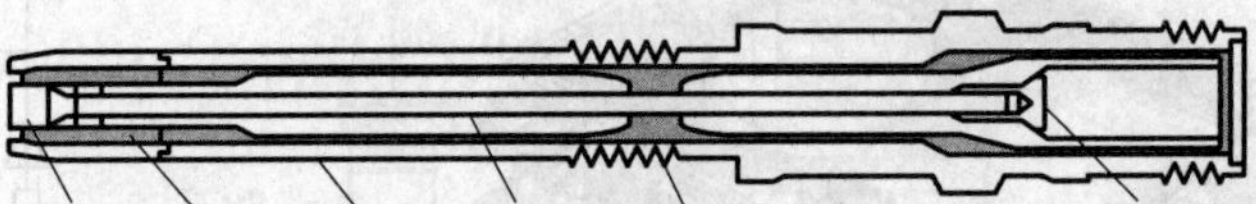


图 9-25　分路表面放电式点火电嘴

## 9.5　航空涡轮轴发动机附件传动装置

在旋翼飞行器涡轮轴发动机上，有许多附件需要由发动机的燃气涡轮带动。这些附件分为涡轮轴发动机系统本身的附件和旋翼飞行器其他系统的附件两大类。附件传动装置由附件传动机匣和附件传动机构组成，其功能就是将涡轮的轴功率传递给各个附件，并满足各附件对转速、转向和功率的要求。

### 9.5.1　发动机附件传动装置的基本概念

#### 1. 发动机附件传动装置的定义和组成

1）发动机附件传动装置的定义

在航空涡轮轴发动机的主要工作系统中，有一些部件有一定的功率、转速和转向要求，需要由发动机转子驱动。这些附件一般都装在专门的附件传动机匣中，该附件传动机匣直接安装在发动机上（即航空涡轮轴发动机上），通常都安装有一个或几个附件传动机匣（或称为附件传动齿轮箱）。

发动机附件传动装置是指将发动机转子的功率、转速传输到附件，并驱动附件以一定的转速和转向工作的齿轮轮系及传动轴的组合体。附件传动机构的组成与发动机的类型和工作需要有关，其主要部件包括圆柱齿轮系以及各种形式的离合器。

附件系统工作的可靠性无论是对于发动机还是旋翼飞行器都是极其重要的，因此，附件传动装置的结构必须保证在飞行包线范围内可靠工作，并保证所有附件的转速、转向和需用功率，以及具有小的外廓尺寸和重量、维护方便等特性。

航空涡轮轴发动机传动发动机附件的功率约占涡轮功率的 0.2%～0.5%，附件及其传动装置的重量约占发动机重量的 15%～20%。

2）发动机附件传动装置的组成

附件传动装置一般由中心传动装置和外部传动装置两部分组成，如图 9-26 所示。

(1) 中心传动装置。中心传动装置的功能是将发动机转子的转动转变为与发动机轴线

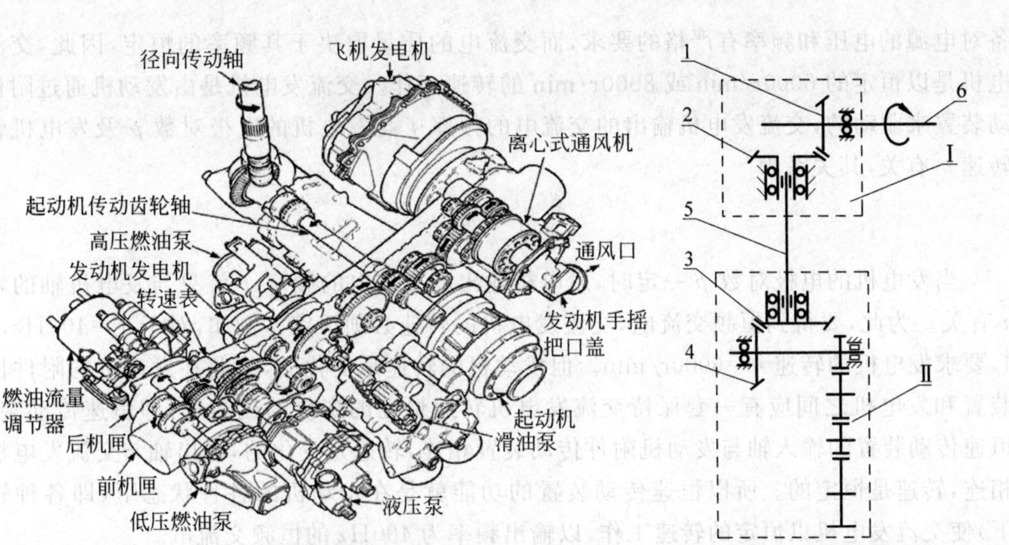

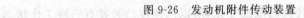

(a) 结构解剖图　　　　　　　　　　(b) 工作原理示意图

图 9-26　发动机附件传动装置

相垂直的转动，以便将发动机转子的一部分功率传递到发动机外。中心传动装置一般由一对锥型齿轮组成。

(2) 外部传动装置。外部传动装置的功能是将垂直于发动机转子轴线的转动转变为轴向的转动，并将传递到发动机外的功率分配给各附属系统。外部传动装置一般由一对锥型齿轮组成。

在单转子发动机中，附件传动装置均由压气机轴驱动。有的由压气机前部传动，有的由压气机后部传动。在多转子发动机中，主要附件均由高压转子驱动。低压转子、中压转子只驱动该转子的转速传感器、转速调节器、辅助滑油泵等。

**2. 发动机附件传动装置设计安装要求**

在设计安装附件传动装置时，须注意以下几点原则：

(1) 附件传动装置的设计安装要满足各种附件对转速、转向、传动功率、安装位置及密封等的要求。

(2) 附件传动装置的安装位置应具有较好的可达性，便于接近和进行维护、调整和更换。

(3) 附件应集中在一个或几个传动机匣上，这样结构可简化，装拆容易。

(4) 附件的外廓尺寸应尽量小，力求不增加或少增加发动机的迎风面积。故常将附件安装在发动机直径最小的地方，或者装在发动机头部整流罩内或后部整流锥内。

(5) 附件应尽量靠近服务对象，以缩短管路，减轻重量，提高工作灵敏度。

(6) 附件位置应远离高温区。

## 9.5.2　恒速传动装置

**1. 恒速传动装置的基本概念**

在大中型旋翼飞行器上，所采用的电源均为 400Hz、115V 的交流电。由于机载电子设备对电源的电压和频率有严格的要求，而交流电的质量取决于其频率的恒定，因此，交流发电机是以恒定的6000r/min或8000r/min的转速工作。交流发电机是由发动机通过附件传动装置来驱动的，交流发电机输出的交流电的频率 $f$ 与发电机的电极对数 $p$ 及发电机轴的转速 $n$ 有关，其关系为

$$f=\frac{pn}{60} \tag{9-1}$$

当发电机的电极对数 $p$ 一定时，发电机输出的交流电的频率 $f$ 就只与发电机轴的转速 $n$ 有关。为此，要得到恒频交流电，交流发电机的转速必须恒定。例如，对于 $f=400\text{Hz}$，$p=4$，要求发电机的转速 $n=6000\text{r/min}$。但发动机的转速是变化的，为此在发动机的附件传动装置和发电机之间应有一套保持交流发电机转速恒定的变传动比装置，即恒速传动装置。恒速传动装置的输入轴与发动机附件传动装置相连，转速是变化的，输出轴与交流发电机轴相连，转速是恒定的。所以恒速传动装置的功能就是在发动机的各种状态下(即各种转速下)使交流发电机以恒定的转速工作，以输出频率为400Hz的恒频交流电。

由于发动机从慢车到起飞工作状态其转速变化的范围很大，即从低于6000r/min(或8000r/min)的转速到高于这个转速的范围变化，所以恒速传动装置有三种工作状态：

(1) 增速传动状态。当发动机的转速较低，恒速传动装置的输入转速小于恒速传动装置的输出转速时，恒速传动装置的工作状态为增速传动状态。

(2) 减速传动状态。当发动机的转速较高，恒速传动装置的输入转速大于恒速传动装置的输出转速时，恒速传动装置的工作状态为减速传动状态。

(3) 直接传动状态。当发动机的转速正好使得恒速传动装置的输入转速等于恒速传动装置的输出转速时，恒速传动装置的工作状态为直接传动状态。

**2. 恒速传动装置的组成**

典型的恒速传动装置由差动齿轮传动机构、可变液压组件和固定液压组件三部分组成。通过这三部分的联合控制和传输，可得到恒定的输出转速，以驱动交流发电机工作，如图9-27所示。

1) 差动机构

差动机构由一个齿轮托架、两个行星齿轮、输入环型齿轮和输出环型齿轮组成。两个行星齿轮一个主动，一个从动。其传动关系是：由输入齿轮带动齿轮托架旋转，齿轮托架一路经两个相互啮合的行星齿轮传动输出环型齿轮，另一路传动可变液压组件的转子；主动行星齿轮与输入环型齿轮啮合，输入环型齿轮与固定液压组件相连。

输入环型齿轮和输出环型齿轮与行星齿轮的齿数比均为2∶1。当输入环型齿轮被制动时，输出环型齿轮的转速为齿轮托架转速的2倍，即传动比 $i=1:2$。若输入环型齿轮作与齿轮托架转速同方向地差动，则输出环型齿轮的转速小于齿轮托架转速的2倍，即 $i>1:2$；若输入环型齿轮作与齿轮托架转速反方向地差动，则输出环型齿轮的转速大于齿轮托架转速的2倍，即 $i<1:2$。所以，差动机构是一个变速传动机构，其传动比与输入环型齿轮的转向和转速有关。$i=1:2$ 作为直接传动的传动比，当输入环型齿轮被制动，或进行与齿轮托架转向相同或相反方向的差动，差动机构就可以对输入转速进行增减，实现输出转速保持不变。输入环型齿轮的制动、反向差动和同向差动，由可变液压组件和固定液压组件的联合工作保证。

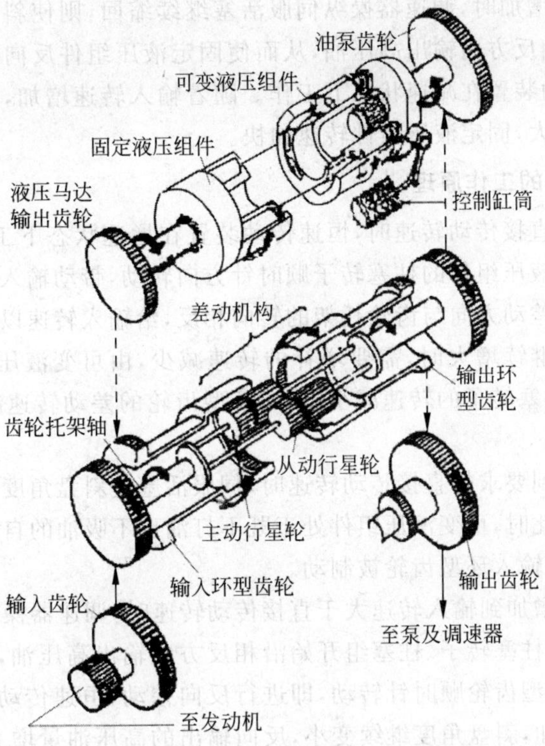


图 9-27　恒速传动装置示意图

2）固定液压组件

固定液压组件由柱塞转子、柱塞组、一个固定角度斜盘组成，其功能相当于一个液压马达。柱塞转子的输出齿轮与输入环型齿轮经齿轮啮合，其转速和转向决定了输入环型齿轮的转速和转向。

固定液压组件作为液压马达工作，其转速和转向由打入马达的高压油量和供油方向决定。当恒速传动装置在增速状态下工作时，高压油迫使固定液压组件的柱塞沿斜盘平面滑动，推动固定液压组件的柱塞转子顺时针方向转动，带动输入环型齿轮反时针转动。既不打油也不吸油时，固定液压组件不动。如果向固定液压组件反向供油，则固定液压组件开始反向转动。反向供油量增大，则固定液压组件的反向转速也增大。

3）可变液压组件

可变液压组件由柱塞转子、柱塞组、一个可变角度斜盘和一个控制缸及伺服活塞组成，前三者实际上就是柱塞泵。柱塞转子由输入齿轮经齿轮托架直接传动，其转速始终与输入转速成正比，且转向不变。

当恒速传动装置在增速状态下工作时，由调速器（输出齿轮驱动）操纵伺服活塞处于伸出位置（图 9-27）。柱塞转子、柱塞组作为液压油泵工作，向固定液压组件供给高压油。随着输入转速增加，调速器操纵伺服活塞逐渐缩回，使斜盘角度逐渐变小，输出的高压油量下降。当输入转速增加到要求的直接传动转速时，伺服活塞使斜盘角度恰好为零，斜盘与柱塞转子的旋转轴垂直，可变液压组件处于既不打油也不吸油的自由旋转状态。此时，固定液压组件处于液锁状态，输入环型齿轮被制动。

当输入转速继续增加时，调速器操纵伺服活塞继续缩回，则使斜盘角度变为负值，柱塞转子、柱塞组开始沿相反方向输出高压油，从而使固定液压组件反向转动，输入环型齿轮随之反向差动，恒速传动装置在减速状态下工作。随着输入转速增加，斜盘角度继续变小，反向输出的高压油量增大，固定液压组件转速加快。

**3. 恒速传动装置的工作原理**

当输入转速小于直接传动转速时，恒速传动装置在增速状态下工作。可变液压组件打来的高压油推动固定液压组件的柱塞转子顺时针方向转动，带动输入环形齿轮逆时针转动。此时输入环型齿轮的差动方向与齿轮托架的转向相反，给输入转速以增补，使输出转速达到规定值。当输入转速继续增大时，需要增补的转速减少，由可变液压组件来的供油量也减少，使固定液压组件柱塞转子的转速减小，输入环型齿轮的差动转速减小，继续保持输出转速不变。

当输入转速增加到要求的直接传动转速时，伺服活塞使斜盘角度恰好为零，斜盘与柱塞转子的旋转轴垂直。此时，可变液压组件处于既不打油也不吸油的自由旋转状态，使固定液压组件处于液锁状态，输入环型齿轮被制动。

当输入转速继续增加到输入转速大于直接传动转速时，调速器操纵伺服活塞继续缩回，使斜盘角度变为负值，柱塞转子、柱塞组开始沿相反方向输出高压油，从而使固定液压组件反向转动，带动输入环型齿轮顺时针转动，即进行反向差动，恒速传动装置在减速状态下工作。随着输入转速增加，斜盘角度继续变小，反向输出的高压油量增大，固定液压组件转速加快，使输入环型齿轮的反向差动转速加快，输出转速继续保持恒定。

## 9.5.3 双速传动装置

**1. 双速传动装置的基本概念**

为了减少涡轮轴发动机附件的数目，减轻发动机的重量，有些涡轮轴发动机将起动机与发电机作为一体，成为起动-发电机。发动机起动时，作为直流电动机，输入直流电后驱动发动机转子旋转；起动后，作为发电机，由发动机驱动向旋翼飞行器提供直流电。

起动-发电机作为起动机起动发动机时，需要有较大的扭矩作用于发动机转子上，因此需要减速后传动转子；发动机正常工作时，转子转速较高，而发电机的转速一般约为8000r/min，转子须减速后传动发电机。这样就造成发动机作为起动-发电机时，须采用不同的传动比带动起动-发电机，因此，在附件传动机构中应设置一套双速传动装置，来满足起动-发电机在两种状态下传动比的要求。

**2. 双速传动装置的组成**

典型的双速传动装置由两对正齿轮，一套棘爪离合器，一套滚棒离合器和一套摩擦离合器组成。

1）棘爪离合器

棘爪离合器由棘轮、离合子以及安装座等组成，如图 9-28 所示，其作用是在发动机起动过程中实现起动机与发动机之间的传动。当转速达到发动机自持转速、起动机电路断电后，棘轮离合器脱离工作，使起动发电机自动退出起动状态。

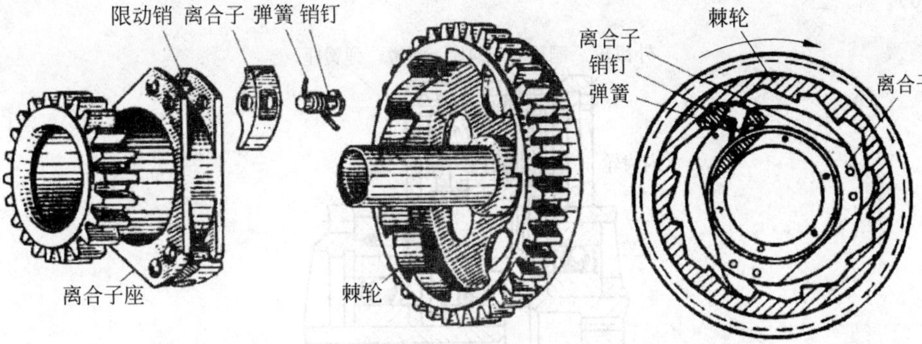


图 9-28 棘轮离合器

棘轮的外面有直齿，里面有锯形齿。三个离合子分别用销钉固定在离合子座上，离合子在弹簧力作用下使前端外张，卡在棘轮内表面的锯齿上。离合子的重心靠近后端，所以工作时离心力使离合子前端内收。当起动时，作用在离合子上的弹簧力大于离心力，离合子前端外张，使棘轮与安装座卡合。当转速超过自持转速且起动-发电机断电后，棘轮转速大于安装座转速，离合子脱离啮合状态，在离心力作用下，离合子前端内收。为了防止离合子在离心力作用下后端与棘轮相碰，在安装座上安装有限动销。

2）滚棒离合器

滚棒离合器用来保证当转速达到自持转速后，发动机转子与起动发电机之间的传动，使起动-发动机由发动机带动进入发电状态。它由外环、星形轮、滚棒、护圈、卡圈和前、后盖板等组成(图 9-29)。护圈套在星型轮的外围，滚棒装在护圈周围的孔内，前、后盖板和护圈用铆钉连成一体。卡圈一端插在星形轮的小孔内，另一端嵌入护圈的径向槽内。卡圈的弹力保持护圈的相对位置，护圈使滚棒总是处于与外环进入接触的状态。

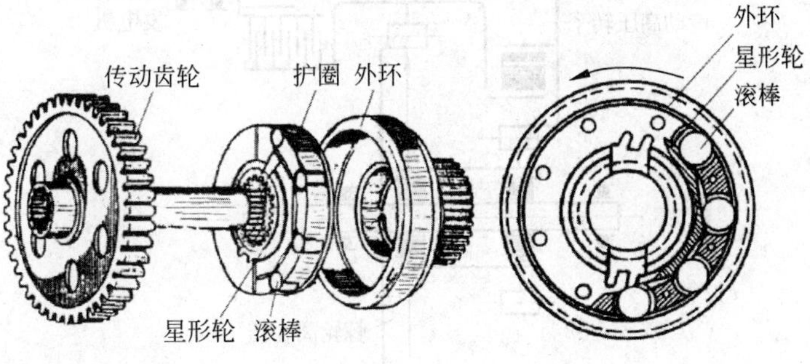


图 9-29 滚棒离合器

当星形轮转速大于外环转速时，星形轮的凸起接触滚棒，迫使滚棒卡在外环和星形轮之间，星形轮就能带动外环一起转动。当外环转速大于星形轮转速时，外环带动滚棒趋向于进入星形轮的直边中间，护圈的作用使滚棒不能到达星形轮直边的另一端，迫使滚棒处在外环和星形轮之间，滚棒与星形轮之间有间隙，外环因此不能带动星形轮一起转动。所以这种离合器又叫超越离合器。

3）摩擦离合器

摩擦离合器是起过载保护作用的。它由一组铜片、钢片、弹簧和内齿轮、外齿轮等组成

(图 9-30)。

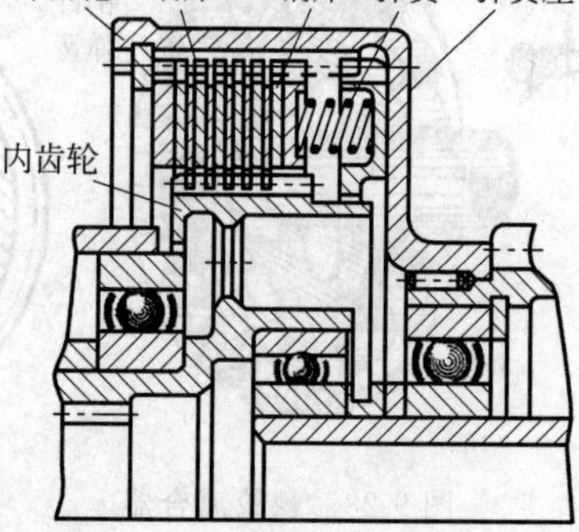


图 9-30 摩擦离合器

摩擦离合器铜片上有外套齿,与外齿轮上的内套齿啮合。钢片上有内套齿,与内齿轮上的外套齿啮合。铜片与钢片相间地安装在内、外齿轮之间,用一组弹簧压紧。摩擦片之间填有石墨油膏,起润滑作用。工作时,当内、外齿轮的扭矩小于摩擦片之间的摩擦力矩时,内、外齿轮一起转动。当扭矩过大,超过铜片与钢片之间的摩擦力矩时,就发生滑动。

3. 双速传动装置的工作原理

摩擦离合器、棘轮离合器和滚棒离合器三者之间的联系如图 9-31 所示。

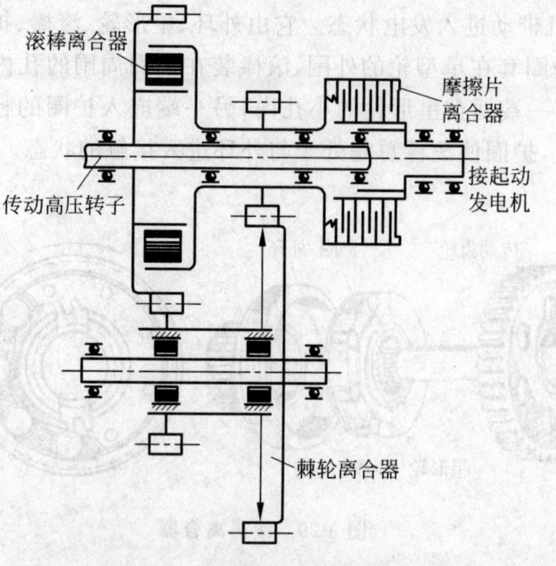


图 9-31 双速传动装置运动简图

涡轮轴发动机起动时,起动-发电机通过摩擦离合器一方面带动滚棒离合器外环转动,另一方面经棘轮离合器两次减速后,带动滚棒离合器的星形轮。由于外环转速大于星形轮转速,所以滚棒离合器不工作。因此在起动开始阶段,起动-发电机是借摩擦离合器和棘轮离合器带动发动机转子转动。当发动机转速超过自持转速、起动-发电机断电后,滚棒离合器星形轮转速大于外环转速,滚棒离合器进入工作,星形轮带动外环转动。这时滚棒离合器的外环减速,带动棘轮离合器的棘轮转动,而滚棒离合器的星形轮增速,带动棘轮离合器的离合子座转动，所以离合子座的转速大于棘轮的转速。此时，离合子的离心力已经大于弹簧力，离合子前端内收，棘轮离合器自动退出工作。这时，发动机借助于滚棒离合器和摩擦离合器带动起动-发电机进入发电状态。由此可见，双速传动装置是借助两套超越离合器，通过两条不同的传动路线，自动地获得在起动与发电两种工作状态下所需要的两种传动比，并且保证在双发飞机上起动一台发动机时防止另一台反转。

## 9.6　旋翼飞行器传动系统

传动系统是旋翼飞行器的重要组成部分之一，其功能是以满足旋翼系统（含尾桨）动力要求和驱动旋翼正常旋转为目标，把发动机与旋翼连接起来，并通过减速器将发动机输出的高转速降低到旋翼所需要的低转速，从而使发动机与旋翼之间在运动和动力方面得到合理的匹配。

### 9.6.1　旋翼飞行器传动系统的组成和原理

旋翼飞行器传动系统的作用是将发动机的功率和转速按一定比例传递到旋翼系统，因此传动系统性能好坏将直接影响旋翼飞行器的飞行性能和安全可靠性。

#### 1. 传动系统的组成

旋翼飞行器传动系统的基本组成包括主减速器、中间减速器、传动轴、联轴节、离合器和旋翼刹车等。由于旋翼飞行器的发动机动力轴输出转速较高，而旋翼工作转速较低，因此在将发动机轴功率输入旋翼系统之前，须把转速降低到符合旋翼所要求的转速数值，这一任务由传动系统通过单级或多级齿轮减速器得以完成。齿轮减速器是涡轮轴发动机驱动旋翼系统必不可少的重要部件。

为了使涡轮发动机的工作效率高，外廓尺寸小，其转速必须很高，一般为 6000～18 000r/min，目前，有些小功率涡轮轴发动机的涡轮转速甚至已经超过 60 000r/min。而旋翼飞行器旋翼的最有利转速则比较低，一般旋翼的转速仅为 120～300r/min（轻小型能达到 600～1000r/min）。齿轮减速器的作用是使两个转速不同的部件相互匹配，分别在各自的最佳转速工作，并能高效率地传递功率。

通常旋翼飞行器涡轮轴发动机传动系统的减速器分机内与机外减速器两种，如图 9-32 所示。

（1）机内减速器。机内减速器也称为体内减速器，是指减速器与发动机固定在一起，并成为发动机组成的一部分。一般在旋翼飞行器总体设计选用发动机时，除了对涡轮轴发动机的功率提出要求外，还要求发动机体内减速器输出轴的转速统一在 6000r/min 左右，以便于与旋翼系统相匹配。

（2）机外减速器。机外减速器也称为主减速器，是指减速器与发动机分开，并作为独立机器存在和使用。主减速器是旋翼飞行器的主要承力部件，它有独立润滑系统，可以由一台或多台涡轮轴发动机的动力涡轮直接驱动，或者通过体内减速器驱动（图 9-32）。为了使从发动机到减速器的传动轴不致因转速过高而发生振动现象，通常采用主减速器与机内减速器联合使用的方案。

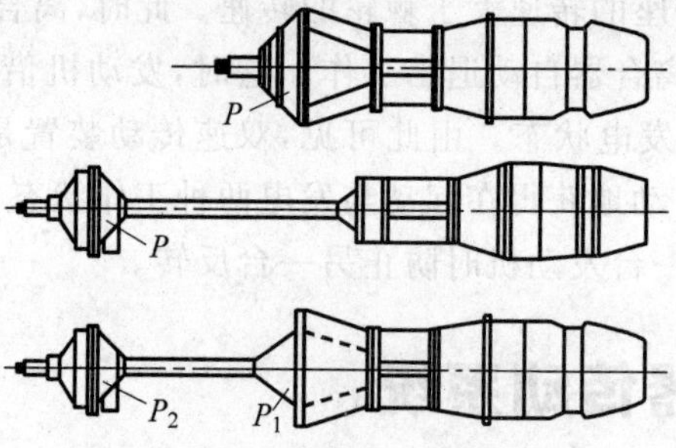


图 9-32　机外与机内减速器

2. 传动系统的工作原理

旋翼飞行器涡轮轴发动机传动系统的作用是使两个转速不同的部件(发动机与旋翼)相互匹配,分别以各自的最佳转速工作,并能高效率地传递功率。传动系统最主要的关键部件——主减速器输入轴(主动轴)与发动机的动力输出轴相连,其输出轴(从动轴)通过主传动轴与旋翼轴相连。对于安装有多台发动机的情况,每一台发动机对应主减速器上都要有一个输入轴,主减速器上输入轴的数量与发动机的数量相同;同样,每个旋翼对应主减速器要有一个输出轴,即主减速器上输出轴的数量与旋翼的数量相同,如图 9-33 所示。

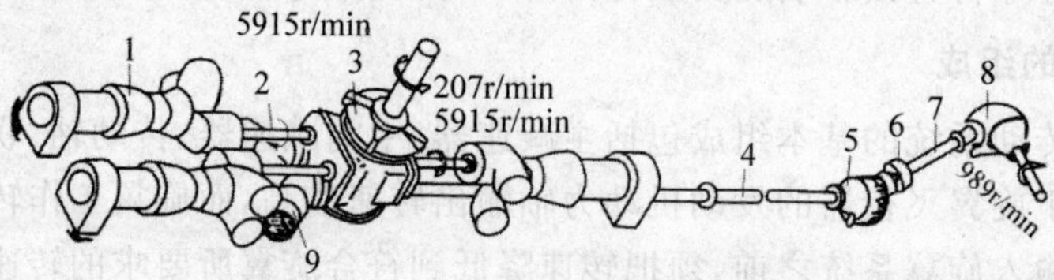


1—发动机；2—主传动轴；3—主减速器；4—水平传动轴；5—中间减速器；
6—端齿离合器；7—斜传动轴；8—尾减速器；9—滑油散热器

图 9-33　传动系统示意图

由于主减速器要把涡轮轴发动机的高转速降低为旋翼系统的低转速,因此,主减速器的特点是传递的功率大和减速比大。因此它需要有一个高效的润滑系统,将冷却滑油供给需要冷却的关键齿轮和轴承表面。一般在主减速器的输入轴处带有自由行程离合器(单向离合器)。此外在主减速器上还有带动滑油泵的输出轴。为了提高齿轮的耐久性,齿轮箱有一个挠性安装座,这种结构使齿轮系统不受飞行中遇到的正常弯曲负荷的影响,保证啮合精度。连接主减速器与旋翼系统的传动轴往往还带有各种联轴节,以补偿制造及安装误差,机体变形及环境影响。

## 9.6.2 旋翼飞行器传动系统的主要部件

### 1. 主减速器

主减速器是旋翼飞行器传动系统最重要的部件(图 9-34),其主要功能是将发动机输出的高转速降低到符合旋翼所要求的低转速,驱动旋翼旋转。采用涡轮轴发动机的大型旋翼飞行器,主减速器的减速比可达 50～70；采用活塞式发动机的轻型旋翼飞行器,主减速器的减速比可达 5～7。由于旋翼与动力轴间的转速相差很悬殊，减速比很大，减速器尺寸又受到限制，因而主减速器结构常用较复杂的多级传动，并广泛采用游星轮系。

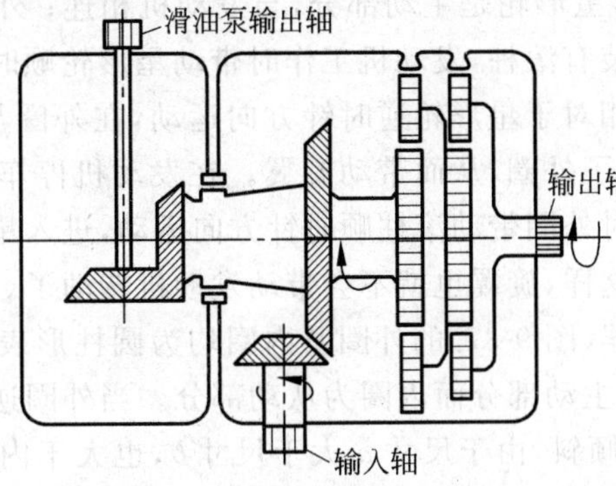


图 9-34　主减速器结构示意图

传动系统中传动方向的改变一般借助于伞齿轮，而减速则大多采用重量较轻尺寸较紧凑的游星轮系。为了减轻重量，齿轮一般用优质合金钢制成，而减速器机匣则由铝合金或镁合金铸造而成。为了保证齿轮与轴承的润滑及散热，主减速器都带有强迫润滑系统。

### 2. 中间减速器

中间减速器一般都是由一对伞齿轮构成，其功能是用来改变功率传输路径的方向，如图 9-35 所示，图 9-35(a)表示功率传输路径的方向发生 90°变化，图 9-35(b)表示功率传输路径的方向发生小于 90°的斜向变化。

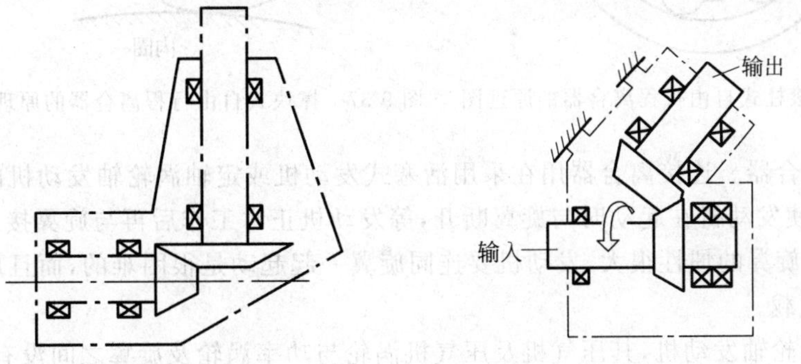


(a) 功率传输路径方向发生90°变化　(b) 功率传输路径方向发生小于90°的斜向变化

图 9-35　中间减速器工作原理示意图

### 3. 离合器

旋翼飞行器传动系统有两种离合器：自由行程离合器及连接离合器，后者仅在采用活塞式发动机或定轴涡轮轴发动机时才需要安装，而前者则在任何情况下都是必需的。

(1) 自由行程离合器。自由行程离合器实际上就是一个单向离合器或超越离合器。借助于自由行程离合发动机可以带动旋翼旋转，但它不能反过来带动发动机。这样，当发动机停车时就自行与旋翼脱开，旋翼就可以自由地进行自转。当旋翼飞行器安装了多台发动机时，借助于自由行程离合器任何一台发动机停车都不会影响其他发动机及旋翼系统的工作。

为此在主减速器上每台发动机的输入轴处都必须带有一个单独的自由行程离合器。

自由行程离合器应用较普遍的有两种类型：滚柱式及撑块式。图 9-36 所示为滚柱式自由行程离合器的原理图，星形轮是主动部分，与发动机相连；外圈是从动部分，与旋翼相连。星形轮与外圈之间则装有滚柱，发动机工作时带动星形轮顺时针方向旋转，滚柱在其与外圈之间的摩擦力作用下相对于星形轮逆时针方向运动，在外圈与星形轮之间的楔形间隙内越挤越紧，这样也就带动了外圈，从而带动旋翼。在发动机停车时外圈成为主动部分，星形轮则成为从动部分。这时外圈带动滚柱顺时针方向运动，进入星形轮上的凹槽内，使外圈与星形轮之间断开联系。这样，旋翼也就不会带动发动机转动了。

撑块式自由行程离合器(图 9-37)的外圈及内圈均为圆柱形表面，二者之间是带有曲线形表面的撑块，一般外圈为主动部分而内圈为从动部分。当外圈逆时针方向旋转时，带动撑块由图 9-37 所示位置向左倾斜，由于尺寸 $a$ 大于尺寸 $b$，也大于内外圈之间的间隙，撑块就在内外圈之间挤紧了，从而带动了内圈。在旋翼自转时内圈成为主动部分，撑块处于图 9-36 所示位置，内外圈也就脱离了联系。

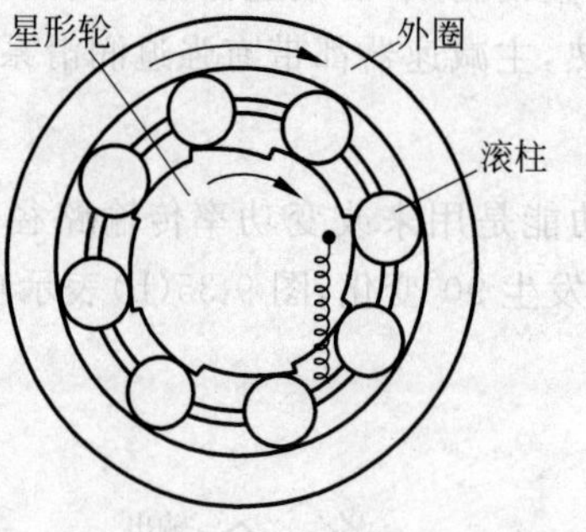


图 9-36　滚柱式自由行程离合器的原理图

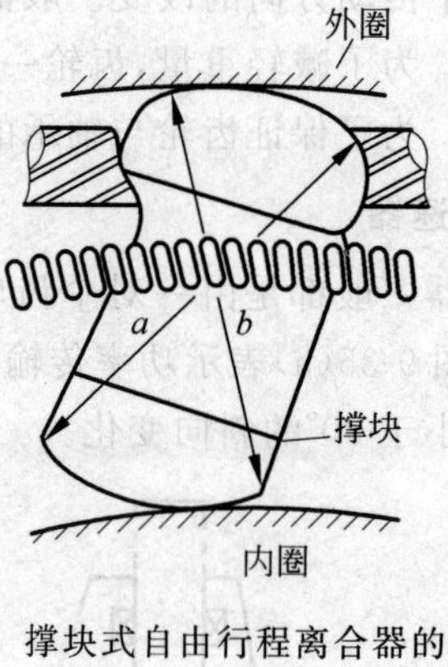


图 9-37　撑块式自由行程离合器的原理图

(2) 联接离合器。连接离合器用在采用活塞式发动机或定轴涡轮轴发动机的旋翼飞行器上，其作用是使发动机在起动时与旋翼断开，等发动机正常工作后再与旋翼接通。这样做的原因是：因为旋翼的惯性很大，发动机要连同旋翼一起起动是很困难的，而且旋翼也可能会受到较大的过载。

对于自由涡轮轴发动机，其压气机及压气机涡轮与功率涡轮及旋翼之间没有机械联系，因而就不需要连接离合器了。在自由涡轮轴发动机起动时，往往用旋翼刹车把旋翼及功率涡轮刹住，等到燃气发生器部分起动完成并工作正常后再松开旋翼刹车，在燃气的作用下使功率涡轮连同旋翼缓慢加速。

### 4. 旋翼刹车

旋翼刹车的功能是旋翼飞行器在着陆发动机停车后可以使旋翼较快地停止转动，以及旋翼飞行器在停机状态下借助旋翼刹车可以避免由于风或其他因素引起旋翼旋转。旋翼刹车一般都是液压装置，在设计旋翼刹车时需要注意防止在飞行时错误地进行刹车，为此可在刹车操纵机构上附加保险机构。

### 5. 传动轴和联轴节

传动轴只承受及传递扭矩，旋翼轴外面有轴套支架，轴套上端通过轴承与桨毂相连，轴套支架底部固定在机体结构上，轴套支架承受旋翼的拉力、侧向力和桨毂力矩，旋翼轴只需承受扭矩。此外，对于固定在机体上的轴套支架来说，桨毂力矩及侧向力等也不构成交变载荷。

旋翼飞行器的旋翼通常都是安装在从机体向外伸展的旋翼支臂上，对于非共轴式旋翼飞行器，有几个旋翼就有几个支臂。当传动轴的长度比较长时，传动轴中间要用若干联轴节作为支承架固定在旋翼支臂上。旋翼支臂受载时会产生弯曲变形，就要强迫支承在其上的传动轴一起弯曲。旋翼支臂的弯曲会引起传动轴的拉长或缩短，使传动轴承受附加的弯矩及轴向力。为了消除这些附加的载荷，在传动轴上就必须安装能实现角度补偿及长度补偿的联轴节。此外，考虑到主减速器、中间减速器及各轴承座之间的不同心度及旋翼支臂与传动轴的长度误差，这些补偿也是必要的。由于传动轴与旋翼支臂的结构材料不同，温度的变化会在传动轴中引起附加轴向力，这也必须由长度补偿来消除。

联轴节的主要功能是使传动轴实现角度及长度补偿，常用的类型有以下几种。

(1) 膜盒式联轴节。膜盒式联轴节是借助于元件的弹性变形来实现补偿，由一个或几个金属膜盒组合而成。它借助于刚度很低的膜盘弹性变形，使联轴节可以允许一定的角位移。通常一个膜盒可以允许1°左右的角位移。膜盒式联轴节还带有定心球面轴承，除了起定心作用外还用来限制膜盒产生轴向位移。

(2) 迭片式联轴节。迭片式联轴节由不锈钢薄片组成弹性元件，也是借助于元件的弹性变形来实现补偿。它的输入轴用两个或三个等距分布的螺栓与弹性迭片组连接，输出轴用同样的方式与弹性迭片组连接。输入、输出轴的连接点互相错开。螺栓连接处使用特殊形状的垫圈以便使弹性片在螺栓处的挠曲不产生应力集中。这种联轴节特别适用于小角位移的传动系统，优点是重量轻，不需要润滑。

(3) 球面套齿联轴节。球面套齿联轴节是一种利用元件间的相对运动来实现角度补偿的联轴节。它的内套齿是直齿的，外套齿则不仅齿顶及齿根要加工成球面的，而且齿侧也是带鼓度的。这种联轴节可以允许3°左右的角位移，同时也可以起长度补偿作用。由于在有角位移时套齿上有反复的相对滑动运动，因此这种联轴节必须有润滑及密封装置。

(4) 万向接头联轴节。万向接头(十字接头)是汽车上常用联轴节，也可以应用在旋翼飞行器传动轴上。这种联轴节可以允许15°甚至更大角度的转折，但是结构复杂、精度要求高，必须有润滑和密封装置。此外，万向接头一个突出的特点是转折会引起角速度的周期变化。这样，从主减速器传递来的均匀角速度运动经过转折的万向接头后就变成角速度周期变化运动，引起旋翼桨叶角速度的脉动。为了防止这种情况出现，万向接头一般都是成对地布置。但是，如果传动轴本身扭转刚度很低，则角速度周期变化可以与由此引起的传动轴的扭转振动相互抵消。因此可以用一个万向接头来代替中间减速器。

(5) 套齿联轴节。套齿联轴节是专门用于传动轴长度补偿联轴节，一般都采用由可滑动的直齿套齿构成的套齿联轴节。联轴节及轴承支座的布置有各种不同的处理方案，图9-38所示为两种典型结构布置方案，一种方案(图9-38(a))是中间有一根连成整体的长轴支承在几个轴承上，前后各通过一对角度补偿联轴节分别与主减速器及中间减速器相连接，如果角度补偿联轴节不能同时起长度补偿的作用，则必须至少带有一个长度补偿联轴节。这种方案的缺点是各轴承支座之间的同心度要求较高，轴承外面需要带橡皮外套之类的补偿元件，轴本身的弯曲刚度也不能太大。图9-38(b)的方案与前者的主要区别是每个轴承支座处都有一个角度补偿联轴节。这个方案轴承支座的同心度要求较低，但联轴节数量显著增加。

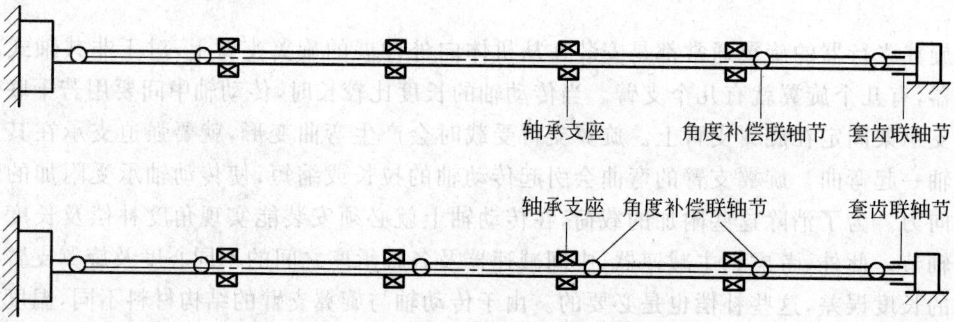


图 9-38　传动轴及联轴节结构布置方案示意图

## 本章小结

旋翼飞行器要在不同的高度以不同的速度飞行，要求发动机为旋翼飞行器提供相应的轴功率并适应不断变化着的环境，就需要使用发动机控制系统来随时控制、调节发动机的供油量和各通道的几何参数。全权限数字式控制(FADEC)是指充分利用电子式控制系统的能力来完成控制系统所要求的任务，除控制发动机的燃油系统外，还控制发动机的其他系统，如起动系统、压气机气流控制系统、主动间隙控制系统，以及燃油和滑油工作温度控制系统等。航空燃油分为两大类：航空汽油用作航空活塞式发动机的燃料，航空煤油用作航空燃气涡轮发动机的燃料。航空涡轮轴发动机燃油系统通常是从发动机燃油关断活门一直到燃油喷嘴为止。当发动机正常工作时，从油箱增压泵输送出的燃油进入发动机燃油系统。经过的主要部件有发动机低压燃油泵、燃油-滑油热交换器、主油滤、高压燃油泵、燃油调节器、燃油喷嘴等。高压燃油泵出口燃油经燃油调节器计量后，多余的经回油油路到低压燃油泵出口。

航空发动机滑油系统的功能是提供清洁的、压力和温度适宜的滑油，循环不断地送到发动机各机件摩擦面，起到润滑、散热和防锈蚀作用，确保发动机的使用寿命及安全、稳定工作。对采用滑油-燃油热交换器的发动机，滑油的热量还能对燃油加温，以改善燃油系统的高空性能。发动机起动是指发动机从静止状态加速到慢车状态的过程。常见的起动方式有地面起动、冷转和空中起动。航空涡轮轴发动机起动是通过起动和点火两个系统共同工作、相互配合完成的，其协调配合工作的成功与否将直接影响到旋翼飞行器能否顺利起飞，以及在空中的飞行安全。

附件传动装置由附件传动机匣和附件传动机构组成，其功能就是将涡轮的轴功率传递给各个附件，并满足各附件对转速、转向和功率的要求。恒速传动装置的功能就是在发动机的各种状态下使交流发电机以恒定的转速工作，并输出频率为 400Hz 的恒频交流电。为了减少涡轮轴发动机附件的数目、减轻发动机的重量，涡轮轴发动机将起动机与发电机作为一体，成为起动-发电机。传动系统是旋翼飞行器的重要组成部分之一，其功能是以满足旋翼系统(含尾桨)动力要求和驱动旋翼正常旋转为目标，把发动机与旋翼连接起来，并通过减速器将发动机输出的高转速降低到旋翼所需要的低转速。旋翼飞行器涡轮轴发动机传动系统的作用是使两个转速不同的部件(发动机与旋翼)相互匹配,分别以各自的最佳转速工作,并能高效率地传递功率。

本章介绍和讨论的重点是:①航空涡轮轴发动机控制的内容、原理和方式,以及全权限数字控制系统的组成结构、功能和特点等。②航空汽油和航空煤油的主要性能指标、燃油系统基本组成和主要部件等。③滑油的类型和性能指标,滑油系统的总体结构、类型和主要部件等。④航空涡轮轴发动机起动点火过程和阶段划分、航空涡轮轴发动机起动点火系统的组成和工作等。⑤发动机附件传动装置的定义、组成和设计安装要求,包括恒速传动装置的组成和工作原理、双速传动装置的组成和工作原理等;旋翼飞行器传动系统的组成、工作原理和主要部件等。

## 习题

1. 画出航空涡轮轴发动机安全工作的范围示意图,并加以简单说明。

2. 航空涡轮轴发动机控制的内容有哪些?简单说明航空涡轮轴发动机控制原理和方式。

3. 简述全权限数字控制系统的组成结构、功能和特点。

4. 什么是航空汽油?航空汽油的主要性能指标有哪些?

5. 什么是航空煤油?航空煤油的类型有哪些?

6. 简述燃油系统的基本组成和主要部件的工作。

7. 航空发动机滑油的类型和性能指标有哪些?

8. 简述滑油系统的总体结构、类型和主要部件。

9. 如何划分航空涡轮轴发动机起动点火阶段?简单说明涡轮轴发动机起动点火过程。

10. 航空涡轮轴发动机起动点火系统主要由哪些部件组成的?简单说明它们的工作内容。

11. 什么是发动机附件传动装置?发动机附件传动装置是由哪些部件组成的?

12. 发动机附件传动装置设计安装要求有哪些?

13. 什么是恒速传动装置?它由哪些部件组成的?简单说明其工作原理。

14. 什么是双速传动装置?它由哪些部件组成的?简单说明其工作原理。

15. 简述旋翼飞行器传动系统的基本组成、工作原理和主要部件的内容。

# 参考文献

[1] 赵起越，章锐，马国峰. 电工学[M]. 沈阳：辽宁大学出版社，2012.
[2] 吴显金，张晓丽. 电工学[M]. 北京：中国水利水电出版社，2014.
[3] 王君亮. 电动机控制技术入门与应用实例[M]. 北京：中国电力出版社，2013.
[4] 王淑芳. 电机驱动技术[M]. 北京：科学出版社，2008.
[5] 张永花，杨强，孙在松，等. 电机及控制技术[M]. 北京：中国铁道出版社，2010.
[6] 钱卫钧. 电机与控制[M]. 北京：化学工业出版社，2005.
[7] 张文生. 电动机原理与使用入门[M]. 北京：中国电力出版社，2008.
[8] 任志斌. 电动机的 DSP 控制控制技术与实践[M]. 北京：中国电力出版社，2012.
[9] 曾祥富，况书君. 电动机与控制[M]. 北京：科学工业出版社，2011.
[10] 郭庆鼎，赵希梅. 直流无刷电动机原理与技术应用[M]. 北京：中国电力出版社，2009.
[11] 孙克军，郝亚贤. 常用电动机选用控制与故障排除[M]. 北京：中国电力出版社，2010 .
[12] 曹少泳，程小华. 无刷直流电机无位置传感器的转子位置检测方法综述[J]. 防爆电机，2007，1.
[13] 魏瑞轩，李学仁. 先进无人机系统与作战运用[M]. 北京：国防工业出版社，2011.
[14] 方昌德，马春燕. 航空发动机的发展历程[M]. 北京：航空工业出版社，2007.
[15] 黄燕晓，瞿红春. 航空发动机原理与结构[M]. 北京：航空工业出版社，2015.
[16] 王云. 航空发动机原理[M]. 北京：北京航空航天大学出版社，2009.
[17] 李汝辉，吴一黄. 活塞式航空动力装置[M]. 北京：北京航空航天大学出版社，2008.
[18] 李卫东，赵廷渝. 航空活塞动力装置[M]. 成都：西南交通大学出版社，2004.
[19] 丁发军. 航空活塞发动机及其修理技术[M]. 成都：西南交通大学出版社，2015.
[20] 钟长生，阎成鸿. 航空器系统与动力装置[M]. 成都：西南交通大学出版社，2008.
[21] 路录祥，王江河. 涡轮轴发动机全权限数字式电子控制系统[J]. 第十七届全国直升机年会论文，2001.
[22] 邓明. 航空燃气涡轮发动机原理与构造[M]. 北京：国防工业出版社，2008.
[23] 傅强，左渝玉. 航空燃气轮动力装置[M]. 成都：西南交通大学出版社，2016.
[24] 陈光. 航空发动机结构设计分析[M]. 北京：北京航空航天大学出版社，2014.
[25] 赵廷渝. 航空燃气涡轮动力装置[M]. 成都：西南交通大学出版社，2004.
[26] 符长青，曹兵. 多旋翼无人机技术基础[M]. 北京：清华大学出版社，2016.
[27] 陈康，刘建新. 直升机结构与系统[M]. 北京：清华大学出版社，2016.
[28] 赵洪利. 现代民用航空燃气涡轮发动机[M]. 北京：中国民航出版社，2010.
[29] 陈光，洪杰，马艳红. 航空燃气涡轮发动机结构[M]. 北京：北京航空航天大学出版社，2010.